Otto Herz/Hansjörg Seybold/
Gottfried Strobl (Hrsg.)
Bildung für nachhaltige Entwicklung

Otto Herz/Hansjörg Seybold/
Gottfried Strobl (Hrsg.)

Bildung für nachhaltige Entwicklung

Globale Perspektiven und
neue Kommunikationsmedien

Leske + Budrich, Opladen 2001

Ein Titeldatensatz für diese Publikation ist bei
Der Deutschen Bibliothek erhältlich

ISBN 978-3-8100-3140-2   ISBN 978-3-322-93257-0 (eBook)
DOI 10.1007/978-3-322-93257-0

Gedruckt auf alterungsbeständigem und säurefreiem Papier

© 2001 Leske + Budrich, Opladen

Satz: Werkstatt für Typografie in der Berthold GmbH, Offenbach

Inhalt

5

2. Überlegungen zu einer Globalen Dimension

3. Der Beitrag neuer Kommunikationsmedien

4. Beispiele der Umsetzung in die schulische Praxis

5. Arbeiten in Netzwerken und übergreifenden Kooperationen

6. Internationale Aspekte und Berichte aus Ländern

7. Reflexionen und Reflexe

(Foto: Thomas Mildner)

Grußwort

„Bildung – das bedeutet Bewußtsein, Urteilskraft, zwischenmenschliche Fähigkeiten und technisches Wissen. Bildung für nachhaltige Entwicklung verlangt

- das Bewußtsein für die dramatischen Änderungen, die in der nächsten Generation auf uns zukommen;
- Urteilskraft darüber, welche Schritte heute uns die Zukunft eher verbauen und welche sie uns öffnen;
- die zwischenmenschliche Kompetenz, den gefährlichen Engführungen der Ellenbogengesellschaft zu entgehen und statt dessen kooperativ zu handeln;
- sich auf die technische Revolution einzustellen, die von der heute jungen Generation verlangt wird und die aus weltweiter Datenvernetzung, explosiver Steigerung der Ressourcenproduktivität und Entwicklung einer kundenbezogenen Dienstleistungsmentalität besteht.

Für all dies kann die Schule hervorragende Dienste leisten. Sie muß aber ihre Bindung an vorgefertigte Lehrpläne vermindern, die Teamarbeit fördern, die neuen Techniken einüben, vielfach auf englisch, und das globale Denken in den Kategorien der Nachhaltigkeit fördern.

Das Bielefelder Oberstufen-Kolleg ist seit seiner Gründung an der Spitze der pädagogischen Entwicklung in Deutschland. Es ist zu erwarten und zu wünschen, daß es auch die neue Herausforderung der nachhaltigen Entwicklung vorbildlich aufnimmt.“

Ernst Ulrich von Weizsäcker

Gottfried Strobl

Schritte zu einer Bildung für nachhaltige Entwicklung – eine Einführung zu diesem Band

I   Einleitung

Wenn die Agenda 21 als Auftrag eine „Neuausrichtung der Bildung auf eine nachhaltige Entwicklung" fordert, so ist das ist für das Bildungssystem Ermutigung und Zumutung zugleich. Zwischen der Genugtuung über die Bestätigung einer wichtigen Rolle und der kritischen Frage nach der Legitimation solcher Zuweisungen wird für das Bildungswesen eine besonnene Befassung mit dieser Aufgabe nötig.

Eine Analyse wird dabei zeigen, dass die Aufgabe nicht nur wegen ihrer Größe schwierig ist, sondern auch wegen der widersprüchlichen und unklaren Implikationen: Die Interpretationen der Vorschläge und Programme der Agenda 21 und des Begriffs einer „nachhaltigen Entwicklung" sind keinesfalls einheitlich, wie die schwierigen Versuche zur Begriffsklärung, Konkretisierung und Umsetzung zeigen, die seit langem auf der Stelle treten und schon anfangen zu ermatten und damit die Frage der Nützlichkeit dieser Begriffe erneut aufwerfen.

Aber auch wenn man sowohl von einer Verständigung über die notwendige Richtung als auch vom festen Willen zu politischen Maßnahmen ausgeht, ist es durchaus offen, ob es wirklich noch „gelingen" kann, „die Deckung der Grundbedürfnisse, die Verbesserung des Lebensstandards aller Menschen, einen größeren Schutz ... der Ökosysteme und eine gesicherte ... Zukunft zu gewährleisten ... in einer globalen Partnerschaft, die auf eine nachhaltige Entwicklung ausgerichtet ist" (Präambel der Agenda 21).

Dem Optimismus, der die Agenda prägt, stehen pessimistische Prognosen, etwa von Dennis Meadows (Süddeutsche Zeitung Nr. 263 vom 13./14. November 1999) gegenüber.

Die Interpretierbarkeit der Agenda führt prinzipiell dazu, dass auch die Anforderungen, die von ihr an die Bildung gerichtet werden, alles andere als klar sind.

In diesem Zwielicht prinzipieller Klärungsschwierigkeiten spricht einiges für einen ersten pragmatischen Schritt: Es scheint einen gewissen common sense zu geben, dass – jenseits aller Klärungs- und Interpretationsprobleme – ein beträchtlicher Überschneidungsbereich von Intentionen und Begriffen existiert, die zusammen so etwas wie ein „Leitbild" für eine Bildung konstituieren, die sich auf eine nachhaltige Entwicklung beziehen will: Komplexität, Partizipation, Beziehung Natur-Gesellschaft-Wirtschaft, also kulturelle Orientierung, Zukunft, Gestaltung, Unsicherheit, Verständigung und Aushandeln, Gerechtigkeit, Globaler Horizont wären solche, wenn auch heterogene, Elemente zur groben Beschreibung einer entsprechenden Richtung für die Bildungsarbeit.

Die Schwierigkeiten beginnen allerdings beim zweiten Schritt, dann nämlich, wenn man versucht, die Ziele klarer zu bestimmen und konsistent zu begründen. Die Diskussion der Konzepte und Kriterien einer „Bildung für nachhaltige Entwicklung" ist in der Erziehungswissenschaft und Bildungsforschung noch in vollem Gang.

Die Schwierigkeiten der Umsetzung in der Praxis sind nicht kleiner. Das bloße Um-Etikettieren dessen, was ohnehin z.B. in der Umweltbildung stattfindet, kann nicht die Lösung sein.

Angesichts dieser Aufgabe versuchen große Programme und zahlreiche Initiativen auf vielen Ebenen die Entwicklung von Konzepten und ihre Implementation in die praktische Bildungsarbeit zu fördern. So hat die Bund-Länder-Kommission für Bildungsplanung und Forschungsförderung eines ihrer größten Förderprogramme überhaupt zur „Bildung für nachhaltige Entwicklung" aufgelegt (BLK 1998, 1999, siehe auch: www.blk21.de). Daneben gibt es Handlungskonzepte in Ländern, Netzwerke und zahlreiche Formen lokalen und überregionalen Austausches.

Auch das Oberstufen-Kolleg, Versuchsschule des Landes NRW und zugleich wissenschaftliche Einrichtung der Universität Bielefeld, möchte einen Beitrag zu dieser gemeinsamen Entwicklungsarbeit leisten. Seiner Struktur entsprechend bietet es sich an, den Kommunikationsprozess zwischen Wissenschaft und Schulpraxis zu unterstützen und eine Reihe von neuen Verknüpfungen in den Diskurs einzubringen. Dazu organisierte es zusammen mit dem Verein zur Förderung von Community Education in der Bundesrepublik Deutschland (COMED e.V.) und zahlreichen weiteren Mitveranstaltern vom 18. – 20. November 1999 eine Tagung, deren Ergebnisse zu diesem Band führten. Im folgenden Abschnitt werden Konzept und Zielsetzung der Tagung vorgestellt, um den Hintergrund der Beiträge dieses Bandes zu beschreiben.

II Konzeption der Tagung „Bildung für nachhaltige Entwicklung"

Ziele und Aufgabenstellungen

In der Einladung zur Tagung hieß es sinngemäß:

An der Schwelle zum neuen Jahrhundert erscheinen die Agenda 21 und ihre Visionen einer „nachhaltigen Entwicklung" als große politische Idee und als ein Auftrag zur Gestaltung der Zukunft. Der Bereich der Bildung, dem hierbei eine Schlüsselfunktion zugedacht wird, sieht sich in dieser Debatte mit Fragen und Herausforderungen konfrontiert, auf welche bisher weder in der Fachwissenschaft noch in der Praxis der Schulen zufriedenstellende Antworten gefunden sind:

*   Wie weit trägt das neue Paradigma „Nachhaltige Entwicklung" – und worin genau besteht es?
*   Wie sieht eine Bildung für nachhaltige Entwicklung aus?
*   Wie findet und begründet sie ihre Methoden und Inhalte – zwischen weltpolitischen Visionen und den Bedürfnissen von Kindern und Jugendlichen?
*   Wie realisiert sie ihre Ziele in der schulischen Praxis?
*   Wie verändern sich diese im schulischen Alltag?

Bildung für nachhaltige Entwicklung muss mehr sein als ein neues Etikett für die alte Umweltbildung, mehr als ein weiteres Querschnittsthema für den Unterricht, überhaupt mehr als ein „Thema". Die Entwicklung einer ökologischen Schulkultur mit Lernformen, in denen Denken und Handeln zusammenfinden, wird ebenso zur Aufgabe wie die reflexive Auseinandersetzung mit sozialen, ökonomischen und ökologischen Fragen der zukünftigen globalen Entwicklung und der Zukunft. Wege sind zu finden, wie junge Menschen ihre Erfahrungen, Wirklichkeiten und Wünsche mit so abstrakten Befunden und Programmen der Erwachsenen in Beziehung setzen können, wie Kinder ihre Fragen an die Zukunft entwickeln und daran wachsen können, statt für die Verbesserung der Welt verantwortlich gemacht und entmutigt zu werden.

Der bisherige Diskurs über nachhaltige Entwicklung und Bildung hat eine Reihe von Anstößen gegeben, Programme und Materialien hervorgebracht und eine intensive Diskussion angeregt. Zum gegenwärtigen Zeitpunkt ist es wichtig, vorliegende Ansätze zu sichten, zu bewerten und weiterzuentwickeln und vor allem die bisher eher isolierten Bereiche „Umwelt" und „Entwicklung" in der Bildungsarbeit stärker aufeinander zu beziehen. Dafür werden vor allem zwei neue Fragekomplexe in die Überlegungen mit einbezogen:

- Welchen Beitrag kann, welchen muss eine *globale Perspektive* für eine Bildung für nachhaltige Entwicklung leisten? Wie kann sie die bisher dominierenden, eher lokalen Ansätze ergänzen? An welchen Themen und in welchen methodischen Formen kann sie wirksam werden?
- Wie können *neue Kommunikationsmedien* den direkten Austausch von Gedanken, Fragen und Arbeitsergebnissen zwischen Schulen weltweit fördern und so eine globale Perspektive für Kinder und Jugendliche zumindest medial erfahrbar machen? Welche Konzepte eignen sich hierfür, welche sind noch zu entwickeln? Welche Voraussetzungen, welche möglicherweise neuen Gefährdungen sind zu berücksichtigen?

Die Tagung möchte den notwendigen Dialog zwischen schulischer Praxis und erziehungswissenschaftlicher Fachdebatte intensivieren, um auf diese Fragen konzeptionelle und zugleich praxisbezogene Antworten zu entwickeln.

Ein besonderer Anlass für diese Tagung erwächst zudem aus der Tatsache, dass das Netzwerk der Unesco-Projekt-Schulen am 5. Juni des Jahres 2000 einen dritten weltweiten Projekttag der Solidarität[1] veranstalten wird. Schulen aus allen Ländern der Erde werden in gemeinsamer Anstrengung am Thema „Nachhaltige Entwicklung – Wege zu einer Kultur des Friedens" arbeiten. Sie werden vielfältige Aspekte und Dimensionen von nachhaltiger Entwicklung im Unterricht erarbeiten, ihre Erfahrungen und Sichtweisen miteinander austauschen und – wo möglich – gemeinsame Projekte und Handlungsansätze entwickeln. Am eigentlichen Projekttag werden dann die Ergebnisse in einer vernetzten Weise der Öffentlichkeit präsentiert. Das Oberstufen-Kolleg an der Universität Bielefeld wurde zusammen mit der Laborschule von den deutschen Unesco-Projekt-Schulen mit der Koordinierung dieser weltweiten Kooperation beauftragt. Die Tagung will dieses Vorhaben stärken. Sie will Ermutigung, Fortbildung und Unterstützung all der Lehrerinnen und Lehrer sein, die sich an ihren Schulen für eine Bildung für nachhaltige Entwicklung einsetzen. [2]

Ihr Ziel sieht diese Tagung weniger in einem Austausch von Erfahrungen mit bereits etablierter Praxis, sondern eher in einer gestaltenden Auseinandersetzung mit konzeptionellen Entwicklungen, die Schulen erst prüfen und für sich entwickeln müssen. Einzelne – z.T. weit fortgeschrittene – Beispiele stellen dabei wichtige Bezugspunkte für die Diskussion dar.

---

1   Die ersten beiden Projekttage, angeregt und koordiniert durch das Oberstufen-Kolleg und die Laborschule, haben in den Jahren 1996 und 1998 jeweils etwa 1000 Schulen aus über 80 Ländern in der Arbeit an den gemeinsamen Themen "10 Jahre nach Tschernobyl" und "Menschenrechte" zusammengeführt (Bloech u.a. 1999; Lenzen/Strobl 1999).

2   Zum dritten weltweiten Projekttag der Solidarität "Nachhaltige Entwicklung – Wege zu einer Kultur des Friedens" liegen vor: Bloech u.a. 2000 a, 2000 b; (ausführliche Informationen unter www.proday.org).

Schwerpunkte der Tagung:

1) Theorie und Praxis in Dialog bringen und dadurch gemeinsam weiterentwickeln

Die Tagung widmet sich der Sichtung, Bewertung, Weiterentwicklung und Fundierung theoretischer Konzepte einer „Bildung für nachhaltige Entwicklung". Insofern ist sie wissenschaftliche Fachtagung und organisiert den Dialog nationaler und internationaler Experten über den erreichten Stand der Arbeit. Die Diskussion über die Auswahl und Begründung der Inhalte einer Bildung für nachhaltige Entwicklung ist ebenso in Gang wie die über geeignete Methoden. Hierbei geht es auch um die Beziehung zwischen der allgemeinen Nachhaltigkeitsdebatte und spezifischen Bildungsprozessen.

In der Prüfung, Analyse und Ausgestaltung des Bildungsauftrags, den die Agenda 21 impliziert, ebenso in der Auseinandersetzung mit den Erfahrungen der schulischen Praxis sind Erziehungswissenschaftler und Fachdidaktiker gefordert. Es gilt, geeignete Fragen und Themen sowie erfahrungsträchtige Anstöße zu identifizieren, welche die Verknüpfung ökologischer, sozialer und ökonomischer Dimensionen exemplarisch erfahrbar machen und didaktische Konzepte zu ihrer Umsetzung zu entwickeln.

Auch die Schulen haben die Bildungsziele, welche eine nachhaltige Entwicklung impliziert, bislang noch nicht umfassend in ihre Praxis integriert. Bisherige Materialien und Beispiele sind noch sehr punktuell, viele Versuche liegen noch nahe an tradierten Konzepten, zu schmal erscheint gegenwärtig noch das Spektrum anregender Themen und gelingender Erfahrungen.

Beim jetzigen Stand der Arbeit braucht es eine Auseinandersetzung zwischen pädagogischem Theoriediskurs und den Erfahrungen der schulischen Praxis, um die Entwicklung beider Bereiche voranzubringen. Das Oberstufen-Kolleg als Versuchsschule und zugleich wissenschaftliche Einrichtung ist ein geeigneter Ort, um einen solchen Dialog zu organisieren.

2) Globale Perspektiven verstärkt in die Arbeit einbeziehen und mit der lokalen verbinden

Bisher orientierten sich – beeinflusst durch erprobte Konzepte der Umweltbildung und der „Öffnung von Schule" – unterrichtliche Bemühungen zum Thema „nachhaltige Entwicklung" häufig an einer lokalen Perspektive, an der Schulumgebung und der Kommune. Dieser Nahraum-Ansatz ist vor allem wegen der damit verbundenen Erfahrungs- und Handlungsmöglichkeiten gut begründet. Bisherige Beobachtungen deuten jedoch darauf hin, dass das Spektrum von Beispielen, die mit dieser lokalen Perspektive erschlossen werden können, das Potential einer umfassenden „Bildung für nachhaltige Entwicklung" nicht hinreichend ausschöpfen kann.

Bei Ansätzen des globalen und entwicklungspolitischen Lernens besteht bisher häufig die Schwierigkeit, dass der Bezug zur eigenen unmittelbaren

Lebenswelt der Lernenden nicht immer einfach herzustellen ist. Gesucht werden daher Beispiele, in denen sich die wechselseitigen Abhängigkeiten von globalen und lokalen Perspektiven bearbeiten lassen, in welchen die Makroebene der Statistiken mit der Mikroebene konkreter Lebensumstände betroffener Menschen in Verbindung gebracht werden kann.

Der Bezug auf eine globale Perspektive – geerdet durch die Bodenhaftung mit lokalen Bezügen – wird vor allem eine wichtige Erkenntnis verstärken: Wesentliche Grundlage jeder Bildung für nachhaltige Entwicklung ist die Orientierung an einer kulturellen Dimension. „Nachhaltigkeit" als globales Konzept und zugleich als Motiv eigener lokaler Bemühungen führt beinahe notwendig in ein „kulturalistisches Verständnis von menschlichen Werten und Normen in Bezug auf Natur und Umwelt" (O. Renn). Sie fordert und fördert die Auseinandersetzung mit der Perspektivität der eigenen Kultur und ist insofern von interkultureller Bildung nicht zu trennen. „Ohne die Kulturen zu verstehen, aus denen heraus diese Umweltveränderungen entstanden sind, wird man nur zu verkürzten Prozessbeschreibungen und Handlungsentwürfen kommen" (G. de Haan).

3) Neue Kommunikationsmedien für weltweite Verständigung und Zusammenarbeit zwischen Schulen nutzen
Immer mehr Schulen auf der Welt erhalten Zugang zu neuen Kommunikationsmedien. Diese eröffnen direkte und schnelle Wege für die Zusammenarbeit zwischen Schulen – über Länder und Kontinente hinweg. Bisher sind die Potentiale dieser neuen Hilfsmittel für inhaltliche Arbeit noch zu wenig erschlossen, vor allem anspruchsvollere Formen themenorientierter Kooperation sind mit dem Blick auf den Agenda-Auftrag einer globalen Partnerschaft erst noch zu entwickeln: Gemeinsame Arbeit von Schulklassen verschiedener Länder an einem beide Seiten interessierenden Problem, Austausch von Gedanken, Thesen und Arbeitsergebnissen mit wechselseitiger Kommentierung bis hin zur Kooperation in virtuellen Klassenzimmern, gemeinsame Aktivitäten und Projekte zwischen Schulen können zu Schwerpunkten zukünftigen Lernens werden.

„Sustainable development" mit seinen vielfältigen Aspekten bietet sich als Anlass zur Entwicklung neuer Impulse geradezu an: Das Thema hat hohe Relevanz in fast allen Regionen der Erde, und die Kommunikation darüber kann lokale Bemühungen in ihrer kultur- und naturbedingten Unterschiedlichkeit als Elemente eines gemeinsamen Zusammenhangs sichtbar machen.

Wohl wissend, dass die neuen Medien nicht nur hinsichtlich ihrer erzieherischen Wirkung ambivalent gesehen werden, sondern auch zu neuen gesellschaftlichen Spaltungen beitragen können, gilt es, ihr Potential für die schulische Bildungsarbeit und für eine „globale Kommunikation von unten" kritisch und verantwortungsvoll zu entwickeln. Dass in ärmeren Regionen sehr viele Schulen (noch) von den Möglichkeiten moderner Medien ausgeschlossen sind, spricht nicht gegen ihren Einsatz, sondern macht deutlich, welche Anstrengungen notwendig sind, um den Auftrag der Agenda 21 nach einer „globalen Partnerschaft" auch in dieser Hinsicht einzulösen. Die Beziehung der neuen Medien zu anderen Kommunikationsformen und zur weiterhin notwendigen persönlichen Begegnung sind ebenso zu thematisieren wie mögliche Widersprüche zwischen diesen neuen Medien, ihren sozialen Kontexten und Prinzipien der nachhaltigen Entwicklung.

Arbeitsformen während der Tagung:

Die Tagung wird – möglichst an Beispielen orientiert – entlang der Frage arbeiten, wie eine globale Perspektive und die Nutzung neuer Medien Bildung für nachhaltige Entwicklung fördern können. Die Suche gilt sowohl günstigen Themen und Lerngelegenheiten als auch adäquaten Methoden. Ebenso stehen die Formen und Bedingungen für die Realisierung an Schulen zur Debatte – einschließlich deren notwendiger Weiterentwicklung.

- *Plenumsreferate* werden den Stand der Debatte darstellen sowie Anregungen, Impulse und kritische Fragen aus verschiedenen Richtungen beitragen.
- *Arbeitsgruppen* fokussieren mit ihren Themen wichtige exemplarische Knotenpunkte eines vernetzten Aufgabenfeldes. Sie erarbeiten – ausgehend von ausgewählten Unterrichtsbeispielen – in fächerübergreifender Zusammensetzung didaktisch-methodische Überlegungen zur Konkretisierung einer „Bildung für nachhaltige Entwicklung" unter Einbeziehung globaler Perspektiven und neuer Kommunikationsmöglichkeiten. Dabei werden Sichtweise und Erfahrungen der Schulpraxis und der Erziehungswissenschaft einander begegnen.
- Die *Foren* geben Teilnehmergruppen mit ähnlichem Interessenhintergrund die Möglichkeit, im Verlauf der Tagung eigene Fragen zu entwickeln, eigene Beiträge und Zwischenergebnisse zu diskutieren und gemeinsame Arbeitsvorhaben zu entwickeln.
- Eine *Ausstellung* von Postern und Unterrichtsmaterialien während der Tagung ermöglicht einen Überblick über Materialien und vermittelt Anregungen für die eigene Arbeit.

Adressaten:

- Fachwissenschaftler, fachliche Öffentlichkeit aus Erziehungswissenschaft, Umweltbildung, Bildungspolitik, Bildungsmanagement, einschlägige Gesellschaften

- Lehrerinnen und Lehrer, die an einschlägigen Programmen und Vorhaben arbeiten, z.B. in Agenda-Schulen und Unesco-Projekt-Schulen; Lehrerinnen und Lehrer, die sich am 3. weltweiten Projekttag zum Thema „nachhaltige Entwicklung" beteiligen wollen
- Lehrerinnen und Lehrer sowie Kooperationspartner von Schulen, die sich in diesem Bereich fortbilden wollen
- Interessierte Schülerinnen und Schüler ausgewählter Schulen

Ergebnisse:

- Weiterentwicklung konzeptioneller Ansätze einer Bildung für nachhaltige Entwicklung
- Empfehlungen und Orientierungen für die Gestaltung des weltweiten Unesco-Projekttages an den Schulen
- Fortbildung von Lehrerinnen und Lehrern für die Gestaltung von Unterricht zur Nachhaltigkeitsthematik
- Förderung der Forschungs- und Entwicklungsarbeit in diesem Themenfeld
- Vereinbarungen über Formen der weiteren Zusammenarbeit zwischen den verschiedenen Akteuren
- Tagungsband zur Aufbereitung und Verbreitung der Ergebnisse für die interessierte Öffentlichkeit

Weitere Informationen zu dieser Tagung, das Programm, Informationen zur Gruppe der Veranstalter sowie ein Teilnehmerverzeichnis finden sich im Abschnitt 9 dieses Bandes.

III Überblick über die Beiträge

Die Ergebnisse einer Tagung – losgelöst von der Atmosphäre und der persönlichen Begegnung in einem Band darzustellen – verlangt eine eigene Form. Nach Durchsicht der Materialien haben wir uns zu einer Darstellung entschlossen, welche nicht versucht, Ergebnisse der Arbeitsgruppen zusammenfassend zu protokollieren, sondern die Beiträge ins Zentrum stellt, die im Plenum oder in den Arbeitsgruppen gehalten und unter Berücksichtigung der Diskussion auf der Tagung in eine schriftliche Form gebracht wurden.

Das führte auch zu einer Anordnung, die teilweise von der Struktur der Tagung abweicht und einer neuen inhaltlichen Clusterbildung folgt.

Der *erste Abschnitt* bringt in grundlegenden Beiträgen die Aspekte zur Geltung, welche für die Tagung bestimmend waren: das Verständnis von Bildung für nachhaltige Entwicklung, ihr Bezug zu einer globalen Perspektive und zur Nutzung neuer Kommunikationsmedien. Im Zentrum stehen die Grundsatzüberlegungen von *Gerhard de Haan* zur Bestimmung eines Konzepts von Bildung für eine nachhaltige Entwicklung, welche – ursprünglich von der Umweltbildung ausgehend – die globale Perspektive integriert. Sie werden durch den Beitrag von *Otto Herz* aus schulgestalterischer Sicht reflektiert, während *Hansjörg Seybold* die Leitbilder des Nachhaltigkeitsdiskurses auf ihre Nützlichkeit für Bildungsbemühungen hin untersucht. *Ludwig Huber* richtet anschließend aus pädagogisch – erziehungswissenschaftlicher Perspektive einige kritische Fragen an das Konzept insgesamt.

Der Beitrag von *Anette Scheunpflug* nimmt von der Seite der entwicklungspolitischen Bildung Kurs auf das Konzept einer Bildung für nachhaltige Entwicklung und rückt die „globale Dimension" einer solchen Aufgabe in den Mittelpunkt.

Klaus Boldt setzt mit einer erfahrungsgesättigten Betrachtung der Entwicklungen im Bereich der neuen Kommunikationsmedien einen Bezugspunkt für die Frage nach der Nutzung der neuen Medien für diese Aufgabe.

Als Ergänzung der deutschen Überlegungen zum Thema dient ein Blick nach Großbritannien. *Malcolm Plants* Beitrag zeigt beispielhaft, wie dort programmatisch an die Aufgabe einer „Education for Sustainable Development" herangegangen wird und lädt zum Vergleich ein.

Im *zweiten Abschnitt* finden sich Beiträge, die aus unterschiedlichen Blickrichtungen auf unterschiedliche Implikationen der „globalen Dimension" Bezug nehmen:

Zwei Beiträge, von *Markus Vogt* und *Erika Stückrath*, setzen sich mit dem Postulat einer „globalen Gerechtigkeit" auseinander und stärken damit eine ethische Dimension entsprechender Bildungskonzepte.

Brigitte Holzer geht von einer Betrachtung der Machtverhältnisse in der Weltwirtschaft aus und entwickelt von daher ihre Kritik an vorschnellen Einigungsformeln für eine Bildung für nachhaltige Entwicklung. Sie leitet daraus Vorschläge für die Arbeit an Subsistenzmodellen ab und wird dabei durch *Vera Dittgen* unterstützt, die den Ansatz mit einer beispielhaften und für den Unterricht nutzbaren Betrachtung der Situation philippinischer Kokosbauern konkretisiert. Auch *Werner Hennings* Beitrag „global players – local actors" macht auf die Notwendigkeit fundierterer Analysen aufmerksam.

Julia Salden reflektiert konkrete Erfahrungen, die sie als engagierte Studentin in verschiedenen Hilfsprojekten mit dem Anspruch einer „Globalen Partnerschaft" gemacht hat.

Der Frage, wie die Befangenheit in der eigenen Kultur die Bemühungen um eine globale Perspektive beeinflußt, gehen die Beiträge von *Heike Moli-*

tor und von *Tilman Rhode-Jüchtern* nach, welcher mit seinen Überlegungen zum Perspektivenwechsel auch nach Möglichkeiten der Vermittlung im Unterricht sucht.

Den konzeptionellen Ansätzen für den Einsatz neuer Kommunikationsmöglichkeiten für eine Bildung für nachhaltige Entwicklung widmen sich die Beiträge des *dritten Abschnitts*.

Rolf Schulz stellt in seinem Beitrag die Entwicklungen in den Mittelpunkt, an denen im Landesinstitut für Schule und Weiterbildung des Landes Nordrhein-Westfalen gearbeitet wird. *Jörg-Robert Schreiber* gibt eine Übersicht über eine Vielfalt elektronischer Vernetzungsmöglichkeiten und –plattformen, die für den Unterricht nutzbar sind. *Arjen Wals* und *Frits Hesselink* schildern mit ihrem Beitrag „ESDebate" einen Versuch, das Internet als Medium für eine professionelle Debatte zur Bildung für nachhaltige Entwicklung zu nutzen.

Abschnitt vier wendet sich schwerpunktmäßig anhand einer Auswahl von Beispielen der Umsetzung in der Schulpraxis zu.

Zwei konkrete Beispiele leiten diesen Teil ein: Aus dem Wuppertal-Institut stammt nicht nur das Konzept MIPS, sondern auch ein von *Michael Kalff* beschriebener Versuch, dieses wissenschaftliche Konzept didaktisch aufzubereiten und für den Einsatz in Schulen nutzbar zu machen. *Wolfgang Buddensiek* beschreibt eine Weiterentwicklung seiner Überlegungen zum Konzept einer Jugendherberge „Mirow 21", die sich am Ziel einer nachhaltigen Entwicklung orientieren will.

Zwei Betrachtungen schließen sich an, die für unterschiedliche Schulstufen die Frage spezifischer Zugänge und charakteristischer Ziele einer Bildung für nachhaltige Entwicklung in dem jeweiligen Bereich verfolgen:

Klaus-Dieter Lenzen zeigt, wie trotz anfänglicher Skepsis auch die Grundschulpraxis an der Idee einer nachhaltigen Entwicklung anknüpfen kann. *Andreas Fischer* leitet aus einer theoriebasierten Bestandsaufnahme Konturen einer an der Nachhaltigkeitsidee ausgerichteten beruflichen Bildung ab.

Ein eigener thematischer Schwerpunkt widmet sich der Rolle von Kunst, Kultur und Sprache: *Gisela Feurle* und *Georg Krieger* formulieren im ersten Teil Thesen für eine wichtige Debatte. Mit ihren Beiträgen zum Thema Literatur bzw. Musik konkretisieren sie ihre Überlegungen an unterrichtlichen Beispielen. *Irene Below* beschreibt mit den „paper prayers" einen Zugang aus der Kunst und die beiden Künstler *Janis Somerville* und *Pip Cozens* zeigen, wie in praktischer Kooperation die Zusammenarbeit von Künstlern mit einer Schule zum Thema Nachhaltigkeit aussehen kann.

Die letzten drei Beiträge setzen sich auf unterschiedliche Weise mit der Frage auseinander, welchen Beitrag Schulpartnerschaften und konkrete bilaterale Zusammenarbeit zwischen Schulen leisten können, die Idee einer Bildung für nachhaltige Entwicklung an Schulen zu verankern und auszugestalten. Zunächst berichtet *Dorothea Werner-Tokarski* davon, welche Erfahrungen Schulen in Rheinland-Pfalz mit langfristigen Schulpartnerschaften mit Ruanda gemacht haben. *Harald Kleem* wendet sich der Suche nach Kriterien für sinnvolle Partnerschaftsbeziehungen zu und konkretisiert dies am Beispiel einer Schule. Im letzten Beitrag stellen *Rainer Wittmann, Uwe Krawinkel* und *Gerd Heitmann* zwei Beispiele unterrichtspraktischer Erfahrungen im Bereich der Sekundarstufe I bzw. II vor, die auch die Frage der Nutzung neuer Medien thematisieren: In einem Fall kommunizieren zwei deutsche Schulen per Videokonferenz, im anderen beginnt in einem „transatlantischen Klassenzimmer" ein Austausch zwischen einer deutschen und einer peruanischen Schule.

Der *fünfte Abschnitt* befasst sich mit Möglichkeiten, die durch übergreifende Kooperationen, organisierte Netzwerke und gemeinsame Projekte Schulen bei ihren Bemühungen um eine Bildung für nachhaltige Entwicklung unterstützen können.

Da sind zunächst die „weltweiten Projekttage der Solidarität" zu nennen, die vom Oberstufen-Kolleg erfunden und in Zusammenarbeit mit dem Netzwerk der Unesco-Projekt-Schulen durchgeführt werden. *Falk Bloech* beschreibt das Konzept dieser globalen Initiative zur Kooperation von Schulen und *Renate Krollpfeiffer-Kuhring* zeigt, welche konkreten Formen die Mitarbeit an diesem Projekt in Hamburger Schulen angenommen hat.

Das Konzept der Umweltschulen in Europa beschreibt der Beitrag von *Armin Koch.* Eine Vorstellung davon, wie konkrete und erfolgreiche Arbeit an einer teilnehmenden Schule gestaltet werden kann, gibt der Beitrag von *Hans-Jürgen Müller, Arno Mühlenhaupt* und *Günter Winkelmann.*

Das internationale Netzwerk GLOBE und eine systematische Untersuchung der elektronischen Kommunikation innerhalb dieses Projektes hat der Beitrag von *Cornelia Gräsel* und *Hansjörg Seybold* zum Gegenstand.

Einige Erfahrungen mit Schulnetzwerken zu „Agenda 21 und Schule" werden in drei Beiträgen von *Rolf Schulz, Benno Dahlhoff* und *Willi Roer* dargestellt.

Beschlossen wird dieser Abschnitt durch die Vorstellung eines internationalen Projektes von Unesco-Projekt-Schulen, des „baltic sea projects" durch die dänische Koordinatorin *Birthe Zimmermann.*

Der *sechste Abschnitt* versucht einen Blick über den Tellerrand und informiert über internationale Aspekte sowie Entwicklungen in anderen Ländern.

Zunächst gibt *Traugott Schöfthaler* einen Überblick über die internationale Entstehungsgeschichte des globalen Lernens; in einem kurzen Beitrag stellt er anschließend das Umweltbildungsprogramm der Unesco und die Kooperation mit einem Konsortium der deutschen Wirtschaft vor.

Dann gibt *Anna Fochi* einen Überblick über die Entwicklung der Umweltbildung an Italiens Schulen; sie geht dabei auch auf ein internationales Kooperationsprojekt mit dem Regierungspräsidium Detmold ein.

Karl Böhmer stellt dar, wie die Situation in Chile im Bereich Umweltbildung sich entwickelt hat und welche Fragen heute im Vordergrund stehen.

Regula Kyburz-Graber gibt einen ausführlichen Überblick über die diesbezügliche Situation im Nachbarland Schweiz. Welche Entwicklungen in Afrika derzeit angestossen werden und wie die Entwicklung dieses Themas dort verläuft, wird von *Dorcas Otieno* am Beispiel der Situation in Kenia und ihrer darüber hinaus weisenden Arbeit geschildert.

Gerade die Auseinandersetzung mit einem so komplexen Thema wie „Bildung für nachhaltige Entwicklung" kann nicht auf quer zum „mainstream" Liegendes verzichten. Im *siebten Abschnitt* finden sich entsprechende Beiträge.

Zunächst fragt *Manfred Brandt* danach, was ein Stück Baumstamm mit einem Computer zu tun hat. Er kommt dabei zu Überlegungen, die auch *Thomas Vogel* bei seinen Überlegungen zum Quantifizieren und „Maßnehmen" der Natur beschäftigen.

Katharina Wolf fragt danach, wie ganzheitliche Sozialisationsbotschaften im Rahmen einer Bildung für Nachhaltigkeit an Schulen verankert werden können. *Jens Winkel* berichtet von ersten Ergebnissen einer Untersuchung, die das Nachhaltigkeitsbewusstsein von angehenden Gärtnern und Kfz-Mechanikern miteinander vergleichten will. *Gesine Hellberg-Rode* schließlich fasst in ihrem Beitrag einige Überlegungen zur Bildung für Nachhaltigkeit zusammen.

Um die zahlreichen Materialien, die sich im Verlauf der Vorbereitung der Tagung aufgehäuft haben, auch für die Leserinnen und Leser dieses Bandes nutzbar zu machen, haben wir im *achten Abschnitt* eine Zusammenstellung von Literatur, Adressen, Medien usw. vorgenommen, die zwar notwendigerweise unvollständig ist, aber dennoch ihren Gebrauchswert haben wird.

Abschnitt 9 gibt über das Programm und die Teilnehmer der Tagung Auskunft, die diesem Band zugrundeliegt.

Abschnitt 10 enthält das Register mit Angaben zu den Autorinnen und Autoren.

Literatur

BLK (1998): Bund-Länder-Kommission für Bildungsplanung und Forschungsförderung: Bildung für eine nachhaltige Entwicklung – Orientierungsrahmen. Materialien zur Bildungsplanung und Forschungsförderung Heft 69, Bonn

BLK (1999): Bund-Länder-Kommission für Bildungsplanung und Forschungsförderung: Bildung für eine nachhaltige Entwicklung. Gutachten zum Programm von Gerhard de Haan und Dorothee Harenberg, Freie Universität Berlin. Materialien zur Bildungsplanung und Forschungsförderung Heft 72, Bonn

BLOECH, F. u.a. (Hg.) (1999): Projekttag Tschernobyl. Internationale Schulkooperation zu einem Schlüsselproblem, Weinheim und Basel

BLOECH, F. u.a. (2000 a): Aktionsmappe 2000 – 3. weltweiter Projekttag der Solidarität, Minden (Bezugsadresse: Projektbüro, Postfach 2110, 32378 Minden)

BLOECH u.a. (2000 b): Internationale Materialmappe zum 3. Projekttag in drei Sprachen (englisch, französich, spanisch). Minden (Bezugsadresse s. 2000 a)

LENZEN, K.-D. und STROBL, G. (1999): Internationale Kooperation von Schulen: Die weltweiten Projekttage im Netzwerk der Unesco-Projekt-Schulen. In: Nachhaltige Entwicklung/Agenda 21. Umweltbildung auf neuen Wegen. Jahrbuch des Landesinstituts für Schule und Weiterbildung, Soest.

(Foto: Thomas Mildner)

1.
Grundlegende Zugänge

Gerhard de Haan

Was meint „Bildung für nachhaltige Entwicklung" und was können eine globale Perspektive und neue Kommunikationsmöglichkeiten zur Weiterentwicklung beitragen?

1. Einleitung

Mit der Agenda 21 verbindet sich die Hoffnung auf eine globale nachhaltige Entwicklung. Sie wird, so die allenthalben geteilte Auffassung, nicht ohne mentale Veränderungen zu erreichen sein. Dass diese Veränderungen zu bewirken als Aufgabe der Pädagogik identifiziert wird, liegt auf der Hand, ist von ihr jedoch unter dem Verdikt, nicht zur Verzweckung des Individuums beizutragen, abzulehnen. Versteht man „Bildung für nachhaltige Entwicklung" aber als Auseinandersetzung mit und Reflexion auf die Fragen nach der Zukunftsfähigkeit von Ökonomie, des Mensch-Natur-Verhältnisses und der sozialen Verhältnisse, und sieht man die Aufgabe von Pädagogik darin, Interessierten den Erwerb von Gestaltungskompetenz (als Vermögen, die *Zukunft* von Sozietäten, in denen man lebt, in aktiver Teilhabe im Sinne nachhaltiger Entwicklung modifizieren und modellieren zu können) zu vermitteln, dann dient „Bildung *für* nachhaltige Entwicklung" nicht der Mediatisierung oder Verzweckung der Individuen, sondern der Aufklärung und Befähigung zum Handeln. Wie sich die Individuen schließlich entscheiden, welchen mentalen Strukturen sie den Primat zuerkennen, bleibt – und kann wohl auch nur so, durch Reflexion auf Aufklärung – ihnen selbst überlassen.

Nicht die Verhinderung der Verzweckung der Individuen ist allerdings das zentrale Problem. Dieses liegt eher in der Komplexität und Vielfalt der Themen des Nachhaltigkeitsdiskurses einerseits und andererseits in der Vielfalt der Pädagogiken (von der Umweltbildung über das Globale Lernen und die Konsumerziehung sowie die Freizeitpädagogik) und Fächer (Erdkunde, Biologie, Religion, politische Bildung etc.), die sich mehr oder weniger auf den

Fachbegriff „Bildung für nachhaltige Entwicklung" und damit auf die Agenda 21 beziehen.

Um in der exorbitanten Themenfülle und in der Fülle der Pädagogiken und Fächer sinnvolle Selektionen vornehmen zu können, wird in diesem Beitrag ein Kriterienkatalog angeboten, der bei der Auswahl von Themen für Lehr- und Lernprozesse hilfreich sein könnte. Der Katalog ist an der Struktur der klassischen allgemeinen Didaktik orientiert und bietet an, die Themen des Nachhaltigkeitsdiskurses auf ihre pädagogische Relevanz hin zu prüfen. Diesem Kernstück des Beitrags, wird – um das Dilemma der Bildung für eine nachhaltige Entwicklung zu verdeutlichen – ein Rekurs auf die Vielfalt der Themen der Agenda 21 und die Vielfalt der Aufgaben für eine nachhaltige Entwicklung vorangestellt (vgl. zum Komplex „Bildung für eine nachhaltige Entwicklung", zu den Leitbildern usw. generell diverse Paper der Forschungsgruppe Umweltbildung; siehe „Bookshop" unter unserer Adresse www.service-umweltbildung.de.

2. Das Konzept der nachhaltigen Entwicklung

Mit der in Rio 1992 von rund 170 Staaten dieser Welt beschlossenen Agenda 21 ist ein neuer Akzent für eine zukunftsfähige Bildung gesetzt worden. Globale Gerechtigkeit, ein schonender Umgang mit der Natur, eine Revolutionierung der technischen Innovationen in der Ressourcennutzung und veränderte mentale Einstellungen gelten in diesem Dokument als Orientierungsgrößen für den Weg der Weltgemeinschaft in das 21. Jahrhundert.

Sustainable Development, eine nachhaltige, zukunftsfähige Entwicklung gilt seither allenthalben als Ziel wirtschaftlichen, sozialen und ökologischen Handelns.

Der fundamentale Parameter lautet: *Gerechtigkeit.* Sustainable Development ist als globales Konzept gerade aus dieser Maxime heraus attraktiv: Allen Menschen sollen prinzipiell gleich viele Ressourcen zur Verfügung stehen, alle sollen gleiche Chancen für ein soziales und humanes Leben haben. Der Verbrauch und die Ressourcennutzung der hoch entwickelten Industriestaaten darf dann – so die von manchen eingeforderte Konsequenz – nicht mehr über dem Maß liegen, was aus der Perspektive der Nachhaltigkeit heraus von allen, auch den ärmsten Nationen der Erde, verbraucht und genutzt werden dürfte. Allen müssen die gleichen Mitspracherechte bei politischen Entscheidungen, bei der Gestaltung ihrer Lebensverhältnisse gewährt werden. Es gilt, die Rechte der Schwachen zu stärken, die kulturelle Vielfalt zu erhalten und allen das gleiche Recht auf Information und Wohlstand sowie Wohlfahrt zuzugestehen. Damit wird eine Gerechtigkeitsmaxime formuliert, die auf ein Konzept der *Verteilungsgleichheit* hinauskommt. Das scheint unter allgemeinen Vorstellungen von der Gleichheit der Menschen konsequent und selbstverständlich, leidet aber unter erheblichen Legitimations- und Akzeptanzschwierigkeiten, bedenkt man, dass neben der Verteilungsgerechtigkeit auch Konzeptionen breite Anhängerschaft genießen, die sich auf eine Leistungsgerechtigkeit oder Besitzstandsgerechtigkeit konzentrieren (vgl. dazu im Detail: de Haan 1998a). Wie dem auch sei: Eine gerechtere Welt im 21. Jahrhundert zu schaffen, das ist als globales Konzept unstrittig.

Eine gerechtere Welt kann, so weiß man aus den Verbräuchen, Schadstoffeinträgen, den Umweltzerstörungen und -gefahren, allerdings nur mit dem Naturhaushalt, nicht gegen ihn erreicht werden. Daher lebt und wirtschaftet man nur dann nachhaltig, wenn man nicht mehr Rohstoffe verbraucht als nachwachsen, die Umweltressourcen nicht stärker nutzt, als sie dies im Prozess selbsttätiger Regeneration vertragen. Zukunftsfähigkeit heißt, den künftigen Generationen eine *ökologisch* intakte Welt zu überlassen, die qualitativ und von den Ressourcen her nicht hinter das zurück fällt, was heute lebenden Menschen zur Verfügung steht. Entwicklung meint, dass mit der Nachhaltigkeit kein wirtschaftlicher Stillstand, kein Nullwachstum assoziiert wird, sondern ein Wachstum unter anderen Parametern.

In allen zentralen Sektoren, die von der Agenda 21 genannt werden, herrscht ein hoher Innovationsdruck:

- Im Bereich der *Ökonomie* vollzieht sich eine Internationalisierung der Warenströme und Produktionsstandorte. Dieses erhöht noch die allenthalben gegebene Notwendigkeit der Effizienzsteigerung in der Nutzung von Rohstoffen, Produktions- und Distributionsabläufen wie in der Nutzung von Wissen und Arbeit. Zugleich aber steht die Ökonomie vor der Forderung, konsistente Wirtschaftsstrukturen zu entwickeln, also so zu produzieren, distribuieren und Dienstleistungen zu realisieren, dass sie mit den sozialen und ökologischen Notwendigkeiten in Einklang stehen.
- Im Bereich des *Sozialen* wird die Diskrepanz zwischen Arm und Reich vor dem Hintergrund wachsender Einsichten in die sozialen Ungleichheiten immer stärker kritisiert. Zugleich erleben wir international ein wachsendes Interesse an Partizipation. Demokratisierungsbestrebungen und -forderungen sind Ausdruck gewachsenen Selbstbewusstseins und Indikatoren für einen globalen Prozess der Individualisierung, des Interesses an immateriellen Gütern und Selbstbestimmung. Zugleich sind wir mit einem stetigen globalen Bevölkerungswachstum konfrontiert und müssen erkennen, dass die zukünftige Lebensform überwiegend eine (groß-)städtische sein wird. Wir erleben daher einen starken Innovationsdruck in Hinblick auf Gerechtigkeit und Möglichkeiten individueller Lebensgestaltung bei intensivierter Mitsprache in allen Entscheidungen.

- Schließlich ist das Wirtschaften, der Konsum und sind generell die Formen menschlicher Lebensführung begleitet von riskanten Schadstoffeinträgen in die Natur, von der Übernutzung von Ressourcen und deren Reduktion. Auch hier, im *ökologischen* Bereich, ist ein Innovationsdruck in Hinblick auf Situationsanalysen für nachhaltige wie nicht-nachhaltige Entwicklungen, für die substanzielle Bearbeitung der Problemlagen nicht zu übersehen.

Zusammengefasst: Mit der Debatte um eine nachhaltige Entwicklung verbinden sich durchgängig Modernisierungsszenarien, die die traditionellen Bedrohungsszenarien, wie wir sie aus ökologischen und entwicklungspolitischen Debatten kennen, ablösen.

Das Bildungssystem erfährt vor diesem Hintergrund eine immense Erweiterung ihres Aufgabenfeldes. Es bedarf zunächst einer *Perspektivverschränkung in Hinblick auf die drei Sustainability-Aspekte Ökologie, Ökonomie und Soziales.* Versucht man dieses Dreieck etwas differenzierter zu beschreiben, steht bei der *ökonomischen Komponente das Streben nach wirtschaftlicher Handlungsfähigkeit,* bei *der ökologischen nach Naturverträglichkeit* und bei der *sozialen nach Verständigung und Gerechtigkeit* im Vordergrund. Damit wird eine thematische Eingrenzung vollzogen, die einer inhaltlichen Beliebigkeit wenigstens partiell vorbeugt: Nicht alle sozialen, ökologischen oder ökonomischen Fragestellungen sind gleichzeitig auch für den Sustainable Development-Diskurs relevant.

Zukunftsfähige Entwicklung, so lässt sich das bündeln, folgt zur Seite der Menschen wie zur Seite der Natur hin jeweils drei Maximen:

Zur Seite der Menschen hin:

1. Gleiche Lebensansprüche für alle heute lebenden Menschen
2. Gleiche Lebensansprüche für künftige Generationen
3. Freie Gestaltung innerhalb des Umweltraums

Während sich die ersten beiden Maximen seit dem Brundtlandbericht (vgl. Hauff 1987) nahezu von selbst verstehen, da unmittelbar evident zu sein scheint, dass man künftigen Generationen nicht weniger Lebenschancen einräumen soll als den heute lebenden (etwa dadurch, dass man nicht erneuerbare Ressourcen verschleißt, die Umwelt unwiederbringlich lebensunfreundlich verändert etc.) und da zudem eingängig zu sein scheint, den Reichtum in den hoch industrialisierten Ländern nicht auf Kosten der Armen dieser Welt gewinnen zu sollen, ist die dritte Maxime näher zu erläutern. Die Rede vom Umweltraum ist vor allem mit der Studie „Zukunftsfähiges Deutschland" (vgl. BUND/Misereor 1996) sowie durch die Studie „Sustainable Netherlands" (vgl. Institut für sozial-ökologische Forschung 1993) bekannt geworden. Danach sollte man alle derzeit verfügbaren Ressourcen durch die Gesamtzahl der derzeit auf der Welt Lebenden teilen. Berechnungen des Umweltraums besagen nun, dass die Industrienationen, wie etwa Deutschland, durchschnittlich bezüglich aller genutzten Ressourcen weit über ihre Verhältnisse leben. Reduktionsziele von bis zu 80% – etwa hinsichtlich des Energieverbrauchs, des CO_2-Ausstoßes – sind dabei als realistische Größen zu werten (vgl. v. Weizsäcker, Lovins & Lovins 1995).

Die Reduktionsziele selbst sind eingebettet in von der Fachwelt unterschiedlich formulierte Rahmenparameter, unter denen die künftige Nutzung der Umwelt sich entfalten kann und soll. Rigide Konzepte beharren darauf, dass die Nutzung einer Ressource nicht größer sein dürfe als die Regenerationsrate der Ressource. Die Freisetzung von Stoffen darf nicht größer sein als die Aufnahmefähigkeit (critical loads) der Umwelt (vgl. Mohr 1996) und nicht erneuerbare Ressourcen sollen nur in dem Maße genutzt werden, wie auf der Ebene der erneuerbaren Ressourcen solche nachwachsen, die anstelle der nicht erneuerbaren in Zukunft genutzt werden können. Diese Vorstellungen (vgl. auch den guten Überblick bei Harborth 1993; Huber 1995) wurden von der Brundtland-Kommission in den 1980er-Jahren im Zuge des Nord-Süd-Dialogs politikfähig gemacht, sind aber nicht unstrittig. Wer das Konzept der „Weak Sustainability" verfolgt, wird etwa darauf setzen, dass materielle Ressourcen durch immaterielle (etwa: Information) ersetzt werden können und daher bei den Ressourcenverbräuchen weniger Beschränkungen auferlegen wollen als jemand, der auf „Strong Sustainablility" setzt (vgl. van Dieren 1995).

In Deutschland hat man auf die Beschlüsse von Rio sehr intensiv reagiert. In zahlreichen Gutachten, Empfehlungen, Erklärungen der Parteien und der Regierung zu Umweltfragen wird die nachhaltige Entwicklung als zentrale nationale Orientierungsgröße für politisches Handeln, Forschung und Entwicklung erklärt. Das hat einschneidende, umwälzende Konsequenzen für das Leben und Wirtschaften, für das Politik- und Bildungssystem, entschließt man sich, dem Konzept zu folgen (vgl. die Synopse bei de Haan & Harenberg 1999).

3. Neue Themen und Orientierungen für die Pädagogik

Wenn man einmal zusammenträgt, was aus der Agenda 21 (vgl. BMU o.J.), der Studie „Zukunftsfähiges Deutschland" (vgl. BUND & Misereor 1996) sowie den derzeit kursierenden Analysen zur nachhaltigen Entwicklung herauszulesen ist (vgl. exemplarisch: RSU 1994, 1996; 1998; 2000; Knaus & Renn 1998; Breuel 1999), so wird deutlich, in welch starkem Maße sich Bildungsveranstaltungen bisher außerhalb jener Felder bewegt haben, die aus der Perspektive der Nachhaltigkeit von entscheidender Bedeutung sind.

Nach den vorliegenden Studien zur Nachhaltigkeit lassen sich einige entscheidende Felder benennen, die in Zukunft zu den Aufgabenfeldern der allgemeinen Bildung werden müssten, möchte man sich der Idee des Sustainable Development verpflichten.

Aus den vorliegenden Studien heraus haben folgende Felder Priorität:

*   *Energie*, insbesondere die Formen der Energiegewinnung und des Verbrauchs bzgl. des Heizens;
*   *Verkehr*, insbesondere das Mobilitätsverhalten im Freizeitbereich und der Gütertransport;
*   *Gesundheit und Ernährung, Landwirtschaft und Lebensmittel*, insbesondere die Fleischproduktion und die industrielle Bearbeitung von Lebensmitteln;
*   *Wohnen*, insbesondere Wohnformen und Baustoffe.

Die Agenda 21 insistiert aber nicht nur auf ein ressourcenschonendes Wirtschaften und Leben auf der nationalen und lokalen Ebene. Aus der Gerechtigkeitsprämisse heraus gerät die Frage nach dem sozialen Ausgleich zwischen Arm und Reich, zwischen den hoch industrialisierten und den Entwicklungsländern in den Blick. Für die soziale Seite, insbesondere aber für die Thematik „Eine Welt" bzw. den Zusammenhang zwischen Umwelt und Entwicklung, existieren keine in dem Maße eindeutigen Prinzipen, Themenschwerpunkte etc., wie sie z.B. zwischen Ökologie und Ökonomie, zwischen den Lebensstilen in Deutschland und den Ressourcenverbräuchen etc. gestiftet wurden. Daher sind folgende Themenfelder nur als Orientierung zu betrachten:

*   *Globalisierung*: Die Verbreitung des industriellen Wirtschaftssystems und die Aufwertung des Unternehmenssektors gegenüber den anderen Sektoren mit den Folgen für Produktion, Arbeit, Distribution und Verteilung von Macht und Einfluss.
*   *Multikulturalität*: Insbesondere die Neugier und Offenheit wie das Verstehen von und Verständnis für andere Kulturen.
*   *Eine Welt*: Die Diskrepanz in der nationalen wie internationalen Verteilung zwischen den Einkommen, von Gütern, Wohlstand, Wohlbefinden, Partizipationschancen, Lebenserwartung und Gesundheitsrisiken.
*   *Urbanisierung*: Die wachsende Bedeutung des Lebens in städtisch verdichteten Regionen als Notwendigkeit und Problemlage.

Die Thematiken machen deutlich, wie sehr mit der Nachhaltigkeit die Notwendigkeit selbstreflexiven Denkens und Handelns auch in der Umweltbildung in den Vordergrund rückt. Denn ohne den Bezug auf die Lebensstile, die Wunschprojektionen der Bürger und die Rückbeziehung dieser Projektionen auf die Selbstbilder der Schüler, auf die Visionen von Nachhaltigkeit, wird man eine Anschlussfähigkeit der Umweltbildung im Kontext von Sustainable Development gegenüber den Intentionen der Lernenden wohl nur schwer erreichen können.

4. Die Vielfalt der Themen und Pädagogiken im Kontext der „Bildung für eine nachhaltige Entwicklung"

Die genannten Sachthemen und Orientierungen sind nur Beispiele. Auch wenn ihnen ein besonderes Gewicht beigemessen werden muss, so können sie doch nur schwer darüber hinwegtäuschen, dass *das größte Problem, mit denen sich die „Bildung für eine nachhaltige Entwicklung" derzeit konfrontiert sieht, in der Bestimmung dessen liegt, was ihre Zielsetzung ist und wie sich der Umfang dessen, was zu ihren Inhalten und Methoden gehört, begrenzen lässt.*
Man kann ob der thematischen Fülle dessen, was im Rahmen der Bildung für eine nachhaltige Entwicklung verhandelt werden könnte, leicht verzweifeln. Schon ein kurzer Blick in die Agenda 21 zeigt, wie umfänglich die potenziellen Inhalte ausfallen, denen man sich in der Bildung für eine nachhaltige Entwicklung widmen kann. Das Spektrum ist geradezu unerschöpflich: Armut und soziale Gerechtigkeit (Kap. 3); Konsum (Kap. 4); Gesundheit (Kap. 5); Bauen und Wohnen (Kap. 7); Die Verbindung von Umwelt- und Entwicklungszielen (Kap. 8 und 2); Klima und Umweltgifte (Kap. 9); Bodendegradation (Kap. 10); Wüstenbildung (Kap. 12); Landwirtschaft (Kap. 14); Biologische Vielfalt (Kap. 15), Biotechnologie (Kap. 16); Wasser / Ozeane (Kap. 17); Abfall (Kap. 20 bis 22); Geschlechterdifferenzen (Kap. 24); Partizipation (Kap. 25 bis 27); Umweltverträgliche Technologien (Kap. 34); Internationale Kooperation (Kap. 37) sind markante, aber weitaus nicht alle Themen, die sich in der Agenda 21 finden lassen. Den Themen korrespondieren etliche Disziplinen und Fachwissenschaften im Bereich der Forschung und Entwicklung, zahlreiche Schulfächer und schulische Aufgabenfelder, aber auch ganz unterschiedliche Akteure und Gruppierungen.
Es wundert daher nicht, dass bisher von ganz unterschiedlichen Fächern und Bindestrich-Pädagogiken her ein Zugang zum Thema Nachhaltigkeit gesucht wird: Das Ökologische Lernen und das Globale Lernen, Dritte-Welt-Pädagogik und Ökopädagogik, Entwicklungspolitische Bildung und Umweltbildung, Interkulturelles und Naturbezogenes Lernen, Friedenspädagogik

und Konsumerziehung, Gesundheitserziehung und Freizeitpädagogik, die Jugendbildung wie außerschulisches Lernen, reflexive Koedukation und viele andere Konzepte haben sich der Thematik angenommen. Zudem sind in der Schule etliche Fächer intensiv mit Fragen der Nachhaltigkeit befasst: Erdkunde und Politische Bildung, Sachunterricht und Biologie, Religion / Ethik / Lebenskunde, Chemie und Physik z.b. sind Träger der Nachhaltigkeitsthematik im schulischen Alltag.

Auch wenn – wie extern von Seiten der entwicklungspolitischen Bildung zugestanden – die Umweltbildung am intensivsten und mit großem, auch systematischem Vorsprung den Wandel hin zur Bildung für eine nachhaltige Entwicklung vollzogen hat (vgl. zu diesem Urteil Seitz 1999; vgl. zum Konzept die Beiträge in Beyer 1998; de Haan 1997; 1998a + b; 1999), so kann keine der genannten Pädagogiken und Fächer das Feld für sich reklamieren.

Insgesamt gesehen wird zudem schnell deutlich, dass man sich schlicht übernimmt, wollte man in schulische Curricula die ganze mögliche Fülle dessen umsetzen, was sich mit der Agenda 21 verbindet – schon gar nicht wird dieses noch von einem Organisationstypus, einem Fach, einer Wissenschaft her möglich sein.

Wir haben es mit einem ganzen Set an Aufgabenfeldern und Fächern sowie Pädagogiken zu tun, wenn wir die Thematiken der Agenda 21 in den Bildungsbereich transferieren möchten. Wie aber unterscheidet man, was im Bereich der Erdkunde, des Globalen Lernens, der Konsumerziehung oder Umweltbildung der „Bildung für eine nachhaltige Entwicklung" zuzurechnen ist, und was nicht?

5. Ein kritierienorientierter Vorschlag zur Selektion von Nachhaltigkeits-Themen und zur Prüfung ihrer Bildungsrelevanz

Man wird sich auf ein Set von Orientierungen verständigen müssen, die selektieren. Man muss Präferenzen bilden und eine Konzentration vornehmen, die nicht beliebig ist: Was zu verhandeln ist und was man aufgrund immer zu knapper Lebenszeit von Lehrenden und Lernenden und immer zu knappen anderen Ressourcen hintan stellt, sollte nachvollziehbaren Kriterien folgen. Erst wenn man die im Kontext der Nachhaltigkeit bzw. Agenda 21 sich stellenden Aufgaben kriterienorientiert auf ihre Bildungsrelevanz hin überprüft hat, sollte man sich fragen, welche Pädagogik oder welches Fach, welche Organisationsstruktur (Schule oder außerschulische Einrichtung) diese Leistungen am besten erbringen kann.

Für die Gewinnung dieser Kriterien gibt es zwei Wege: Man kann sich auf die der Idee der Nachhaltigkeit zugrunde liegenden Wissenschaftskonzepte,

Leitbilder und Werturteile konzentrieren und wird dann sehen, dass man auf eine Metaebene gelangt: Konstruktivismus, Metaphorologie, Reflexivität, Gerechtigkeit, Individuierungsprozesse und Partizipation sind dann entscheidende Bezugsfelder. Diese haben den Vorteil, nicht allein für die Nachhaltigkeit von Bedeutung zu sein, sondern für viele andere Lebensbereiche der zweiten Moderne ebenso.

Der zweite Vorschlag, der hier entfaltet werden soll, ist dagegen enger auf die Themen und Probleme des Nachhaltigkeitsdiskurses bezogen.

Der Vorschlag wird mit dem Anspruch formuliert, der Beurteilung der *pädagogischen* Relevanz und Qualität von *fachwissenschaftlichen, politischen und (sozial)ethischen* Konzepten, Visionen, Diskursen und Resultaten zu dienen, die Informationen über nachhaltige und nicht-nachhaltige Entwicklungen bieten. Der Vorschlag, so weiterhin der Anspruch, hat für die Formulierung der Bildung für eine nachhaltige Entwicklung aus jeglicher pädagogischer Fachrichtung heraus, sei dies die Tradition der Umweltbildung, des Globalen Lernens, der Konsum- und Friedenserziehung, der politischen Bildung, der Erdkunde etc. seine Bedeutung.

Ich schlage vor, die Informationen über nachhaltige und nicht-nachhaltige Entwicklungen (Informationen hier umfassend verstanden) nach den klassischen drei Kriteriengruppen der Didaktik zu sichten. Sie bedürfen, so darf man annehmen, einer weiteren pädagogischen Legitimation nicht:

1. Zielsetzungen
2. Themen und Inhalte
3. Lehr-/Lernmethoden und Organisation des Lernarrangements

sind demnach zu unterscheiden.

Die drei Kriteriengruppen sind nicht als trennscharf zu betrachten. Das wäre der Sache auch nicht angemessen, da sich die Kriterien schließlich aufeinander beziehen müssen.

Mein Vorschlag an alle in diesem Metier Tätigen, also an alle, die sich mit der Umsetzung von Nachhaltigkeitsthematiken und der Idee der Agenda 21 im Bildungsbereich befassen, ist, sich von folgenden Kriterien leiten zu lassen.

5.1 Zielsetzung: Gestaltungskompetenz

Zum Begriff „Gestaltungskompetenz"
Als Ziel der Bildung für eine nachhaltige Entwicklung schlage ich den Erwerb von *Gestaltungskompetenz* vor. Sie bezeichnet das „Vermögen, die *Zukunft* von Sozietäten, in denen man lebt, in aktiver Teilhabe im Sinne nachhaltiger Entwicklung modifizieren und modellieren zu können." (de

Haan & Harenberg 1999, S. 60) Der Terminus „Gestaltungskompetenz" wurde in den Kontext der Bildung für nachhaltige Entwicklung neu eingeführt, um zu signalisieren, dass unter „nachhaltiger Entwicklung" die Notwendigkeit zu *Modernisierungsmaßnahmen* eine hohe Priorität besitzt. Gestaltungskompetenz zu erwerben bedeutet, über Fähigkeiten, Fertigkeiten und Wissen zu verfügen, das *Veränderungen* im Bereich ökonomischen, ökologischen und sozialen Handelns möglich macht, ohne dass diese Veränderungen immer nur eine Reaktion auf vorher schon erzeugte Problemlagen sind. Denn eine „nachhaltige *Entwicklung* bedeutet nicht Stabilisieren oder Zurückschrauben des Status quo, sondern signalisiert einen komplexen gesellschaftlichen Gestaltungsauftrag, in dem sich globale und lokale Dimensionen der *Zukunftsgestaltung* verbinden." (Ebd.) Die Zukunft selbstbestimmt gestalten zu können, das setzt bei *allen* Bürgern erhebliche Fähigkeiten voraus, sich bei der Beteiligung an Verständigungs- und Entscheidungsprozessen überhaupt beteiligen zu können (z.B. vorausschauendes Planen, eigenständige Informationsaneignung und -bewertung sowie neue Anforderungen in Bezug auf Kommunikation und Kooperation, z.B. in LA 21-Initiativen; die Fähigkeit, sich auch politisch gegen Strukturen durchzusetzen, die Partizipation ver- oder behindern).

Mit der Gestaltungskompetenz kommt die offene Zukunft, die Variation des Möglichen und aktives Modellieren in den Blick. Darin sind ästhetische Elemente ebenso aufgehoben wie die Frage nach den Formen, die das Wirtschaften, der Konsum und die Mobilität annehmen können und sollen, oder nach der Art und Weise, wie künftig Freizeit und Alltag verbracht werden, wie sich Kommunalpolitik oder auch die internationalen Beziehungen ausgestalten sollen.

Die Notwendigkeit, den Erwerb von Gestaltungskompetenz zu ermöglichen, lässt sich sowohl bildungstheoretisch als auch aus der nachhaltigen Entwicklung heraus begründen. Denn diese Kompetenz zielt nicht allein auf unbestimmbare zukünftige Lebenssituationen ab, sondern auf die Fähigkeit zum Modellieren dieser Zukunft durch das Individuum in Kooperation mit anderen. Es sollten mithin solche Themen gewählt, solche Methoden und Organisationsstrukturen favorisiert werden, die Gestaltungskompetenz in diesem Sinne in hohem Maße befördern helfen.

Gestaltungskompetenz umfasst vor diesem Hintergrund erstens vorausschauendes und -planendes Denken, das sich auf mögliche Formen von Zukunft richtet, die ebenso auf Simulationen, Prognosen, Delphi-Studien und Risikoabschätzungen basiert. Sie umfasst lebendiges, komplexes, interdisziplinäres Wissen, um zu Problemlösungen zu gelangen, die nicht nur auf eingefahrenen und bekannten Bahnen basieren. Genauer betrachtet ist damit die Kompetenz zum Modellieren von Zukunft in einem doppelten Sinn gemeint: auf der einen Seite verstanden als Fähigkeit des Selbstentwurfs und der

Selbsttätigkeit im Kontext einer Gesellschaft, deren Trend zur Individualisierung ungebrochen ist; auf der anderen Seite verstanden als Fähigkeit, in Gemeinschaften partizipativ die Nahumwelt gestalten und an allgemeinen gesellschaftlichen Entscheidungsprozessen kompetent teilhaben zu können.

Gestaltungskompetenz umfasst zweitens utopisches Denken, das gekoppelt ist mit Phantasie und Kreativität. Hier ist nicht das künftig Machbare gefragt, sondern das Gewünschte, zu dem sich vielleicht noch kein pragmatischer Zugang gewinnen lässt. Nicht allein das, was wahrscheinlich sein wird, sondern auch was gewünscht wird ausdrücken zu können, steht im Fokus dieser Seite der Gestaltungskompetenz.

Gestaltungskompetenz ist aber weit mehr als nur eine Fähigkeit zum vernetzten Denken und planerischen Handeln. Sie umfasst die Fähigkeit zur Solidarität mit den Armen, Schwachen, Unterdrückten, all jenen also, die unter freien Umständen von sich sagen, dass sie leiden. Allein schon dieses setzt die Kompetenz für transkulturelle Verständigung und Kooperation voraus.

Gestaltungskompetenz verweist aber nicht allein auf Zukunftsentwürfe und den Umgang mit Anderen, sondern auch das Individuum selbst: Sie umfasst auch die Fähigkeit, sich und andere motivieren zu können, sich überhaupt mit dem Konzept der Nachhaltigkeit zu befassen, es lebendig werden zu lassen und daraus alltagstaugliche, befriedigende Lebensstile zu schöpfen.

Dies wiederum setzt die Kompetenz zur distanzierten Reflexion über individuelle wie kulturelle Leitbilder voraus. Aber das ist immer schon Anspruch und Idee von Bildung: Sich zu sich selbst und zur eigenen Kultur ins Verhältnis setzen zu können.

Das Maß, in dem Gestaltungskompetenz sich umsetzen lässt, kann man anhand der Antworten bemessen, die auf folgende Fragen gegeben werden können:

Vorausschauendes Denken

Wird über die Gegenwart hinausgegriffen? Werden mögliche Entwicklungen für die Zukunft entworfen und werden Risiken von aktuellen und künftigen, auch unerwarteten Entwicklungen thematisiert? Werden Entwürfe und Anregungen geboten, die es erlauben, selbst und mit anderen positive Szenarien technischer, sozialer, ökologischer und ökonomischer Veränderungen zu entwerfen? Wird gelehrt, auch in uneindeutigen Situationen handlungsfähig zu sein?

Interdisziplinäres Herangehen

Werden mehrere Fächer, Denkweisen, unterschiedliche Zugänge (z.B. wissenschaftliche, ästhetische) sinnvoll miteinander verknüpft, sodass bei den Lernenden Einsichten in die Multiperspektivität der Probleme und die Komplexität ihrer Bearbeitung gegeben werden? Wird dabei auf Phantasie, Kreativität, forschendes Lernen Wert gelegt?

Vernetztes Denken

Werden die Wechselbezüge zwischen einzelnen Bereichen der Problemkonstellationen und ihren Lösungen hergestellt, so dass etwas gelernt werden kann hinsichtlich Rückkopplungen, Spätfolgen, Zeitverzögerungen, Bearbeitung von Komplexität für innovative Strategien der Zukunftsbewältigung? Wird das dazu notwendige Methodenrepertoire angeboten? Wird eine Vernetzung von Lernorten in ihrer Bedeutung und ihrem Nutzen einsichtig gemacht?

Fähigkeit zur Partizipation und Solidarität

Werden Kompetenzen zur kooperativen Teilhabe an Planungs-, Umgestaltungs- und Entscheidungsprozessen vermittelt? Wird also die Fähigkeit angesprochen, sich gewaltfrei verbal und/oder gestaltend artikulieren zu können? Wird dazu befähigt, dass im Rahmen der Zielsetzung, eine gerechtere Welt zu erreichen, für andere Unterstützung geleistet, wenn es erforderlich ist?

Kompetenz für transkulturelle Verständigung und Kooperation

Werden Probleme aus der Perspektive unterschiedlicher Kulturen, Lebensstile und Sinnbezüge so dargestellt, so dass die Perspektiven anderer Menschen verständlich werden und eine Verständigung über den eigenen alltäglichen Horizont hinaus möglich wird? Werden die Beziehung zwischen globalen und lokalen Situationen und Phänomenen einsichtig gemacht? Wird die Vermittlung von Kompetenz zur Kooperation auf der Basis von Kriterien wie Gerechtigkeit, Humanität und Toleranz angeboten?

Die Fähigkeit, sich und andere motivieren zu können

Wird dafür Sorge getragen, dass die eigenständige Beschäftigung mit dem jeweiligen Themenkomplex wahrscheinlich wird? Sind Elemente eingebaut, die motivierend wirken, um sich und auch andere zu veranlassen, sich über die jeweilige Unterrichtssituation hinaus mit dem Thema weiter zu befassen, es in den Alltag so einfließen zu lassen, sodass die Lernenden selbst zu Multiplikatoren werden?

Kompetenz zur distanzierten Reflexion über individuelle wie kulturelle Leitbilder

Wird dazu angeleitet, über die eigenen Denk- und Handlungsmuster, Lebensstile und Gewohnheiten nachzudenken? Wird dazu befähigt, auf für die Agenda 21 wesentliche Grundlagen der eigenen Gesellschaft (Konsummuster; Mobilitätsinteressen; Denken in Kategorien des Wachstums und der Knappheit, Geschlechterdifferenzen, demokratische Strukturen, Interessenausgleich zwischen Arm und Reich, zwischen heute lebenden und künftig lebenden Generationen) zu reflektieren? Werden Möglichkeiten an die Hand gegeben, die eigenen Handlungsabsichten, Zukunftsentwürfe, die gemeinsamen Projekte und Aktivitäten zu evaluieren und Rückschlüsse daraus zu ziehen?

5.2 Themen und Inhalte: Die Frage nach der Relevanz

Nimmt man an, dass sich die Selektion der Inhalte aus den Relevanzzuschreibungen innerhalb des Diskurses um die nachhaltige Entwicklung ergibt (und es lassen sich, anders als in den Debatten um die entwicklungspolitische Bildung oder Umweltbildung vor noch einigen Jahren, durchaus gute Kriterien für die Selektion auffinden, wie man den WBGU-Gutachten, sorgfältigen international anerkannten Studien und nationalen Fachdiskursen entnehmen kann), dann lautet die Frage, wie man diese Inhalte thematisiert. Was man an Inhalten auswählt, sollte, so der Vorschlag, durch die folgenden Kriterien hinsichtlich seiner unterrichtlichen Thematisierung geprüft werden, die sich partiell an jene anlehnen, die der WBGU vorschlägt um zu selektieren, mit welchen Problemen man sich im Kontext nicht-nachhaltiger Entwicklungen primär befassen sollte (vgl. WBGU 1996):

Relevanz für die eigenen Sozietäten
Sozietäten sind die Gemeinschaften, in denen man lebt. Die Relevanz soll sichern, dass das Thema resonanzfähig ist – oder gemacht wird. Was nicht auf Interesse stößt oder so interessant gemacht werden kann, dass es in den Gemeinschaften der Lernenden – auch über den engen Unterricht hinaus – kommuniziert wird, ist kaum als zu thematisierender Inhalt im Sinne der Agenda 21 zu verstehen. Hier sollte eine nüchterne Einschätzung erfolgen.

Längerfristige Bedeutung
Wenn man den Gedanken ernst nimmt, dass Bildung mehr sein soll als die Bewältigung von aktuellen Alltagsproblemen (dafür gibt es Ratgebersendungen genug), dann sollten Inhalte favorisiert werden, die ein gewisses dauerhaftes Problem oder eine dauerhafte Aufgabe darstellen. Bauen und Wohnen; Ernährung und Gesundheit; Armutsbekämpfung; Mobilität; wachsender Konsum; die Syndrome nicht-nachhaltiger Entwicklung z.B. sind zentrale Themen in den Studien zum „nachhaltigen Deutschland".

Differenziertheit des Wissens
Es ist wichtig, dass ein differenziertes Wissen über das Thema existiert und dass dieses auch in den Materialien sichtbar wird. Wenn es nur eine schmale Spur des Wissens zu einem Thema gibt oder nur eine Fachwissenschaft dazu etwas beiträgt, so sollte man andere Themen favorisieren. Das verhindert Esoterik, Dogmatik und Rechthaberei, lässt zudem erwarten, dass eine gewisse Pluralität in der Bearbeitung zu erwarten ist. Auch das Nicht-Wissen, die fehlenden Kenntnisse zum Beispiel bezüglich eines besonderen Aspekts, der Tragfähigkeit der Lösungsvorschläge für Probleme, sollten kenntlich gemacht werden können.

Engagement und Solidarität

Engagement dient der Motivation und ist Ausdruck einer Identifikation mit dem Thema sowie dem Aufgabenfeld nachhaltiger Entwicklungen. Solidarität ist wohl eine unverzichtbare Größe, wenn die Maxime der Agenda 21, eine gerechtere Welt schaffen zu sollen, ein Fundament haben soll. Zu fragen ist also, ob die Thematik Engagement zulässt und befördert und / oder ob sie Solidarität zulässt oder befördert. Auch hier sollten nüchterne Einschätzungen und nicht übertriebener Optimismus bei der Beurteilung dominieren.

Handlungsmöglichkeiten

Die Agenda 21 ist ein Modernisierungskonzept. Es wird erwartet, dass man die Lage der Welt nicht nur beschreibt, bedauert und kritisiert, sondern zeigt, was man anders machen könnte. Zu fragen ist damit aus pädagogischer Perspektive: Werden Handlungsmöglichkeiten für den Einzelnen und / oder die Sozietät und / oder die Betroffenen für die Politik, Wirtschaft sowie Wissenschaft und Technik aufgezeigt? Wenn ein Problem gar keine auch nur sich andeutende Lösung zulässt, und / oder den Einzelnen nicht einbinden kann, so scheint es pragmatisch sinnvoll, sich den Themen zuzuwenden, wo Handlungsmöglichkeiten vorliegen, aber noch nicht genutzt werden oder aber entwickelt werden können.

5.3 Lehr- und Lernmethoden und Organisation des Lernarrangements

Als geteilte Prinzipien der Unterrichtsorganisation und des Lernarrangements schlage ich vor:

Interdisziplinarität

Problemfelder nicht nachhaltiger Entwicklung, Perspektiven zukunftsfähiger Veränderungen sind heute nicht mehr aus einer Fachwissenschaft oder einem singulären Denkmuster heraus zu bearbeiten. Sie lassen sich nur noch durch die Zusammenarbeit vieler Fachwissenschaften, unterschiedlicher kultureller Traditionen und ästhetischer wie kognitiver und anderer Herangehensweisen gewinnen. Sehr deutlich wird dieses an dem Konzept „Syndrome des globalen Wandels" des Wissenschaftlichen Beirats Globale Umweltveränderungen (WBGU 1996; 1997) und des Potsdamer Instituts für Klimafolgenforschung (PIK: Reusswig 1997): Klimaveränderungen z.B. mag man naturwissenschaftlich exakt belegen können. Sie sind aber, so die Meinung der meisten Wissenschaftler, anthropogen verursacht. Will man die verhindern, so wird man von der Historischen Anthropologie über Soziologie und Politikwissenschaft bis hin zur Ökonomie und Marketingforschung sowie Umweltpsychologie etliche Disziplinen bemühen müssen, um das Phänomen angemessen zu erfassen und Veränderungen ermöglichen zu können. Insofern ist die Frage zu stellen: Werden mehrere Fächer, Denkweisen, unterschiedliche Zugänge (z.B. wissenschaftliche, ästhetische) sinnvoll miteinander verknüpft?

Partizipation

Die Teilhabe an den Prozessen der Veränderung und Modernisierung ist schon durch die Agenda 21 selbst plausibel gemacht worden. Ohne mentale Veränderungen und das Interesse der Bürger dieser Welt wird sich der Weg in die Nachhaltigkeit kaum beschreiten lassen, so sagen die Prognosen über Ressourcenverbräuche und Konsum ebenso wie die Forschungen zur Akzeptanz neuer Technologien, demokratischer politischer Strukturen; so sagt es auch die Motivationspsychologie. Lassen sich, so wäre zu fragen, die Inhalte in den angestrebten Lehr- und Lernprozessen mit partizipativen Methoden verbinden? Zum Beispiel: Projektunterricht, der den Kindern und Jugendlichen Entscheidungen zuspricht, Szenariotechnik, Planspiele, Mind Maps, Zukunftswerkstätten etc.?

Innovative, auf Kooperation basierende Strukturen

Nachhaltigkeit basiert auf Kooperation, auf die Zusammenarbeit zwischen unterschiedlichen Akteuren und Institutionen. Eine Bildungseinrichtung, die sich nicht zur Kommune hin öffnet, die die Lokale Agenda gleichgültig lässt oder Möglichkeiten der außerschulischen Bildung von den Umweltzentren über entwicklungspolitische Initiativen, im Umweltschutz aktiven Firmen bis hin zu Aktionen zum Fairen Handel außer Acht lässt, die eigenen Stoffströme nicht kontrolliert und keine Kontakte zu anderen Einrichtungen in Europa oder generell im Global Village sucht, wird in Zukunft Schwierigkeiten haben, ihre Qualität im Sinne der Unterstützung von nachhaltiger Entwicklung belegen zu können. Von daher sollte gefragt werden: Wird ein Bezug zur Kommune, zur Lokalen Agenda 21, zu Umweltzentren, entwicklungspolitischen Initiativen, zu Schulen und Initiativen in der Dritten Welt, zu Firmen oder Ähnlichem hergestellt oder gefordert?

Der hier vorgelegte Katalog sollte es leisten, jenseits der Gräben vorgefasster Meinungen und Vorurteile das – trotz aller politischer Willensbekundung und schon vorliegendem Engagement etwa in Form des BLK-Programms „21" (vgl. www.blk21.de) – schmale Segment der Bildung für eine nachhaltige Entwicklung nicht im Getümmel der Schlachten um Erstrechte und Wahrheiten zu beschädigen. Dies, zumal die Chancen für eine weite Verbreitung der Bildung für eine nachhaltige Entwicklung recht positiv einzuschätzen sind, da eine Anschlussfähigkeit an die Diskussion um Schulprogramme und Schulprofilbildungen, um die Frage nach der Qualität von Schule in der Gesellschaft des 21. Jahrhunderts auf der Hand liegt (vgl. de Haan & Harenberg 1999).

Literatur

BEYER, A. (Hg.) (1998). Nachhaltigkeit und Umweltbildung. Hamburg: Krämer

BMU Bundesministerium für Umwelt, Naturschutz und Reaktorsicherheit (Hg.) (o.J.). Umweltpolitik. Konferenz der Vereinten Nationen für Umwelt und Entwicklung im Juni 1992 in Rio de Janeiro. Dokumente. Agenda 21, Bonn: BMU

BREUEL, B. (Hg.) (1999). Agenda 21. Vision: Nachhaltige Entwicklung. Frankfurt a.m./New York: Campus

BUND/MISEREOR (Hg.) (1996). Zukunftsfähiges Deutschland. Ein Beitrag zu einer global nachhaltigen Entwicklung, Basel/Boston/Berlin: Birkhäuser

DEUTSCHER, E., HOLTZ, U. & RÖSCHEISEN, R. (Hg.) (1998). Zukunftsfähige Entwicklungspolitik. Standpunkte, Strategien. Bad Honnef

DIEREN, W. van (1995). Mit der Natur rechnen. Basel/Boston/Berlin: Birkhäuser

HAAN, G. de (1997). Paradigmenwechsel. Von der schulischen Umwelterziehung zu einer Bildung für Nachhaltigkeit. In: Politische Ökologie , 51, Mai/Juni, S. 22-26.

HAAN, G. de (1998a). Bildung für eine nachhaltige Entwicklung? Sustainable development im Kontext pädagogischer Umbrüche und Werturteile. In: Beyer, A. (Hg.): Nachhaltigkeit und Umweltbildung. Hamburg: Krämer, S. 109-148

HAAN, G. de (1998b). Bildung für Nachhaltigkeit: Schlüsselkompetenzen, Umweltsyndrome und Schulprogramme. Paper 98-144, Berlin: Forschungsgruppe Umweltbildung FU Berlin

HAAN, G. de (1999). Zu den Grundlagen der „Bildung für nachhaltige Entwicklung" in der Schule. In: Unterrichtswissenschaft. Zeitschrift für Lernforschung, 3, S. 252-280

HAAN, G. de & HARENBERG, D. (1999). Bildung für eine nachhaltige Entwicklung. Materialien zur Bildungsplanung und Forschungsförderung, H. 72, Bonn: BLK (kostenlos bei der BLK; Download unter www.service-umweltbildung.de)

HARBORTH, H.J. (1993). Dauerhafte Entwicklung statt globaler Selbstzerstörung: Eine Einführung in das Konzept des „Sustainable Development". Berlin: edition sigma

HAUFF, V. (Hg.) (1987). Brundtlandbericht: Weltkommission für Umwelt und Entwicklung. Unsere gemeinsame Zukunft, Greven: Eggenkamp

HUBER, J. (1995). Nachhaltige Entwicklung. Strategien für eine öklogische und soziale Erdpolitik, Berlin: edition sigma

INSTITUT für sozial-ökologische Forschung (Hg.) (1993). Milieudefensie, Sustainable Netherlands, Aktionsplan für eine nachhaltige Entwicklung der Niederlande, Frankfurt a.M.

KNAUS, A. & RENN, O. (1998). Den Gipfel vor Augen. Unterwegs in eine nachhaltige Zukunft. Marburg: Metropolis

MOHR, H. (1996): Wieviel Erde braucht der Mensch? Untersuchungen zur globalen und regionalen Tragekapazität. In: Kastenholz, H.G./Erdmann, K.H./Wolff, M. (Hg.): Nachhaltige Entwicklung. Zukunftschancen für Mensch und Umwelt, Berlin/Heidelberg: Springer, S. 45-60

REUSSWIG, F. (1997). Nicht-nachhaltige Entwicklungen. Zur interdisziplinären Beschreibung und Analyse von Sydromen des globalen Wandels. In: Brand, K.-W.

(Hg.): Nachhaltige Entwicklung. Eine Herausforderung an die Soziologie, Opladen: Leske und Budrich, S. 71-90

RSU Rat von Sachverständigen für Umweltfragen: Umweltgutachten 1994. Deutscher Bundestag, Drucksache 12/6995, Bonn

RSU Rat von Sachverständigen für Umweltfragen (Hg.) (1996). Umweltgutachten 1996, Stuttgart: Metzler-Poeschel

RSU Rat von Sachverständigen für Umweltfragen (Hg.) (1998). Umweltgutachten 1998, Stuttgart: Metzler-Poeschel

RSU Rat von Sachverständigen für Umweltfragen (Hg.) (2000). Umweltgutachten 2000 – Schritte ins nächste Jahrtausend, Stuttgart: Metzler-Poeschel

SEITZ, K. (1999). „Bildung für nachhaltige Entwicklung" im Aufwind. „Globales lernen" bald ein Mauerblümchen? In: epd. Entwicklungspolitik 10, S. 24ff

Stiftung Entwicklung und Frieden (Hg.) (1999). Globale Trends 2000. Fakten, Analysen, Prognosen, Frankfurt a.M.: Fischer

WEIZÄCKER, E.U. von, LOVINS, A.B. & LOVINS, L.H. (1995). Faktor Vier. Doppelter Wohlstand – halbierter Naturverbrauch. Der neue Bericht des Club of Rome. München: Droemer Knaur

Wissenschaftlicher Beirat der Bundesregierung Globale Umweltveränderungen (WBGU) (1996). Jahresgutachten 1996: Welt im Wandel. Berlin / Heidelberg: Springer

WBGU (1997). Jahresgutachten 1997: Wissenschaftlicher Beirat der Bundesregierung Globale Umweltveränderungen: Welt im Wandel: Wege zu einem nachhaltigen Umgang mit Süßwasser, Berlin/Heidelberg: Springer

Otto Herz

Agenda 21 und globale Partnerschaft – Elemente der Entwicklung von Schulen

Vorbemerkung

Im Rahmen des Gesamtszenarios der Tagung soll es in diesem Beitrag darum gehen, Handlungsmöglichkeiten von Schulen aufzuzeigen, um den Herausforderungen der Agenda 21 – mehr oder weniger – gerecht zu werden. Dass die Handlungsweisen, die genannt werden, vor allem Hinweischarakter haben, nicht den Anspruch einer umfassenden Darstellung erheben, braucht nicht besonders betont zu werden. Aus den zu nennenden Einstiegs- und Weiterentwicklungsmöglichkeiten mögen sich möglichst viele und komplexere Erweiterungsformen ergeben. Die ermutigende Einstiegschance ist mir wichtiger als der entmutigende Großanspruch. Darum werde ich bei meiner Darstellung dem didaktischen Prinzip „vom Einfachen zum Komplexen" folgen. *Jede und jeder in jeder konventionellen Schule hat die Möglichkeit, sich der Agenda 21 zu nähern.* Diese Klarstellung ist meine Ausgangsthese. *Wer will, kann wollen.* Dass ausgewiesene „Agenda-Schulen"[1] sich in vielerlei Weise erst noch die adäquaten Rahmenbedingungen schaffen müssen, um leisten zu können, was sie wollen, sei gleichzeitig ausdrücklich betont und unterstützt. Im Blick auf die Innovationsstrategie empfehle ich meine „Acht Überlegungen zu Innovationen".[2]

---

1   „Agenda-Schulen" sind Schulen, die sich mit ihrem Schulprogramm in besonderer Weise verpflichten, den Ansprüchen der Agenda 21 gerecht werden zu wollen. „Agenda-Schule" ist eine Charakterisierung, die sich eine Schule selbst zulegt, es ist kein Etikett, das von außen verliehen wird. In NRW haben sich die „Agenda-Schulen" und die, die es werden wollen, in einem Verein „Agenda 21 und Schule" zusammengeschlossen.
2   LERNENDE SCHULE, Heft 6/1999

Die größte Bildungsidee

Dass *alle* Schulen sich auf die Arbeit mit der Agenda 21 einlassen können, ist deshalb von Bedeutung, handelt es sich bei der Agenda 21 doch um die größte und großartigste Bildungsidee in erkennend-verstehender, in praktisch-politischer, in zum Handeln befähigender Absicht im 20. Jahrhundert, das nach der Vorstellung der schwedischen Sozialreformerin *Ellen Key* das „Jahrhundert des Kindes" hätte werden sollen, das blutigste der Menschheitsgeschichte, insbesondere in seiner ersten Hälfte, aber erst einmal geworden ist. Die Industrialisierung hat im 20. Jahrhundert auch im Morden ihre oft kaum vorstellbare, grausamste Perfektion gezeigt.

Theodor W. Adornos Bekenntnis „*Die Forderung, dass Auschwitz nicht noch einmal sei, ist die allererste an Erziehung*"[3], ist daher auch das Hintergrundthema der Agenda 21, wenn es um Globale Partnerschaft im Geiste Globaler Gerechtigkeit geht. Weil das so ist, darf *keine* Schule sagen: „Was geht *uns* die Agenda 21 an?"

Wenn ich vom „Wie" der schulischen Handlungsmöglichkeiten spreche, dann sind damit alle Schulformen und Schulstufen gemeint, die allgemeinbildenden ebenso wie die berufsbildenden. Wohl wissend, dass für jede Einzelschule die spezifischen Kontextbedingungen in Betracht zu ziehen sind.[4] Inhaltliche Leitlinien sind meine „Lernziele für ein zukunftsfähiges Leben", die auszufüllen den Lebensstil und die Lernkultur der Agenda-Schulen kennzeichnen. In den Lernzielen geht es um die Förderung und Forderung von *Wissens-Durst und Verstehens-Hunger*, von *Entdeckungs-Freude und Erlebnis-Lust*, von *Spür-Sinn und Ehr-Furcht*, von *Visions-Wille, Wage-Mut und Risiko-Bereitschaft*, von *Unternehmens-Geist und Selbst-Wirksamkeit*, von *Einmischungs-Kompetenz und Verständigungs-Suche*, von *Wachsamer Achtsamkeit und Verantwortungs-Gefühl*, von *Civil-Courage*.[5]

„*Wer die Welt verstehen will, der mache die Augen auf und nicht den Mund.*" Unter diesem Motto zeigte ich zu Beginn des Vortrags auf der Tagung Photos des Bildjournalisten *Ernst Herb*. Er hat sie von seinen vielfältigen Erkundungen in die Zentren der Not und in die Welt der Lichtblicke mitgebracht.[6] In den Photos wurde im wahren Sinne des Wortes an-schaulich und offen-sichtlich der Kontrast von Lebenswelten, der gleichzeitig an vielen Orten des Globus großartig zu erleben und unwürdigst zu erleiden ist.

---

3   In: Th. W. Adorno: Erziehung zur Mündigkeit. Suhrkamp Taschenbuch 11. Frankfurt am Main 1971, Seite 88

4   Vgl. die schulformenspezifischen Beiträge in diesem Band.

5   Von diesen Lernzielen gibt es ein A-2-Plakat mit einer Zeichnung von Quint Buchholz, das gegen Voreinsendung von DM 8,-- (incl. Porto) zu erhalten ist bei O. Herz, Im Buchenwalde 2, D-33617 Bielefeld.

6   Kontaktwünsche wegen Photos sind zu richten an Ernst Herb, Spessartstraße 8, D-60385 Frankfurt/Main, fon/fax (069) 44 65 69

Wir kennen entsprechende Photos, die um die Welt gehen, wenn Hungernöte wüten, Vertreibungen betrieben werden, Krieg herrscht. Mehr als Worte sagen können, zeigten die Photos: Die Agenda 21 ist kein einfacher „Stoff", der sich nur kühl-intellektuell, ohne Emotionen abhandeln lässt. Ohne Emotionen gibt es kein *Empowerment*. Die Agenda 21 braucht aber unser aller Empowerment und keinen schul-stofflichen Paternalismus. Degenerierte die Agenda 21 einfach zum „Stoff unter Stoffen", dann hat sie abgewirtschaftet, bevor sie eine Chance bekommen hätte, Wirkkraft zu entfalten.

Die Globale Partnerschaft ist in ihrer herausforderndsten Form eine Verständigungssuche zwischen sehr, sehr differenten Welten. Dabei wäre es ein in die Irre führendes Klischee, wenn nur der reiche Norden zu geben und nur der arme Süden zu nehmen hätte. Lachende Kinder gibt es auch dort, wo es sonst nicht allzu viel zu lachen gibt. Gerade auch unter sehr einfachen Bedingungen gibt es gelebte Humanität. Eine Humanität, die im überbordenden Wohlstand leicht verloren gehen kann. Wir müssen uns die Bandbreite der Differenz der sozialen und kulturellen Welten in der Einen Welt bewusst machen und je für sich entdecken, wo Chancen und Risiken liegen. Die Basis von Partnerschaften sind symmetrische Beziehungen. Symmetrische Beziehungen erweisen sich darin: *Jeder kann von jedem lernen.* Und muss es auch. Anderenfalls missrät die gewollte Globale Partnerschaft zur modern getarnten Kolonialisierung neuer Art in alter Absicht.

Weil im Zusammenhang mit der Agenda 21 und der nachhaltigen Entwicklung meistens von „Sach"-Themen die Rede ist, sage ich hier: Die Agenda 21 trägt insbesondere das Antlitz von Kindern. In den Chancen der Kinder dieser Einen Welt in Gegenwart und Zukunft wird die intergenerationelle Gerechtigkeit real – oder es wird keine intergenerationelle Gerechtigkeit in Globaler Partnerschaft geben. Wie erschreckend weit wir von diesem Anspruch entfernt sind, das führt uns der jährliche Bericht von unicef über die Lage der Kinder in der Welt[7], Augen öffnend und manchmal die Sprache verschlagend, vor.

Um das zu unterstreichen, zitiere ich aus einer vielleicht etwas seltsam erscheinenden, aber sehr bewusst ausgewählten Quelle. Die Quelle heißt FUTURE. Sie ist die Zeitschrift des zum Lifestyle-Konzern fusionierten, ehemaligen Unternehmens Höchst. Die Zeitschrift finden Sie, wenn Sie mit den ICs und den Hochgeschwindigkeits-ICEs durchs Land donnern. Tabulos werden Brennpunktthemen pointiert dargestellt. Selbstverständlich mit Interessen. Prüfen wir, mit welchen.

„Wenn aber die Welt so weitermacht wie bisher, sind die Aussichten für eine ‚ernährungssichere' Welt – eine Welt, in der jedes Individuum Zugang

---

7   Als Fischer-Taschenbuch erscheint jährlich der Bericht „Zur Situation der Kinder in der Welt", hg. Vom Deutschen Komitee für unicef

zu der Nahrung hat, die für ein gesundes und produktives Leben erforderlich ist – für Millionen Menschen trübe ...

Das IMPACT Modell (International Model for Policy Analysis of Commodities and Trade) des International Food Policy Research Institute (IFPRI) projeziert, dass im wahrscheinlichsten Szenario bis zu 150 Millionen Kinder in den Entwicklungsländern – das heißt jedes vierte Kind im Vorschulalter – im Jahr 2020 unterernährt sein wird. ... Es wird immer deutlicher, dass Armut, Ernährungsunsicherheit und die Beeinträchtigung natürlicher Ressourcen dazu beitragen, Instabilität oder Konflikte auszulösen oder zu verlängern. Unter hoffnungslosen Bedingungen mögen unterernährte Völker keine andere Wahl sehen, als sich in einen Konflikt zu stürzen, um sich den Zugang zu Ressourcen zu sichern, die ihnen ihr zukünftiges Wohlergehen garantieren."

Zur Beschäftigung mit der Agenda 21 gehört immer auch die Beschäftigung mit den in der Agenda 21 *ausgelassenen* Themen, weil sie in Rio 1992 nicht konsensfähig waren. Zum Beispiel das Grauen *Krieg*. Dazu gilt das Wort von Willy Brandt: *„Frieden ist nicht alles. Aber ohne Frieden ist alles nichts."*

Ich *will nicht* dramatisieren. Dramatisierung ist nicht nötig. Die *Lage* ist dramatisch genug. Nicht „schlicht" und schon gar nicht „einfach". Auch ich bin gegen eine Schock-Pädagogik, gegen Abschreckungs-Ansätze. Ich weiß, dass die filmischen Präsentationen von schrecklichen Raucherbeinen die Raucher nur dazu führt, dass sie nach dem Kino gleich mehrere Zigaretten rauchen müssen. Die Realität des Globus und die Spannungen in den Gesellschaften und zwischen den Gesellschaften verbieten es aber, in postmoderner Locker-Flockigkeit den Eindruck zu erwecken, die Verpfützung von Schulhöfen und manches gut gemeinte Lokale Agenda-Projekt würde schon ein wirklicher Beitrag zu dem sein, wozu eine die Dimensionen der Agenda 21 aufgreifenden „Bildung für nachhaltige Entwicklung" herausfordert.

Wenn sich die Debatten zu sehr in begrifflichen Abstraktionen verirren oder wenn die Gut-willig-keiten zu naiv geraten, dann wird es nötig sein, auf die Aussage des Zitats aus FUTURE, eines unter tausenden, zu hören und sich zu fragen: Was trägt jetzt das von mir Gesagte, Gemeinte, Gemachte dazu bei, dass mehr Kinder dieser Erde eine bessere Chance bekommen für ein „ernährungssicheres" Leben, für ein friedliches Überleben, vielleicht sogar für ein *liebenswertes* Leben? – „Bildung für nachhaltige Entwicklung" stellt diese Frage an sich selbst. Und sie legt die Finger in diese brennenden Wunden in der kleinen und in der großen Politik. Auch das ist Verpflichtung im Bildungsauftrag der „Bildung für nachhaltige Entwicklung."

Wie können Schulen handeln?

1. Fachunterricht

In allen Fächern aller Schulen können alle Lehrerinnen und Lehrer so ziemlich alle Themenfelder der Agenda 21 aufgreifen, um – der Schule ureigenster Auftrag – mehr Wissen zu erarbeiten und mehr Verstehen zu fördern als dieses ohne solchen wissensgeleiteten und verstehensvermehrenden Unterricht möglich wäre.

Sei es die Armutsbekämpfung, die Veränderung der Konsumgewohnheiten, die Bevölkerungsdynamik, der Schutz und die Förderung der menschlichen Gesundheit, die Förderung einer nachhaltigen Siedlungsentwicklung, der Schutz der Erdatmosphäre, Integrierte Ansätze für die Planung und Bewirtschaftung der Bodenressourcen, Bekämpfung der Entwaldung, Bewirtschaftung empfindlicher Ökosysteme wie Wüstenbildung, Dürren, von Berggebieten, die Förderung einer nachhaltigen Landwirtschaft und ländlichen Entwicklung, Erhalt der biologischen Vielfalt, umweltverträgliche Nutzung der Biotechnologie, Schutz der Ozeane, aller Arten von Meeren einschließlich umschlossener und halbumschlossener Meere und Küstengebiete sowie Schutz, rationelle Nutzung und Entwicklung ihrer lebenden Ressourcen, Schutz der Güte und Menge der Süßwasserressourcen, umweltverträglicher Umgang mit toxischen Chemikalien einschließlich Maßnahmen zur Verhinderung des illegalen Handels mit toxischen und gefährlichen Produkten, umweltverträgliche Entsorgung gefährlicher Abfälle einschließlich der Verhinderung von illegalen internationalen Verbringungen solcher Abfälle, umweltverträglicher Umgang mit festen Abfällen und klärschlammspezifische Fragestellungen, sicherer und umweltverträglicher Umgang mit radioaktiven Abfällen, alles eingebunden in die internationale Zusammenarbeit zur Beschleunigung nachhaltiger Entwicklung in den Entwicklungsländern und damit verbundene nationale Politik ...

Längst war es ja zu merken: bei dieser Aufzählung wurde das Inhaltsverzeichnis der Agenda 21 herangezogen und die Stichworte zum Teil I und Teil II vorgelesen. Die Stichworte der Teile III und IV mögen im Original nachgelesen werden.

Dass sich nicht jedes Thema für jedes Alter und zu jedem Zeitpunkt eignet, muß nicht besonders hervorgehoben werden. Gleichwohl zeigt die „Kinderagenda"[8] sehr eindrucksvoll, dass jedes Thema auch von Kindern und für Kinder erschlossen werden kann. Wenn ich Erwachsene gewinnen will, denen bisher die Agenda 21 unbekannt war, sich mit den Inhalten vertraut zu machen, dann empfehle ich ihnen am liebsten die „Kinderagenda". Was die

---

8   Rettungsaktion Planet Erde. Kinder der Welt zum Umweltgipfel von Rio. Kinderausgabe der Agenda 21 in Zusammenarbeit mit den Vereinten Nationen. Mannheim 1994, 96 Seiten

Kinder in weltweiter Zusammenarbeit erarbeiteten, können auch die Erwachsenen verstehen.

Wenn ich betone, dass *jedes* schulische Fach im traditionellen Fachunterricht des Einzellehrers oder der Einzellehrerin seinen thematischen Anker in Agenda-Themen finden kann, im traditionellen Fachunterricht des Einzellehrers und der Einzellehrerin, dann deshalb, weil es nur noch mit Ignoranz zu beschreiben ist, wenn nicht jede Lehrerin und jeder Lehrer tendenziell zum Agenda-Lehrer wird.

Ich meine damit natürlich nicht, dass nun alle Lehrerinnen und Lehrer gemeinsam die Agenda-Themen frontalunterrichtlich so „totreiten" müssen, von belehrender Instruktion bis zur abfragenden Klausur, dass sie den Schülerinnen und Schülern schnell überdrüssig werden.

Mir geht es darum, dass auch traditionelle Sach- und Fachverhalte dann Agenda-relevant werden, wenn sie in den doppelten Bezug gestellt werden der globalen Welt-Wirkung und der intergenerationellen Folgen.

Bei allen sachlich-fachlichen Auseinandersetzungen müssen drei Fragen nunmehr immer – auch schon im Fachunterricht – mitgestellt werden:

1. Was war und ist diesbezüglich geschehen zur gleichen Zeit in anderen Regionen der Welt?
2. Was werden die Folgen des Handelns und des Nicht-Handelns sein zukünftig im Blick auf die verschiedenen Regionen der Einen Welt?
3. Wie verträgt sich dies jeweils mit dem Anspruch der Globalen Gerechtigkeit?

Diese Fragehaltung, dieser Forscherdrang, sie erwecken und befriedigen das erste Paar der Lernziele für ein zukunftsfähiges Leben: den *Wissens-Durst* und den *Verstehens-Hunger*.

2. Fachübergreifendes Lernen und Arbeiten

Dass viele Themenfelder in sich zu komplex sind, um sie alleine adäquat im eigenen engen Sach- und Fachverstand bearbeiten zu können, das verweist darauf, dass in den Schulen Lehrer- und Lehrerinnenverbünde und Thementeams gefragt sind, die gemeinsam, facherweiternd, fachergänzend, fachübergreifend sich mit den Schülerinnen und Schülern zusammen Themenbereiche erschließen. Gemeinsam ist besser als einsam. Das Zusammenstellen von Themenkisten kann eine große Hilfe sein. Fachübergreifende Sachkonferenzen bieten sich an. – Viele von uns haben es erfahren: Schon hier enden oft die schulischen Umsetzungsformen, weil die Zerstückelung des Lernens in Fetzenstundenplänen so tief im Schulalltag und in Lehrerbiographien verfestigt ist, dass daraus herauszukommen oft nicht gelingt. Wege, die hier hilfreich sein können, heißen: Wenn Lehrerinnen und Lehrer in festen Teams zusammenarbeiten, dann wächst auch die fachübergreifende Durchdringung komplexer Fragestellungen und eine Abstimmung zwischen den Fächern, um Ergänzungen zu erreichen, Doppelungen zu vermeiden. – Vielleicht gibt es eine im Stundenplan verankerte Art der Auseinandersetzung mit Themen, die ich schon zwischen 1962 und 1965 auf der Odenwaldschule mit großem Gewinn kennen lernte und damals Gesamtunterricht hieß. Das Thema „Wasser" z.B. wird in diesem Gesamtunterricht in festgelegten Stunden im Stundenplan von verschiedenen Fachlehrerinnen und Fachlehrern aus ihrer unterschiedlichen Fachperspektive heraus beleuchtet. Das gibt den Schülerinnen und Schülern die Möglichkeit, die fachspezifische Methodik genauso kennen zu lernen wie die wirkliche Komplexität nahezu jeden Agenda-Themas. – Vom Oberstufen-Kolleg kann man lernen, was ein interdisziplinär angelegter und als Unterrichtsart fest und zentral in der curricularen Aufteilung verankerter „Ergänzungsunterricht" zu leisten in der Lage ist.[9] – Dass sich auch Projekttage im Wochenrhythmus oder Projektwochen im Halbjahresrhythmus für solches Lernen und Arbeiten anbieten, ist so selbstverständlich, dass es nicht weiter ausgeführt werden muss.

3. Assembly

Wenn von den Agenda-Themen einerseits alle betroffen sind, wenn andererseits nicht zu erwarten ist, dass alle in einem Kollegium sich – schon – als qualifiziert ansehen, sich komplexen Themen wie den genannten Agenda-Themen zu stellen, dann empfiehlt es sich, dass auch in den Schulen in Deutschland Einzug hält, was zum angelsächsischen Schul-Lern-Leben – wenn bisweilen auch anders in der Herkunft und in der Gestaltung – selbstverständlich dazugehört: die *Assembly*. Die Assembly ist eine Versammlung der Schulgemeinde schulintern. Sei es, dass wirklich alle Schülerinnen und Schüler aller Jahrgänge und alle Lehrerinnen und Lehrer zusammenkommen, sei es, dass es sich um bestimmte Teilmengen handelt. Sei es, dass die Assembly, die Versammlung, jeden Tag eine Stunde bekommt oder zwei Stunden in der Woche oder zwei Stunden im Monat. Die Versammlung kann sich auf unterschiedliche Themen beziehen, sie kann sich aber auch einem Jahres- oder Halbjahresthema widmen. Auf der Versammlung werden – in methodisch variantenreicher Weise – Problemstellungen fach- und sachkundig bearbeitet, die sonst mit hoher Wahrscheinlichkeit – z.B. die Bevölkerungsdynamik – nicht oder nur am Rande von Einzelfächern Berücksichtigung fin-

9 Vgl. U. Krause-Isermann, J. Kupsch, M. Schumacher (Hg.): Perspektivenwechsel, AMBOS 38, Bielefeld 1994, und B. Hoffmann (Hg.): Allgemeinbildung; AMBOS 22, Bielefeld 1986 sowie weitere Veröffentlichungen aus der Materialienreihe des Oberstufen-Kollegs; Übersichten und Bestellmöglichkeiten unter: Oberstufen-Kolleg, Postfach 100131, 33501 Bielefeld oder unter www.uni-bielefeld.de/OSK

den. Indem eine Sache für alle gemeinsam zum Thema wird, wird deren Bedeutung schon dadurch unterstrichen. Weil ja immer das am besten angeeignet wird, was man anderen selbst präsentiert, muss die Präsentation nicht nur von Lehrerinnen und Lehrern übernommen werden. Es kann – nach einem abgestimmten Plan – die Aufgabe verschiedener Lerngruppen sein, dass sie zeigen, was sie sich schon erarbeitet haben, womit sie sich gegenwärtig – mehr suchend und forschend als nur rezipierend – auseinandersetzen. – Sich dazu auch kundige Personen außerhalb der Schule zu suchen, ist ebenso bereichernd wie entlastend. Die Mühe, geeignete Personen im Gemeinwesen auszumachen, sie für ein schulisches Engagement zu gewinnen, wird durch den Ertrag – auf allen Seiten – meist mehr als wettgemacht. Die Versammlung ist auch ein guter Ort zum Zeigen, wie weit die Medienkompetenzen gediehen sind. Videopräsentationen, internationale live-Schaltungen, Diavorträge etc. bieten sich an. Mit außerschulischen Partnern lassen sich auch gut sehr kontroverse Sichtweisen, wie sie z.B. mit dem Atomstrom oder mit der Biotechnologie verbunden sind, präsentieren und diskutieren. Nicht nur vor Wahlzeiten.

4. Öffentliche Präsentationen

Erarbeitetes Wissen, angeeignete Erkenntnisse wollen nicht bei sich bleiben. Und so will ich nicht müde werden, dafür zu werben, dass das, was sich Lehrende und Lernende, die ja immer beides wechselseitig zugleich sind, mit *Entdeckungs-Freude* und mit *Erlebnis-Lust* erschlossen haben, dass sie das in die außerschulische Öffentlichkeit tragen. Machen wir doch in mehr Städten den wirklichen Versuch, dass sich z.B. Kaufhäuser in den Innenstädten bereit finden, eines ihrer zahlreichen Großschaufenster zur Verfügung zu stellen, damit z.B. – vielleicht sogar mit Unterstützung des hauseigenen Dekorateurs – dargestellt wird, wie viele Arten wo auf der Welt jährlich von der „Mutter Erde" verschwinden und warum. Die Kaufhäuser sind wahrscheinlich aufgeschlossener mitzumachen als viele Schulen mutig, andere in der Weise für das Mitmachen zu gewinnen. Die Kaufhäuser werden sehr schnell merken, dass eine solche Form des öffentlichen Handelns dem Umsatz nicht abträglich ist. Die öffentliche Aufmerksamkeit wird wachsen. Inwieweit die mit den Agenda-Themen verbundenen Konfliktfragen in der Weise auch öffentlich dargeboten werden können, darüber wird immer wieder zu verhandeln sein. Ich nenne die Schaufenster der Kaufhäuser als Beispiel, weil sie öffentlicher sind als viele tote Rathaushallen. Wenn Grundschulkinder bis zu Studentinnen und Studenten ggfs. für Rückfragen in der Einkaufsmeile zur Beantwortung von Fragen zeitweise zur Verfügung stehen, dann werden viele, die an solchen Herausforderungen gerne vorüberhuschen, zum Einlegen einer Denk- und Sprech-Pause bereit sein. Und die Schülerinnen und Schüler qualifizieren sich in Schlüsselqualifikationen wie Kommunikationskompetenz, Verhaltenssicherheiten u. a., deren Bedeutung allseits beschworen wird. Die künstlerischen Fachbereiche mögen entsprechende Denk-Mäler bauen. Die Menge Müll pro Woche, die ein durchschnittlicher Vier-Personen-Haushalt in der Woche verursacht, wird ein-sichtiger, wenn daraus eine Müllsäule errichtet wird. Wer Lust dazu hat, erprobe sich im Straßentheater. Humor und Heiterkeit sind gerade im Blick auf sehr ernste Fragen ausgesprochen *sustainable*. Darum sind Umwelt-Rollenspiele von Umwelt-Clowns faszinierend im besten Sinne. Was die Jugendlichen der Rolf-Dircksen-Schule aus der Widukindstadt Enger/Westfalen mit ihrem Szenario *„Stoppt die Dosen"* entwickelt und schon verschiedentlich mit großem Erfolg aufgeführt haben, ist einfach viel zu schade, nur im Binnenbereich der Schule verharren zu müssen. Die Botschaft: „Dosenverzicht vor Ort" als ein Beitrag zum umweltbewussten Konsum und zur nachhaltigen Entwicklung unter dem Slogan *„Unser Durst darf die Welt nicht kosten"* ist dahin zu tragen, wo die Dosen im Regal stehen. Das ist die Schulung von *Einmischungs-Kompetenz* genauso wie die von *Verständigungs-Suche*, weil zur ersteren die zweite dazugehört. *„Vom Wissen zum Handeln"* ereignet sich auf diese Weise.

5. Nachhaltigkeitsaudit im „Haus des Lernens"

Während das „Aus-der-Schule-herausgehen" und Erfahrungen und Erkenntnisse von Agenda-Arbeit „In-die-Stadt-hinein-tragen" eher noch als Ausnahmen auszumachen sind[10], so wird etwas anderes mehr und mehr zum Renner: das eigene „Haus des Lernens"[11] auf seine Nachhaltigkeit zu untersuchen. Wie schneidet unser „Haus des Lernens" bei einem Nachhaltigkeitsaudit ab? – Was Wilfried Buddensiek z.B. gut didaktisch aufgearbeitet hat, die eigene Schule unter die Lupe der Nachhaltigkeit zu legen, was nun mit der besonderen Jugendherberge in Mirow auf- und auszubauen versucht wird (vgl. den Beitrag in diesem Band), das kann und soll sich rücktransportieren in das Schulhaus, das neben dem Elternhaus der Hauptaufenthaltsort für die Mehrzahl der Kinder und Jugendlichen über viele Jahre hinweg ist. Darum lasse ich auch diese Gelegenheit nicht aus, zu wiederholen: die größte Summe qm öffentlicher Dachflächen in unserer Republik ist die Summe der Schuldächer. Für diese ca. 50.000 Schuldächer in der Republik muss ver-

---

10 Beispiele finden sich gleichwohl in den zahlreichen, aus der Praxis heraus berichtenden Veröffentlichungen im Kontext von GÖS, Gestaltung des Schullebens und Öffnung von Schule, zu beziehen über das Landesinstitut für Schule und Weiterbildung NRW, Paradieser Weg 64, D-59494 Soest, und bei COMED e. V., Verein zur Förderung von Community Education in der Bundesrepublik Deutschland, Burgholzstr. 150, D-44145 Dortmund

11 Das Leitbild von Schule als „Haus des Lernens", wie es in der Denkschrift der Bildungskommission NRW „Zukunft der Bildung – Schule der Zukunft" formuliert ist, ist m. E. das knappste und perspektivenreichste Leitbild für eine Schule des 21. Jahrhunderts. „Schule als ‚Haus des Lernens' ist ein Ort, an dem *alle* willkommen sind ..."

stärkt gelten, dass die Losung „Laßt die Sonne rein!" – symbolisch und real! – umgesetzt wird.[12] Denn wenn die große Zahl der Schuldächer mit Solaranlagen bestückt ist, als Ergebnis eines pädagogischen und Fachkunde fördernden Prozesses, nicht nur einer fachmännischen Fremdinstallation, dann führt dies wegen der großen Zahl zur Verbilligung von Solaranlagen und macht diese auch mehr und mehr für die Privathaushalte attraktiv. Die schulischen Fördervereine können sich an dem 100.000-Dächer-Programm der Bundesregierung sowie an vielen Länderunterstützungs- und Kommunal-Initiativen beteiligen. Viele Finanzierungsfragen, auf die ich hier nicht eingehen kann, sind dadurch relativ einfach zu beantworten. Hier ist z.B. auch ein ideales praktisches Handlungsfeld für das Engagement von Eltern und Partnern von Schulen gegeben, die über das elterliche „Kuchenbacken beim Schulfest" genauso hinausführt wie es die strukturelle Spannung zwischen Eltern und Lehrerinnen und Lehrern zu überwinden hilft, weil gemeinsam zielgeleitet gehandelt, nicht über die Kinder gestritten wird.

Was haben wir alle versäumt, dass das bundesweite Projekt der BUND-Jugend, „Die Wette", nicht noch viel, viel mehr bekannt wurde[13]? Die Wette hieß: Wir sparen in 7 *Monaten* 10% des CO_2-Ausstoßes, den die Wette-Schulen verursachen, und erreichen damit ein Ziel, das sich die Bundesregierung für 7 *Jahre* vorgenommen hat. Im Internet, per Fax oder auch noch konventionell per Postkarte haben die Schulen ihre Erfolge der CO_2-Einsparung gemeldet. Und dann kam der Tag, an dem Professor *Andreas Troge*, der Präsident des Umweltbundesamtes, der die Schiedsrichterrolle bei der Wette übernommen hatte, verkünden konnte: die wettenden BUND-Jugendlichen haben die Wette gegen die Bundesregierung gewonnen. Das anfangs deutschlandweite Projekt, wohl mit globaler Wirkung, wird nun auf europäischer Ebene fortgeführt. Das muss noch nicht das Ende an Internationalität bedeuten! Die Jugendlichen, die sich hier engagiert haben, sie haben in beispielhafter Weise *Unternehmens-Geist* und *Selbst-Wirksamkeit* gezeigt.

---

12   „Laßt die Sonne rein!" war eine von mir in meiner GEW-Zeit 1993 – 1997 zusammen mit greenpeace initiierte Kampagne im beschriebenen Sinne. Die damalige Handreichung ist vergriffen. Inzwischen gibt es aber viele andere, und mehr und mehr auch professionelle Unternehmen nehmen sich der energetischen Neubetrachtung der Schulen an. Für Schulen besonders interessant ist es, wenn sie selbst durch die Einsparung von Energiekosten belohnt werden. In „Fifty-Fifty"-Modellen stehen den Schulen 50% der Einsparungen für pädagogische Innovationen eigener Wahl zur Verfügung, 50% behält der Kämmerer ein. In anderen Modellen werden Anteile der Einsparungen reinvestiert in den Schulbau, so dass z.B. eine klassenspezifische Wärmesteuerung u. ä. möglich ist.

13   Die Wette. Wie Jugendliche das Klima retten. Hg.: BUNDjugend, Friedrich-Breuer-Str. 86, 53225 Bonn, 1998, 159 Seiten

6. Schule und außerschulische Partner wirken zusammen

Unversehens bin ich in den außerschulischen Bereich „gerutscht". Das ist gut so. Denn die Konkurrenz zwischen Schulen und den außerschulischen Vereinen, Verbänden, Vereinigungen ist so überholt wie nur überhaupt etwas. Aber die Erfahrung, dass das Zusammenwirken von außerschulischen Partnern und der Schule beiden zu einer neuen Qualität verhilft, sie ist so erprobt, dass wir weniger über Unterrichtsausfall reden und mehr Zusammenwirken mit außerschulischen Gruppen organisieren müssen. Ist es eine unbillige Forderung, dass es im Zusammenwirken mit den entsprechenden Organisationen an jeder Schule ein *greenteam* geben sollte, eine *amnesty international* Gruppe, eine Gruppe, die sich als ein Teil der *Gesellschaft für bedrohte Völker* versteht? Natürlich kann es diese Gruppen auch ohne eine innerschulische Verankerung geben. Aber doch ist es so, dass nur in der Schule eben *alle* Kinder und Jugendlichen sind. Kinderleben und Jugendlichenleben ereignet sich in einem hohen Anteil im Kontext von Schule. Darum muss das *Schul*-Leben auch ein Schul-*Leben* sein. Eine Schule, die sich um solche Chancen nicht kümmert, verdient nicht das Prädikat der „Guten" Schule, mögen auch noch so viele Partizipialkonstruktionen ansonsten gekonnt werden. Die Katastrophen des 20. Jahrhunderts gingen nicht auf mangelnde Kenntnisse zurück. Das wird im 21. Jahrhundert nicht anders sein. Es ist der *rechte Gebrauch* der Kenntnisse, der den Gang der Geschichte bestimmt. Die Schulen sollten sich diesbezüglich nicht omnipotent fühlen. Das tut auch (fast) keine Schule. Die Schulen dürfen sich aber auch nicht impotent fühlen, was die Chancen gesellschaftlicher und biographischer Beeinflussung betrifft. Leider fühlen sich viele Schulen sehr viel mehr als die Opfer von Umständen denn die Gestalter von Geschichte. Die Agenda 21, die betont, dass *Bildung* eine Gelingensbedingung ihrer Umsetzung ist, erteilt den Schulen einen ausdrücklichen Auftrag. Und kaum ein Programm ist besser gesamtgesellschaftlich legitimiert als die „Bildung für nachhaltige Entwicklung" oder – um *Ludwig Hubers* Einlassung aufzunehmen – eine „Bildung *an* nachhaltiger Entwicklung". Einwände sind Ausreden.

Statt dass wir obrigkeitsfördernde Kopfnoten aus dem Disziplinierungssumpf wieder auferstehen lassen, müsste es doch ein wirklich sinnvolles Ziel sein, dazu beizutragen, dass sich jede Jugendliche, dass sich jeder Jugendlicher, natürlich auch in kleinen Gruppen, in eine reale Verantwortung, z.B. im Kontext von *amnesty international* oder wo auch immer mit vergleichbarem Anspruch, einbringt. „*Verantwortungsprojekte*" heißt das in der Gesamtschule Essen-Holsterhausen. Die Übernahme eines Verantwortungsprojekts gehört zur curricularen Pflicht für jede Schülerin, für jeden Schüler. Die Bandbreite dessen, was sich die Schülerinnen und Schüler suchen können, angeboten bekommen, sie ist so groß, dass sich die individuellen Wünsche und Interessen mit der allgemeinen Pflicht sinnvoll vereinbaren lassen. Dann den Jugendlichen zu bescheinigen, dass sie einen spezifischen, aktiven Beitrag leisten im Dienste des lokalen oder des regionalen Gemein-Sinns, der internationalen und der intergenerationellen Gerechtigkeit, das könnte doch jedem Kultusminister und jeder Bildungssenatorin einfallen – *statt kopfloser Kopfnoten.*

In einer Grundschule in Melle gehört es zum Schulprogramm, dass sich jede Grundschulklasse ein Land auf einem anderen Kontinent sucht, mit dem dann diese Klasse jeweils über die ganze Grundschulzeit hinweg einen Kontakt aufzubauen versucht. – Die neuen Medien können dabei behilflich sein. Aber der Kontakt ist nicht davon abhängig, dass die Klasse, dass die Schule „am Netz" hängt. – In vielen Zusammenhängen wird die globale Perspektive ein gedanklicher Prozess erst einmal sein und bleiben müssen. In länderübergreifende *reale Begegnungen* zu investieren, halte ich allerdings für fruchtbarer als in neue Medien, wiewohl diese reale Begegnungen vorzubereiten gut helfen können. Es ist genau zu prüfen, ob das Hineinpumpen der neuen Medien in die Schulen primär eine getarnte Wirtschaftsförderung ist oder eine pädagogische Maßnahme. Menschlichkeit und Mit-Menschlichkeit lernt sich in der Realbegegnung mit Menschen aus Fleisch und Blut, nicht über e-mails. Darum kann das eine das andere nicht ersetzen und soll es auch nicht. In der Meller Grundschule wachsen die Kinder auf mit Gefühlen und einem Denken in globalen Bezügen. Das überfordert die Kinder nicht. Das wertet die Kinder auf. Die Kinder der Einen Welt. *Visions-Wille* entwickelt sich früh. *Wage-Mut* und *Risiko-Bereitschaft* auch.

7. Schulprogramme

In vielen Bundesländern sind die einzelnen Schulen aufgefordert, mehr oder weniger freiwillig, sich Schulprogramme zu erarbeiten. Das ist ein guter Ansatzpunkt, Akzente wie die genannten oder auch noch ganz andere, als Kontinuitätsverpflichtung im Alltagshandeln zu verankern. Das, was in vielen Schulen bislang das Werk engagierter Einzelner war, Einzelner, die manchmal, gerade wegen ihres Engagements, eher am Rande des Kollegiums denn in dessen Mitte standen, wird so zu einem allgemein anerkannten und alle in die Pflicht nehmenden Fundament der Schule. Wie eine Selbstverpflichtung einer Schule, die sich als Agenda-Schule entwickeln will, aussehen kann, sei hier von der Gesamtschule Essen-Holsterhausen zitiert:

„Mädchen und Jungen, die heute zu uns in die Schule kommen, werden in der Regel bis in das letzte Drittel des nächsten Jahrhunderts Erden-Bürger sein. Daher hat sich all unser gegenwärtiges schulisches Leben, Lernen und Lehren vor diesem Zeit-Raum zu verantworten. ... Weil die Agenda 21 in einem Diskurs der Völker Maßstäbe formuliert hat, zu Einsichten verhilft, zum Handeln anregt für ein verantwortetes Leben für Frieden, Gerechtigkeit und die Bewahrung der Schöpfung, haben wir als Gesamtschule Holsterhausen in gründlichen Überlegungen und unter Beteiligung all derer, die zur Schulgemeinde zählen, beschlossen, AGENDA-Schule im Sinne der Agenda 21 sein zu wollen und zu werden.

Für dieses Ziel und in dieser Absicht haben wir uns zur Zeit das folgende vorgenommen:

1. Wir wollen einmal in jedem Schuljahr mindestens zwei Tage dazu nutzen, um uns den Inhalt der Agenda 21 immer wieder klar zu machen. Neue Einsichten werden wir in unserem Be-SINN-ungsprozess einbeziehen.

2. Wir wollen uns jedes Jahr für ein Schwerpunktprogramm entscheiden, in dem wir festlegen, worauf unsere Aufmerksamkeit in diesem Jahr in besonderer Weise gerichtet sein soll. In die Entwicklung des Schwerpunktprogramms fließen die Einsichten und Erwartungen der Schülerinnen und Schüler, der Eltern, der professionellen Pädagogen, einschließlich der Schulaufsicht, und, wo dies möglich ist, auch der Partner der Schule, ein. Abschließend entschieden wird über das jährliche Schwerpunktprogramm von der Schulkonferenz.

3. Wir wollen bei dem, was wir uns vornehmen, immer zwei Dinge im Blick haben:
Was verhilft uns zu neuen Erfahrungen, neuen Einsichten, neuen Erkenntnissen im Blick auf Maßstäbe und Handlungsfelder der Agenda 21?
Was können wir durch aktives Handeln konkret tun, um den Geist der Agenda 21 sowohl in unserem schulischen Innenleben wie auch im Umfeld der Schule durch Anfassen zu erfassen?

4. Wir wollen uns ... am Ende des Jahres Rechenschaft geben, was wir erreicht haben, worauf wir stolz sein können und wo wir unseren Ansprüchen noch nicht hinreichend gerecht geworden sind.

5. Wir wollen die Gestaltung des schulischen Lebens, Lernens und Lehrens im Geiste der Agenda 21 nicht als Last, sondern als Lust verstehen, auch dort, wo damit, unvermeidbar, Anstrengungen verbunden sein werden. Wir denken, dass ein fehlerfreundlicher Umgang miteinander mehr anspornt als fehlerfeindliche Kontrollen im Ungeist von Konkurrenz.

6. Wir wollen möglichst viele, die mit unserer Schule zu tun haben, von der Sinnhaftigkeit der Maßstäbe und Handlungsweisen der Agenda 21 durch Beispiele überzeugen, nicht überreden. Gerade deswegen such wir auch immer wieder die Kritik, stellen uns Kontroversen und Konflikten.

7. Wir versuchen, unsere Entwicklung, Agenda-Schule zu werden, zu dokumentieren. Wir suchen uns dafür, wo immer es geht, auch Hilfe und Unterstützung durch andere. Wir versuchen, über unser Handeln mit der Öffentlichkeit zu kommunizieren, auch über nationale Grenzen hinweg.

8. Wir wollen zum Ende des Schuljahres 2002/2003 – dann nämlich, wenn die ersten Kinder, die 1997 in die neu gegründete Gesamtschule Holsterhausen eingetreten sind, die Sekundarstufe I regulär abschließen – das bisherige Handlungs- und Entwicklungsprogramm gründlich in Augenschein nehmen, um zu prüfen und neu zu entscheiden, welche Umsetzungsversuche weiterhin Gültigkeit haben sollen oder wo wir neue Akzente setzen wollen.

9. Wir bitten alle, die für unsere Schule Mit-Verantwortung tragen:
    *   die Menschen in der ‚kleinen' und in der ‚großen' Politik;
    *   die Lehrerinnen und Lehrer, die an unserer Schule tätig werden wollen;
    *   die Hausmeister, die Schulsekretärinnen, das Pflegepersonal;
    *   die Kinder und Jugendlichen und ihre Eltern und Verwandten;
    *   und viele andere, sich bewusst zu sein, dass eine Agenda-Schule ihr anspruchsvolles Wollen nur dann wird realisieren können, wenn sie darin möglichst viel Unterstützung erfährt. ... Als Unterstützung sehen wir auch Kritik an, die uns beim Weiter-Lernen hilft.

10. Wir wollen nach dem Rechten suchen. Von Rechthaberei wollen wir uns nicht beherrschen lassen.

Die Felder unseres Handelns als Agenda-Schule sollen sich beziehen auf:
*   das fachliche Lernen im Fachunterricht
*   das fächerverbindende, fächerübergreifende Lernen
*   das Arbeiten in aufgabenorientierten Projekten
*   das Mitwirken über die Schulgrenzen hinaus
*   die internationale Kommunikation und Kooperation
*   die Art und Weise, wie wir miteinander umgehen, wir wir Phantasien entwickeln, Pläne schmieden, Vorhaben ausprobieren, Entscheidungen treffen, Minderheiten akzeptieren, Alternativen suchen, offen auf Neues zugehen und uns öffnen für Partner, die mit uns im Geiste der Agenda 21 zusammenarbeiten wollen."

(Einstimmig beschlossen auf der Schulkonferenz am 15. September 1998)

Niemand in dieser Schule meint, das sei ein einfacher Weg. Über die allseits herumliegenden und von manchen aufgehäuften Stolpersteine hinwegzuhüpfen, spornt freilich auch an. Es ist schon so, wie *Erich Fromm* sagt: *„Wenn das Leben keine Vision hat, nach der man sich sehnt, die man verwirklichen möchte, dann gibt es auch kein Motiv sich anzustrengen."*

8. Internationaler Projekttag

Ich wiederhole: die globale Perspektive wird oft zunächst eine gedankliche bleiben müssen. Das ist nicht schlimm. Schlimm ist, wenn keine mentalen Strukturen aufgebaut werden, die vom globalen Denken durchdrungen sind. Es gibt heute keine Allgemeinbildung, es sei denn, sie ist Interkulturelle Bildung. Interkulturelles Lernen, Interkulturelle Bildung ist das ideale Feld für die Entwicklung von *Spür-Sinn* und *Ehr-Furcht*. *Spür-Sinn* dahingehend, warum in welchen anderen Kulturen anderes gedacht, gelebt, gehofft, gearbeitet, geglaubt wird; und dies in *Ehr-Furcht* vor der Weisheit, die in ganz verschiedenen Traditionen immer zu entdecken ist.

Daß für die Ausprägung global orientierter mentaler Strukturen Realerfahrungen unumgänglich sind, unterstreicht die Wichtigkeit einer weltweiten Zusammenarbeit von Schulen. *„Auch der Weg von 100.000 Meilen beginnt mit einem ersten Schritt"* heißt eine der Weltweisheiten, die hier zu nennen ist. Die Produktlinie einer Jeans nach zu verfolgen, kann erhellend sein. Die direkte Kommunikation zwischen den Menschen in Schulen weltweit, wie sie nun schon zum dritten Mal durch den Internationalen Projekttag der Solidarität angespornt wird, sie ist die Perspektive der Zukunft. Die Bewährungsproben „Tschernobyl" beim ersten Projekttag, „Menschenrechte" beim zweiten, „Agenda 21" jetzt beim dritten Projekttag zeigen, dass sie vor nationalen Grenzen nicht halt machen. Sie sind daher im weltweiten Schul-Netz zu bearbeiten und auszutauschen sind (vgl. die Beiträge von Bloech und Krollpfeiffer-Kuhring in diesem Band).

Es ist ein *heute* in Angriff zu nehmendes Fernziel, dass im Prinzip jede Schülerin und jeder Schüler in Deutschland, nicht nur die ca. 10% der privilegierten, die sich dies heute schon leisten können, für einen wünschenswerten Zeitraum von (mindestens) einem halben Jahr sich während ihrer Schulzeit im – ferneren – Ausland aufhalten können. Lernend und arbeitend. Dies dürfte zu mehr Interkultureller Verständigung, zu einer intensiveren Pflege von Welt-Bewußtsein, zur kenntnisreicheren biographischen Verankerung einer planetarischen Vernunft beitragen als noch so viele Schul-Stunden. Globales Bewusstsein ist darauf angewiesen, dass Subjekte erfahren, dass sie sich auch in der anfänglichen Fremde zu Hause und Zuhause fühlen können. *So* wird aus Fremdem Vertrautes. Umgekehrt gilt auch: dieses Deutschland, eines der reichsten Länder der Erde, ein Land, das sich *früher feindlich* an der Welt verbrochen hat, es kann *nun freundlich* so viele Einladungen aussprechen an die Kinder der Welt, dass im Prinzip auch jede Schülerin, jeder Schüler in seiner Schul-Zeit ein anderes Kind, einen anderen Jugendlichen bei sich aus der Weite der Welt aufnehmen kann. Vielleicht gehört dazu etwas *Civil-Courage,* die wichtigste Bürgerinnen- und Bürgertugend, die zugleich immer sehr gefährdet ist. Dafür Zeit sich zu nehmen, Zeit sich und

anderen zu schenken, das machte so viel mehr SINN, als Schulzeit zu strei-
chen!

Schulen *brauchen* für die Einlösung einer „Bildung an nachhaltiger Entwicklung" Ressourcen. Schulen *sind* aber auch für die Einlösung der „Bildung für nachhaltige Entwicklung" eine Ressource. Vermutlich sind die
Schulen eine der wichtigsten Ressource, wenn die „Erd-Charta", mit der ich
schließen will, gelebt und weiterentwickelt werden soll.

Die Erd-Charta (Kurzfassung)

Selbstverpflichtung
In gemeinsamer Hoffnung wollen wir:

1. Ehrfurcht haben vor der Erde und allem Leben.
2. Für die Gemeinschaft alles Lebendigen in seiner ganzen Vielfalt Sorge
   tragen.
3. Danach streben, freie, gerechte, partizipatorische, nachhaltige und fried-
   liche Gesellschaftsformen aufzubauen.
4. Die Fülle und die Schönheit der Erde für die gegenwärtige und für die
   zukünftige Generation sichern.

Im Bemühen um diese Ziele wollen wir:

5. Die Integrität der ökologischen System der Erde schützen und wieder-
   herstellen, mit besonderem Augenmerk für biologische Vielfalt und die
   natürlichen Prozesse, die das Leben erhalten und erneuern.
6. Schaden von der Umwelt abwenden, da dies die beste Methode zu ihrem
   Schutz ist, und wo das Wissen an Grenzen stößt, den Pfad der Vorsicht
   zu wählen.
7. Alle Lebewesen mit Mitgefühl behandeln und sie vor Grausamkeit und
   willkürlicher Vernichtung schützen.
8. Verbrauch, Produktion und Reproduktion so abstimmen, dass die regenerativen Kräfte der Erde, die Menschenrechte und das Wohl der Allgemeinheit respektiert und gesichert werden.
9. Sicherstellen, dass wirtschaftliche Aktivitäten die menschliche Entwicklung auf gerechte und nachhaltige Weise unterstützen und fördern.
10. Aus ethischer, sozialer, ökonomischer und ökologischer Verpflichtung
    die Armut beseitigen.
11. Das Recht aller Menschen auf eine Umgebung, die ihre Würde, ihre
    Gesundheit und ihr spirituelles Wohlergehen ermöglicht, unterschiedslos
    achten und verteidigen.

12. Weltweit das gemeinsame Studium ökologischer Systeme, die Verbreitung und Anwendung von Wissen und die Entwicklung, den Gebrauch und den Transfer sauberer Technologien voranbringen.
13. Zugang zu Informationen schaffen, sowie Beteiligung (Partizipation) an Entscheidungen und Transparenz, Wahrhaftigkeit und Rechenschaftspflicht von Regierungen.
14. Die Gleichstellung der Geschlechter als Vorbedingung für eine nachhaltige Entwicklung bestätigen und fördern.
15. Wissen, Werte und Fertigkeiten, die zum Aufbau gerechter und nachhaltiger Gemeinwesen notwendig sind, zum integralen Bestandteil der Schulbildung und des lebenslangen Lernens aller zu machen.
16. Eine Kultur des Friedens und der Zusammenarbeit schaffen.

Wie nie zuvor in der Geschichte der Menschheit fordert uns unser gemeinsames Schicksal dazu auf, einen Neuanfang zu suchen. Eine solche Erneuerung versprechen die Grundsätze der Erd-Charta. Wir können dieses Versprechen nur erfüllen durch einen inneren Wandel – einen Wandel des Herzens und des Verstandes. Es erfordert entschlossenes Handeln, um sich die Vision der Erd-Charta anzueignen, sie umzusetzen und weiterzuentwickeln. Jeder Mensch, jede Familie, jede Organisation, jedes Unternehmen und jede Regierung spielt eine entscheidende Rolle. Die Jugendlichen sind die Protagonisten des Wandels. Wir können, wenn wir es wollen, unsere kreativen Möglichkeiten zu unserem Vorteil nutzen und eine Ära neuer Hoffnung schaffen.[14]

---

14 Seit über zehn Jahren haben verschiedene Gruppen auf der ganzen Welt Anstrengungen unternommen, eine Erd-Charta zu formulieren. In den Jahren 1997 und 1998 wurden 35 nationale Erd-Charta Komitees gebildet und es fanden zahlreiche Erd-Charta-Konferenzen statt. Im April 1999 gab die Erd-Charta Kommission den 2. Entwurf heraus, aus dem hier zitiert ist. Die Beratungen werden fortgesetzt. Ziel ist es, zum Jahr 2002 um eine Bestätigung der Erd-Charta durch die Generalversammlung der Vereinten Nationen zu ersuchen. Vgl. www.earthcharter.org, echarter@terra.ecouncil.ac.cr oder rockefel@middlebury.edu

Hansjörg Seybold

Leitbilder nachhaltiger Entwicklung und ihre Bedeutung für globales Lernen

1. Zur Funktion von Leitbildern im Nachhaltigkeitsdiskurs

Seit bei der Weltkonferenz in Rio de Janeiro der von der Brundtland-Kommission eingeführte Begriff „Sustainable Development" aufgegriffen und in den Mittelpunkt der Beratungen um eine zukunftsfähige Entwicklung der Staaten dieser Erde gerückt ist, wird er als Leitbild für all die Überlegungen, Diskussionen und Maßnahmen betrachtet, die seit dieser Zeit weltweit in Gang gesetzt wurden. Er bündelt als „gemeinsamer Nenner" die Vorstellungen und Hoffnungen der vielen Teilnehmerländer der Rio-Konferenz 1992 von einer (Welt-)Gesellschaft, die

- ökologisch verträglich wirtschaftet
- technisch effizient arbeitet
- sozial gerecht lebt

Seine Funktion als Leitbild ist darin zu sehen, dass es „... für das Individuum und für Sozietäten die Komplexität von Welt (reduziert) und die Aktivitäten in einzelnen Handlungsfeldern (strukturiert)" (de Haan u.a. 1996, S.293). Neben der Reduktionsfunktion ist es vor allem die Koordinationsfunktion, die dem Leitbild „nachhaltige Entwicklung" Bedeutung gibt. Denn es focussiert in einer immer komplexer werdenden Welt mit ihren Nord-Süd Gegensätzen, den unterschiedlichen, oft widersprüchlichen und miteinander konkurrierenden Positionen und Zielen zwischen Ökonomie und Ökologie sowie den immer deutlicher erkennbaren globalen Verflechtungen sowohl die Wahrnehmung als auch das Denken auf eine neue Sichtweise dieser Probleme und macht sie damit öffentlichen Diskussionen als auch demokratischen Entscheidungsprozessen leichter zugänglich.

Dass der Begriff „nachhaltige Entwicklung" höchst unterschiedlich interpretiert wird und noch kein klar umrissenes Handlungskonzept darstellt, ist für seine Funktion als Leitbild zunächst nicht unbedingt ein Nachteil. Denn der Leitbildbegriff „steht ... eher für verallgemeinerte, immer kompromissfähige Strategien, weniger für programmatische Konzepte mit Anspruch auf alleinige Wahrheit und daraus deduzierbaren Teilleitzielen" (de Haan u.a. 1996, S.293). Verfolgt man die Diskussion um diesen Begriff in den letzten 7 Jahren, so wird deutlich, dass „gerade die Unbestimmtheit, die Möglichkeit, (ihn)... in verschiedenen Richtungen auszudeuten, (ihm)... breite soziale Anschlußfähigkeit (verschafft)" (Brand 1997, S.11).

Andererseits liegt in der Unbestimmtheit dieses Leitbildes seine Schwäche. Denn die Unbestimmtheit führt in dem Augenblick, in dem Konkretisierungen vorgenommen werden, zu einer Fülle an unterschiedlichen Interpretationen, die sich teilweise sogar widersprechen. „Das durch das Leitbild nachhaltiger Entwicklung konstituierte Diskurs- und Handlungsfeld ist durch eine Fülle von Konflikten geprägt, die sich aus den unterschiedlichen Interessen und Wertpräferenzen im Umgang mit den neuen Problemen der Selbstbegrenzung, der Entwicklung neuer Regulationsmuster in der Aneignung von Natur und der damit verknüpften Neuverteilung von Risiken und Nutzungschancen ergeben" (Brand 1997, S. 18).

An dem bisher umfassendsten Versuch einer Konkretisierung dieses Leitbildes, der Wuppertal-Studie „Zukunftsfähiges Deutschland" (BUND/Misereor 1996) und an den Reaktionen auf diese Studie sind diese gegensätzlichen Interpretationen deutlich erkennbar.

In ihr versuchen die Autoren, durch die Rückbeziehung von Produktion, Konsum und Mobilität auf den verfügbaren Umweltraum zu einer Berechnung von Ressourcengrößen zu gelangen. Auf diesen Berechnungen aufbauend werden (Teil-)Leitbilder entworfen, die beschreiben, wie die Diskrepanz zwischen den Soll-Werten einer nachhaltigen Entwicklung in Deutschland und gängiger Praxis überwunden werden kann.

Durch folgende acht Leitbilder des Wandels wird nachhaltige Entwicklung konkretisiert und präzisiert:

1. Rechtes Maß für Raum und Zeit
   Die Forderung nach Entschleunigung und Entflechtung bedeutet eine Verkehrswende. "Langsamere Geschwindigkeiten" und "kürzere Distanzen im Verkehr" sollen dazu führen, die Fernerschließung von Ländern und Erdteilen zu bremsen und die regionale Naherschließung zu fördern.
2. Eine grüne Marktagenda:
   Damit das Wirtschaftssystem von Deutschland den Forderungen nach Nachhaltigkeit genügen kann, ist eine Ökologisierung der Marktwirtschaft erforderlich. Dazu gehört vor allem eine ökologische Steuerreform.

3. Von linearen zu zyklischen Produktionsprozessen:
   Damit ist der Einstieg in eine nachhaltige Wirtschaftsweise gemeint, bei
   der die Material- und Energieflüsse, die der Natur entnommen werden,
   massiv zu verringern bzw. wiederzuverwerten sind. Dabei geht es um
   Kreisläufe für die Wertstoffe (Recycling) und für die Produkte (Veränderung der Lebens- und Nutzungsdauer).
4. Gut leben statt viel haben:
   Damit ist gemeint, dass sich die Wohlstandsstaaten der nördlichen Erd-
   halbkugel einer Grenze der Güterausstattung nähern, jenseits derer die Zu-
   friedenheit nicht mehr mitwächst. "Viel-Haben tritt in Widerspruch zum
   Gut-Leben" (Bund/Misereor 1996, S.224).
5. Für eine lernfähige Infrastruktur:
   Eine lernfähige Infrastruktur reagiert auf Veränderungen von Bedürfnissen und Notwendigkeiten und verändert sich. So z.B. beim angestrebten
   Wandel von zentraler (Großkraftwerk) zu dezentraler Stromversorgung
   (örtliches Blockheizkraftwerk). Oder bei der Entwicklung neuer Formen
   des Wohnens mit weniger Umweltverbrauch.
6. Regeneration von Land- und Forstwirtschaft:
   Dazu gehört der Wandel von der Monokultur zur regionalen Vielfalt, von
   der Intensivlandwirtschaft zur organischen Kreislaufwirtschaft mit "ge-
   sunden" Produkten.
7. Stadt als Lebensraum:
   Hierzu gehört städtische Lebensweise sowie Ver- und Entsorgung einer
   Stadt unter den Aspekten einer integrierten Stadtplanung (vom ökologischen Wohnbau bis zum Fahradweg).
8. Internationale Gerechtigkeit und globale Nachbarschaft:
   Dazu gehört fairer Handel mit den Ländern des Südens, Kooperation sowie Ausgleich bei der ökologischen Erneuerung des Nordens und der damit verbundenen Einsparung von Energie und Rohstoffen, Chancengleichheit im Hinblick auf eine eigene Entwicklung (vgl. BUND/Misereor
   1996, D. 149f.).

Diese Leitbilder enthalten jeweils einige "Wende-Szenen", welche die Leitbilder beispielhaft konkretisieren, einzelne Veränderungsprojekte ausführlich
beschreiben und auch mit Zahlen belegen. Anhand dieser "Wendeszenen"
wird dann eingeschätzt, was getan werden kann, um in den nächsten zehn bis
zwanzig Jahren "Übergänge" zu den anvisierten Reduktionszielen zu ermöglichen.
   Diese Studie hat seit ihrem Erscheinen 1996 zu einer heftigen Kontroverse
in Deutschland geführt. Während auf der einen Seite die Studie gelobt und
die Leitbilder ob ihrer Funktion als zukunftsweisend betrachtet werden (vgl.

Linz 1998, S.11f), zentriert sich die Kritik an diesen Leitbildern auf folgende Punkte:

–   Zum einen werden Zweifel formuliert, ob die dem Leitbild nachhaltige Entwicklung innewohnende Forderung nach Gerechtigkeit als „bloße Verteilungsgleichheit" (Rat von Sachverständigen 1996, S.55) verstanden werden kann, auf die jeder jetzt und zukünftig lebende Mensch der Erde Anspruch hat. Denn diesem Verständnis liegt nach Auffassung des Rates ein Gleichheitsdenken zugrunde, das alle individuellen und kulturellen Unterschiede in den Fähigkeiten und der Bereitschaft beim Umgang mit der Umwelt und bei der Erschließung von Ressourcen unberücksichtigt lässt.
–   Zum andern wird als sehr fraglich angesehen, ob diese Leitbilder von der Gesellschaft akzeptiert werden, d.h. also resonanzfähig sind. Grundlage dieser Zweifel ist der Gegensatz der den Leitbildern zugrundeliegenden Forderung nach Genügsamkeit und Verzicht zu vorherrschenden Interessen, Trends und Wertorientierungen in Deutschland. Daher ziehen jene, „...die das zukunftsfähige Deutschland wollen, und jene, denen nichts über die Wettbewerbsfähigkeit des Standortes Deutschland geht, ...wohl kaum am gleichen Strang in Richtung auf das gleiche Ziel" (Linz 1998, S. 17).

2.   Zur Funktion von Leitbildern nachhaltiger Entwicklung für schulisches Lernen

In ähnlicher Weise sind auch Fronten im Bildungsbereich zu erkennen: Auf der einen Seite diejenigen, die die Notwendigkeit betonen und vielleicht auch einen Reiz für Schule darin sehen, in eine diskursive Auseinandersetzung mit den Konkretisierungen der Wuppertal-Studie zu treten. Diese Position geht davon aus, dass deren Leitbilder und "Wende-Szenen" aufgrund ihrer sachlichen Legitimation (verfügbarer Umweltraum, darauf bezogene Ressourcengrößen, gravierende Übernutzungen) als *Lernsituationen für Umweltbildung* anzusehen sind. Verwiesen wird dabei gerne auf Wolfgang Klafki, der in der "Umweltfrage" eines der Schlüsselprobleme unserer heutigen Zeit sieht, mit der sich Schüler im Hinblick auf eine angemessene Allgemeinbildung auseinandersetzen sollen (1991, S.56).

Hier wird in dem normativen Charakter nicht so sehr die Gefahr geringer Resonanzfähigkeit gesehen, sondern das Potential für befruchtende Auseinandersetzungen mit den Leitbildern, die Chancen für Konsens und Handlungsmöglichkeiten sowie Engagement eröffnen. Ausgangspunkt ist hierbei die Annahme, dass das Leitbild nachhaltige Entwicklung nur dann Bedeutsamkeit erlangen kann, wenn dadurch impliziertes Denken und Handeln in „konkret imaginierbare Alltagsleitbilder" einfließt (Hilgers 1997, S.207).

Diese Position schlägt sich in der Entwicklung von Unterrichtskonzepten und Unterrichtsmaterialien für die kritische Auseinandersetzung mit den verschiedenen Leitbilder der Wuppertal-Studie im Unterricht nieder (vgl. Landesinstitut für Schule und Weiterbildung 1997, Umweltservice 1997).

Auf der anderen Seite stehen diejenigen, welche die kritischen Stimmen zu den Wuppertaler Leitbildern auch für den Bildungsbereich für sehr bedeutsam halten. Aufgabe von Schule kann, so die Argumentation, sich nicht nur auf die quantitativ-stoffliche Aufarbeitung vorgegebener Reduktionsziele beschränken. Denn Schule wäre in diesem Falle ebenso in einer bildungspolitischen Falle gefangen, wie sie Sachs für die Umweltpolitik befürchtet:

"Würde nämlich der umweltpolitische Diskurs auf die Ermittlung von Grenzwerten ökologischer Tragfähigkeit und die Beschreibung von Steuerungsinstrumenten zusammenschnurren, dann wäre er in der Expertenfalle gefangen. Er zielte auf Planungsabsprachen zwischen Machtträgern und Experten, deren Ergebnisse die Bürger dann zu schlucken hätten" (1995, S.24).

In gleicher Weise wie der umweltpolitische Diskurs wäre schulisches Lernen auf eine *Umsetzungsstrategie* vorgegebener, von Experten festgelegter ökologischer Daten und Verhaltensmuster *reduziert*. Um dieser Gefahr offensiv zu begegnen wird im Gutachten für den Modellversuch „Bildung für eine nachhaltige Entwicklung" mit dem Ziel „Gestaltungskompetenz" die Präferenz für eine Art ökologischer Schlüsselqualifikation betont, die als allgemeine Qualifikation im Sinne eines „die Zukunft selbst gestalten können" grundlegend für eine Bildung für nachhaltige Entwicklung sein soll. „Mit der 'Gestaltungskompetenz' wird, in Absetzung zur moralisch aufgeladenen Erziehung zu umweltgerechtem Verhalten, das Konzept einer eigenständigen Urteilsbildung mitsamt der Fähigkeit zum innovativen Handeln im Feld nachhaltiger Entwicklung ins Zentrum gestellt". (BLK 1999, S.60/61).

3. Zur Bedeutung von Leitbildern nachhaltiger Entwicklung für globales Lernen

Die Problematik der unterschiedlichen Interpretation bei der Konkretisierung von Leitbildern verschärft sich noch, wenn man vom regionalen und nationalen in den globalen Raum eintritt. Denn wenn es schon für den nationalen Raum schwierig ist, Konkretisierungen des allgemeinen Leitbildes einer nachhaltigen Entwicklung ressonanzfähig zu machen, wie sieht es dann weltweit aus mit solchen Versuchen?

Für den globalen Raum lässt sich das „Syndromkonzept" des Wissenschaftlichen Beirats: der Bundesregierung Globale Umweltveränderungen (WBGU) beispielhaft zur Beantwortung dieser Frage heranziehen. Der Ausgangspunkt ist hier jedoch ein anderer als bei der Wuppertal-Studie. Während letztere den Umweltraum Deutschland als Ausgangspunkt nimmt, von dem her sich Zahlen für eine nachhaltige Entwicklung auf der Basis verfügbarer und gleich zu verteilender natürlicher Ressourcen berechnen lassen, benutzt der WBGU das Konzept des Umweltraumes in einer anderen Weise. Es wird nicht versucht, denn globalen Raum in einzelne, überschaubare Räume aufzuteilen, sondern unter der Blickrichtung globaler Umweltveränderungen und ihrer Ablauf- sowie Veränderungsmechanismen werden Fehlformen der Nutzung von Räumen aufgezeigt und als Krankheitsbilder oder „Syndrome" bestimmt, die weltweit auftreten. Das Syndromkonzept stellt nach Meinung des WBGU eine Methode der „Ganzheitsbetrachtung der gegenwärtigen Krise des Systems Erde" dar.

Die Grundthese des Beirats ist, „... daß sich die komplexe globale Umwelt- und Entwicklungsproblematik auf eine überschaubare Anzahl von *Umweltdegradationsmustern* zurückführen läßt" (WBGU 1996, S.116). Diese funktionalen Muster (Syndrome) sind – so der WBGU – unerwünschte charakteristische Konstellationen von natürlichen und zivilisatorischen·Trends und ihrer Wechselwirkungen, die sich geographisch explizit in vielen Regionen dieser Welt identifizieren lassen (vgl. 1996, S. 117).

Diese Syndrome des Globalen Wandels lassen sich in folgende 3 Funktionsgruppen ordnen:

Syndromgruppe „Nutzung"

1. Landwirtschaftliche Übernutzung marginaler Standorte: Sahel-Syndrom
2. Raubbau an natürlichen Ökosystemen: Raubbau-Syndrom
3. Umweltdegradation durch Preisgabe traditioneller Landnutzungsformen: Landflucht-Syndrom
4. Nicht-nachhaltige industrielle Bewirtschaftung von Böden und Gewässern: Dust-Bowl-Syndrom
5. Umweltdegradation durch Abbau nicht-erneuerbarer Ressourcen: Katanga-Syndrom
6. Erschließung und Schädigung von Naturräumen für Erholungszwecke: Massentourismus-Syndrom
7. Umweltzerstörung durch militärische Nutzung: Verbrannte-Erde-Syndrom

Syndromgruppe „Entwicklung"

1. Umweltschädigung durch zielgerichtete Naturraumgestaltung im Rahmen von Großprojekten: Aralsee-Syndrom
2. Umweltdegradation durch Verbreitung standortfremder landwirtschaftlicher Produktionsverfahren: Grüne-Revolution-Syndrom
3. Vernachlässigung ökologischer Standards im Zuge hoch dynamischen Wirtschaftswachstums: Kleine-Tiger-Syndrom
4. Umweltdegradation durch ungeregelte Urbanisierung: Favela-Syndrom
5. Landschaftsschädigung durch geplante Expansion von Stadt- und Infrastrukturen: Suburbia-Syndrom
6. Singuläre anthropogene Umweltkatastrophen mit längerfristigen Auswirkungen: Havarie-Syndrom

Syndromgruppe „Senken"

1. Umweltdegradation durch weiträumige diffuse Verteilung von meist langlebigen Wirkstoffen: Hoher-Schornstein-Syndrom
2. Umweltverbrauch durch geregelte und ungeregelte Deponierung zivilisatorischer Abfälle: Müllkippen-Syndrom
3. Lokale Kontamination von Umweltschutzgütern an vorwiegend industriellen Produktionsstandorten: Altlasten-Syndrom

Am Beispiel „Sahelzone" lässt sich erkennen, wie der Ursache-Wirkungs-Komplex bei der landwirtschaftlichen Übernutzung marginaler Standorte sich in einem syndromspezifischen Beziehungsgeflecht darstellen lässt.

Beispiel:

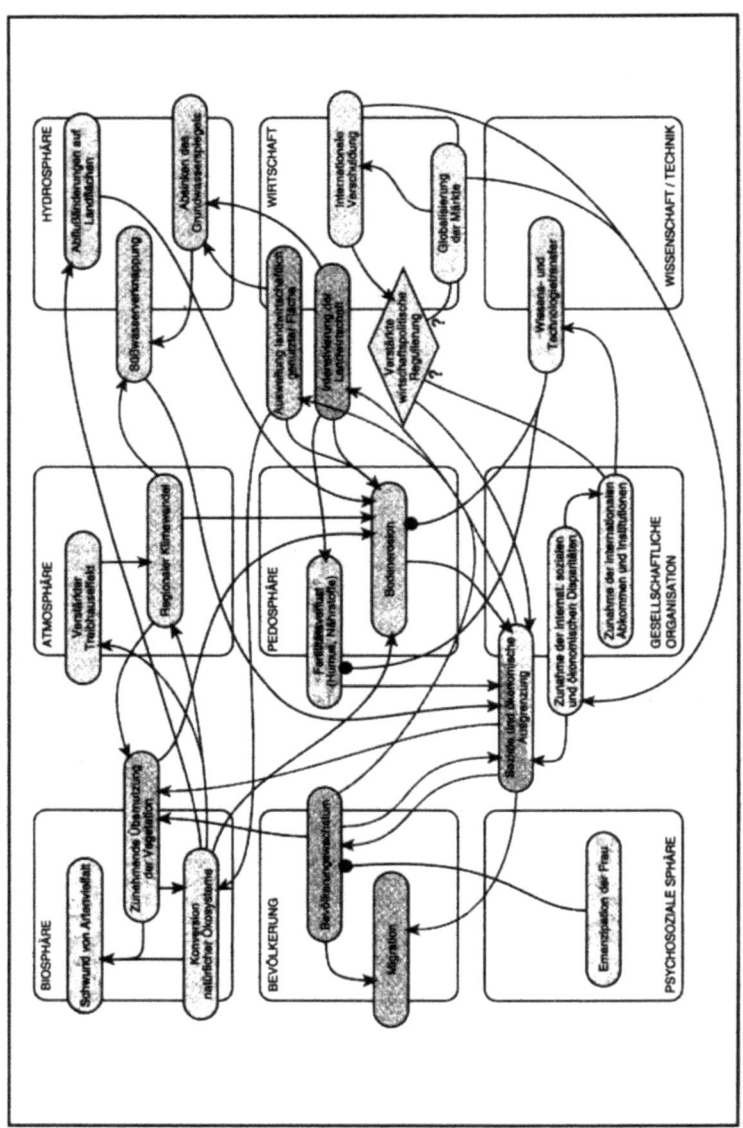

Abbildung 8
Syndromspezifisches Beziehungsgeflecht des *Sahel-Syndroms*. Die drei Teilgeflechte, aus denen Fragenkomplexe abgeleitet werden, sind rot, grün und blau dargestellt.
Quelle: WBGU

(WBGU 1996, S.141)

Diesen Ansatz für globales Lernen zu benutzen, erscheint auf den ersten Eindruck didaktisch sehr fruchtbar. Zum einen kann mit diesem Ansatz die Komplexität des globalen Raumes wesentlich reduziert werden. Zum andern steht mit dem Syndromansatz ein nutzungsorientierter Zugang für die unterrichtliche Erarbeitung fremder Räume zur Verfügung mit der Möglichkeit, globale Fehlentwicklungen zu kennzeichnen. Für schulische Lernprozesse würde dies bedeuten, ihn für die Identifizierung globaler Probleme zu benutzen – ähnlich wie in der Sozialgeographie seit langem das Konzept der „Inwertsetzung von Räumen" oder das der „Funktionsräume" zur analytischen Behandlung von Raumproblemen und ihren Ursachen benutzt wird.

Würde sich jedoch die unterrichtliche Bearbeitung der Syndrome lediglich auf Beziehungsgeflechte wie die des Beispiels Sahelzone zentrieren, wäre globales Lernen in ähnlicher Weise wie bei der Analyse des Umweltraumes Deutschland in der Wuppertal-Studie lediglich auf die Rückbeziehung von Produktion, Konsum und Mobilität auf den verfügbaren Umweltraum zur Berechnung der Ressourcengrößen beschränkt. D.h. die Operationalisierung des Leitbildes Nachhaltigkeit würde sich lediglich im Aufweis von unerwünschten oder gefährlichen Zuständen im Umwelt-. Wirtschafts und Sozialbereich, also in Bereichen der „Nicht-Nachhaltigkeit" (WBGU 1996, S. 118) niederschlagen. Wolfgang Sachs spricht von „Astronautenperspektive", wenn er darauf hinweist, dass in diesem Falle ferne Räume und ihre Probleme lediglich unter der Perspektive eines globalen Managements betrachtet werden, um einen „... Ausgleich zwischen der Nutzung der Natur einerseits und ihrer regenerativen Fähigkeiten andererseits im planetarischen Maßstab zu erfassen, und zwar durch Beobachtung und Kartierung, Messung und Berechnung der Ressourcen-Flußgrößen und der globalen bio-geo-chemischen Zyclen" (1997, S. 105).

Die spannende Frage, ob, wie und von wem auf der Basis der Syndrome in ähnlicher Weise wie bei der Wuppertal-Studie Leitbilder für nachhaltige Entwicklung in den betroffenen Räumen formuliert werden können und ob diese in der jeweiligen Bevölkerung ressonanzfähig sind, wäre dann ausgeblendet.

Daher darf die eigentliche Botschaft dieses Ansatzes nicht übersehen werden, dass die Syndrome durch den Aufweis von Fehlentwicklungen zwar Bereiche der Nicht-Nachhaltigkeit von denen der Nachhaltigkeit trennen, jedoch keine „Endzustände" festlegen (vgl. WBGU 1996, S.154). Durch ihre analytische Funktion weisen sie lediglich *auf Handlungsräume möglicher Veränderungen* hin, innerhalb derer *wünschenswerte Systemzustände* durch Politik und Gesellschaft erst *noch syndromspezifisch auszuhandeln* sind.

Damit stellt das Syndromkonzept in ähnlicher Weise wie die quantitative Analyse des Umweltraumes bei der Wuppertal-Studie einen ersten Schritt der Problemanalyse dar, an den sich – so der WBGU 1996, S.7 – die Operationalisierung des Leitbildes Nachhaltigkeit im Sinne einer „Abwesenheit bzw. Linderung von Syndromen" als zweiter Schritt erst anschließt (1996, S.119). Das bedeutet für globales Lernen, dass die Verwendung des Syndromansatzes sich nicht nur auf die interdisziplinäre Aufarbeitung von Nutzungs- und Entwicklungskonflikten in bestimmten fernen Räumen von oben und von aussen beschränken darf. Für globales Lernen ist mindestens ebenso bedeutsam, dass auch den *Akteuren* im jeweiligen Raum Beachtung geschenkt wird. Akteure meint, dass die globale Räume nutzenden Menschen nicht nur als Systemfaktor zu betrachten sind, die in Hinblick auf Lösungen und Verbesserungen zu kalkulieren sind, um ihnen dann bestimmte Verhaltensweisen zuzuordnen, sondern dass ihre Subjektivität zu beachten ist und damit ihre Wahrnehmung regionaler und globaler Probleme sowie ihre Interpretation der Konsequenzen des jeweiligen Syndroms auf dem Hintergrund der Traditionen und Entwicklungen ihres Landes. Für Reusswig bedeutet dies: „Der normative Diskurs über wünschenswerte (und z.B. bezahlbare) Systemzustände und der analytische Diskurs über tatsächliche Systementwicklungen können nur gemeinsam geführt werden, sie müssen sich gegenseitig erhellen und ergänzen" (1997, S.90).

D.h., dass Schülern durch Kommunikation mit Schülern anderer Länder erfahren, dass die Nachhaltigkeitsdiskussion in anderen Ländern, vor allem sogenannten Entwicklungsländern anders geführt wird als in Industrieländern. So werden z.B. Ernährungsprobleme im Sudan sicher anders wahrgenommen und interpretiert als in Deutschland, Energieprobleme in Polen anders als in den Emiraten, Mobilität in Japan anders als in den USA. Zusätzlich wird auch innerhalb der jeweiligen Regionen der Handlungsspielraum im Bereich der „Grenzzonen" der Syndrome von den dortigen Akteuren sicher höchst unterschiedlich interpretiert und ausgelotet, je nach kurzfristigen Bedürfnissen und langfristigen Interessen.

Globales Lernen in der Schuler bedeutet also, in der eigenen Schule nicht nur *über* globale Zusammenhänge und fremde Länder zu arbeiten, sondern auch *mit* Schulen dieser anderen Länder. Ausgangspunkt im Unterricht können Fragen an Schüler aus anderen Ländern sein wie: „„... Wir beschäftigen uns im Geographieunterricht mit der Abholzung von Tropenwäldern. Wie ist Eure Meinung dazu? Wird dieses Thema bei Euch im Unterricht thematisiert? Wie wird es in der Presse und im Fernsehen dargestellt?" Die Antworten solcher Befragungen können mit den Daten und den Erklärungsmodellen der Syndrome sowie mit eigenen, durch Unterricht beeinflussten Wahrnehmungen verglichen und die Unterschiede aufgearbeitet werden. Über Internet werden Kontakte dieser Art in zunehmendem Maße von Schulklassen angebahnt (vgl. z.B. Seybold 1998, Donath & Volkmer 1997).

Ziel ist es dabei, die eigenen Wahrnehmungen, Bemühungen und Erfolge bzgl. eines am Leitbild der nachhaltigen Entwicklung ausgerichteten unterrichtlichen Handelns international und global einzuordnen, indem ständig lokale Handlungsmöglichkeiten und globale (Handlungs-) Bezüge verbunden werden und damit eine Hinführung geleistet wird zum persönlichen Urteilen und Handeln unter der Erkenntnis, dass Menschen in anderen Gesellschaften kulturspezifische Sichtweisen haben und daher ihre Umwelt unterschiedlich wahrnehmen (vgl. Forum 1996, S.19f.).

Literatur

BLK: Bund-Länder-Kommission (Hg.) (1999). Bildung für eine nachhaltige Entwicklung. Heft 72. Materialien zur Bildungsplanung und zur Forschungsförderung. Bonn

BRAND, K.-W. (1997). Probleme und Potential einer Neubestimmung des Projekts der Moderne unter dem Leitbild „Nachhaltige Entwicklung". In: BRAND, K.-W. (Hg.): Nachhaltige Entwicklung. Opladen, S.9-34

BUND; Misereor (Hg.) (1996). Zukunftsfähiges Deutschland. Ein Beitrag zu einer global nachhaltigen Entwicklung. Basel: Birkhäuser

DONATH, R. & VOLKMER, I. (Hg.) (1997). Das Transatlantische Klassenzimmer. Hamburg

Forum: „Schule für *eine* Welt". 1993: Globales Lernen. Bericht des Internationalen Seminars vom 16.-18.5.1993 in Muttenz.

HAAN, G. de u.a.(1996). Leitbilder im Diskurs um Ökologie, Gesundheit und Risiko. In: HAAN, G. de (Hg.): Ökologie – Gesundheit – Risiko. Perspektiven ökologischer Kommunikation. Berlin, S. 291-316

HILGERS, M. (1997). Zur Rezeption der Studie in der Öffentlichkeit aus psychologischer Sicht. In: HERMLE, R. (Hg.): Ein Buch macht von sich reden. Bonn, S. 202-208.

KLAFKI, W. (1997). Neue Studien zur Bildungstheorie und Didaktik. Weinheim 1991[3].

Landesinstitut für Schule und Weiterbildung des Landes Nordrhein-Westfalen (Hg.) (1997). Die Zukunft denken – die Gegenwart gestalten. Handbuch für Schule, Unterricht und Lehrerbildung zur Studie „Zukunftsfähiges Deutschland". Soest

LINZ, M. (1996). Spannungsbogen. „Zukunftsfähiges Deutschland" in der Kritik. Berlin

Rat von Sachverständigen für Umweltfragen: Umweltgutachten 1996. Stuttgart 1996.

REUSSWIG, F. (1997). Nicht-nachhaltige Entwicklungen. Zur interdisziplinären Beschreibung und Analyse von Syndromen des Globalen Wandels. In: BRAND, K.-W. (Hg.): Nachhaltige Entwicklung. Opladen, S. 71-92

SACHS, W. (1995). Zählen oder Erzählen? Natur- und geisteswissenschaftliche Argumente in der Studie "Zukunftsfähiges Deutschland". In: Wechselwirkung 12/1995, S. 20-25

SACHS, W. (1997). Sustainable Development. Zur politischen Anatomie eines internationalen Leitbildes. In: BRAND K.-W. (Hg.): Nachhaltige Entwicklung. Opladen, S.93-110

SEYBOLD, H. (1998). „Globales Lernen im GLOBE-Germany-Projekt". In: DAL-LY, A. (Hg.): Bildung im Umbruch: Anforderungen der AGENDA 21 und Chancen der Informationsgesellschaft. Loccumer Protokolle 57/97. Loccum, S.149-158

Umweltservice: Nachhaltige Entwicklung. Zum richtigen Umgang mit natürlichen Ressourcen. Hg. Von HEIDORN, F.. Hannover 1997

WBGU (1996a). Wissenschaftlicher Beirat der Bundesregierung: Globale Umweltveränderungen Welt im Wandel: Wege zur Lösung globaler Umweltprobleme. Berlin

WBGU (1996). Wissenschaftlicher Beirat der Bundesregierung: Globale Umweltveränderungen Welt im Wandel: Herausforderung für die deutsche Wissenschaft, Berlin

WBGU (1997). Wissenschaftlicher Beirat der Bundesregierung Globale Umweltveränderungen Welt im Wandel: Wege zu einem nachhaltigen Umgang mit Süßwasser, Berlin.

Ludwig Huber

Anfragen an das Konzept einer „Bildung für nachhaltige Entwicklung"

0. Vorbemerkung

Konstitutives Ziel des Oberstufen-Kollegs ist Allgemeine Bildung im Medium einer allgemeinen Wissenschaftspropädeutik. Diese ist inhaltlich kaum fixiert (kein Kanon, keine übergreifende pädagogische Programmatik), sondern nur strukturell und prozedural: Spezialisierung und diese überschreitende Verständigung, Lernen unter der Prämisse von Heterogenität und im weitesten Sinne interkulturelle Zusammenarbeit, Problem- und Projektorientierung, Kooperation und Reflexion. Das hindert nicht, sondern begünstigt ausdrücklich, dass im Konzert der Ziele und im Wechsel der Schwerpunkte aktuelle Themen aufgegriffen, neue Programme (wie z.B. geschlechterbewusste Pädagogik, interkulturelles Lernen und auch Bildung für nachhaltige Entwicklung) übernommen und reflektiert werden – aber nicht als überdauernd und allgemein gültige.

Aus der Erfahrung dieser Offenheit und dem Interesse an ihr melde ich mich mit diesem Beitrag zu Wort. Denn sonst berechtigt mich nichts, jedenfalls keine einschlägige Kompetenz, mich in den Diskurs der hier versammelten Spezialisten einzumischen. Als Seiteneinsteiger tue ich dies mit größtem Respekt vor dessen Differenziertheit und Komplexität, – und doch auch mit den kritischen Anfragen eines Laien.

1. Bildung für nachhaltige Entwicklung – ein anschlussfähiges Konzept!

Zunächst einmal leuchtet auch dem Laien sehr ein, in welchem Sinne der Ansatz der Bildung für nachhaltige Entwicklung einen Fortschritt gegenüber den bis dahin kursierenden Konzepten der Umweltbildung oder Ökopädagogik oder Umwelterziehung schon inheralb dieser Denkrichtung bedeutet.

- ist nicht nur auf Abwehr von Schädigungen der Umwelt oder gar nur auf Bewahrung der (gar: ursprünglichen) Natur orientiert, sondern auch auf Entwicklung und Veränderung;
- wirkt nicht nur prohibitiv oder asketisch, sondern auch lockend, fordert Kreativität und Handlung;
- schürt nicht nur Ängste, sondern zeigt auch Perspektiven;
- beschränkt sich nicht auf Ökologie, sondern bezieht auch Ökonomie und Politik, sogar Kultur in die Reflexion ein;
- bleibt nicht im Lokalen stecken, sondern operiert in globalem Bezugsrahmen.

Sie nimmt damit so manche Kritik am zuvor herrschenden Konzept der Umweltbildung, erst recht der ursprünglichen Umweltpädagogik, auf:

- an der zu starken Orientierung auf direkte Anwendung (Handlung im eigenen Alltag); stattdessen kommt umfassender Analyse von gesellschaftlichen Verhältnissen und Entwicklungen ein Rang zu, der nun auch die Wissenschaftspropädeutik auf der Sekundarstufe II besonders fordert;
- an der Fiktion gut prognostizierbarer Entwicklungen und damit Anforderungen, auf die es sich nur vorzubereiten gelte;
- an der pädagogischen Figur der Vorgabe künftiger Probleme durch die Erwachsenen an die nachwachsende Generation (vgl. zu alledem Haan 1999, 267ff).

Dies alles ist ein Fortschritt – unter der Voraussetzung, dass nicht nur das Etikett geändert worden ist.

Darüber hinaus bietet das Konzept möglicherweise fruchtbare Verknüpfungen mit anderen Programmen an:

- mit der Zuwendung zur „Dritten" oder neuerdings zur „Einen Welt";
- mit dem „Interkulturellen Lernen", parallel auch zu dessen Wendung zur kulturellen Selbstreflexion;
- mit den „Schlüsselproblemen", also mit Klafkis Anwort auf die Frage, was das Allgemeine für eine neue Allgemeine Bildung sein könnte. Dieses ist nun nichts anderes als die Probleme, die sich der nachhaltigen Entwicklung der Menschheit insgesamt stellen. Diese wird sozusagen zum Generalproblem erklärt; was im Einzelnen darunter bearbeitet werden soll, ist jeweils auszuhandeln. Damit ist man das Dauerproblem der Katalogisierung los, handelt sich allerdings ein anderes ein: dass es nun fast kein Thema mehr gibt, das *nicht* unter Nachhaltige Entwicklung fällt (s.u.).

Aus der letzteren Not sucht Haan eine Tugend zu machen:

- *erstens* arbeitet er heraus, dass in diesem globalen Horizont *andere Relevanzkriterien* für Themen der Umweltbildung gewonnen werden können, die sich auf die wirklich gravierenden Übernutzungen der Ressourcen beziehen und damit über die quasi heimatkundlichen der früheren Umweltpädagogik oft hinausreichen: also statt Hausmüllsortierung und Teichsanierung die zukunftsentscheidenden Entwicklungen und Gestaltungsaufgaben im Bereich von Energie, Verkehr/Mobilität, Landwirtschaft/Ernährung und Wohnung/Bauen.
- *zweitens* zeigt er mit den „*Syndromen*" einen Weg auf, wie an diesen die diversen Aspekte oder Dimensionen des globalen Themas gleichsam *exemplarisch* bearbeitet werden können (Haan 1999, S. 272);
- *drittens* flicht er auch noch den bildungspolitischen Diskussionsstrang der *Schlüsselqualifikationen* mit ein (vgl. ähnlich auch BLK 1998, S. 27ff). Diese können ja nicht ohne geeignete Inhalte gelernt werden: warum also nicht so relevante wie die Schlüsselprobleme oder eben Syndrome dafür wählen? Solche wiederum dürfen nicht zum Gegenstand gemacht werden, wenn man nicht daran Fähigkeiten entwickeln kann, die auch über sie hinaus gebraucht werden.

2. Bildung für nachhaltige Entwicklung – eine Überforderung?

Die zuletzt genannten „Errungenschaften" werfen nun allerdings m.E. auch Probleme auf:

2.1 Grenzenlosigkeit

Ist die *Integrationskraft* des Konzepts Bildung für nachhaltige Entwicklung nicht auch seine Gefahr, nämlich dass alles darunter fällt und es damit jede Kontur verliert? Bleiben noch Themen mit anderer Zielsetzung und Legitimation, die nicht relevant für Bildung für nachhaltige Entwicklung sind bzw. dann eilfertig daraufhin umetikettiert werden? Beispiele aus sämtlichen Fächern wären schnell auszudenken. Um nur bei meinem Latein zu bleiben: Dieses Fach hat ja immer berechtigte Angst, obsolet zu werden und ist daher doppelt schnell mit neuen Anschlüssen: Als Sozialismus und Klassenkampf aktuell waren, gab es plötzlich gut historisch-materialistisch formulierte Unterrichtseinheiten über Sklaven in der Antike oder Ausbeutung in Silberbergwerken; als der Feminismus aufkam, solche über Frauen im antiken Rom; und die ökologische Frage provozierte die Sammlung bis dahin vernachlässigter Zeugnisse über Raubbau an den Wäldern Attikas, über sizilianische Monokulturen, über Luftverschmutzung in Rom usw. Gemeinsam ist den meisten solcher Unterrichtsentwürfe: Um des neu thematisierten Problems willen sollten nun auch ziemlich abgelegene Texte oder Textsplitter bearbeitet werden, die man im Hinblick auf ihren ästhetischen Rang oder ihre Bedeutung für die europäische Geistes-, insbesondere Ideengeschichte nie gelesen hätte. Diese alten Kriterien haben aber ihre eigene Berechtigung.

Abgewehrt werden muss m.E. daher eine Allgegenwart von „nachhaltige Entwicklung" in der Art einer Weltanschauung, wie sie Schüler eines alten Religionsunterrichts auch noch im Eichhörnchen das liebe Jesulein erblicken ließ.

2.2 Verzweckung der Bildung

Wenn das neue Postulat „Schlüsselqualifikationen" für nachhaltige Entwicklung hieße (wie auch der Buchtitel von Beyer/Wass von Czege 1998), dann wäre es m.E. ganz stimmig formuliert:

Qualifikation ist ja immer: Befähigung *für* vorhersehbare Anforderungs- oder Verwendungssituationen. Zur Bearbeitung bestimmter Aufgaben braucht man bestimmte Qualifikationen. Zur Bearbeitung all der Probleme, die sich unter dem Generalproblem Nachhaltige Entwicklung stellen (s.o.), noch dazu in ihrem systemischen Zusammenhang, ihrem ständigen Wandel und ihrer perspektivischen Verschiebung, braucht man in der Tat Schlüsselqualifikationen. Es reicht offensichtlich nicht mehr nur Sach*wissen* in diesem oder jenem Bereich, über Bevölkerungswachstum oder Energieverbrauch oder fehlgeleitete Produktion o.ä.. Dergleichen ist zwar immer noch der Stoff, mit dem gearbeitet werden sollte, aber es kommt darauf an, daran allgemeinere *Fähigkeiten* zu entwickeln, z.B. : systemisches Denken. Ein Denken, das jeden einzelnen Prozess nicht nur für sich betrachtet, sondern gleichzeitig in seinen Abhängigkeiten von X und seinen Relationen zu Y und seinen Folgen für Z; Kreativität, hier als Vermögen, einmal quer zu denken, jenseits ausgetretener Pfade neue zu suchen, mit Phantasie auch zunächst verrückt klingende Lösungen auszuprobieren; ebenso Reflexion und Selbstreflexion als Voraussetzung zur Verständigung mit Menschen anderer Kulturen und Subkulturen.

Nun sind „Schlüsselqualifikationen" auch für die Bildungstheorie deswegen interessant, weil dieses Ziel anders als das spezieller Qualifikationen wieder mehr an die allgemeine Entfaltung und Entwicklung der Person, unabhängig von fixierten Zwecken, heranführt (vgl. Orth 2000). Aber sind sie deswegen auch schon *Bildung*?

Hier gilt es zu unterscheiden. Mit *Schlüssel*qualifikationen wird nur die Funktionalität der auszubildenden Fähigkeiten zur Multifunktionalität erweitert (vgl. Heymann 1996).

Mit „*Bildung*" wird hingegen der Anspruch der Person anerkannt, als Subjekt angesprochen zu werden, das zu sich selbst kommen will und seine eigene Individualität bildet, sich selbst zu verwirklichen sucht (soweit ohne Verletzung der entsprechenden Rechte anderer möglich). Ohne jetzt hier eine Monographie über Bildung einschalten zu können:

Von Humboldt bis zu Hentig, von Kant bis zu Tenorth zieht sich die Tradition der Übereinstimmung darin, dass Bildung Selbstbildung ist – letztlich den Pädagogen nicht verfügbar und möglicherweise zu anderen Ergebnissen kommend als von ihnen beabsichtigt. Ganz ausdrücklich ziehen Lenzen oder Tenorth (vgl. Tenorth 1997) eine Parallele zum Gedanken der Autopoiesis als einem möglichen Schnittpunkt von geisteswissenschaftlicher Bildungs- und sozialwissenschaftlicher Systemtheorie. Respektierung der Unverfügbarkeit des Subjekts schon im Prozess des Sich-Bildens zur Selbstbestimmung ist die erste Haltung, die Pädagogen einnehmen müssen.

Durchgehend ist ferner das Primat des Subjektbezuges in den Lernprozessen: die Anverwandlung der Welt, die Verarbeitung der Erfahrung, die Reflexivität als ihr Resultat (vgl. Hentig 1980, S. 108f.; Marotzki 1996, S. 29): das ist die Tätigkeit der Selbstbildung.

Das Ziel dabei ist die Entfaltung der persönlichen Kräfte, über die jeweilige Aufgabe hinaus. Die Welt liefert ihr dafür nur den Stoff oder Gegenstand, und dieser kann wechseln (vgl. Humboldt 1792/1960, S. 64). Vielseitige Erfahrungen zu ermöglichen und dadurch – bzw. durch Irritation – diesen Prozess anzuregen, Anstöße und Muße zur Reflexion zu geben: das ist die Aufgabe derer, die die Lernumwelt gestalten und Lernsituationen inszenieren. Die Lernenden müssen nicht nur Probleme lösen, sondern daran als Personen wachsen können. „Die Menschen stärken, die Sachen klären...."

Das fordert man also, wenn man *Bildung* wirklich meint. Alles das ist ja möglich auch unter dem Himmel der nachhaltigen Entwicklung, könnte jetzt jemand rufen. Aber: nur dort? ein für allemal dort?

In diesem Licht fällt an der Formel „Bildung *für* nachhaltige Entwicklung" – wie zuvor schon an allzu rasch wechselnden Zielformeln wie „Bildung für Europa" oder „für die Informationsgesellschaft" – vor allem das „für" auf. Durch das „für" wird darin auch Bildung fixiert auf bestimmte Aufgaben, von denen die Schule oder die Gesellschaft, mit welchen Gründen auch immer, annimmt, sie seien die in der Zukunft wichtigen und von den Heranwachsenden zu lösen. Wie man diese sonst für berufliche Funktionen qualifiziert, so muss man sie dann also für die so bestimmten Zustände qualifizieren. Der besondere Gehalt des Wortes Bildung besteht aber, wie eben gesehen, darin, dass sich die Person an wesentlichen Erfahrungen, die sie machen kann, selbst bildet und ihre Fähigkeiten – „Kräfte" sagte man früher – daran ganz allgemein entwickelt. Und dieser Prozess könnte sie in eine ganz andere Richtung führen – oder sie selbst woandershin wollen – als nur diese ganz bestimmten Fertigkeiten und Haltungen für just die vordefinierten Situationen auszubilden.

Es macht, behaupte ich, einen Unterschied, ob ich frage: Wo finde ich für die Qualifikationen oder Lernziele, die ich aufgestellt habe, geeignetes Übungsmaterial? oder: Taugt dieser Gegenstandsbereich für wichtige Erfahrungen, als Chance und Anstoß zur Bildung?[15] Dass der Problembereich der nachhaltigen Entwicklung solche erfahrungsträchtigen und fähigkeitsgenerierenden Aufgaben bietet, ist unbestritten. Dennoch: Konsequenterweise müsste man, meine ich, nicht von Bildung *für* nachhaltige Entwicklung sprechen, sondern von Bildung *an* Problemen nachhaltiger Entwicklung oder im Medium dieser Probleme.

Aber ist diese Unterscheidung nicht zu spitzfindig? Hat sie praktische Folgen? M.E.: ja!

3. Folgerungen

3.1 Offenheit des Curriculums.

Auf der Ebene des Curriculums muss genügend Raum bleiben

- für andere und anders orientierte Erfahrungsbereiche, z.B. ästhetische Entfaltung, religiöse Erfahrung, theoretische Neugier und entsprechendes Suchen und Experimentieren,
- für andere thematische Schwerpunkte, um nicht zu sagen individuelle Vorlieben, solange nur gleichsam die Bürgerpflichten für nachhaltige Entwicklung verstanden, akzeptiert und erfüllt werden.

3.2. Didaktisches Prinzip: Politische Bildung

Auf der Ebene *didaktischer Prinzipien* muss „Bildung an Problemen nachhaltiger Entwicklung" begriffen werden als Teil oder vielleicht auch Medium *allgemeiner politischer Bildung.*

---

15 Mich motiviert zu der Nachfrage unseres Themas die bezeichnende kleine Szene, die sich zwischen von Hentig und Klafki bei der Tagung zum 20-jährigen Bestehen unserer Schulprojekte abgespielt hat: Klafki erinnerte an die ja von ihm eingeführten „Schlüsselprobleme", die alle angehen und das künftige Leben der Allgemeinheit bestimmen und in denen er deshalb den Ankerpunkt der neuen Allgemeinbildung sieht. Hentig hat entgegnet, dass das vielleicht so wäre, aber dass es doch die gegenwärtig Erwachsenen wären, die damit für die Jugend die Probleme definierten und dabei vielleicht just die zu Erziehungszielen machten, mit denen sie selbst nicht fertig geworden sind.

Zunächst einmal bietet sich scheinbar nach der Ausweitung des Themenbereichs und der Beschwörung von Antizipation und Partizipation als Lernprinzipien Bildung für nachhaltige Entwicklung als neues Konzept an für Politische Bildung überhaupt auf der Höhe einer Zeit, in der die Natur und die Begrenztheit der natürlichen Ressourcen als relevantes Kriterium politischer Entscheidungen neu erkannt wird. Die Auseinandersetzung mit Problemen und Diskussionen aus dem Umkreis des Themas „nachhaltige Entwicklung" könnte junge Menschen motivieren und ihnen Gelegenheiten schaffen, als Subjekte und gesellschaftlich handlungsfähig zu werden, sich in komplexen Situationen, in wenig überschaubaren, aber wichtigen Fragestellungen zu orientieren und reflektierte Positionen zu gewinnen. Sie eröffnet auch eine moralische Bildung auf der Höhe einer Zeit, in der es nicht mehr reicht, den richtigen Katechismus zu kennen, sondern in der man sich der Frage stellen muss, woher die Maßstäbe für unser Handeln in der einen Welt kommen und wie man sich über sie zwischen Menschen verschiedener Milieus, Regionen und Kulturen weltweit verständigen kann (vgl. Strobl in Vorb.).

Dennoch ist vor völliger Gleichsetzung zu warnen, oder anders: wenn Bildung für nachhaltige Entwicklung politische Bildung sein soll, dann muss zweierlei beachtet werden:

a) Es muss dann auch wieder mitbedacht werden, wie denn trotz der nun gewonnenen globalen Perspektive an nahen Problemen, die einen fühlbar angehen, selbst- und mithandelnd gelernt werden kann, was „bewegliche Regelung gemeinsamer Angelegenheiten", Ausgleich von Interessen, Bearbeitung von Konflikten heißen kann, wenn wirklich eigene gegenwärtige Interessen berührt sind (Schule als polis, Hentig 1993, S. 179ff, u.ö.). Es könnte aber sein, dass die Probleme, die sich dafür hier und jetzt im Leben der Schülerinnen und Schüler, in ihrer Schule oder Kommune aufdrängen, weit entfernt von den „Syndromen" der nachhaltigen Entwicklung sind.... Wie anders aber sollte neben der Antizipation zukünftiger Entwicklungen die auch unter der Devise der Bildung für nachhaltige Entwicklung vielberufene Partizipation an gegenwärtigen Problemlösungen gelernt werden?[16] Immer ist man ja im Bereich der politischen Bildung damit beschäftigt, in der Dialektik zwischen Nähe und Ferne, Handeln und Analysieren den jeweils anderen Pol hervorzuheben, die Balance herstellen zu müssen. Innerhalb der Friedenspädagogik vollzog, innerhalb der Umweltbildung vollzieht sich dasselbe Spiel seit Jahrzenten. Die „Ökologisierung der Schule" und ihrer Umgebung hatte ihre Bornierungen, aber erledigt ist sie mit dieser Kritik noch nicht.

b) Es muss auch ermöglicht werden, gewissermaßen einen archimedischen Standort außerhalb des Diskurses über nachhaltige Entwicklung einnehmen

---

16 Beide Prinzipien – Antizipation und Partizipation – waren ja übrigens auch schon vom Club of Rome in seinem zweiten Bericht – No limits to learning – aufgestellt.

zu können, um auch diesen selbst wieder, die in ihn eingehenden Prämissen, Problemdefinitionen und Relevanzkriterien diskutieren zu können, Begriffe und Ideologien, kritisch reflektieren zu können.

Zwar ist im Konzept von Bildung für nachhaltige Entwicklung im umfassendsten Sinne bereits ihre eigene Reflexivität mitgedacht: Sie sei Teil der „reflexiven Modernisierung" unserer Gesellschaften (vgl. Haan 1998, S.36), und sie sei ihrerseits per definitionem zur Reflexion ihrer jeweiligen Perspektiven und Zusammenhänge gezwungen. Dennoch darf gefragt werden, wie weit diese Reflexion zurückgreift, ob sie von festen Begriffen der Natur und des Menschen ausgeht oder diese selbst als Gegenstand von Konstruktions- und Aushandlungsprozessen auffasst, und vor allem, ob sie das ökonomische System, aus dem heraus die Probleme von nachhaltige Entwicklung überhaupt erst entstanden sind, selbst problematisiert und mit ihm auch die pädagogischen Antworten, die als Bildung für nachhaltige Entwicklung daraufhin gegeben werden sollen (vgl. Heid 1992; Conein in Vorber.)

Bloße Ideologiekritik, das immer weitere Fragen nach den erkenntnisdeterminierenden Interessen und Prämissen, ist als Aufgabe der Politischen Bildung etwas in Verruf gekommen, weil allzu leicht nur rückwärts auf Analyse gerichtet und zu wenig zu eigenem Handeln orientierend und befähigend. Aber ganz entbehrlich ist sie für jene nicht.

„Ein Moment der ganzen Nachhaltigkeitsdebatte verkörpert die notwendige (Ideologie-) Kritik sehr deutlich: Hier wird auf die Tatsache hingewiesen, dass die Debatte auch mit Macht verknüpft ist und – in Fortsetzung militärischer und wirtschaftlicher Expansion – nun eine Sichtweise der künftigen globalen Entwicklung durchsetzen will, die nur in hochindustrialisierten Kulturen entstehen konnte. Nur hier finden sich die Voraussetzungen dieser Erkenntnisse, etwa die Berechenbarkeit der (durch den hiesigen Lebensstil auch verursachten) Erschöpfung von Naturressourcen, es sind die hier entwickelten Wertvorstellungen und technologischen Möglichkeiten, auf denen neben der Diagnose auch die Therapie beruht. "Der Rest" der Welt wird mit diesem Konzept wieder konfrontiert, und diese inneren Widersprüche werden nur teilweise behoben bzw. kaschiert durch die ausdrückliche Einladung und Förderung der Teilnahme und Einbeziehung etwa traditioneller Lebensformen und indigener Bevölkerungsgruppen. Der Prozess ist inzwischen soweit fortgeschritten, dass auch die Bausubstanz zukunftsweisender und Gerechtigkeit anstrebender Modelle beinahe nur noch aus dem Bestand unserer Zivilisation entnommen werden kann, aber die Dominanz der damit vermittelten Sichtweise bleibt natürlich ein Problem.
Mir scheint eine reflektierende Auseinandersetzung junger Menschen mit unserem westlichen Zivilisationsmodell und diesen Entwicklungen, ihren Begründungen und Konsequenzen relevant und in der Tat etwas zu sein, was ,Bildung' anregen kann." (Strobl in Vorber.)

c) Die damit eingeforderte Möglichkeit zu kognitiver Distanz und Perspektivenwechsel scheint mir auch notwendig als Voraussetzung dafür, dass die jungen Menschen sich der Gefahr gleichsam moralischer Überwältigung durch das allgegenwärtige neue Prinzip entziehen oder widersetzen können. Dazu könnte vielleicht auch die Erkenntnis beitragen, dass die Mahnung, die Folgen des Handelns vorauszusehen und auf das Ende zu schauen, so neu auch wieder nicht ist, mag sie auch nun besonders dringlich erklingen und sich an die Gemeinschaft, nicht nur an den Einzelnen richten. Dazu doch am Schluss noch einmal aus meinen antiken Klassikern:

Quidquid agis, prudenter agas et respice finem!
Was du auch tust, tu es mit kluger Vorsicht und nimm Rücksicht auf das Ende.

(Gesta Romanorum 103)

Skopeein de chre pantos chrematos ten teleuten ke apobesetai
Schauen muss man bei jeder Angelegenheit auf das Ende, wie sie einmal ausgehen wird.

(Herodot Historien I 32,9)

Diese Losungen haben seit je gestritten mit

Quid sit futurum cras, fuge quaerere.
Was morgen sein wird, vermeide zu fragen.
und: *Carpe diem.*
Ergreife (und nutze) den Tag.

(Horaz Oden I 9,13 und 11, 8).

Die Balance (oder den Wechsel) zwischen beiden müssen die Heranwachsenden für sich selbst finden können. Sonst wirkte auch die Bildung für nachhaltige Entwicklung nicht nachhaltig.

Literatur

BEYER, A. & WASS VON CZEGE, A. (Hg.) (1998). Fähig für die Zukunft. Hamburg: Krämer
BUND-LÄNDER-KOMMISSION (BLK) (1998). Bildung für eine nachhaltige Entwicklung. Orientierungsrahmen. Materialien zur Bildungsplanung und Forschungsförderung Heft 69, Bonn, S. 69
CONEIN, S. (2000). Leitbilder zur Umweltbildung bei Lehrerinnen und Lehrern in Montessori- und Waldorfschulen. Diss. Bielefeld
HAAN, G. de (1998). Schlüsselkompetenzen, Umweltsyndrome und Bildungsreform. A. Beyer/A.Wass von Czege (Hg.): Fähig für die Zukunft. Hamburg: Krämer, S. 17-48
HAAN, G. de (1999). Zu den Grundlagen der 'Bildung für nachhaltige Entwicklung' in der Schule. In: Unterrichtswissenschaft; 3, S. 252-280

HEID, H. (1992). Ökologie als Bildungsfrage. In: Zeitschrift für Pädagogik 38; 1, S. 113-138

HENTIG, H. von (1980). Die Krise des Abiturs – und eine Alternative. Stuttgart: Klett

HENTIG, H. von (1993). Die Schule neu denken. München: Hanser

HEYMANN, H.-W. (1996). Allgemeinbildung und Mathematik. Weinheim: Beltz

HUMBOLDT, W. von (1960). Ideen zu einem Versuch, die Grenzen der Wirksamkeit des Staats zu bestimmen (1792). Werke, hg. v. A. Flitner und K. Giel. Bd. I. Stuttgart: Cotta, S. 56-233

MAROTZKI, W. (1996). Lernen, Erziehung und Bildung. In: W. Marotzki/M.A. Meyer/H. Wenzel (Hg.): Erziehungswissenschaft für Gymnasiallehrer. Weinheim: Dt. Studienverlag, S.15-37

ORTH, H. (2000). Schlüsselqualifikationen in der Hochschule. Diss. Bielefeld

STROBL, G. & HUBER, L. (2000). Was heißt und warum will man ,Bildung für nachhaltige Entwicklung'? – Ein Dialog. In: G. de Haan/H. Hamm-Brücher/N. Reichel (Hg.): Bildung ohne Systemzwänge. Neuwied: Luchterhand, S. 151-163

TENORTH, H.-E. (1997). 'Bildung' – Thematisierungsformen und Bedeutung in der Erziehungswissenschaft. In: Zeitschrift für Pädagogik 43; 6, S. 969-984.

Annette Scheunpflug

Die globale Perspektive einer Bildung für nachhaltige Entwicklung

„Bildung für Nachhaltigkeit" ist seit der Konferenz für Umwelt und Entwicklung 1992 in Rio ein immer gebräuchlicher werdender Begriff. In pädagogischer Hinsicht geht es dabei um Bildungskonzepte auf der Basis entwicklungs- und umweltpädagogischer Erkenntnisse. Im Folgenden wird ein Zugang vor dem Hintergrund der Entwicklungspädagogik und der Konzeption des Globalen Lernens gewählt. Im ersten Teil werden einige strukturelle Grundzüge der Globalisierung beschrieben. Vor diesem Hintergrund wird die Lernaufgabe, die mit der Globalisierung verbunden ist, erkennbar. In einem dritten Schritt werden einige wenige didaktische Grundlinien Globalen Lernens in Hinblick auf eine Bildung für nachhaltige Entwicklung umrissen.

I   Die Globalisierung als Perspektive

Globales Lernen versteht sich – in loser Anlehnung an ein Diktum von S. Bernfeld – als die pädagogische Reaktion auf die Entwicklungstatsache zur Weltgesellschaft. Globales Lernen reagiert damit auf die Lernherausforderungen, die sich mit der zunehmenden Globalisierung der Welt ergeben.

1. Die Komplexitätssteigerung von Welt

„Globalisierung" ist zunächst einmal ein vielschimmerndes Schlagwort, das im Moment Konjunktur erlebt. Es wird in unterschiedlichen Bedeutungen verwendet: als Begriff zur Beschreibung der zunehmenden wirtschaftlichen Verflechtungen, als Synonym für Steuerungsprobleme in der Politik oder als normativer Begriff – je nach Perspektive als erstrebenswert oder abzulehnen bewertet.

Im Folgenden wird Globalisierung interpretiert als eine Reaktion von Organisationen wie Staaten oder Industrieunternehmen auf die Komplexitätssteigerung der Welt. Dass die Welt, in der wir leben, immer komplexer wird, ist, seitdem der zweite Satz der Thermodynamik bekannt ist, eine unspektakuläre Binsenweisheit. Eine Komplexitätszunahme lässt sich definieren als eine Informationssteigerung pro Zeiteinheit. Komplexität nimmt, bedingt durch die technische Entwicklung, in rasantem Tempo zu. Soziale Systeme können unter anderem darauf reagieren, indem sie ihre eigene Komplexität ausdifferenzieren, um damit anschlussfähig an diese Entwicklung zu bleiben. Auf der Ebene von Individuen lässt sich diese Entwicklung mit dem Prozess der Individualisierung, also der Ausdifferenzierung der Möglichkeiten einzelner Menschen bzw. der Ausprägung ihrer unterschiedlichen Individualität, beschreiben. Auf der Ebene von Staaten, Industrieunternehmen und anderen Organisationen lässt sich dieser Prozess mit dem Stichwort der Globalisierung benennen. Soziale Systeme steigern ihre Möglichkeiten, wenn sie weltweit agieren. Verschiedene soziale Systeme sind unterschiedlich weit globalisiert: die Wirtschaft, die Kriminalität und die Unterhaltungsindustrie beispielsweise mehr als das Rechtssystem oder das Bildungssystem.

Globalisierung wie auch die Individualisierung sind in meinen Augen als die zwei Seiten einer Medaille zu interpretieren. Beide Verhaltensweisen sind eine Reaktion auf die Steigerung der Komplexität der Welt (vgl. ausführlich Scheunpflug 1997).

2. Verwerfungen und daraus resultierende Entwicklungsaufgaben in der Weltgesellschaft

Für jeden von uns bedeutet diese Entwicklung, dass sich mehr Möglichkeiten eigenen Handelns und Erlebens eröffnen. Die touristischen Möglichkeiten erweitern sich, viele Produkte werden aufgrund der Konkurrenz auf dem Weltmarkt billiger, und es gibt alle Obst- und Gemüsesorten beinahe zu jeder Jahreszeit zu kaufen. Auf der anderen Seite steigt aber auch die Anzahl der Probleme und der Charakter der zu bearbeitenden Herausforderungen verändert sich.

Die Herausforderungen der Einen Welt

Welche Probleme sind es, vor denen die Menschheit steht? Die Herausforderung der globalisierten Welt werden unterschiedlich beschrieben. Für die entwicklungspolitische Debatte ist der jährliche „Bericht über die menschliche Entwicklung" des UNDP (United Nations Development Program) von Bedeutung. Im jüngsten Bericht des UNDP (1999, S.3), der sich unter dem Titel „Globalisierung mit menschlichem Antlitz" explizit mit den Herausforderungen der Globalisierung für eine humane Weltgesellschaft beschäftigt, werden folgende Entwicklungsaufgaben für die Eine Welt genannt:

- Es gilt, ungleiche *Rechtsverhältnisse* und *Rechtsverständnisse* über einen ethischen Diskurs, v.a. in Hinblick auf die Durchsetzung der Menschenrechte, zu bearbeiten.
- Die ungleichen *Wirtschafts- und Handelsverhältnisse* (in Hinblick auf eine Weltwirtschaftsordnung) stellen nach wie vor ein ungelöstes Problem dar.
- Ein großer Teil der Menschen im Süden – aber auch eine zunehmende Anzahl im Norden – lebt in *Armut* bzw. unter dem Existenzminimum. Diese Problemlast gilt es zu bewältigen.
- Die *Mitbestimmungsmöglichkeiten* sind auf der Erde sehr ungleich verteilt.
- Menschen sind weltweit, vor allem aber in Staaten des Südens – zunehmend *Sicherheitsrisiken* und Gefährdungen, z.B. durch bewaffnete Konflikte, durch Bürgerkriege und durch Kriminalität ausgesetzt.
- Über *Nachhaltigkeit* ist dem exponentiellen Ansteigen des Ressourcenverbrauchs und der Zerstörung unserer natürlichen *Umwelt* Einhalt zu gebieten.

Es mag verwundern, dass „Nachhaltigkeit" hier als eine Perspektive unter anderen firmiert und nicht – wie zum Beispiel im Modellversuch der Bund-Länder-Kommission üblich – als Oberbegriff verwendet wird. Je nach Perspektive – ob man von der Seite der Menschenrechte, Fragen der Weltwirtschaftsordnung oder globaler Umweltgefährdungen auf unsere globalisierte Welt blickt – wird der Zugriff ein anderer sein. Die Entwicklung zu einer Weltgesellschaft kann unter ganz verschiedenen Blickwinkeln bearbeitet werden. Diese unterschiedlichen Begriffe sind aus erkenntnistheoretischer Perspektive sinnvoll; denn eine komplexe Herausforderung kann nicht „ganzheitlich" bearbeitet werden. Aus erkenntnistheoretischen Gründen wissen wir seit Kant, dass „Ganzheitlichkeit" vielmehr eine regulative Idee ist, eine „Denunziation der Wirklichkeit im Denken" (Treml o.J., S.237). Eine mehrperspektivische Annäherung ist deshalb der Komplexität des Gegenstandes angemessen.

Die Art der Herausforderungen

Die oben genannten globalen Probleme sind von einer spezifischen Qualität. Ich stelle diese Qualität vereinfacht dar – wohl wissend, dass es sich um eine *idealtypische Vereinfachung* handelt.

Zeitdimension

Probleme im lokalen Horizont sind in ihrer zeitlichen Dimension erfahrbar. Der Zeitraum, in dem sie sich ereignen, ist biographisch erfahrbar. Globale Effekte zeigen eine Erscheinungsform in der Zeit, die häufig über eine Generation hinausweisen und damit nicht mehr unmittelbar erlebbar sind. Sie sind geprägt durch lange Zeiträume und damit von einer Zukunfts- und Vergangenheitsüberlastung sowie sogenannten „Schlafzeiten" zwischen Ursachen und Wirkungen (lange Zeit lassen sich keine Auswirkungen bemerken). Ein Beispiel für ein solches Phänomen ist das Ozonloch. Es wird (vermutlich), würden wir alle heute unser Verhalten radikal umstellen, erst in dreißig Jahren auf diese Veränderung reagieren.

Raumdimension

Lokale Effekte sind sowohl in der Ursache wie auch in ihrer Wirkung auf einen konkreten Raum bezogen. Globale Effekte kennen keinen klaren Raumbezug, sie sind quasi raumlos im Raum. Kursschwankungen in Währungssystemen sind – das sah man bei der Asienkrise – zwar zum Teil räumlich in ihren Ursachen konzentriert, wirken in ihren Folgen aber entgrenzt. Die amerikanische Filmindustrie ist in ihrem Entstehungsort klar lokalisierbar, allerdings in ihrer Verbreitungsform universalisiert.

Kausalitätsmuster

Lokale Effekte lassen häufig klare Kausalitätsbeziehungen zwischen Ursachen und Wirkungen erkennen. Dabei wird leicht vergessen, dass Kausalitätsmuster Beobachtungskategorien zur Strukturierung der uns umgebenden Wirklichkeit sind und häufig mehr über unsere Denkgewohnheiten und Vorwissen als über das beobachtete System aussagen. Je komplexer Phänomene sind – und globale Effekte sind komplexe Phänomene (s.u.) – desto häufiger sind wir verleitet, ein zu einfaches oder gar falsches Kausalschema zu unterstellen:

– Globale Effekte können sich über ungewollte Nebenfolgen aufschaukeln, so dass der berühmte Schmetterlingsflügelschlag in China einen Hurrikan in den USA bewirkt oder ein Versprecher bei einer Pressekonferenz anlässlich der Demonstrationen in der DDR das Ende des Ost-West-Gegensatzes einläutete.
– Globale Effekte sind potenziell subjektlos. Damit lassen sich „Schuldige" gegen die opponiert werden kann, immer weniger identifizieren. Die Beschwichtigungsformeln nehmen zu und es wird immer schwieriger, sich mit den klassischen Mitteln der politischen Einflussnahme (Boykott, Demonstration etc.) zu artikulieren. Wer ist der Schuldige für Armut, Arbeitslosigkeit oder die anhaltenden Konflikte in Angola oder im Sudan? Gegen wen sollte protestiert, auf wen Einfluss genommen werden?

- Gleichzeitig – und das macht die Situation so schwierig – ist es nicht so, dass es keine Ursachen gäbe. Nur: Sie sind komplex miteinander verwoben. Schwierige Situationen lassen sich nicht durch eine Handlung lösen, sondern durch ein Strukturarrangement, das die in diesem Netz agierenden Personen und Institutionen zu einem selbstorganisierten Richtungswechsel zwingt. So etwas zu durchdenken und planerisch umzusetzen ist schwierig. Zudem gibt es auch Dinge, die klar in ihren Ursachenstrukturen benennbar sind. Es gilt also unterschiedliche Kausalitätsmuster zu unterscheiden.
- Nichtlineare Kausalitätsmuster lassen Entwicklungen entstehen, deren Verlauf nur schwer vorhersehbar ist. Dies bringt für alle Kausalplanungen unvorhersehbare Schwierigkeiten mit sich.
- Indirekte Kausalitätsmuster führen auch dazu, dass der Absichts-Wirkungs-Zusammenhang ebenfalls durchbrochen ist. Gute Absichten können in katastrophale Folgen münden.

Informationsdichte
Lokale Effekte sind potenziell durch wenige Informationen gekennzeichnet, während globale Effekte durch viele Informationen zu beschreiben sind. Zudem sind globale Effekte mehr als die Summe ihrer Teile, auch die Summe ihrer lokalen Anteile, d.h. sie spielen sich auf einer neuen Emergenzebene ab.

Die Unterscheidung in globale und lokale Herausforderungen ist von einer anderen Qualität als die Unterscheidung in Probleme im Nah- und Fernbereich. Nach wie vor gibt es Probleme, die sich ausschließlich in einem begrenzten Bereich abspielen und auch aus diesem ihre Dynamik beziehen: Umkippende Gewässer aufgrund lokaler Umweltverschmutzungen örtlicher Einleitungen, Verkehrsprobleme durch falsche Entscheidungen vor Ort zum öffentlichen Nahverkehr oder geringe Bildungsausgaben, da in ein Militärsystem investiert wird. Immer häufiger verschränken sich lokale und globale Probleme miteinander. Die falsche Entscheidung zum Öffentlichen Personennahverkehr ist zwar vor Ort nicht angemessen gefällt worden, sie mag aber durch globale Wirtschaftsverflechtungen, etwa geringes Steueraufkommen aufgrund ungleicher Wettbewerbsbedingungen in der Weltwirtschaft oder Benzinpreisen in teuren Devisen bedingt sein. Die lokale Umweltverschmutzung wird durch eine nahegelegene Papierfabrik bedingt, die durch schadstoffbelastete Produktion und geringe Umweltaufmerksamkeit den Anschluss an den Weltmarkt versucht etc. Diese Verschränkungen nennt Ulrich Beck „Glokalität".

Globale Herausforderungen lassen sich damit nicht mehr so leicht sinnlich erfahren. Handlungstiefen verändern sich und Entscheidungsspielräume nehmen ab. Diese Situation erfordert Entscheidungen unter der Perspektive, nicht alle Determinanten eines Problems zu kennen. Angesichts des exponentiellen Wissenswachstums wächst die Menge dessen, was individuell nicht

gewusst wird, enorm an. Damit steigt das individuelle Nichtwissen im Verhältnis zum gesellschaftlichen Wissen: Der Umgang mit dem eigenen prinzi-
piellem Nichtwissen wird deshalb zu üben sein. Fremdheit und Vertrautheit
sind zudem nicht länger mehr – wie Menschen es über Jahrhunderte gewohnt
waren – nach geographisch-räumlichen Entfernungen geordnet. Der Umgang
mit Fremdheit und interkulturelles Lernen werden deshalb immer wichtiger.

3. „Globales Lernen" als Konzept

Aus entwicklungspolitischer Perspektive ist „Globales Lernen" die Konzeption, die den Anspruch vertritt, auf diese Herausforderungen pädagogisch zu
reagieren. Globales Lernen stellt die Frage nach weltweiter Gerechtigkeit und
den wirtschaftlichen und sozialen Möglichkeiten eines Zusammenlebens auf
diesem Planeten in den Vordergrund. Dabei geht es zum einen um das Überleben der Einen Welt, zum anderen um das gute Leben heutiger und zukünftiger Generationen auf diesem Globus (vgl. ausführlich Scheunpflug &
Schröck 2000).

Globales Lernen ist Anfang der neunziger Jahre aus der entwicklungspolitischen Bildung entstanden. Die entwicklungspolitische Bildung kann auf
eine über fünfzig Jahre während Geschichte zurückblicken (vgl. im Überblick Scheunpflug & Seitz 1995). Sie hat in diesem Zeitraum politische Erkenntnisse im Kontext mit Entwicklungsfragen wie auch pädagogische Strö-
mungen aufgegriffen. Seit den siebziger Jahren werden ökologische Fragestellungen im Kontext von Umwelt und Entwicklung reflektiert und dazu
pädagogische Materialien erstellt (vgl. die diesbezügliche Untersuchung von
Scheunpflug, Seitz & Treml 1992; publ. 1993). Beispielsweise hat „Brot für
die Welt" in den siebziger Jahren mit der „Aktion ‚e‘" Umweltfragen v.a.
hinsichtlich des eigenen Lebensstils in den Vordergrund gestellt (Fleisch-
konsum, Rohstoff- und Energieverbrauch im Norden etc.). Gerade Institutionen der Entwicklungspolitik und der entwicklungspolitischen Bildung waren
es, die als Regierungs- wie als Nichtregierungsorganisationen konzeptionell
die „Erklärung von Rio" einforderten und vorbereiteten. In der deutschspra-
chigen entwicklungspolitischen Bildung wird die Erklärung von Rio und die
Forderung nach einer Bildung für nachhaltige Entwicklung eher als eine
Bestätigung bisheriger konzeptioneller Zugänge aufgefasst, denn als Aufforderung zum Paradigmenwechsel, wie dies tendenziell in der Umweltpädagogik der Fall ist.

Unabhängig davon, ob man den Überbegriff für diese entwicklungs-, um-
welt- oder friedenspädagogischen Lernaufgaben „Bildung für eine nachhaltige Entwicklung" oder „Globales Lernen" nennt, eines dürfte deutlich sein:
Die Probleme, die es zu bewältigen gibt, sind überdimensional und die möglichen Zugänge zu ihnen vielfältig. Unterschiedliche Zugänge und historische

Traditionen der Bearbeitung von Themen sind der Komplexität der Herausforderung angemessen und sollten geschätzt und nicht abgewertet werden.

II Die Lernaufgabe

1. Die Lernaufgabe im engeren Sinn

Die globale Herausforderung, vor der die Menschheit steht, ist nicht zu unterschätzen. Wenn für Menschen die Umgebung als unübersichtlich und komplex erscheint, gibt es zwei Möglichkeiten: Man kann die umgebende Wirklichkeit vereinfachen und sie sich so zurechtinterpretieren, dass sie in das eigene Weltbild passt. Oder man kann die eigene Bewusstseinsstruktur komplexer werden lassen, also lernen. Die heutige Situation lädt – gewissermaßen als Gegenreaktion – zu Vereinfachungen und Fundamentalisierungen ein. Das lässt sich vielerorts erleben.

Es ist also eine große didaktische Aufgabe, Schülerinnen und Schüler zu ermöglichen, die Entwicklung zur Weltgesellschaft angemessen verstehen und in Worte fassen zu können. Das *Verstehen* globaler Prozesse ist unter dieser Perspektive ein wichtiges Lernziel, das Anschlussmöglichkeiten für die spätere Biographie ermöglicht. Verstehensprozesse anzuregen ist eine originäre Aufgabe der Schule. Diese in Hinblick auf globale Prozesse zu erfüllen, ist noch nicht gelungen und bleibt daher ein wichtiges Entwicklungsziel in Hinblick auf die Qualitätssicherung schulischen Lernens. Gerade aufgrund der Komplexität der Situation müsste das Lernziel eigentlich heißen, verstehen zu lernen, dass wir diese Situation nicht hinreichend verstehen können. Das „Verstehen des Nichtverstehens" so zu organisieren, dass es weitere Anschlussmöglichkeiten an Lernen bietet, ist die Herausforderung.

Das Lernziel globale Prozesse zu *gestalten*, also aktive Lösungsmöglichkeiten zu suchen und diese handelnd anzubahnen, ist ein sehr ehrgeiziges Lernziel. Es setzt, soll diese Gestaltungsanregung nachhaltig sein und nicht nur einen durch Lehrkräfte motivierten Aktionismus darstellen, Verstehensprozesse voraus. Gestaltungskompetenz im Sinne nachhaltiger Entwicklung zu erlernen kann kleinschrittig auf unterschiedlichen Ebenen erfolgen, indem Einzelkompetenzen in Hinblick auf Globale Herausforderungen vermittelt werden.

2. Die Krise der Einen Welt als Lernkrise

Die Integration von Entwicklungsthemen in den Bildungskanon bedeutet deshalb noch nicht, auf die Weltgesellschaft und den mit ihr verbundenen Herausforderungen angemessen vorzubereiten. Gerade die spezifische Qualität globaler Prozesse bedeutet Lernprozesse zu initiieren, die über die Vermittlung von Fachwissen weit hinausgehen.

In meinen Augen ist die Krise der Einen Welt eine Lernkrise. Nach der These der evolutionären Psychologie ist das Denken und die Gefühls- und Motivationswelt von Menschen an die Lebensbedingungen des Pleistozäns als der für die Menschheitsentwicklung längsten Periode angepasst. Diese Lebensbedingungen sind durch unmittelbare Tat-Folge-Zusammenhänge und durch Herausforderungen im konkreten Nahbereich gekennzeichnet. Menschen haben (noch) nicht gelernt, ihr Denken und Handeln daran anzupassen, dass sie längst diesen Mesokosmos der unmittelbaren Umgebung verlassen haben und global agieren (vgl. Scheunpflug 2000a; 2000b). Viele Experimente des Psychologen Dietrich Dörner (vgl. z.B. Dörner 1989) bestätigen die auch von Biologen (vgl. im Überblick Neumann u.a. 1999) oder Philosophen (vgl. Vollmer 1993) geäußerte Position, dass wir in unserem Denken noch zu wenig die heutige Globalisierung und Komplexität bewältigen.

Die Untersuchungen Dörners machen deutlich, dass nicht das Fachwissen für einen angemessenen Umgang mit komplexen weltgesellschaftlichen Herausforderungen verantwortlich ist. In einer seiner experimentellen Untersuchung hatten Versuchspersonen die Aufgabe, schwierige und komplexe Situationen aus dem Umwelt- und Entwicklungsbereich zu lösen. Ein Computer wurde mit den Daten eines afrikanischen Entwicklungslandes Anfang der sechziger Jahre und den umgebenden politischen Rahmenbedingungen gefüttert. Die Versuchspersonen hatten die Aufgabe, das Land zu regieren. Bei durchschnittlichen Versuchspersonen kam es nach ca. 88 Monaten politischen Handelns zu einer katastrophalen Hungersnot. Was hatten die Versuchspersonen gemacht? Sie reagierten vor allem in Hinblick auf den Nahbereich, berücksichtigten die unmittelbar erkennbaren Faktoren und vergaßen Fern- und Nebenwirkungen. Sie handelten ohne vorherige Situationsanalyse und flüchteten in viele unterschiedliche Projekte. Solange sich keine negativen Effekte zeigten, waren die Versuchspersonen von ihrem eingeschlagenen Weg überzeugt (vgl. Dörner 1989). Gleichzeitig wurde aber auch deutlich, dass es sehr wohl Versuchspersonen gab, die diese Anforderungen lösen konnten. Sie zeichneten sich durch „mehr Nachdenken und weniger ‚Machen‘ aus". Erfolgreiche Versuchspersonen produzierten mehr Entscheidungen bzw. mehr Entscheidungen pro Absicht und handelten damit komplexer. Sie erkannten Probleme früher und überprüften ihre Entscheidungen wesentlich häufiger durch Nachfragen und „Warum-Fragen". Menschen, die ein Land zur Blüte brachten, vagabundierten nicht durch verschiedene Themen hindurch, sondern verfolgten ihre Fragen konsequent. Sie ließen sich außerdem nicht so schnell ablenken wie nicht erfolgreiche Versuchspersonen (und hatten damit einen hohen Stabilitätsindex bei geringem Innovationsindex). Außerdem strukturierten sie ihr eigenes Verhalten häufiger vor und reflektierten es, sie delegierten weniger Verantwortung und konnten besser mit Zeit umgehen. Diese Faktoren korrelierten nicht mit der Intelligenz der Versuchspersonen. Insgesamt unterschieden sich erfolgreiche Versuchspersonen von nicht erfolgreichen in ihren Persönlichkeitsmerkmalen durch

- ein breites Allgemeinwissen,
- einen Vorrat an Strukturprinzipien,
- Selbstsicherheit statt Angst,
- Entscheidungsfreude,
- bessere Einschätzung der Wichtigkeit von Problemen,
- die Bereitschaft, Hypothesen zu prüfen und zu korrigieren,
- mehr und tiefere Warum-Fragen und
- die Fähigkeit, Unbestimmtheit zu ertragen (vgl. Vollmer 1993, S. 19/50).

Lernen für eine nachhaltige Entwicklung bedarf deshalb eines umfassenden Bildungsverständnisses, das über die Vermittlung neuen Fachwissens deutlich hinausgeht. Es bedeutet mehr als nur die Integration neuer Inhalte, es bedeutet vor allem auch Aspekte der Erarbeitung von Inhalten.

Ein solches Bildungsverständnis bedarf auf der *Sachebene* des Wissens über die Herausforderungen zur Entwicklung der Weltgesellschaft, aber auch des Einübens in den Umgang mit der Tatsache, dass in der Beurteilung komplexer Sachverhalte immer zu wenig Wissen zur Verfügung steht. Deshalb muss man lernen, mit sachlichen Widersprüchen umzugehen, Wissen zu erwerben bzw. Expertisen einzuholen und unter den Bedingungen des *Nichtwissens* aller Faktoren abgewogene Entscheidungen zu fällen. Zudem ist hinreichend abstraktes Denken zu lernen; denn die Probleme der Weltgesellschaft zeichnen sich gerade dadurch aus, dass sie sinnlich nur noch schwer erfahrbar sind und sich außerhalb unserer unmittelbaren mesokosmischen Erfahrung bewegen. Auf der *Sozialebene* ist zu lernen, dass Fremdheit und Vertrautheit sich immer weniger regional verorten lassen. Ambiguitätstoleranz bedarf interkultureller Erfahrungen und interkultureller Kompetenzen. Unterschiedliche Menschen, Erfahrungshintergründe und Sozialerfahrungen sind unabdingbar. Dabei spielen sprachliche Kompetenzen, etwa im Hinblick auf die reine Fremdsprachenkompetenz, aber auch bzgl. einer genauen und deeskalierenden Ausdrucksfähigkeit, eine wichtige Rolle. Angesichts des schnellen sozialen Wandels in der *zeitlichen* Dimension unserer Welterfahrung ist zum Umgang mit Ungewissheit eine hohe Strukturierungs- und Methodenkompetenz unabdingbar. Nachstehende Tabelle fasst die Aspekte eines Bildungsverständnisses in der Weltgesellschaft zusammen.

Tabelle 1: Aspekte eines Bildungsverständnisses in der Weltgesellschaft

Herausforderung durch die Weltgesellschaft	Lernaufgaben	Lerninhalte
sachlich: Einhaltung der Menschenrechte, Umwelt, Entwicklung, Globalisierung, Medien, Migration, Sicherheit	Umgang mit Wissen und Nichtwissen	– Wissen im Bereich von Umwelt und Entwicklung - Einüben in den Umgang mit sachlichen Widersprüchen und mit Perspektivenwechsel – Lernen von Abstrakta und konkretem Handeln
sozial: Veränderung von Fremdheit und Vertrautheit	Umgang mit Vertrautheit und Fremdheit	– Kennenlernen unterschiedlicher Menschen, Lebensstile und Sozialerfahrungen – Erwerb interkultureller Kommunikationskompetenz und differenzierter Sprache
zeitlich: Schneller sozialer Wandel	Umgang mit Gewissheit und Ungewissheit	– Strukturierungs- und Methodenkompetenz

III Didaktische Aspekte

Ein solches Bildungsverständnis für eine nachhaltige Entwicklung steht vor einigen didaktischen Herausforderungen, von denen im Folgenden einige – ohne Anspruch auf Vollständigkeit – genannt werden.

1. Das Übertragungsproblem vom Globalen in das Lokale

Menschen sind vor allem in Hinblick auf ihre Gefühlswelt im Nahbereich verankert und erleben deshalb diesen als dominant. Globales Lernen bedient sich aus diesem Grunde häufig des didaktischen Kunstgriffes, abstrakte Vernetzungen der Einen Welt durch Verankerungen im Lokalen und Konkreten zu veranschaulichen. Globale Vernetzungen werden beispielsweise durch konkrete Biographien oder bekannte Entwicklungsprojekte veranschaulicht. Dieses Verfahren ist legitim und kommt dem menschlichen Erkenntnishorizont entgegen. Allerdings lassen sich durch dieses Prinzip der Veranschaulichung wichtige Qualitäten globaler Prozesse, wie Rückkoppelungseffekte, nicht vermitteln. Im Gegenteil, diese werden durch eine solche Form der Veranschaulichung im Lokalem potenziell blockiert. Für Rückkoppelungseffekte eignet sich beispielsweise eine Veranschaulichung durch simulative Prozesse, etwa in Computer-Spielen. Die didaktische Aufgabe ist es also, zu unterscheiden, an welchen Stellen eine Übertragung und Veranschaulichung globaler Prozesse in die lokale Erfahrbarkeit möglich und sinnvoll ist und an welchen nicht. Eine didaktische Regel könnte lauten: Übertrage in den lokalen Nahbereich, wo immer es geht, da dies menschlichem Lernen entgegenkommt. Lass' dies aber sein, wenn die spezifische Qualität globaler Prozesse dadurch nicht erkannt wird!

2. Moralische Appelle und Empathie

Angesichts der Komplexität globaler Prozesse können uns moralische Gefühle oder Empathie für bestimmte Bevölkerungsgruppen enorm betrügen. Allerdings ist es angesichts der globalen Komplexität an vielen Stellen auch schwer, überhaupt Einfühlungsvermögen für andere Menschen zu entwickeln. Diese Spannung ist für die Initiierung pädagogischer Lernprozesse nicht einfach auszutarieren. Die Gefahr, Menschen unrealistisch zu idealisieren („Der gute Wilde") ist gegeben. Es ist angemessen, einerseits moralische Appelle vorsichtig zu verwenden und andererseits über globale Spielregeln und deren Einhaltung (zum Beispiel in Hinblick auf die Einhaltung der Menschenrechte) nachzudenken.

3. Erfahrung und Reflexion

Konkrete Lernerfahrungen durch persönliches Erleben sind wichtig. Authentizität beschreibt allerdings immer eine partikulare Erfahrung – eine Erfahrung, die in einer anderen Situation ganz anders aussehen könnte. Menschen sind zum Lernen aus motivationaler Perspektive auf eigene Erfahrungen angewiesen und hören gerne die Erfahrungen anderer. Austausch von Schülern, Studierenden und Lehrenden in Länder des Südens und des Ostens sowie Bildungskooperationen sind deshalb sinnvoll. Diese Formen bedienen unsere evolutionäre Prägung in Hinblick auf konkrete und erfahrbare Sozialerfahrungen. Globales Lernen sollte solche eigenen Erfahrungen ermöglichen.

Darüber hinaus ist es aber – angesichts der dargestellten Struktur globaler Herausforderungen – von Wichtigkeit, konkrete Erfahrungen in ihren abstrakten Implikationen zu reflektieren bzw. in einen allgemeineren Zusammenhang zu stellen. Hierzu bedarf es angesichts zunehmend fragmentierter und partikularer Erfahrungshorizonte einer Theorie bzw. der theoretischen Reflexion. In dieser Situation wird theoretische politische Allgemeinbildung von besonderer Bedeutung, da sie zersplitterte individuelle Erfahrungen kognitiv miteinander zu verbinden erlaubt. Während der Umgang mit abstrakten Heuristiken im Mathematikunterricht eine Selbstverständlichkeit darstellt, ist dies in sozial- und geographiekundlichen Fächern der Schule keine Selbstverständlichkeit. Ethische Reflexion, Selbstreflexion und das Nachdenken über die Grundlagen von Kultur und Gesellschaft sind wichtige Aufgaben Globalen Lernens.

4. Wissen und Handeln

Globales Lernen sollte Wissen über unsere Eine Welt und deren Herausforderungen vermitteln. Dies passiert – trotz kontinuierlicher Verbesserung beispielsweise der Curricula und Schulbücher in den letzten Jahren – noch nicht in hinreichendem Maße. Hier ist ein stärkeres Engagement der Schule, das den gesellschaftlichen Veränderungen der Einen Welt Rechnung trägt, noch zu entwickeln. Modellversuche sind sicherlich ein weiterer Schritt in diese Richtung.

Darüber hinaus entsteht ein Qualifikationsbedarf durch die Art der Vermittlung fachlicher Inhalte. Es sollte gelernt werden, sachliche Widersprüche auszuhalten und Dinge von unterschiedlichsten Perspektiven zu sehen. Internationalität und Interdisziplinarität sind Formen, diesen Perspektivenwechsel herzustellen. Gerade der internationale Perspektivenwechsel ist in vielen Bildungsangeboten zu gering ausgeprägt und sehr durch die us-amerikanische Majoritätskultur – und damit einem verschwindend geringem Bruchteil kultureller Weltentwürfe – geprägt. Unterschiedliche Lebensstile sind kennenzulernen. Ein wichtiger Bestandteil Globalen Lernens auf der Sozialebene ist das Einüben einer differenzierten Sprache und das Erlernen eines sensiblen Umgangs mit unterschiedlichen Sprachen und Kommunikationsformen. Der Aufbau kommunikativer Kompetenz, von Fragehaltungen, Umgang mit Nichtverstehen, Offenheit zu Nachfragen sowie Sensibilität für unterschiedliche Körpersprachen sind wichtige Kompetenzen in einer globalisierten Weltgesellschaft und helfen bei der Vermeidung von Konflikten. Fremdsprachenkompetenz außerhalb des Englischen wird zu wenig gefordert und trainiert. Entwicklungspolitische Bildung, die für ein Leben in einer global vernetzten Welt qualifizieren möchte, erfordert Methoden, die diesem Anliegen entsprechen. Neben der Wissensvermittlung und dem sinnlichen Erleben anderer Kulturen sollten Arbeitsformen, die sowohl inhaltlich-fachliches Lernen wie auch methodisches, sozial-kommunikatives und affektives Lernen ermöglichen, ein stärkeres Gewicht in der Bildungsarbeit erhalten. Globales Lernen bezieht sich deshalb explizit auf die Vermittlung von Fach-, Methoden- und Sozialkompetenz in Hinblick auf den Umgang mit der Einen Welt.

Handlungskompetenz muss sich also nicht auf größere Projekte in Hinblick auf eine Verbesserung der globalen Situation (etwa durch ein konkretes Projekt zur Verbesserung der Ökobilanz einer Schule oder eine Projektunterstützung in der Entwicklungszusammenarbeit) beziehen. Vielmehr sind Handlungskompetenzen in Hinblick auf soziale Ausdrucksmöglichkeiten, interkulturelle Kompetenzen oder Trainigsmaßnahmen zur Konfliktlösung ebenso sinnvoll – und eventuell nachhaltiger. Sie vermitteln Anschlussmöglichkeiten angesichts einer unübersichtlichen Entwicklung zur Weltgesellschaft und qualifizieren damit für das zukünftige Leben.

Literatur

DÖRNER, D. (1989). Die Logik des Misslingens, Rowohlt: Hamburg

NEUMANN, D., SCHÖPPE, A., TREML, A. K. (Hg.) (1999). Die Natur der Moral. Evolutionäre Ethik und Erziehung. Stuttgart: Hirzel

SCHEUNPFLUG, A. (1997). Lebenswelten von Kindern in Zeiten zunehmender Globalisierung. In: aej studientexte. Zeitschrift für Konzeption und Geschichte Evangelischer Jugendarbeit. Themenheft Kinder – Kirche – Kirchenkids...? Lebenslagen von Kindern und konzeptionelle Ansätze und Modelle in der Kirche, H. 1, S. 19 – 29

SCHEUNPFLUG, A. (2000a): Steinzeitjäger im Cyberspace. Der alte Adam stolpert ins Dritte Jahrtausend. In: Bild der Wissenschaft, H. 1/2000, S. 28 – 32.

SCHEUNFLUG, A. (im Druck). Lernen: Mit der Steinzeitausstattung in das Cyberspace? Teil 3 der Serie „Biowissenschaft und Pädagogik". In: Pädagogik, H.3/2000

SCHEUNPFLUG, A. & SEITZ, K. (1995). Die Geschichte der entwicklungsbezogenen Bildungsarbeit. Zur pädagogischen Konstruktion der Dritten Welt, 3 Bände, IKO: Frankfurt/Main SCHEUNPFLUG, A., SEITZ, K. & TREML, A. K.: Die ökologische Dimension des Lernbereichs „Dritte Welt". Zwischenergebnisse aus einem Forschungsprojekt zur Geschichte der entwicklungsbezogenen Bildung. In: Becker, E. (Hg.): Jahrbuch Dritte Welt 1992. IKO, Frankfurt/Main 1993, S. 311 – 330

SCHEUNPFLUG, A. & SCHRÖCK, N. (1999). Globales Lernen, Brot für die Welt: Stuttgart

TREML, A. K. (?). Ganzheitlichkeit – affirmative oder kritische Kategorie? Ökumenisches Lernen als ganzheitliches Lernen. In: Orth, G. (Hg.): Dem bewohnten Erdkreis Schalom. Beiträge zu einer Zwischenbilanz ökumenischen Lernens. Comenius-Institut: Münster o.J., S. 233-242

UNDP [United Nations Development Program] (1999). Globalisierung mit menschlichem Antlitz. Bericht über die menschliche Entwicklung 1999, Deutsche Gesellschaft für die Vereinten Nationen: Bonn

VOLLMER, G. (1993). Was können wir wissen? In: Deutsches Institut für Fernstudien (Hg.): Funkkolleg Der Mensch. Anthropologie heute. Tübingen: Studieneinheit 19.

Klaus Boldt

Neue Kommunikationsmedien und globale Entwicklung

1. Ein neues Zeitalter der Entdeckungen

Wir leben in einem neuen Zeitalter der Entdeckungen und Eroberungen. Statt in Karavellen wie Christoph Kolumbus vor rund 500 Jahren brechen die Abenteurer diesmal allerdings mit Software-Programmen wie „Netscape Navigator" oder „Microsoft Internet Explorer" auf.

Auf gut deutsch bedeuten diese Begriffe: „Steuermann für die Netzlandschaft" oder „Winzigweichs Erkunder des Netzes zwischen den Völkern". Es geht um nichts weniger als um eine Neuentdeckung der Welt – die in unseren Köpfen stattfindet. Das hat mit der realen, sinnlich erfahrbaren Welt nichts zu tun, sagen manche. Aber spielen sich nicht auch lebenswichtige Dinge wie die Nahrungsaufnahme, Sex, Schlafen zu allererst in unseren Köpfen ab?

Haben Sie sich einmal Gedanken darüber gemacht, was die sog. „Kunstwelt" – der Cyberspace – eigentlich bedeutet? Cyberspace heisst „kybernetischer Raum". Kybernetik ist die Wissenschaft von der Struktur und vom Verhalten komplexer Systeme, die Eigenschaften und Verhaltensweisen realer Systeme widerspiegeln. Cyberspace heisst also salopp gesagt „Abbild des (Welt-)Raumes".

Wenn wir in den Spiegel schauen, ist uns unser Abbild vertrauter als unser „reales" Aussehen, das unsere Ehepartner, unsere Kinder und unsere Freunde wahrnehmen. Für uns selbst aber ist die Realität unser Spiegelbild. Realität ist immer subjektiv, ein Abbild der Wirklichkeit, das uns unser Gehirn vermittelt.

Warum nennen sich Zeitungen und Magazine, die der oft postulierten „Wahrheit" in der Berichterstattung relativ nahe kommen, „Der Spiegel" oder „Daily Mirror"? Sicher nicht deshalb, weil sie für sich in Anspruch nehmen, über eine Scheinwelt zu berichten!

Der Cyberspace ist für manche realer als die „wirkliche Welt". Oder eben ein Abbild der wirklichen Welt, das genauso real sein kann wie andere Abbilder, die wir uns von der Realität machen.

2. Die Karten werden neu gemischt

Am Ende des 20. Jahrhunderts werden die Karten der „Netzlandschaft" neu gezeichnet und die Karten der Global Players in der Weltwirtschaft neu gemischt. Wer heute Exportnation Nummer 1 oder 2 ist, kann morgen (d.h. in 10, 20, 30 oder 50 Jahren) Nummer 100 der Weltrangliste sein. Deutschlands Voraussetzungen, bei diesem Spiel (und es handelt sich nicht um ein Computerspiel!) mitzumischen, sind eigentlich gut. Die wesentlichen Voraussetzungen sind:

– Zugang zum Netz, also technische Infrastruktur
– Multimedia-Dichte, d.h. eine hohe Anzahl von Telefonen, Mobiltelefonen, Computern, Fernsehern, Faxgeräten, E-Mail- und Internetanschlüssen pro Kopf der Bevölkerung
– Ausreichendes Know-how der arbeitenden Bevölkerung. Die wichtigste Bedingung für das Mitmischen in der globalen Informationsgesellschaft!

Formal gesehen erfüllt Deutschland alle diese Bedingungen. Gute Telefon- und Datenleitungen mit bereits sehr vielen ISDN-Anschlüssen, fast jeder hat einen Fernseher und ein Telefon, viele haben bereits ein Faxgerät und einen Computer. Die Menschen sind gut ausgebildet, viele haben einen höheren Schulabschluss, sind Facharbeiter oder Universitäts-Absolventen.
Gleichzeitig wissen wir aber:

– die Menge des weltweit verfügbaren Wissens wächst immer schneller
– um im Wettbewerb um Arbeitsplätze mithalten zu können, müssen Arbeitnehmer „lebenslang" lernen
– Wissen wird im internationalen Wettbewerb zum entscheidenden Wettbewerbsfaktor
– Weltweit sind fast ein Viertel aller Erwachsenen ohne Schreib- und Lesekenntnisse. In Ländern wie Indien oder Nigeria liegt die Analphabetenrate bei rund 50 Prozent.

3. Entwicklungsland „D"

Wie steht es um den Internet-Zugang? Laut einer Untersuchung der Marketing Corporation in Bad Homburg, einer der grössten Unternehmensberatungen in Deutschland, gibt es eine Info-Elite von rund 1,5 Millionen Menschen, die jede Neuerung der Informationstechnologie – sei es Mobiltelefon, Internet oder Videoconferencing – als erste mitmachen. Diese Info-Elite verfügt aber nicht nur über einen Internet-Zugang pro Person, sondern häufig über mehrere „Accounts" bei Internet-Providern. Offiziell soll es rund 12 Millionen Internet-Nutzer in Deutschland geben. Nach meiner Einschätzung reduziert sich diese Zahl aus den eben beschriebenen Gründen beträchtlich. Zudem verfügen viele Internet-Surfer in Deutschland nur über grundlegende Kenntnisse – oft können sie nicht einmal die Startseite in ihrem Browser ändern.

Summa summarum schätze ich, dass nur fünf Prozent der Deutschen gute Internet-Kenntnisse haben. Das ist für ein High-Tech-Land erbärmlich. Im Vergleich zu den USA, Kanada, Grossbritannien, den skandinavischen Ländern, Taiwan, Singapur, Hongkong, Malaysia, Australien, Brasilien oder Südafrika ist Deutschland Entwicklungsland!

4. „Strukturschwache Gebiete"

Meine Firma ist an Projekten der EXPO 2000 in Hannover beteiligt. Wir bauen eine Internet-Redaktion auf, die globale Expertenforen über sechs Monate hinweg rund um die Uhr moderieren und steuern wird. Um dies bewältigen zu können, kooperieren wir mit Journalisten in Asien, Afrika und Lateinamerika. Raum und Zeit verlieren ihre bisherige nationalstaatliche Bedeutung.

„Global Players" wie die Deutsche Telekom, Microsoft oder andere weltumspannende Konzerne lassen ihre Software längst in China, Indien oder Kuba programmieren. Häufig wird rund um die Uhr gearbeitet, die Software-Entwickler wechseln sich den Zeitzonen folgend mit der Programmierung ab, wenn es die Situation erfordert.

Telearbeit ist bei diesen Firmen längst an der Tagesordnung, ganze Scharen von nordamerikanischen Unternehmen haben einzelne Bereiche ihrer Produktion, vor allem aber Dienstleistungen für den eigenen Konzern wie die elektronische Datenerfassung oder die Buchhaltung in die Karibik verlagert.

Arbeitskräfte mit der entsprechenden Ausbildung, den nötigen Sprachkenntnissen und der technischen Ausstattung können mittlerweile auch in entlegenen Regionen – sogenannten „strukturschwachen Gebieten" – Dienstleistungen für die Konzerne in den Metropolen übernehmen. Häufig liege diese Gebiete, zumindest im dichtbesiedelten Europa, in den Grenzregionen der bisherigen Nationalstaaten. Ich bin davon überzeugt, dass die angeblich „strukturschwachen grenznahen Gebiete" innerhalb der Europäischen Union die besten Voraussetzungen dafür mitbringen, im Cyberspace erfolgreich zu sein:

- Weltoffenheit und Toleranz,
- Mehrsprachigkeit,
- Vernetztes Denken.

In heute als noch viel stärker als „marginalisiert" geltenden Regionen der Erde treffen diese Kriterien nicht weniger zu. Die „Standortfrage" für Unternehmen wird künftig nicht durch das Vorhandensein von Autobahnen oder Flughäfen entschieden, sondern zunehmend durch das Vorhandensein von Datenautobahnen, entsprechender EDV- und Sprachkenntnisse und flexibler Arbeitszeiten.

5. Bildung und Entwicklung

Stellen Sie sich eine Welt vor, in der

- alle Menschen Zugang zu einer vorschulischen und schulischen Grundbildung haben.
- alle Menschen Zugang zu den Technologien haben, die ihnen ein lebenslanges Lernen ermöglichen.
- allen Menschen sich damit Chancen auf qualifizierte Arbeitsplätze eröffnen.
- körperlich benachteiligte Menschen gleichberechtigt am wirtschaftlichen und gesellschaftlichen Leben teilnehmen können.
- Integration, nicht Isolation das bestimmende soziale Phänomen der Informationsgesellschaft ist und es keine Zweiklassengesellschaft zwischen „informationsarmen" und „informationsreichen" gesellschaftlichen und regionalen Gruppen gibt.

Von diesen Visionen sind wir sicher noch weit entfernt. Und vor allem in den Ländern des Südens wird die „digitale Kluft" zwischen „gebildeten" und „ungebildeten" Menschen, zwischen Menschen mit und Menschen ohne Zugang zu den modernen Informations- und Kommunikationstechnologien, in absehbarer Zeit nicht so leicht zu überbrücken sein.

Andererseits bietet sich gerade den sogenannten „Entwicklungsländern" die historische Chance, ganze Entwicklungsstadien zu überspringen und sich mit Macht in die Schar der „High-Tech-Nationen" einzureihen. Statt im Rahmen einer „nachholenden Entwicklung" auf Schwerindustrien und andere umweltverschmutzende Technologien zu setzen, kann sich die Wirtschaft zumindest der fortgeschritteneren Länder des Südens auf die Informationstechnologien konzentrieren, die zu Beginn des 21. Jahrhunderts die Zukunft verkörpern.

Mit den Internet-Technologien, insbesondere der notwendigen Software, stehen den Entwicklungsländern zum ersten Mal in der Geschichte dieselben Instrumente der Wertschöpfung zur Verfügung wie der ersten Welt. Es gibt keine „Dritte-Welt-Variante" des Internet, keine Billigtechnologie, die in der Ersten Welt nicht mehr verwendet werden würde, da die meisten Programme, die für Internet-Anwendungen notwendig sind, jedem Nutzer kostenlos zur Verfügung stehen.

Sicher müssen auch hier Abstriche gemacht werden: Häufig wird nicht die modernste Hardware verwendet, es fehlt an stabiler Energieversorgung und an schnellen Datenleitungen. Aber das Potenzial, das den Entwicklungsländern im IT-Sektor zur Verfügung steht, ist weitaus günstiger als in anderen Wirtschaftsbereichen.

6. Hindernisse

Auf dem Weg zur Verwirklichung dieser Visionen gibt es – vor allem im Hinblick auf Bildung und Ausbildung in den Ländern des Südens – einige Hindernisse:

- Netzmonopole verhindern einen fairen Wettbewerb, der sich in günstigeren Preisen für die Nutzer niederschlagen könnte.
- hohe Telekommunikationsgebühren machen eine Beteiligung an Bildungsangeboten für viele Menschen in Entwicklungsländern unmöglich.
- hohe Anlaufkosten (Aufbau Lern-Service, Infrastruktur) und knappe Bildungsetats verhindern die Umsetzung guter Konzepte.
- mangelndes Wissen um die Einsatzmöglichkeiten moderner Informations- und Kommunikationstechnologien macht gute Ansätze zunichte.

Ohne kompetente Vermittlung bleibt Information häufig ein unverarbeiteter Rohstoff, der sich nicht in Wissen verwandelt. Individuelles Lernen (z.B. in Form von Telelearning) wird deshalb mit herkömmlichen Formen des Lernens in Gruppen einhergehen müssen. Auch diese Wissensvermittlung in Gruppen kann zumindest zu weiten Teilen virtuell stattfinden.

Es erscheint notwendig, neue Formen der Wissensvermittlung zu finden, mit denen große Mengen an Information zum Lernenden transportiert und in Wissen verwandelt werden können.

Gemessen an den Anforderungen im Beruf – den es in dieser Form nicht mehr „lebenslang" geben wird – müssen wir uns mehr und mehr von Bildungskonzepten verabschieden, die den Erwerb von Wissen auf Vorrat beinhalten. Vielmehr wird Wissen immer häufiger dann vermittelt werden müssen, wenn es vom „Verbraucher" benötigt wird – just in time, oder – wie ein anderes Schlagwort lautet: „Bildung-on-Demand".

Wertvolles, „vermarktbares" Wissen wird auf Dauer nur bedingt kostenlos im Internet abrufbar sein. Die Gefahr für die Entwicklungsländer besteht darin, dass sich der kostenlose Wissenstransfer aus dem Norden auf „Wissen zweiter Wahl" beschränkt. Neu entstehende Monopole und Oligopole im Bereich des Zugangs zum Internet (Access-Provider) und des inhaltlichen Angebotes (Content-Provider) verfügen über die Macht, im Internet bisher kostenlos abrufbares Wissen über kurz oder lang „in Wert zu setzen".

7. Kommunikation und Entwicklung

Die Kommunikation und Entwicklung zwischen Norden und Süden war bisher in vielerei Hinsicht eine einseitige Angelegenheit. Mit den modernen Kommunikationstechnologien, insbesondere dem Internet, verfügt der Süden erstmals über ein Instrument, sich in der Weltöffentlichkeit nicht nur in Form von Nothilfesituationen und Katastrophen zu Gehör zu bringen. Mehr noch: Viele Afrikaner sind zum ersten Mal in der Lage, mit der Welt zu kommunizieren, weil alle anderen Arten der transkontinentalen Kommunikation bislang viel zu teuer waren. Viele Menschen in Rio de Janeiro, Quito oder Mexiko-Stadt können in Internet-Cafés erstmals mit ihren Verwandten in den USA telefonieren. Per Internet-Telefon kostet dies nur noch einen Bruchteil der bisherigen Telefongebühren.

Aus der Not heraus wird auf diese Weise der Umgang mit Technologien erlernt, die sich im reichen Norden noch nicht viele Menschen angeeignet haben. Kenntnisse wie diese werden sich in der vernetzten Welt und in einer globalisierten Wirtschaft auszahlen.

Malcolm Plant

An Integrative Approach to Education for Sustainable Development

Abstract

In this paper, I derive five propositions that I believe should form the basis of education for sustainable development (ESD). The discussion reflects my view that the reductionist tendencies in education that converge on established disciplines must be replaced by a more holistic approach. I draw on my experience of running an *MA in Environmental Education* course by distance learning to support my arguments.

If widespread calamity or social distress does not bring us to our senses first, imaginative forms of education my do so more pleasantly (O'Riordan 1981).

Introduction

The idea of „sustainable development" still struggles for a place in the minds of policy makers and academics. Social theory seems to be too preoccupied with the Western idea of „progress" to engage satisfactorily with environmental issues; and natural science is mainly pursuing a relentless quest for prediction and assessment. In education over-prescriptive curricula at all levels of formal education leave little room for education to make sense of the great challenges facing humanity. I believe that our collective inability to respond appropriately to the environmental crisis is because our lives are subject to disciplinary knowledge characterised by *homogeneity* so we do not see the parts in relation to the whole. What is needed is knowledge characterised by *heterogeneity* and used in the context of application, and that is transdisciplinary. This means that education for sustainable development (ESD) is concerned with multiple views of reality in order to respond to questions such as: What knowledge? For what and for whom? In an attempt to map out a transdisciplinary agenda for ESD, this paper analyses five overlapping themes: (1) complexity; (2) social justice; (3) culture; (4) gender equity; (5) empowerment and derives five propositions from this agenda.

Theme 1: Complexity

The publication of Global Environment Outlook 2000 (GEO-2000) by the United Nations Environment Programme (Clarke 1999) confirms the continued urgency of addressing the environmental crisis. At the core of GEO-2000's recommendations is a call for the „integration of environmental thinking into the mainstream of decision-making relating to agriculture, trade, investment, research and development, infrastructure and finance is now the best chance for effective action" (ibid, 1999). The need for such an integrative approach is called for by the complexity of environmental issues: concerns such as population and human resources, species and ecosystems, energy and resources, wastes, urbanisation, and peace and security were all recognised by the Brundtland Report (WCED 1987) as part of a wider global concern about human impact on the environment. Hence my first proposition is:

Proposition 1
ESD needs to respond to the complexity of environmental issues by fostering students' interdisciplinary learning.

In the *MA in Environmental Education* course enables students to question how and why socio-economic systems contribute to the alienation of humanity from the non-human world. One MA student responded to this focus of the course by writing: „The emphasis on linking the issues of modernity with the eco-social crisis is sound, as is the notion to acknowledge and embrace complexity rather than attempt to over-simplify it." (Charles Paxton: MA student, Japan)

Theme 2: Social justice

To neglect ethical issues in ESD will conceal the deeper meaning of „sustainable development" from the vast majority of the world's population. who are often more concerned with issues of social justice than with economic growth *per se*. For example, neither conservation nor development issues can be considered without reference to equity and social justice. Yet for some environmentalists, the 1992 Earth Summit (UNCED 1992) clearly confirmed the view that Western capitalism is reluctant to change the ideology and practices that perpetuate environmental degradation and social injustice. Thus my second proposition is:

> *Proposition 2*
> ESD needs to develop the critical sensibilities of students to concerns about social justice and to recognise that everyone has an equal right to an environment in which they can flourish.

In the *MA in Environmental Education* course, students are encouraged to articulate their ethical standpoint on environment and development issues and to monitor how this ethic changes as their learning about sustainability develops. For example, one MA student reflects on her ethic as follows: „My environmental ethic is related to my perceptions of power and social justice. My experiences of growing up as a working class female in England and living as an adult in a third world country have helped me to look at power and social justice in particular ways." (Rita Dent: MA student, Malawi)

Theme 3: Culture

The shift in attitudes towards a re-evaluation of indigenous knowledge in the light of escalating ecological problems has been legitimated through the World Commission of Environment and Development (WCED 1987). Also, Agenda 21 (UNCED 1992) refers specifically to the incorporation of the values, views and knowledge of indigenous people into resource management programmes and for the need to protect their intellectual and cultural rights. We need to recognise that knowledge is useful to particular peoples in ways that depend on how it is generated, harnessed and to what purpose it serves. I want to register the importance of culture in ESD by stating my third proposition.

> *Proposition 3*
> ESD should be critically responsive to different cultural perspectives on the non-human world in order to assess that sustainable development is shaped by a community's needs and aspirations.

For example, my Malawian student, Rita Dent asks whether she should offer her students a „rational" alternative explanation to their belief that chameleons breathe fire and give birth by dropping out of a tree and splitting open? Her attempts to deal with inconsistencies like this are compounded by her students' desire to please her and pass their exams. Rita says that her students learn to cope with such contradictions by saying: „when you answer a question in a test you say that cockerels do not lay eggs but in the ‚real' world you know that they do".

Likewise, when my Colombian student, Sarita Kendall, was faced with the problem of how to incorporate local myths into her scientific programmes to help conserve the manatee that lives in Amazon rivers, she reflected: „Local stories about the tree where maggots ripen into manatees were retold in different forms by several people, some of whom insisted that manatees could never disappear completely. When asked of there were many such trees, they said there were a few, a long way off. One person said that hardly anyone knows about how to find the trees because the Ticuna language and culture are being lost. ... These insights make it possible to have a very productive discussion about the future of a species with students, integrating cultural and scientific knowledge and context".

Theme 4: Gender equity

Gender concerns were raised in Chapter 24 of Agenda 21 (UNCED 1992) „Global Action for Women Towards Sustainable and Equitable Development". In the Rio conference, women were considered to be a „major group" whose involvement was considered necessary to achieve sustainable development. The *Platform for Action* (United Nations 1993) included recommendations to integrate gender concerns and perspectives in policies and programmes for sustainable development; and to assess the impact of environment and development policies on women. Thus my fourth proposition, emphasises a concern for developing the role of women in decision-making activities.

Proposition 4
Students of ESD should critically assess the importance of gender equity in decision-making activities about issues such as population growth, poverty alleviation and natural resource use, especially as they relate to the less developed world.

I am involved in a study of gender roles in a research project on poverty alleviation and natural resource management in the Luanda District of Kenya. One of the outcomes of this research is a call for improved leadership and management skills on the part of women's groups (Otieno & Plant 1999). Since most women in this region do not participate in policy and decision-making processes, the achievement of some of the basic needs cannot be actualised. As my academic partner, Dorcas Otieno, of Kenyatta University, Nairobi writes: „Gender roles are largely biased and discriminatory against women. Education and training should address the constraints that prevent women's access to intellectual resources and empower women to become fully active partners in social transformation."

Theme 5: Empowerment

Social transformation is not primarily concerned to raise awareness of environmental concerns. Neither is it about a curriculum that is chiefly for those who are scientifically or technologically literate. Rather it is directed towards people taking personal responsibility for the care and protection of the environment, nurturing concern for the quality of life of people and nature now and in the future, and adopting a critical stance to the socio-economic and political conditions that lead to environmental degradation. These goals should involve students in using questioning pathways to enable them to form their own judgements on and participation in the social processes that impact on the environment; and to encourage skills leading to inquiry, debate and involvement. In this way, ESD is able to „empower" „marginalised groups", including young people, the socially disadvantaged, etc, and to support „capacity-building" amongst such groups. Indeed, for some time researchers have been arguing that environmental problems cannot be understood without reference to prevailing social, economic and political trends (e.g. Huckle 1997; Huckle & Sterling 1996; Fien 1995; Plant 1995, 1998). Student empowerment is my fifth and final proposition. This proposition is the main goal of the *MA in Environmental Education* course.

Proposition 5
Students of ESD should be empowered to be „socially critical" if they are to have an effective role in realising a sustainable and socially just society.

The empowerment of my students' practice can occur at different levels. At one level, he or she may become empowered when they understand how social change can come about, for example, by joining up with others to share common concerns. At a deeper level, they may have gained sufficient confidence to act in support of change such as involving their colleagues in professional development or redesigning their programmes to emphasise a more critical examination of environmental issues. Their confidence at this level may be such that they begin to network with environmental and development organisations to enlarge their understanding of issues and their competence to act in a wider national or international context. For example, for Charles Paxton (MA student, Tokyo), empowerment is manifested by his growing confidence to challenge the hierarchical forms of education that dominate Japanese students' learning. Thus he is „pleased that the [MA] course is taking environmental education into my staff and classroom since this is the first time I have ever conducted professional long-term environmental education in my work place".

The reading and engagement with professional issues that Gillian Traverse (MA student, UK) experienced on the course encouraged her to write: „I am aware that, in many areas of life, I live with paradox and conflict: exploring these and accepting them, and inherent consistencies at an intellectual level, has been an important process in helping me to enter into a readiness to explore and challenge ideas and perspectives new to me."

Reflections

I believe that a major factor in our collective inability to realise sustainable patterns of living is that we need the extend the number of interest groups both involved in assessing sustainable pathways to the future. For example, through Local Agenda 21 initiatives it is possible to side-step the immediate economic-base interests or between experts and begin to learn the common language necessary for sensitising people to the predicament for life on Earth.

Top-down, authoritarian education rarely works since it distracts attention away from the many and varied ways in which local people have learned to cope with their environment. This is of particular interest for me in exploring possibilities for a gender, poverty and sustainable development project in collaboration with researchers in Kenyatta University, Nairobi (Otieno & Plant 1999). The project is aimed at enabling people in a rural part of Kenya to overcome their extreme poverty through an education programme aimed at bringing together traditional knowledge and practices, and the knowledge and experience of the donor agencies that work with the local communities. Sustainable development and its incorporation into education should not be seen as something outside of our heads but as an evolving construct of our minds. It raises issues to do with paradigms of understanding that „espouse different worldviews and assumptions about the way the world works" (Bell & Morse 1999, S. 155) rather than a global education that seeks to reach some global consensus about ESD. This means trying to understand other people's viewpoints through critical reflection.

Without doubt the demands on the Earth's resources will become greater during the 21st century as world population doubles yet again. In order to survive, humanity has to find ways of living more sustainable lifestyles. The people who should participate in this venture are not primarily those in the developing world for it is they who desperately require an improvement in their economic and material standards of living. No, it is we in the more developed world who must learn restraint and make Occam's Razor a motto for the next century. In essence, Occam's Razor insists: „If some is good, more is not necessarily better". It is also a worthwhile slogan for ESD.

References

BELL, S. & MORSE, S. (1999). Sustainability Indicators: measuring the immeasurable, London: Earthscan Publications

CLARKE, R. (ed.) (1999). GEO-2000 (Global Environmental Outlook), London: Earthscan Publications on behalf of UNEP. Available at: www.unep.org/geo2000

FIEN, J. (1995). Teaching for a Sustainable World: the environmental and development education project for teacher education, Environmental Education Research, 1(1), p. 21-34

HUCKLE, J. & STERLING, S. (eds.) (1996). Education for Sustainability, London: Earthscan Publications

O'RIORDAN, T. (1981). Environmentalism, London: Pion Press

OTIENDO, D. & PLANT, M. (1999). Training on Networking for Gender Roles in Poverty Alleviation and Natural Resource Management in Luanda Division, Vihiga District, Workshop Proceedings, Kisumu, Kenya, p. 28-31 March

PLANT, M. (1995). The Riddle of Sustainable Development, Environmental Education Research, 1(3), p. 253-266

PLANT, M. (1998). Education for the Environment: stimulating practice, Dereham: Peter Francis Publishers

UNITED NATIONS (1993). Agenda 21; Earth Summit: the United Nations Programme of Action from Rio, New York: United Nations

UNCED (1992). Promoting Education and Public Awareness and Training, Agenda 21, United Nations Conference on Environment and Development, Conches, Chap 36. Available at <HTTP://europa.eu.int/comm/dg11/eet/ag21.htm>

WCED (1987). Our Common Future, (The Brundtland Report), Oxford: Oxford University Press

(Foto: Thomas Mildner)

2.
Überlegungen
zu einer Globalen Dimension

Markus Vogt

Entwicklung, Zukunft und das Ethos globaler Gerechtigkeit

1. Ethische Wende der Umweltbildung

Der Nachhaltigkeitsdiskurs hat einen kulturellen Umbruch zum Thema, der weitaus substantieller ist als jener der 60er Jahre: Gewohnte Wirtschafts-, Politik- und Lebensformen, das Verhältnis zwischen Industrienationen und Entwicklungsländern, die positivistische Wissenschaftsorientierung sowie eindimensionale Denkmuster des neuzeitlichen Fortschrittsoptimismus werden auf den Prüfstand der Zukunftsfähigkeit gebracht. Dabei zeigt sich, dass das spannungsreiche Verhältnis zwischen Natur und zivilisatorischer Entwicklung eines der zentralen Probleme unserer Zeit ist. Es wäre jedoch weder möglich noch sinnvoll, all dies der Bildung als zusätzliche Lehrinhalte aufzubürden. Die entscheidende Konsequenz des Nachhaltigkeitskonzeptes für die Bildung liegt vielmehr auf der Ebene einer ethischen Integration der unterschiedlichen Lernprozesse. Ziel ist eine „ethische Wende" mit Hilfe methodisch-didaktischer Innovationen. Dafür gibt es folgende Gründe (vgl. Vogt 1999a):

a) Empirische Untersuchungen haben gezeigt, dass die Vermehrung des ökologischen Wissens kaum zu einem umweltfreundlicheren Handeln führt. Ausschlaggebend sind vielmehr allgemeine ethische und kulturelle Faktoren wie etwa soziales Engagement, Rückbindung der Lernprozesse an die persönliche Lebenswelt mit ihren spezifischen Erfahrungen, Kommunikationsformen und Handlungsmöglichkeiten (vgl. de Haan 1997; de Haan & Kuckartz 1996). Bei der Überbrückung des „garstigen Grabens" zwischen Wissen und Handeln, der im Umweltbereich besonders deutlich erfahren wird, hilft nicht eine „grüne Wende", sondern vor allem die Bestimmung und Vermittlung der Werte für eine „kulturelle Wende" (de Haan). Nachhaltige Entwicklung braucht also Lösungsansätze, die von den ethisch-kulturellen Grundfragen der individuellen und gesellschaftlichen Lebensgestaltung ausgehen.

b) Der Schlüssel des Nachhaltigkeitskonzeptes ist der Schritt vom nachsorgenden Umweltschutz zum integrativen und innovativen Diskurs über die anzustrebenden Ziele gesellschaftlicher Entwicklung. Damit stellt es die Umweltproblematik in den Zusammenhang grundlegender ethischer Fragen (Gerechtigkeit, neue Wohlstandsmodelle, Zukunftsvorsorge etc.). Es geht wesentlich um einen Prozess der Bewusstseinsbildung und Ausbildung entsprechender Schlüsselkompetenzen. Die Bildungsinstitutionen sollten diese hohen ethisch-politischen Erwartungen kritisch reflektieren, aber auch als Chance nutzen.

c) Der gesellschaftliche Umweltdiskurs ist nicht selten dadurch blockiert, dass die naturwissenschaftliche Ökologie zwar Gefahren und Zerstörungen aufzeigen kann, aber nicht das entsprechende Handlungswissen zur Veränderung der Gesellschaft liefert (Vogt 1996b). Deshalb bedarf es einer kritischen Theorie für die Zuordnung von analytisch-naturwissenschaftlichen, sozial-wissenschaftlichen und normativen Elementen. Genau dies ist wesentliche Aufgabe der Ethik, die hier einerseits die Grenzen überzogener oder isolierter ökologischer Ansprüche, andererseits die Bedingungen und Chancen einer neuen ethischen Orientierung an den Zielen nachhaltiger Entwicklung aufzeigen kann.

d) Ziel einer Bildung und Erziehung für nachhaltige Entwicklung ist es, das fachspezifische Verfügungswissen zu einem Orientierungswissen zu integrieren und damit Bildung, Erziehung und Ausbildung enger zu verknüpfen. Dabei soll die Ethik nicht als unhinterfragte Wertvorgabe, sondern als Begründungsansatz und als Perspektive der Handlungsrelevanz eingebracht werden. Es bedarf eines intensiven Dialogs zwischen Pädagogik und Sozialethik, um die Ethik in diesem Sinne motivierend in die Lernprozesse einbringen zu können.

Eine solche „ethische Wende" und Erweiterung der Umweltpädagogik ist der Schlüssel zu einer Bildung und Erziehung für nachhaltige Entwicklung. Es geht wesentlich um die Frage nach der Rolle der Ethik in der Bildung. „Ethische Wende" bedeutet dabei nicht unbedingt ein Mehr an moralischen Impulsen, sondern mitunter auch Vermeidung vorschnell moralisierender Denkmuster. Gefragt ist also eine kritische ethisch-pädagogische Reflexion über die Bedingungen, Chancen und Grenzen einer pädagogischen Vermittlung von Verantwortungskompetenzen. Die Aufgabe der Ethik ist hier zunächst eine kritische, dann eine integrierende und erst auf dieser Basis dann auch eine motivierende (Auer 1989).

2. Ethische Grundlagen der Bildung für eine nachhaltige Entwicklung

Intra- und intergenerationelle Gerechtigkeit: Das Konzept der nachhaltigen Entwicklung geht von einer grundlegenden ethischen Option aus, nämlich der Forderung nach intra- und intergenerationeller Gerechtigkeit (Birnbacher 1988; Jonas 1984; Brundtland-Bericht 1987). Danach sind nur solche Lebens- und Wirtschaftsformen rechtfertigungsfähig, die andere Menschen und Nationen einschließlich der nachfolgenden Generationen nicht existentieller Lebenschancen berauben. Umweltschutz ist heute zu einer Grundbedingung für die Einhaltung des Generationenvertrags geworden. Die Verantwortung für die künftigen Generationen war auch bei der Einführung des Umweltschutzes als Staatsziel in das deutsche Grundgesetz (1994, Art. 20a) das ausschlaggebende Argument. Es geht um eine zivilisationsgeschichtlich neue Form existentieller „Überlebensethik", denn das heutige Wohlstandsmodell der Industriegesellschaften überschreitet auf Dauer die Tragekapazität der Erde. Das Leitbild der Nachhaltigkeit steht für die Suche nach der Wiedergewinnung neuer, langfristiger Zukunftsperspektiven, die für viele Bürger durch die ökologischen Bedrohungen und schleichenden Zerstörungen in Frage gestellt werden. Es verweist auf die Vision einer weltweiten Solidarität, die angesichts der Globalisierung der sozialen und ökologischen Frage zu einer Existenzfrage der modernen Zivilisation geworden ist. Bildung und Erziehung für eine nachhaltige Entwicklung konkretisiert die Grundentscheidung für intra- und intergenerative Gerechtigkeit, indem sie die notwendige Willensbildung und kulturelle Kreativität für die Gestaltung einer zukunftsfähigen Gesellschaft unterstützt. Bildung ist eine der wichtigsten Formen der Vorsorge für die Lebens- und Entfaltungschancen künftiger Generationen.

Vernetzung: Das Nachhaltigkeitsprinzip fordert Denk- und Handlungsansätze, die die Beziehung des Menschen zu seiner Umwelt auf ein neues Fundament stellen. Die Grundmaxime hierfür lässt sich als „Vernetzung" umschreiben: Die Einbindung der Zivilisationssysteme in das sie tragende Netzwerk der Natur muss zum Prinzip des individuellen und gesellschaftlichen Handelns werden. Der ethische Schlüsselbegriff hierfür lautet „Gesamtvernetzung" (Retinität) (SRU 1994; Korff 1993; Vogt 1998a). Er eignet sich auch als Leitbegriff einer am Konzept der Nachhaltigkeit orientierten Pädagogik (SRU 1994; Vogt 1998b). Um die vielschichtigen Vernetzungszusammenhänge und Wechselwirkungen zwischen ökologischen, sozialen und ökonomischen Faktoren besser zu verstehen, ist die Einübung von vernetzten Denkansätzen notwendig, wie sie beispielsweise im OECD-Konzept des „Teaching Complexity" angestrebt werden (OECD 1987-1994).

Ethische Differenzierung zwischen Umwelt-, Natur- und Tierschutz: Im Leitbild der nachhaltigen Entwicklung geht es primär um Umweltschutz. Es ist vom Ursprung her ein Naturnutzungskonzept und schon von daher ethisch einer ökologisch aufgeklärten Anthropozentrik zuzuordnen (SRU 1996; Vogt 1998b). Damit bleibt auch eine Ethik der Nachhaltigkeit zentral auf das Prinzip der Personalität (Menschenwürde) bezogen. Die pädagogische Vermittlung dieser ethischen Grundlage ist insofern von großer Bedeutung, als dadurch einige grundlegende Konflikte zu den ethischen Prinzipien des demokratischen Rechtsstaates sowie des technischen Umweltschutzes vermieden werden. Im Naturschutz ist jedoch darüber hinaus auch das Kriterium des Eigenwerts der Natur zu berücksichtigen. Hierfür sind religiöse Zugänge zur Natur als Schöpfung, spirituelle Impulse zu ihrer Bedeutung für das menschliche Selbstverständnis sowie ästhetische Deutungen der Schönheit und Vielfalt der Natur wichtige Gegenstände der Bildung für eine nachhaltige Entwicklung (Vogt 1999b). Grundlegend für eine Ethik des Tierschutzes ist das Kriterium der Leidensfähigkeit (Korff 1998).

Neues Wohlstandsmodell und nachhaltiger Lebensstil: Das Leitbild der Nachhaltigkeit verweist auf die Vision einer Wirtschafts- und Lebensform, deren Leitwert nicht maximaler Konsum ist, sondern ein sozial und ökologisch verantworteter Wohlstand. Nach dem Anspruch der Agenda 21 soll Bildung helfen, die Lebensgewohnheiten der Menschen im Hinblick auf Konsum- und Produktionsweisen zu verändern (life-cycle-approach). Die UN-Sondergeneralvollversammlung vom Juni 1997 in New York hat die grundlegende Bedeutung der pädagogischen Auseinandersetzung mit solchen Fragen des individuellen und gesellschaftlichen Lebensstils hervorgehoben. Dabei geht es jedoch für die Umwelterziehung um eine inhaltlich und methodisch noch wenig erschlossene Dimension. Zur Entkoppelung des Lebensstils von umweltverbrauchendem Konsum gehören Elemente wie Genügsamkeit (Suffizienz) (BUND/Misereor 1996), die Bevorzugung langlebiger Produkte („Permanenz") oder auch eine Kultur der Aufmerksamkeit (Vogt 1999b). Auf breiter Basis werden sich neue Lebensstile nur allmählich über kulturelle Neuorientierungen, die sie attraktiv erscheinen lassen, herausbilden. Maßgeblich ist hier, ob es gelingt, die Natur nicht nur als äußere Grenze zu thematisieren, sondern auch als Chance, als Grundelement sinnvoller Lebensorientierung, als Bestandteil von Lebensqualität und als Quelle von Lebensfreude. Es bedarf der Kreativität, um zugleich kritisch und konstruktiv an gesellschaftliche Entwicklungen anzuknüpfen (z.B. an vorherrschenden Leitwerten wie Freiheit, Individualität oder Pluralität, an Trends wie die „postmoderne Dematerialisierung der Werte" (Bund/Misereor 1996) oder an Chancen einer Dezentralisierung durch neue Kommunikationstechniken).

Zivilgesellschaftliche Handlungskompetenz: Appelle an den Einzelnen greifen zu kurz, wenn sie nicht gleichzeitig in gesellschaftliche Zusammenhänge eingebettet werden. Umweltbildung darf kein Ersatzhandeln für politische Lösungsstrategien sein. Es geht keineswegs nur um ein persuasives,

„überredendes" Instrument der Umweltpolitik, sondern ebenso um eine auf-
klärerische Bildung, die befähigt, aktiv, kritisch und wirksam an gesellschaftlichen Gestaltungsprozessen für eine nachhaltige Entwicklung mitzuwirken. Die auf individuelle Verhaltensänderungen zielende Umwelterziehung muss deshalb systematisch mit der auf gesellschaftliche Veränderung
zielenden Ökopädagogik verknüpft werden (Bolscho & Seybold 1996). Beide
Konzepte können und sollen sich wechselseitig befruchten. Bildung und Erziehung für eine nachhaltige Entwicklung ist Voraussetzung für eine kritische
und konstruktive Beteiligung der Öffentlichkeit an politischen Entschei-
dungsfindungen. Sie sollte daher nicht nur ökospezifische Kompetenz vermitteln, sondern auch Sozialkompetenz, also Fähigkeiten der öffentlichen
Kommunikation, des Umgangs mit den Medien sowie der Organisation von
Prozessen der Meinungsbildung, der Konfliktbewältigung und der politischen
Mitwirkung. Ziel ist eine neue Sozialkultur gesellschaftlicher Eigeninitiati-
ven. Die sozialethische Fundierung und pädagogische Vermittlung bzw. Begleitung dieser vielfältigen Lernprozesse ist eine notwendige Vorbereitung
dafür, dass Kinder, Jugendliche und Erwachsene entsprechend ihrer jeweiligen Möglichkeiten in die aktive Mitgestaltung einer zukunftsfähigen Gesellschaft hineinwachsen können.

Literatur

AUER, A. (1989). Autonome Moral und christlicher Glaube. 2. Aufl.; S. 189 – 197.
    Düsseldorf
BIRNBACHER, D. (1988). Verantwortung für zukünftige Generationen. Stuttgart.
BOLSCHO, D. & SEYBOLD, H. (1996). Umweltbildung und ökologisches Lernen.
    Ein Studien- und Praxisbuch, S. 86 – 96. Berlin
BUND/Misereor (Hg.). Zukunftsfähiges Deutschland, Bonn 1996.
HAAN, G. de et al. (1997). Umweltbildung als Innovation. Bilanzierungen und Emp-
    fehlungen zu Modellversuchen und Forschungsvorhaben, S. 9 –12. Heidelberg,
HAAN, G. de & Kuckartz, U. (1996). Umweltbewusstsein. Opladen
HAUFF, V. (Hg.) (1987). Unsere gemeinsame Zukunft. Der Bericht der Weltkommis-
    sion für Umwelt und Entwicklung (=Brundtland-Bericht), Greven 1987, Nr. 27
JONAS, H. (1984). Das Prinzip Verantwortung. Versuch einer Ethik für die technolo-
    gische Zivilisation, 2. Aufl.. Frankfurt
KORFF, W. (1993). Mensch und Natur. Defizite einer Umweltethik. In: Göhner, R.
    (Hg.). Die Gesellschaft für morgen, S. 66-87. München
KORFF, W. (1998). Umweltethik, in: H.-W. Rengeling (Hg.), Handbuch zum euro-
    päischen und deutschen Umweltrecht, Köln, S. 37-53, bes. 47f.
OECD. Environment and School Initiatives (ENSI, Projekt der OECD von 1987 –
    1994)
SRU (1994). Der Rat von Sachverständigen für Umweltfragen (SRU)

SRU (1996). Der Rat von Sachverständigen für Umweltfragen (SRU). Umweltgutachten 1994. Stuttgart

VOGT, M. (1996a). Ökologie als Gesellschaftskritik? Zur normativen Relevanz der Ökologie. In: Köstner, B.& Vogt, M.: Mensch und Umwelt. Ein komplexe Beziehung als interdisziplinäre Herausforderung, Dettelbach, S. 25-44.

VOGT, M. (1996b). Ökologie als Gesellschaftskritik? Zur normativen Relevanz der Ökologie. In: Köstner, B. & Vogt, M.: Mensch und Umwelt . Eine komplexe Beziehung als interdisziplinäre Herausforderung; S. 25 44. Dettelbach

VOGT, M. (1998a). Retinität. In: Korff, W.; Beck, L. & Mikat, P. (Hg.) Lexikon der Bioethik, Band III, S. 209f.. Gütersloh

VOGT, M. (1998b). Das Vernetzungsprinzip als umweltethische Konkretion des Leitbilds der Nachhaltigkeit. In: Sellmann, M & Conein, S. (Hg.). Vernetzen lernen! Ethik und Politik als Lernfelder der Umweltbildung (Schriften des Katholischen Sozialen Institutes), S. 10-27. Bad Honnef

VOGT, M. (1998/99). Globale und intergenerationelle Gerechtigkeit in der Umweltbildung. Benediktbeuern.

VOGT, M. (1999a). Denkanstöße für eine „ethische wende" der Umweltbildung. In: Jahrbuch für christliche Sozialwissenschaften, Bd. 40, S. 150-172

VOGT, M. & SELLMANN, M. (1999b). Handeln für die Zukunft der Schöpfung. Bausteine für die Bildungsarbeit. Hamm

Erika Stückrath

Globale Gerechtigkeit als Element nachhaltiger Entwicklung – Implikationen und Widersprüche

In der Präambel der Agenda 21 ist die Rede von einer globalen Partnerschaft zwischen Nord und Süd, die auf eine nachhaltige Entwicklung ausgerichtet ist, mit dem Ziel der Deckung der Grundbedürfnisse und der Verbesserung des Lebensstandards aller Menschen.

Dieses Ziel könnte man vor dem Hintergrund der aktuellen Weltsituation auch benennen als Minderung der Ungleichheit zwischen den Menschen oder auch als Herstellung von mehr Gerechtigkeit zwischen den zur Zeit lebenden Generationen, d.h. im globalen Zusammenhang.

Schwierig zu beantworten ist hier die Frage, was denn der Maßstab für die Verbesserung des Lebensstandards und mehr Gerechtigkeit für alle Menschen sein könnte – nähmen wir unseren Lebensstandard dafür, so bräuchten wir fünf Planeten als Umweltzulieferer!

Wenn wir nun im Sinne des Prinzips der Gerechtigkeit weiterhin von den gleichen Rechten aller Menschen auf unserem einen Planeten ausgehen wollen, dann wird der Maßstab für Gerechtigkeit in Zukunft anders aussehen müssen als bisher, und viele Veränderungen werden insbesondere im Norden unausweichlich sein.

Es zeigt sich immer mehr, dass der bisherige, auf industrielles Wachstum und Steigerung des Lebensstandards gerichtete Entwicklungsprozess im Norden, der seit etwa 50 Jahren, mit dem Beginn der Entwicklungshilfe, dem Süden als Vorbild zur Verbesserung seines Lebensstandards dienen sollte, – dass dieser „Fortschritt" genau zu den Ungleichheiten und Ungerechtigkeiten zwischen Nord und Süd geführt hat, die unsere Entwicklung jetzt in die Sackgasse zu lenken drohen.

Zu diesem „Fortschritt" gehörte – neben unmäßigem Naturverbrauch und entsprechender Abfallproduktion – im Lauf der letzten Jahrzehnte auch der

Verfall der Macht der Nationalstaaten und ihrer Regierungen, parallel zum Anwachsen des Einflusses der internationalen Konzerne.

In deren Konzept von Entwicklung durch Globalisierung der Märkte ist kein Platz mehr für die Wahrnehmung von Verantwortung zur Herstellung von globaler Partnerschaft mit dem Ziel einer nachhaltigen Entwicklung.

Dass ihre Interessen nicht auf das Ziel einer Minderung der Ungerechtigkeiten und der Mehrung der Lebenschancen aller Menschen gerichtet sind, das wird z.B. deutlich an der menschenverachtenden Produktionsweise in den Weltmarktfabriken des Südens. Auch im Rahmen der grenzüberschreitenden Globalisierung der Finanzsysteme spielt das Thema gerechte Lebenschancen für alle – ebensowenig wie demokratische Partizipation von Bürgerinnen und Bürgern an der Macht – keinerlei Rolle.

Zur Zeit stehen nicht die Bedürfnisse der Menschen, wie sie die Agenda 21 benennt, im Zentrum der Politik, sondern allein die Rechte der sogenannten Global Players. Damit wird auch das Bemühen von Regierungen und NROs um wirtschaftlichen, ökologischen und sozialen Ausgleich mit den Ländern des Südens ständig weiter geschwächt und verkehrt sich im besten Fall zum Bemühen um Verminderung der ständig steigenden Risiken für die Länder des Südens.

So wird deutlich: Zur Erreichung von mehr Gerechtigkeit kann nicht mehr auf das bisherige Konzept von Entwicklung und Fortschritt, wie es in der Agenda 21 auch weiterhin vertreten wird, gesetzt werden. Ein Engagement für Sustainable Development und mehr Gerechtigkeit erfordert auch das Bemühen um eine neue Ordnung der die Welt beherrschenden Kräfte und Kritik und Widerstand gegen die zur Zeit Besitz- und Machthabenden in der Gesellschaft.

Angesichts der verstärkten Globalisierungswelle und der darin zum Ausdruck kommenden teilweise fetischartigen Verehrung des Marktes stellt sich die Frage, ob die sich aus den christlichen und anderen Religionen und Wertsystemen ableitenden ethischen Begründungen für Gerechtigkeit noch stark genug sind, um diesen Wert auch gegen den ideologischen Mainstream durchzusetzen und zu bewahren.

Um diesen inhaltlichen Zusammenhang von Machtverteilung und Gerechtigkeit bzw. Ungerechtigkeit in den politischen Verhältnissen in die Bildungsarbeit miteinzubeziehen, ist das von der Umweltbildung her entwickelte Konzept von Bildung für nachhaltige Entwicklung noch nicht ausreichend.

Die Fragen nach den politischen Ursachen der weltweiten Ungleichheit und ebenso nach den politischen Bedingungen für die Schaffung gerechter und demokratischer gesellschaftlicher Zustände im globalen Zusammenhang sind jedoch bereits seit längerem grundlegende Themen der entwicklungspolitischen Bildungsarbeit. Diese gab den Anstoß, über die Entwicklung eines

Konzepts von „Globalem Lernen" nachzudenken, in dem die verschiedenen gesellschaftsbestimmenden Bereiche wie Ökonomie, Ökologie und Soziales in ihrer Verbindung erfahren und im Blick auf Ziele wie Gerechtigkeit und Frieden mitgestaltet werden sollen. In der Bildungsarbeit wird es darum gehen müssen, anknüpfend an das den Menschen innewohnende Bedürfnis nach Gerechtigkeit, diese auch darüber hinaus als unerlässlichen Faktor für das künftige Leben des Einzelnen und der Gesellschaften deutlich werden zu lassen. In diesem Sinne sollte eine „Bildung für eine nachhaltige Entwicklung" sich auch mit den politischen und wirtschaftlichen Machtverhältnissen sowie daraus möglicherweise entstehenden Konflikten beschäftigen. Sie sollte in dem Bemühen um eine zukunftsfähige Entwicklung im Rahmen einer globalen Partnerschaft auch die Notwendigkeit einer weltweiten Rahmenordnung für die Akteure des politischen Handelns deutlich machen.

Literatur

SACHS, W. (1997). Ökologie, Gerechtigkeit und das Ende der Entwicklung. In: epd-Entwicklungspolitik 15/16, 1997, S. 27 – 32

SEITZ, K. (1999). „Bildung für nachhaltige Entwicklung" im Aufwind – „Globales Lernen" bald ein Mauerblümchen ? In: epd-Entwicklungspolitik 10-1999, S. 24 – 28

Brigitte Holzer

„Globalisierte Ökonomie und globale Partnerschaft"
Eine andere Sozialisationsbotschaft: Subsistenz an der Schule

1972 ermittelt Dennis. L. Meadows für den Club of Rome: „Falls die gegenwärtigen Trends in Bezug auf die Weltbevölkerung, die Industrialisierung, die Umweltverschmutzung und die Ausplünderung der natürlichen Rohstoffe unverändert weiterlaufen wie bisher, werden während der nächsten 100 Jahre die Grenzen des Wachstums auf diesem Planeten erreicht sein." – und – „Es ist möglich, diese Wachstumstrends zu ändern und einen Zustand ökologischer und ökonomischer Stabilität zu erreichen, der sich bis weit in die Zukunft hinein aufrechterhalten lässt."1999 schreibt derselbe Autor, „... dass die Vorstellung einer dauerhaft tragbaren Entwicklung (im Sinne des Brundland-Berichtes, d.V.) heute nicht mehr zu halten ist, ..." (Meadows 1999).

Die Warnungen der 70er und 80er Jahre haben nicht zu Neuorientierungen in der Ökonomie geführt. Mit Blick auf Seattle am 30.November 1999 können wir solche derzeit auch nicht erwarten.

Im Gegenteil: die Zwangsläufigkeit, mit der sich die Gesetze des freien Marktes in Verbindung mit der Wachstumswirtschaft immer wieder neu durchzusetzen scheinen, wird bestätigt. Anette Scheunpflug bezeichnet in ihrem Beitrag Entwicklung als eine Systemeigenschaft. Mit einer solchen Vorstellung von Entwicklung sind Einflussnahmen durch handelnde Subjekte nur schwer denkbar. De Haan präsentiert ebenfalls in diesem Band das Dreieck der Nachhaltigkeit der Agenda 21 in einer für die Bildung zugeschnittenen Form. Einer der drei Eckpunkte stellt Modernisierung dar: Internationalisierung der Warenströme und Produktionsorte; Effizienzsteigerung aufgrund von Konkurrenz und Nachfrage; Konsistenzforderung aufgrund ökologischer Einsichten. Vergessen scheinen alte entwicklungssoziologische Diskussionen, in denen darauf hingewiesen wurde, dass Entwicklung und Modernisierung einen zu hohen Preis für die Menschen in der Dritten Welt hat. „Die Entwicklung der Unterentwicklung" nennt André Gunder Frank das unhinterfragte Modernisierungsideal aus der Sicht der Dritten Welt. Die Diskussionen der 70er und 80er Jahre haben ihre Aktualität ja durchaus nicht verloren, sind Verarmungsprozesse doch dabei, wieder allgemeiner zu werden, d.h. Menschen in Erster und Dritter Welt zu betreffen. Nichtsdestotrotz wird in der Debatte um Nachhaltigkeit so getan als wären wir uns alle einig: Der freie, kapitalistische Markt richtet's – Adam Smith's unsichtbare Hand. Zweifler werden zu Romantikern. Man kann sich dem Credo nur fügen. Tut man es nicht, so die Botschaft, wird man mit ökonomischem Ruin bestraft.

In Seattle gehen am 30. Nov. 10 000 Demonstrierende aus aller Welt davon aus, dass es nicht der Markt ist, der es richtet, sondern eine Runde von Politikern, die für die Milleniumsrunde Vorentscheidungen treffen wird, die die Demokratie, Mit- und Selbstbestimmungsrechte gefährden. Auch Schule muss sich zu solchen Glaubenssätzen der Zwangsläufigkeit sogenannter Systemeigenschaften verhalten, wenn sie den Anspruch nachhaltiger Bildung als Befähigung zur Nachhaltigkeit ernst nimmt. Eine „Bildung für nachhaltige Entwicklung" geht schließlich davon aus, dass Neuorientierungen und Trendwenden möglich sind und das heißt, dass Akteuren Handlungsmacht und Entscheidungsbefugnis eingeräumt wird.

Bildung für Nachhaltigkeit droht eine aufgesetzte (Mode-)Diskussion zu werden, wenn sie sich über die widersprüchlichen Sozialisationsbotschaften, die sie erteilt, nicht Klarheit verschafft: sie geht davon aus, dass junge Erwachsene, unterstützt durch entsprechende Bildung, zur Nachhaltigkeit beitragen können, und geht gleichzeitig davon aus, dass gegenwärtige Trends der „Modernisierung" (Internationalisierung, Öffnung der Märkte) unabwendbar sind, nur zum Besseren gewendet werden müssen – was immerhin in den letzten 30 Jahren nicht gelungen ist (s.o.).

Das schulpolitische Rollback mit Gewicht auf Leistung und Effizienzsteigerung in der Ausbildung, das musischen Fächern (Musik) in Regelschulen den Stempel überflüssig aufdrückt, sind deutliche Hinweise dafür, dass die Ideale der Wachstumsgesellschaft als Botschaft mit der Sozialisation transportiert werden sollen. Die Bedeutung, die der Computerisierung des (Schul-) alltags der Jugendlichen beigemessen wird („Schulen an's Netz"), vermittelt, dass sie nur als „global player" Anschluss bekommen können.

Wir möchten nun im Folgenden die These entfalten, dass eine ernstgemeinte Bildung zur Nachhaltigkeit nur stattfinden kann, wenn Schule eine Position kritischer Distanz zur vorherrschenden wirtschaftlichen Praxis einnimmt und die Möglichkeit offen lässt, den Begriff von Ökonomie mit anderen, neuen Bedeutungen zu besetzen. U. E. Sollten wir darüber nachdenken, wie Schule Sozialisationsbotschaften vermitteln kann, die die jungen Leute befähigen, die Zwangsläufigkeit des „Immer-Mehr", „Immer-Besser", „Immer-Weiter" zu durchbrechen. Diese sollten zudem der Entfremdung etwas entgegensetzen können, die dadurch zustande kommt, dass (globale) Marktbedürfnisse für Bildung richtungsweisender sind als die der unmittelbaren sozialen, wirtschaftlichen und ökologischen Umgebung der SchülerInnen bzw. so getan wird, als wären beiderlei Bedürfnisse identisch.

Ludwig Huber weist in seinem Beitrag auf das Paradoxon hin, das im Titel „Bildung für nachhaltige Entwicklung" steckt. Bildung ist keine Ausbildung. Sie ist zwecklos bzw. der einzige Zweck, den sie verfolgt, ist die Herausbildung von Persönlichkeit und Eigenständigkeit. Bildung kann nicht *für* etwas geschehen, sondern nur *an* etwas. Zugespitzter könnte man fragen: Ist Persönlichkeit im Sinne von Eigenständigkeit nicht als das vorrangigste Ziel einer Bildung für Nachhaltigkeit zu sehen? Man könnte sie als unabdingbare Bestandteile einer zukunftsfähigen Gesellschaft sehen, in der Entscheidungen gegen den Strom getroffen werden müssen und die auf Gegenöffentlichkeit angewiesen ist.

Eigenständigkeit als Zielvorstellung von Bildung ist bisher meist von zwei Merkmalen gekennzeichnet: sie wird weitgehend kognitiv konzipiert, ist etwas, was durch Wissensverarbeitung im Kopf hergestellt werden soll. Sie wird mehr oder weniger explizit an der Berufsfähigkeit bzw. der Fähigkeit an's Geld (-verdienen) zu kommen, bemessen. Das heisst: in gängigen Konzepten von Eigenständigkeit ist der vorherrschende enge Begriff von Ökonomie enthalten, der Leben und Überlebensfähigkeit fast ausschließlich an den Zugang zu Geld knüpft. Eine kritische Distanz zu diesem Ökonomiebegriff würde bedeuten, Menschen in einem viel breiteren Sinn eigenständig lebensfähig zu machen – eine Befähigung, die die seelische Seite und vor allem auch die körperliche des Menschen miteinbezieht. Schule müsste dafür eine andere Sozialisationsbotschaft entwickeln, die nicht „Marktfähigkeiten", sondern Versorgungsfähigkeiten oder: Subsistenzfähigkeiten in ihren Mittelpunkt stellt.

Der Blick in Regionen der sog. Dritten Welt, in der die meist bäuerliche Bevölkerung dagegen kämpft, ihre Land- und Anbaurechte und damit ihre Subsistenzfähigkeit zu verlieren, kann uns zeigen, dass das Wissen, für sich sorgen zu können, sensibel für Vereinnahmungen macht. Der Widerstand gegen die globalisierte Ökonomie (ich verstehe darunter Weltökonomie vor dem Hintergrund internationaler Vereinbarungen GATT, MAI, Trips ...) wird gerade dort massivst geführt (s. u.a. Mies & Shiva 1995). Das ist zum einen sicherlich darauf zurückzuführen, dass Bedrohungen dort existentieller sind. Aber eben auch darauf, dass die Sozialisationsprozesse andere sind. „Globale Partnerschaften" können den Stellenwert haben, von vielfältigen Arten von Widerständigkeit zu erfahren und zu lernen. Vera Dittgen beschreibt in diesem Band anhand der philippinischen Kokosbauern ein solches Beispiel.

In Anlehnung an kulturell vielfältige, bäuerliche Gesellschaften könnten Subsistenzfähigkeiten definiert werden, wie z.B.: ich kenne die Kräuter meiner Umgebung und weiß mir zu helfen, wenn ich mich nicht wohl fühle; ich kann Freunde massieren, wenn sie verspannt sind, und ich kann von ihnen massiert werden. Katharina Wolf bringt in diesem Band noch mehr Beispiele von Subsistenzfähigkeiten und deren Lern- und Lehrweg, die Impulse geben, wie sich junge Menschen verorten und wie sie sich zu ihrer nächsten Umgebung verhalten. Solche Kurse werden immer wieder angeboten (Bsp.: Schulgarten), aber es gibt derzeit keinen Bedeutungskontext, keine Sozialisationsbotschaft, die ihnen einen Platz geben könnte. Im Gegenteil, der vorherrschende Bedeutungskontext macht sie eher lächerlich oder zum Spiel. Diese Initiativen, die meist von einzelnen Lehrern abhängig sind, nähren keine eigene Sozialisationsbotschaft und werden von keiner genährt.

Es geht hier gar nicht um ein Plädoyer für eine Schule, die eine neue Wirklichkeit auf Kosten einer alten aufbauen soll. Die Arbeit am Computer und technisches know-how aller Art können wichtig sein. Mit der Befähigung zur Subsistenz geht es darüber hinaus darum, junge Leute auszubilden, die sich der Technik und des Wissens bedienen, ohne ihr zu verfallen; die die vielfältigen Abhängigkeiten in der Postmoderne nicht erdrücken; die in der Lage sind, souveräne Entscheidungen zu treffen; die nicht von den postindustriellen Entwicklungen einfach mitgerissen werden und blind in das Credo einwilligen: auf die eine oder andere Weise überleben welche und gehen andere unter.

Literatur

FRANK, A. (1969). Kapitalismus und Unterentwicklung in Lateinamerika. Frankfurt: Europäische Verlagsanstalt

MIES, M. & Shiva, V. (1995). Ökofeminismus. Beiträge zur Praxis und Theorie. Zürich: Rotpunkt

MEADOWS, D. (1999). Der Kaiser ist längst nackt, in Süddeutsche Zeitung, 13./14.11., Nr. 263.

Vera Dittgen

Kokos auf den Philippinen: Subsistenzwirtschaft als Überlebenschance für Kleinbauern

Das Thema Globalisierung stellt sich Menschen in sog. Industrieländern und Ländern des Südens sehr unterschiedlich. Und doch gibt es hier wie da Gründe dafür, Anstrengungen für Autonomie, Selbstbestimmung und Eigenmächtigkeit in allen Lebensbereichen zu unternehmen.

Es soll hier als Beispiel ein Blick auf die ökonomische, soziale und ökologische Dimension der philippinischen Kokosindustrie geworfen werden, um die gegenwärtige Lage der Kokoskleinbauern zu verstehen. Davon ausgehend sollen Ansätze und Chancen für eine alternative Subsistenzwirtschaft im Kokossektor vorgestellt werden, die zwangsläufig in einem Spannungsfeld stehen zur vorherrschenden Wirtschaftsweise von Agrarbusiness, Handel und Industrie.

Anschließend wird auf Wege hingewiesen, wie solche Fragen im Unterricht und in der außerschulischen Bildungsarbeit aufgegriffen werden können.

Die Situation

Auf den Philippinen sind über drei Millionen Hektar Ackerland (fast ein Viertel der landwirtschaftlichen Nutzfläche) mit rund 285 Millionen früchtetragenden Kokospalmen bepflanzt. Der südostasiatische Inselstaat gehört zu den größten Kokos produzierenden Ländern der Welt und erwirtschaftet jährlich mehr als 50 % der weltweiten Kokosöl-Exportanteile.

Das Kokosöl, welches aus dem getrockneten Kokosfleisch (Kopra) der Kokosnuss gepresst wird, ist ein begehrter nachwachsender Rohstoff. Es wird in großen Mengen in die USA, in europäische Länder, besonders auch nach

Deutschland exportiert und sowohl in der Nahrungsmittelindustrie als auch in der Wasch-, Reinigungs- und Kosmetikindustrie weiterverarbeitet.

Im Gegensatz zu den großen Absatzmengen steht jedoch ein stetiger Preisverfall des Kokosöls auf dem Weltmarkt. Verschiedenste Ursachen, die zum Teil im Land selbst begründet sind, der verstärkte Konkurrenzdruck aus anderen kokosproduzierenden Ländern, aber auch kostengünstigere pflanzliche Öle, wie Soja-, Palm(kern)- und Rapsöl, haben dem philippinischen Kokossektor den Ruf einer wenig zukunftsträchtigen „sunset-industry" eingebracht.

Die von diesem Wirtschaftszweig abhängigen Kokoskleinbauern, Pächter und Landarbeiter sind zu reinen Rohstofflieferanten degradiert worden, die nicht mehr nur von ihren Ernteerträgen leben können. Sie stellen mit ihren Familien zusammen ein Viertel der philippinischen Bevölkerung dar und gehören zu den ärmsten Bevölkerungsschichten. Viele Bauern flüchten aufgrund ihrer miserablen Lage vom Land in die großen Städte. Dort finden sie jedoch selten Arbeit und oft enden sie in einem der Slumbezirke am Stadtrand.

Die Vorgeschichte

In einem kurzen Exkurs durch die geschichtliche Entwicklung der Philippinen stoßen wir auf 300 Jahre spanische Kolonialherrschaft, die von einer 50jährigen US-amerikanischen Besitznahme abgelöst wurde.

Vor der Ankunft der spanischen Konquistadoren kannte die überwiegend auf Subsistenzlevel Brandrodungsanbau betreibende Landbevölkerung weder das westliche Konzept vom eigenen Landbesitz noch die exportorientierte Plantagenwirtschaft.

Erst unter den Spaniern wurden die Bauern in zentralen Dörfern (pueblos) angesiedelt. In den gut durchorganisierten Verwaltungsbezirken (encomiendas) trieb man im Namen von Krone und Kirche Tribute von den Bauern ein. Durch eine zwangsweise eingeführte Plantagenwirtschaft konnten erste Ernteertragsüberschüsse erwirtschaftet werden. Jeder Bauer wurde verpflichtet, mindestens 200 Kokospalmen anzupflanzen; weigerte er sich, wurde er zu zwei Jahren Zwangsarbeit auf einer der spanischen Galeonen verurteilt (vgl. Groeschke 1990).

Ende des 18. Jahrhunderts kam es zu Kokosbauernaufständen, jedoch war das eingeführte System des feudalen Landbesitzes und des intensiven Anbaus von Exportfrüchten nicht mehr rückgängig zu machen.

Die Landwirtschaft ging allmählich in die Hände des internationalen Kapitals über, und die Landbevölkerung wurde mehr und mehr von ihrer traditionellen Landwirtschaft entfremdet, die ursprünglich der Ernährung der einheimischen Bevölkerung diente.

Bis heute hat sich an dem feudalen Pachtsystem und der Landverteilung auf den Philippinen wenig verändert. Eine kleine Minderheit von reichen Großgrundbesitzern verfügt über 80% des Kokoslandes und das 1988 erlassene Agrarreformgesetz, welches die Aufteilung großer landwirtschaftlicher Nutzflächen vorsieht, wird nur sehr allmählich umgesetzt.

Die Kokospalme – der „Baum des Lebens" – ist für Kokoskleinbauern zu einem „Baum des Elends" geworden und vielfach ist aufgrund der ausschließlichen Kopraproduktion das traditionelle Wissen um die Mannigfaltigkeit von Kokosprodukten, die die Bauern selbst herstellen können, in den Hintergrund gedrängt worden (vgl. Groeschke 1999). Die Subsistenzversorgung wird demnach immer schlechter, die Weltmarktabhängigkeit wächst weiter und die philippinischen Bauern sind die sozialen Verlierer einer globalisierten Ökonomie, die nur wenigen Gewinnern noch mehr Gewinn bringt.

Die Kokospalme

Dabei bietet gerade die Kokospalme, die auch „Der Baum der Tausend Nutzen" genannt wird, die Rohstoffe für viele lebensnotwendige Produkte.

Ihre traditionelle Produktpalette ist deshalb so vielfältig, da alle Teile dieses Baums – von den Blättern bis zur Wurzel – vom Menschen sinnvoll genutzt werden können.

Noch immer gibt es Kokosbauern, die erfolgreich in kleinbäuerlichen Strukturen dieses Wissen nutzen und einen Großteil ihrer lebensnotwendigen Güter von der Kokospalme erhalten.

Allein aus der Kokosnuss können wichtige Nahrungsmittel erzeugt werden. Das Kokoswasser bietet frisches, keimfreies Trinkwasser und aus dem eiweißhaltigen Fruchtfleisch wird die wertvolle Kokosmilch (gata) gewonnen. Sie bereichert in der philippinischen Küche besonders viele recht scharf gewürzte Gemüse-, Fleisch-, Fisch- und Meeresfrüchtegerichte. Kokosöl ist Ausgangsstoff für eine ganze Reihe von Produkten, von denen die wichtigsten diverse Speiseöle, Brat- und Backfette sowie Margarine sind. Daneben werden aus dem Öl wiederum viele kosmetische und pharmazeutische Produkte hergestellt, so z.B. Haaröl, Babyöl und Sonnenöl.

Aus der Hartschale der Kokosnüsse werden Trinkgefäße, Schalen, Vasen, Löffel, Wasserschöpfer usw. angefertigt. Die immer wieder in größeren Mengen anfallenden Hartschalen werden direkt als Brennmaterial verwendet oder als Holzkohle vermarktet.

Die äußeren, dicken Faserhüllen (Bastschale oder Coir) werden zu Stricken und Seilen, Bürsten und Besen, Bodenmatten und Säcken sowie zu Fischernetzen und Matratzenfüllungen verarbeitet.

Die Bastschalen können aber auch, werden sie über den Wurzelbereich der Kokospalmen gelegt, als ein wirksames biologisches Düngemittel eingesetzt werden.

Einzelne der langen Blätter eines Palmwedels werden von den Filipinos kunstvoll zu Strohhüten, Einkaufstaschen, Schlafmatten oder Körben verflochten, zum Bau der Wände der typischen Bauernhäuser (bahay kubo) oder auch als luftdurchlässiges Dach zum Abdecken der Hütten benutzt.

Das äußerst harte Stammholz der Palmen dient vorrangig als Bauholz. Aufgrund seiner Salzwasserresistenz wird es auch gerne zur Herstellung von Pfosten für Landungsstege, Plattformen und Flussbrücken verwendet (vgl. Groeschke 1990).

Eine weitere sehr beliebte Form der Nutzung ist die Toddy-Produktion. Dieses hochprozentige Getränk wird aus dem Saft der Blütenkolben einer Kokospalme gewonnen und gehört in den Kokosanbaugebieten zu jedem Dorffest (Fiesta) dazu.

Die hier dargestellten Nutzen geben einen Überblick über die Vielfältigkeit der Kokospalme. Es gibt dennoch viele weitere Verwendungen, die besonders auch in einigen althergebrachten Ritualen und Volksbräuchen der Filipinos von Bedeutung sind.

Nutzung und ökonomische Strukturen

Die Nutzung der Kokospalme zur Eigenversorgung wird hauptsächlich von Bauern betrieben, die einige Hektar Land selbständig bewirtschaften. Durch den Zwischenfruchtanbau (intercropping) wird die Produktivität ihrer Landflächen erhöht. Auf solchen Plantagen stehen die hochstämmigen traditionellen Kokospalmensorten, die generell den Zwischenanbau, z.B. von Kakao, Mais, Pfeffer, Reis, Bananen und Fruchtbäumen, aber auch eine Tierhaltung zulassen. Diese Bauern können mit Fischern Nahrungsmittel tauschen und mit ihren Produkten auf den lokalen Markt gehen. Durch die Bildung von Kooperativen, in denen sie gemeinsam selbst das Kokosöl herstellen, aus dem dann z.B. Seife gekocht wird, erhalten ihre Kokosnüsse einen Wertzuwachs (vgl. Groeschke 1999). In vielen dieser Kooperativen oder PO's (PO = Peoples Organisation) kämpfen die Bauern für ihr Recht auf Landbesitz, gegen die Interessen mächtiger Großgrundbesitzer und gegen die menschenverachtenden Auswirkungen der heutigen Weltwirtschaft. Einige wenige Kokosbauern-Kooperativen exportieren ihre Produkte auch über Fair-Handelsfirmen nach Deutschland, aber sie wirtschaften damit nicht ausschließlich für den Export. Ein Beispiel dafür sind die über die Alternative Trade Organisation (ATO) dritte-welt partner, Ravensburg, vertriebenen „Nairam"-Seifen und Shampoos. Die Produktlinie beginnt bei einer philippinischen Kokosbauern-Kooperative, die die Kokosnüsse produziert, das Kokosöl selbst auspresst und an einen kleinen Seifenproduzenten auf den Philippinen verkauft, der die Bauern wiederum an seinen Gewinnen beteiligt, die er aus dem Export nach Deutschland erzielt.

Hier beinhaltet Subsistenz angesichts von Umweltzerstörung und soziale Verelendung verursachenden internationalen Handelsstrukturen eine zukunftsfähige Alternative. Subsistenz beschränkt sich nicht nur auf prekäre Selbstversorgung und minimalen Tauschhandel, sondern beinhaltet eine Beteiligung an monetären Kreisläufen mit dem Ziel, weitgehende Selbstbestimmung über die eigene Lebensorganisation zu erhalten. Verpflichtend und verbindlich werden für die Bauern kooperative Gemeinschaften und nicht mehr die Profitinteressen von Großunternehmen bzw. die (Preis-) Regeln des Weltmarktes, die sich gegenüber den Bauern als völlig unverbindlich zeigen. Die Bauern brauchen für die Weiterentwicklung solcher alternativen Wirtschaftseinheiten und für notwendige Gemeinschaftsaufgaben Gewinne, die sie als aktive Handelspartner erwirtschaften können. Solche ländlichen Strukturveränderungen sind allerdings auf den Philippinen eng mit der Implementierung der Agrarreformgesetze und der Rückkehr zu Produktionsmethoden verbunden, die eine reine Rohstoffexportabhängigkeit vermeiden (vgl. Groeschke 1999).

Zukünftige Aufgaben

Um einem fortschreitenden „Zerfall" der Kokoswirtschaft mit all ihren ökologischen und sozialen Konsequenzen entgegenzuwirken, kann der zukünftige Weg nur darin bestehen, die Subsistenzperspektive, d.h. die selbstbestimmte landwirtschaftliche Produktion als Überlebensstrategie, zu stärken.

Das bedeutet, den Kokossektor der Philippinen aus dem Würgegriff der Großgrundbesitzer und den konventionellen Weltmarktbedingungen zu befreien.

Auch wir in Deutschland können als kritische Konsumenten diesen Weg mitbestimmen, indem wir nach dem Motto „global und lokal denken und handeln", das Verhalten von Unternehmern hinterfragen, die Kokos-Rohstoffe und -Halbfertigprodukte importieren, verarbeiten und vermarkten. Dafür ist ein größeres Engagement in unserer Gesellschaft erforderlich, das auch die sozialen und ökologischen Belange der südlichen Produzenten und Handelspartnern mit einschließt. Durch ein „gesellschaftliches Marketing" können wir uns für Positivbeispiele ebenso öffentlich einsetzen wie für diese Produkte werben.

Es ist wohl noch ein weiter Weg zu einer nachhaltigen modernen Subsistenzwirtschaft – aber es ist auch klar geworden, dass der bisherige Entwicklungsweg in Richtung globalisierter Ökonomie die Subsistenzbasis zerstört und damit die Kokosbauern ins soziale Elend und in die ökologische Katastrophe führt. Alle sind letztlich davon betroffen, deshalb können die Probleme nur gemeinsam gelöst werden.

Das Thema im Unterricht

Das Beispiel philipinischer Kokosbauern kann zeigen, wie wichtig es ist, in Fragen von Entwicklung die Zusammenhänge zwischen Ländern des Norderns und des Südens immer im Blick zu haben. Es ist nicht anzunehmen, daß „Entwicklung" und „Modernisierung" Probleme des Nord- und Süd-Verhältnisses gleichsam „naturwüchsig", „von selbst" lösen. Die Vergangenheit gibt keinen Anlass dazu, dies für wahrscheinlich zu halten. Mindestens zwei Gründe dafür, eine solche internationale Perspektive auf das Thema Nachhaltigkeit in den schulischen Unterricht zu integrieren, lassen sich aus dem Beispiel der Kokosbauern ableiten: einmal sollte jungen Menschen ein umfassendes und in diesem Sinne „globales" Verständnis von Ökonomie, Entwicklung und Modernität vermittelt werden. Zum anderen können gerade hier ökonomische Alternativen aufgezeigt werden, die die Menschen selbst in die Hand nehmen. Sie zeigen Wege aus Passivität und Einwilligung in die scheinbar übermächtigen Gesetzmäßigkeiten von Markt und Globalisierung.

Materialien für die Bearbeitung des Themas

a) Die Kokoskiste

Die Kokoskiste ist ein entwicklungsbezogenes Lernmodell, das die hier dargestellten wirtschaftlichen und geschichtlichen Verflechtungen der Kokosnuss mit dem Leben der Menschen auf den Philippinen erfahrbar macht. Sie ist im Schulunterricht, in der Jugendarbeit und in der Erwachsenenbildung einsetzbar. Vom Anbau über Verwertung, Vermarktung, Geschichte, Symbolik und Kultur der Kokosnuss geben die einzelnen Bestandteile der Kokoskiste Gelegenheit, sich der Thematik nicht nur auf der kognitiven Ebene zu nähern, sondern insbesondere auf einer praktisch-sinnlichen Ebene durch Kochrezepte, Werkzeuge zum Aufschlagen der Nüsse, Raspelmesser zur Herstellung von Kokosmilch, Produkten aus Kokosöl sowie aus der Kokosschale und der Kokosfaser.

Die Kokoskiste wurde als eines der ersten entwicklungsbezogenen Lernmodelle von der AKTION KOKOS entwickelt und kann inzwischen bei über 20 Vereinen/Institutionen in Deutschland ausgeliehen werden. Eine Adressenliste der Verleihstellen sowie weitere Informationen und ein Begleitheft zur Kokoskiste sind kostenlos erhältlich.

Bezugsquelle: Diakonisches Werk von Westfalen, Referat Ökumenische Diakonie, AKTION KOKOS, Friesenring 32-34, 48147 Münster, Tel.: 0251-2709-140 bis -144, Fax: 0251-2709-105.

b) Der neue Rohstoff-Sack

Im Bildungspool des Palm*Pool* e.V. wird aktuell eine neues umwelt- und entwicklungsbezogenes Lernmodell zum Thema „Nachwachsende Rohstoffe der Erde" konzipiert. Dieses neue Modell, welches bisher als Prototyp existiert, wird voraussichtlich ab Herbst 2001 ausleihbar sein.

Der Rohstoff-Sack bietet die Inhalte didaktisch aufgearbeitet an und erleichtert damit Lehrern und Multiplikatoren der Bildungsarbeit die Vorbereitung auf das Thema. Der bunte Inhalt (z.B. themenbezogene Spiele, Diaserien, CD-Roms, Experimentier- und Bastelanleitungen, Videos) regt an, den Lernprozess aktiv mit zu gestalten – in Eigenregie kreativ zu arbeiten und gleichzeitig zu lernen. Die Bestandteile können fächerübergreifend in naturwissenschaftlichen und sozialwissenschaftlichen Fächern, besonders auch im Werk- und Kunstunterricht genutzt werden.

Als Nachfolger der Kokoskiste setzt das neue Lernmodell den Schwerpunkt auf nachwachsende Rohstoffe und die sie produzierenden Pflanzen aus aller Welt. So werden heimische Pflanzen wie z.B. Hanf und Raps zusammen mit Pflanzen aus Ländern des Südens, z.B. Kokospalmen, Ölpalmen und Baumwolle im Hinblick auf ihre Wirtschafts-, Umwelt- und Sozialverträglichkeit vorgestellt. Die Materialien und Medien im Sack sind für SchülerInnen der Sekundarstufe I/II geeignet, bieten aber auch spannende Unterrichtseinheiten und Projektvorschläge für alle, die Spaß am Lernen und Spielen mit den Rohstoffen unserer Erde und ihren Produkten haben.

Weitere Informationen und die Broschüre zum Rohstoff-Sack sind erhältlich bei: ATION KOKOS (Adresse s. o.) und im: Welthaus Bielefeld e.V., August-Bebel-Straße 62, 33602 Bielefeld. Telefon: 0521-62802, Telefax: 0521-63789. E-mail: Vdittgen111@aol.com oder welthaus@aol.com.

Literatur

GROESCHKE, H. (1999). Baum des Lebens – Baum des Elends – Baum der Hoffnung. Zur Lage der philippinischen Kokosbauern – Chancen für ein modernes Subsistenz-Konzept. In: Holzer, B.: Das Subsistenzhandbuch – Widerstandskulturen in Europa, Asien und Lateinamerika. Wien: Promedia
GROESCHKE, H. (1999). Baum des Lebens – Alles über die Kokosnuss. Ein Lesebuch, Wuppertal

Werner Hennings

Global Players – Local Actors
Globales Lernen im Wechsel der Perspektiven am Beispiel der
Regenwaldabholzung in Ghana

Vor gut zwei Jahren gingen Bilder und Meldungen über den Monate andau-
ernden Smog in Süd-Ost-Asien um die Welt. Ursache: Flächenbrände unvor-
stellbaren Ausmaßes im Regenwald von Sumatra und Kalimantan. Wenn
auch im letzten und in diesem Jahr die Schlagzeilen durch andere politische
Ereignisse beherrscht werden – vereinzelte Meldungen zeigen wie hier in der
Frankfurter Rundschau Anfang Mai: „Der große Smog kehrt zurück." Und:
Die Waldzerstörung wird auch nicht durch die weltweit ratifizierte Erklärung
der Umwelt-Konferenz von Rio gestoppt. Pro Minute werden in der Welt
Waldflächen in der Größenordnung von 35 Fußballfeldern vernichtet, ½ km²/
Minute, 30 km²/Std. 720 km²/Tag, 22.000 km²/Monat, 260.000 km²/ Jahr –
weltweit jährlich eine Fläche, die größer ist als die alten Bundesländer plus
Berlin zusammen.

Einstweilen zeichnet globales Denken v.a. die in Sachen Regenwald ökonomisch Aktiven aus. Licht in das Dunkel dieses globalen Netzwerks von
Handlungsträgern zu bringen, ist aber ein wichtiges Ziel auch für Unterricht,
der sich nachhaltiger Entwicklung zuwendet. Entsprechende Unterrichtsmaterialien liegen vor (Hennings 1999). Im folgenden soll in einer beispielhaften Fallanalyse gezeigt werden, welche komplexen globalen Verflechtungen
sog. 'strategische Gruppen', bei der Zerstörung des Regenwaldes eingehen:
'place-based actors' oder: 'ortsansässige Akteure' dort in der „Dritten Welt",
'non-place-based actors' oder: 'nicht ortsansässige Akteure' hier in der „Ersten Welt". Als 'strategische Gruppe' wird dabei die mehr oder weniger explizit formulierte Allianz weltweit verteilter verschiedener sozialer Gruppierungen definiert, deren gemeinsames Ziel und Strategie es ist, bei aller Unterschiedlichkeit, sich ökonomische und soziale Vorteile über die Kontrolle der

Produktionsmittel und über den Zugriff auf das Austausch- und Distributionssystem zu sichern (Evers & Schiel 1988).

Methodische Grundlage der Betrachtung und damit auch Prinzip für Unterricht zur Erschließung solcher Komplexität ist die Figur des Perspektivenwechsels.

Der erste Teil der Beobachtungen erfolgt aus der Makroperspektive, mit der Blickrichtung 'top down'. Theoretische Grundlage dieser Perspektive ist die Markttheorie, entwicklungspolitisch besser bekannt als Modernisierungstheorie. Die empirischen Grundlagen dieses Ansatzes, d.h. die Indikatoren und Daten stammen aus der Makroökonomie: quantitative Strukturdaten aus einschlägigen Statistiken ghanaischer Behörden bzw. der Auslandsstatistik des Statistischen Bundesamtes. Der zweite Teil der Beobachtungen erfolgt aus der Mikroperspektive, d.h. 'bottom up'. Die theoretischen Grundlagen dieser Perspektive sind der Ethnographie, besser: der Sozialanthropologie verpflichtet. Die empirische Grundlage dieses Ansatzes entstand während zweier Feldforschungsaufenthalte in Ghana Mitte der 90er Jahre. In der Verknüpfung beider Perspektiven ergibt sich dann eine Verflechtungsanalyse nach dem Bielefelder Ansatz (vgl. Evers 1987), der in Kritik und Weiterentwicklung der beiden Makroperspektiven 'Modernisierungstheorie' und 'Dependenztheorie' seit etwa 20 Jahren in zahlreichen sozialräumlichen Studien in ständiger Evaluation begriffen ist. Die räumlichen Bezugspunkte dieser Untersuchung sind die international/nationale Ebene einerseits und die regional/lokale Ebene im Raum Kumasi-Obuasi andererseits.

Zum ersten Teil, Makroperspektive, marktwirtschaftlicher Ansatz: Zwischen 1900 und 1990 wurde der Regenwald in Ghana bzw. der früheren britischen Kronkolonie Goldküste um rund 90 % vernichtet, und zwar von ursprünglich 82.259 km² auf knapp 10.000 km² vor 10 Jahren, von denen heute nur noch ein Restbestand von weniger als 5.000 km² übrig sein dürfte. Unter Beibehaltung der gegenwärtigen Abholzungsrate wird der Regenwald in Ghana Anfang des kommenden Jahrhunderts verschwunden sein.

Als Handlungsträger primärer Ordnung ist zunächst ein 'nicht ortsansässiger Akteur' zu nennen. Der Internationale Währungsfonds empfiehlt allen Entwicklungsländern eine hemmungslose Ausplünderung ihrer nationalen Rohstoffreserven, mit deren

Erlösen die Regierungshaushalte und Zahlungsbilanzen ausgeglichen, die Kreditaufnahme reduziert und der Schuldendienst bedient werden sollen. Grundlage der IWF-Politik sind die 'Strukturanpassungsprogramme', deren Ziel es ist, staatliche Interventionen und Regulierungen abzubauen, die marktwirtschaftliche Modernisierung des Landes zu fördern und seine Integration in den Weltmarkt voranzutreiben.

Die ghanaische Regierung der 80er und 90er Jahre unter Jerry Rawlings wird diesbezüglich von IWF und Weltbank als Musterknabe vorgestellt. Ein

Blick auf die außenwirtschaftlichen Bilanzen des Landes zeigt die Dringlichkeit und den Handlungsbedarf im Sinne des IWF Anfang der 90er Jahre: die Exporteinkünfte eher stagnierend, die Importe stark anwachsend, das Zahlungsbilanzdefizit exponentiell steigend, die Auslandsschulden sich nahezu verdoppelnd. Tropische Hölzer sind zunehmend zu einem Ersatz für sinkende Einnahmen aus dem klassischen Exportprodukt Kakao geworden, weil hier die Weltmarktpreise im Verlauf der letzten gut 20 Jahre auf rund ein Drittel zusammengeschrumpft sind. Als Ersatz wurde der Holzexport in nur zwei Jahren von 1992 bis 1994 nahezu verdoppelt. Damit wurde die ghanaische Regierung als zweiter Interessenverband in der 'strategischen Gruppe' zur Regenwaldvernichtung festgestellt: ein 'ortsansässiger Akteur'!

Die konzertierte Aktion war monetär von Erfolg gekrönt: Die Exporte erhöhten sich innerhalb von 3 Jahren um 40%, die Steigerung der Importe wurde deutlich gebremst, die Zahlungsbilanz radikal verbessert.

Ökonomisch ins Werk gesetzt wurde die Strukuranpassung von Konsortien aus 'ortsansässigen und nicht-ortsansässigen Akteuren':

- Die Ashanti-Goldfield-Corporation (AGC) expandiert flächenhaft im Tagebau die Goldproduktion (Steigerung 1984 – 1995 um 400%). Dabei werden riesige Waldareale gerodet.
- In der Vergangenheit wurde für den Bau des Voltastausees eine Fläche von 8.515 km² gerodet – drei Mal so groß wie das Saarland.
- Der Holzeinschlag wird von großen und kleineren Firmen betrieben, zumeist joint ventures. Holzverarbeitung erfolgt i.d.R. durch lokale Betriebe. Das Ergebnis: Verdopplung der Produktion, Erlössteigerung um rund 50 %.

Die Profite kommen v.a. den 'nicht ortsansässigen globalen Akteuren' zugute (Lourhs, Südafrika; MIM-Timber Dänemark; Kaiser & Reynolds, USA), nämlich in Form von saftigen Dividenden und Aktiengewinnen.

In einem zweiten Zugriff kann der Wechsel auf eine Mikroperspektive, als sozialanthropologischer Ansatz und teilnehmende Beobachtung auf regionaler und lokaler Ebene, die Folgen des global-lokalen Spiels deutlich machen:

Hier, vor Ort, finden wir die Verlierer des globalen Spiels: Zwar ist das Ökosystem mit dem *Treibhauseffekt* und dem Rückgang der Artenvielfalt global geschädigt, aber lokal betroffen ist es weitaus stärker, v.a. durch den Tagebergbau: Flächenhaft werden buchstäblich Berge versetzt und *Böden zerstört*. Durch das mit Zyanid versetzte Auswaschungsverfahren wird weiträumig das Grund- und Trinkwasser kontaminiert.

Vor-Ort-Verlierer ist natürlich auch die große Mehrheit der Bevölkerung: Die Abholzung des Regenwaldes schädigt zunächst einmal die Kleinbauern, deren Hauptquelle für Cash-Einkommen der Kakaoanbau ist. Kakao braucht hohe Feuchtigkeit und Schatten – beide Bedingungen wurden durch die rigorose Abholzung stark eingeschränkt. Die Kakaoproduktion fiel von 409.000 t (1970) auf 242.000 t (1992) – ein Rückgang um 40 %. Berücksichtigt man dazu noch die Entwicklung der Weltmarktpreise für Kakao, so kommt man zu *Einkommenseinbußen* in Höhe von 82 %.

Die Kleinbauern sind aber auch noch Vor-Ort-Verlierer in anderer Hinsicht – sie verlieren buchstäblich ihre Existenzgrundlage, das Land, ihr einziges Produktionsmittel. Bei durchschnittlichen monetären Jahreseinkommen für einen achtköpfigen Haushalt im ländlichen Ghana von etwa 1.200,-- DM (1995) bleibt keinerlei Reserve. Die Kleinbauern sehen sich zunehmend *gezwungen, ihr Land zu verkaufen.* Käufer (und damit Gewinner der Verelendung sind 'ortsansässige' und 'nicht ortsansässige Akteure' gleichermaßen: einerseits die lokale städtische Elite (Kleinunternehmer und höhere Verwaltungsbeamte), andererseits aber auch multinationale Bergbauunternehmen wie die AGC, die unersättlichen Hunger nach Land für ihren Tagebau hat. Die zunehmenden *Landverkäufe unterminieren die Subsistenzfähigkeit* des ländlichen Ghana und verstärken die schon seit langem bestehende *Landflucht*, die ihrerseits zu einer Zunahme der sozialen Probleme in den Städten beiträgt (*Verslumung*).

Das Beispiel Ghana zeigt beispielhaft das Prinzip von konzertierten Aktionen weltweit operierender strategischer Gruppen. Im globalen Netzwerk strategischer Gruppen sind die 'nicht ortsansässigen Akteure' die tonangebenden Handlungsträger und die Hauptgewinner des Prozesses. Sie sind die wahren 'global players', 'players' in dem Sinne, dass sie die Spielregeln des Globalisierungsspiels, der Modernisierung festlegen, global in dem Sinne, dass sie weltweit tätig sind und dass die Folgen ihres Handels bis in den letzten Winkel dieser Erde reichen.

Es gibt aber auch 'ortsansässige Akteure' als Gewinner der Modernisierung. Sie sind ökonomisch in hohem Maße innovativ und sozial flexibel, aber ihre Handlungen sind begrenzt in dem Sinne, dass sie nicht, wie die nicht ortsansässigen Akteure, die Spielregeln bestimmen und sie sind begrenzt in dem Sinne, dass ihre Gewinne lokal festgelegt sind.

Auf der Verliererseite sehen wir v.a. 'ortsansässige Akteure bzw. Systeme': Die Ökosysteme werden zerstört, ökonomisch geht die Subsistenzfähigkeit verloren und gesellschaftlich verkehrt sich die traditionelle soziale Umverteilung von oben nach unten in ihr Gegenteil.

Globalisierung zeigt sich hier also v.a. als ein Gewinner-Verlierer-Spiel: Die 'strategischen Gruppen' der 'global players' und 'local actors' treiben durch Globalisierung die sozialräumlichen Disparitäten voran. Der GINI-Koeffizient der Einkommensverteilung zeigt sowohl auf der globalen als auch auf der nationalen Ebene Ghanas eine zunehmende Ungleichverteilung: Immer mehr für die Gewinner, immer weniger für die Verlierer. In konzertierter Aktion werden global und lokal ehemals vorhandene ökologische, ökonomische und soziale Gleichgewichtssysteme zerstört.

Literatur

Evers, H.D. (1987): Subsistenzproduktion, Markt und Staat: Der sogenannte Bielefelder Verflechtungsansatz. in: Geographische Rundschau 39, H. 3, S. 136-140

Evers, H.D. und Schiel, T. (1988): Strategische Gruppen. Studien zu Staat, Bürokratie und Klassenbildung, Berlin

Hennings, W. (1999): Global Players – Local Actors: Regenwaldabholzung in Samoa. Unterrichtsmaterialien aus dem Bielefelder Oberstufen-Kolleg, Bd. 101

Hennings, W. (1999): Global Players – Local Actors: Regenwaldabholzung in Ghana, ebd.

Hennings, W. (2000): Global Players – Local Actors. Globales Lernen am Beispiel der Regenwaldabholzung in Ghana. in: Verhandlungsband des 52. Deutschen Geographentages 1999 in Hamburg, Stuttgart, S. 132 – 138

Julia Salden

Globale Partnerschaft – konkrete Erfahrungen und Reflexionen einer ehemaligen Schülerin

Globale Partnerschaft als eine (Über-)Lebensbedingung der Menschheit im 21. Jahrhundert – dieser Gedanke durchzieht die Agenda 21. Globale Partnerschaft wird, so die Annahme, nur gelingen, wenn Ökonomie, Ökologie, soziale Entwicklung und kulturelle Verständigung zusammenfinden. Partner bedeutet Teilhaber, Mitspieler, Gegner. Ein Partner ist jemand Gleichwertiges, jemand, der mit uns auf der gleichen Stufe steht. Genau wie wir ist er Lehrender und Lernender in einer Person. Wie schwierig es ist, diesem Anspruch gerecht zu werden, wenn ökonomische, soziale oder kulturelle Bedingungen verschieden sind, und wie notwendig der Versuch dennoch ist, möchte ich anhand von zwei – sehr persönlichen – Erlebnissen zeigen.

1. Ruanda – fünf Jahre nach dem Genozid

Es war frühmorgens, aber trotzdem heiß und staubig, als wir mit unserem Jeep den Ortsausgang Kigalis – der Hauptstadt Ruandas erreicht. Wir treffen hier auf einen Lebensmitteltransport der „Vereinten Nationen", der uns mit in den Nordosten des Landes nimmt. Dort – an der Grenze zum Kongo- leben immer noch 100.000 Flüchtlinge in Sammellagern. Die „Vereinten Nationen" haben militärischen Begleitschutz für ihren Konvoi angefordert, weil immer wieder Rebellen die Nahrungsmitteltransporte internationaler Organisationen überfallen.

Nach dem grausamen Völkermord vor fünf Jahren hat Ruanda eine Welle der Hilfsbereitschaft erlebt. Es war einer der größten Hilfseinsätze in der europäischen Geschichte. Zunächst kamen Krankenschwestern, Ärzte, und Katastrophenhelfer. Ihnen folgten Entwicklungshelfer, die statt reiner Katastrophenhilfe auf eine langfristige Unterstützung des Landes setzen. Wir wollten diese Entwicklungsprojekte besuchen und über die Hilfe für Ruanda in Deutschland berichten.

Auf dem Weg nach Norden kommen wir durch eine wunderbare Landschaft. Wir sehen grüne Hügel, Bananenstauden und kleine Hütten. Die Hütten sind aus Stein gebaut und neu – offensichtlich aber unbewohnt. Immer weiter geht es auf sandigen engen Wegen – schließlich kämpfen sich die Lkws des Flüchtlingshilfswerkes der Vereinten Nationen (UNHCR) einen letzten Hügel hoch – wir sind da: Unter uns – um uns herum, liegt das Flüchtlingslager, das heute Nahrungsmittel aus dem „World Food" Programm erhält.

Es ist keines der Lager von der Größe eines Sportplatzes, die ich aus Bosnien oder Kroatien kenne – es scheint keinen Anfang und kein Ende zu haben. Zelte – aus Stöcken und Plastikplanen stehen dicht aneinander und erstrecken sich über die Hügel, so weit das Auge reicht. Die Lkws fahren auf den einzigen freien Platz und kippen die Mehlsäcke vorsichtig auf den Boden. Obwohl Hunderte von Menschen angelaufen kommen und wir bald kaum noch einen Meter um uns herum Platz haben, verläuft alles sehr organisiert. Männer aus dem Lager laden die Säcke auf ihre Schultern und schichten sie ordentlich übereinander. Das Lager existiert seit fünf Jahren – die Lebensmitteltransporte kommen mindestens einmal im Monat. Sie sind so selbstverständlich wie das jährliche Impfen, Kinderkriegen oder der tägliche Regen. Die UN-Leute stehen zwischen den Reissäcken und wir machen uns auf, um mit den Menschen in den Zelten zu sprechen. Woher sie kommen, was sie über die internationale Hilfe denken, was sie sich für die Zukunft vorstellen. Mit Hilfe unserer Übersetzerin klappt die Verständigung einigermaßen, aber das Filmen erweist sich als schwierig. Wir sind ständig umringt von einer großen Menge Menschen. Ein paar Wächter versuchen, die Menge zurückzuhalten und die Erwachsenen weichen schließlich zurück. Die Kinder folgen uns – halten jetzt immerhin Abstand und geben keinen Laut von sich. Während mein Kollege filmt, betrachte ich sie so unverhohlen wie sie mich. Es sind Hunderte von Kindern – sie haben kleine, dicke Bäuche und viele haben Fliegen in den Augen. Fast alle sind nackt, bis auf ein graues zerrissenes Hemdchen. Ich blinzle angestrengt in die Sonne – die vielen schwarzen Kinder drohen zu einer einzigen schwarzen Masse zu werden. Wir drehen die Kamera – die ganze Horde dreht sich mit. Dabei geben sie immer noch keinen Ton von sich. Vorsichtig versuche ich zu lächeln – irgendwann schließlich fängt ein kleiner Junge, der sich ganz dicht an mich herangewagt hat, an zu lachen. Wie ein Lauffeuer geht das Lachen durch die Reihen. Schließlich lachen alle – es ist ein vorsichtiges heiseres Lachen – so, als wenn man nach Jahren zum erstenmal wieder lacht und erstaunt ist, dass der Mund zu diesen Lauten noch fähig ist. Wir machen die Kamera aus und lachen mit. Für einen Moment stehen wir mit Hunderten von kleinen schwarzen Kindern in diesem trostlosen Flüchtlingscamp und lachen. Dann hupt der Konvoi – der letzte Mehlsack ist entladen und die UN Helfer wollen zurück nach Kigali. Wir steigen in den Jeep und lassen die Menschen mit ihren Mehlsäcken und Plastikplanzelten allein. Ich verbanne den Anblick der Kinder aus meinem Kopf und höre mir an, was man uns über ein Entwicklungsprojekt in Butare erzählt, das wir am nächsten Tag besuchen werden.

„Projekte", wie die Lebensmittelkonvois in die Flüchtlingscamps, wo den Menschen eine Ladung Mehl vor die Füße gekippt wird und deren Sinn nur darin besteht, eine immer größere Gruppe von Menschen irgendwie am Leben zu erhalten, sind in Ruanda heute vielleicht die Ausnahme – wir haben viele Projekte gesehen, bei denen es um Aufklärung, Ausbildung und Verständigung geht. Die Entwicklungshelfer reden alle von „nachhaltiger Entwicklung" und „Hilfe zur Selbsthilfe". Nur wenn ich in ihren Häusern zu einer Partie eingeladen bin, dann findet sich dort außer dem Dienstpersonal kein einziger schwarzer Mensch – in ihren Restaurants, in ihren Clubs, Sportstudios und Kneipen sind die Weißen unter sich. Von einem Miteinander, von globaler Verständigung und Partnerschaft ist nichts zu spüren. In den Zentren der Entwicklungsländer herrscht moderne Apartheid – die aufzubrechen bei Weißen und bei Schwarzen gleichermaßen schwierig ist. Verständigung setzt Vertrauen voraus und Vertrauen braucht Zeit. Woher soll man die Zeit nehmen, wenn Hunderte, Tausende von Menschen auf Hilfe warten? Jedes dieser vielen, vielen Flüchtlingskinder, die in meinen Augen zu einer großen schwarzen Einheit verschmolzen, ist ein individueller Mensch mit Würde – mit Träumen, Hoffnungen und Erwartungen. Angesichts der Menge von Hilfsbedürftigen ist man versucht, die Menschen aufzuteilen in „*beneficiaries*" und in „*donators*". In „*internationals*" und „*locals*" in „*Schwarze*" und „*Weiße*".

In Kigali habe ich erfahren, was es mit den leeren Häusern auf sich hatte, die wir auf dem Weg gesehen hatten. Die Hütten sind tatsächlich neu und unbewohnt. Internationale Organisationen haben sie aus Spendengeldern gebaut, aber leider nicht bedacht, dass die potentiellen Bewohner dort kein Wasser haben und ihre traditionellen Früchte nicht anbauen können. So kommt es, dass ganze Häuserkolonien leer stehen, während 50 Kilometer weiter 30.000 Menschen unter Plastikplanen leben und auf die Ladung Mehl warten, die internationale Organisationen einmal im Monat dort abladen.

2. „Schüler Helfen Leben" – eine Initiative von Schülerinnen und Schülern aus Deutschland für junge Menschen in Bosnien und Kroatien

Ich war siebzehn, als der Krieg zwischen den gerade unabhängig gewordenen Staaten Jugoslawiens ausbrach. Der erste kleine Transport in die Flüchtlingscamps nach Kroatien musste also in den Ferien stattfinden und konnte nicht viel länger als zwei Wochen dauern. Wir waren 8 Schülerinnen und Schüler – 5 aus Schleswig-Holstein und 3 aus Bayern. Wir hatten die ersten Demos wegen Kürzungen im Bildungsetat und veralteten Lehrmethoden hinter uns und fanden, dass wir jetzt nicht gut untätig bleiben konnten, wenn ein paar Autostunden von der deutschen Grenze entfernt unsere Altersgenossen aus ihren Häusern vertrieben oder an die Front geschickt werden. Bei diesem ersten Transport – mit dem Zug nach München, mit einem Bus nach Italien und von dort mit einem Segelschiff nach Istrien, hatten wir nicht viel mehr mit als den Willen, etwas zu tun. Wir hatten versucht, Kontakt mit professionellen Hilfsorganisationen aufzunehmen, waren aber abgewimmelt worden. Wir könnten ja sammeln – zum Beispiel Kleidung oder Geld, hatte man uns vorgeschlagen. Unsere alten Klamotten nach Kroatien zu verschicken erschien uns nicht gerade sinnvoll, und Geld gaben wir ungern aus der Hand. So besuchten wir die Flüchtlingscamps auf eigene Faust.

Bosnische Flüchtlinge wurden in Kroatien nur geduldet. Hilfsorganisationen bauten Wellblechhütten oder provisorische Fertighütten und versorgten die Flüchtlinge mit Essen und Kleidung. Auf matschigem Boden lebten Hunderte von Familien eng aneinander und konnten nichts anderes tun als abzuwarten. Kaum einer hatte die Erlaubnis, das Lager zu verlassen. Die Jugendlichen aus dem Camp freuten sich natürlich, als wir dort auftauchten. Ein gemeinsames Volleyballspiel ließ uns den Grund der Reise fast vergessen. Schließlich saßen wir in einer der Wellblechhütten zusammen und redeten über „das Übliche". Über Musik, Freunde, Schule, Fußball.... Es war uns schnell klar, was hier fehlte. Essen und Kleidung gab es genug. Aber wenn man fünfzehn ist und ganz plötzlich seine Klassenkameraden, den Sportverein, Freunde und Verwandte verlassen mußte, dann kann man sich nicht jeden Tag darüber freuen, dass man noch am Leben ist. Während die großen Organisationen für Lebensmittel und Medizin sorgten, mobilisierten wir die Schülerinnen und Schüler in Deutschland und packten Malsachen, Volleyballnetze, Kosmetikartikel, Schreibsachen und Musikinstrumente. Zuerst sammelten wir nur Geld, um die Transportkosten zu decken, aber bald konnten wir von dem Geld Schulen und Kindergärten in den Flüchtlingscamps aufbauen. All das geschah immer in enger Absprache mit den Menschen vor Ort. Als sich abzeichnete, dass der Krieg nicht so schnell vorbei sein würde, kamen bosnische Jugendliche zu uns nach Deutschland, erzählten von ihrer Situation und waren immer wieder Ansporn und Motivation für uns, weiterzumachen. In unserer ersten Naivität waren wir gar nicht auf den Gedanken gekommen, mit jemand anderem lange zu verhandeln als mit den bosnischen Jugendlichen selbst.

Den direkten Kontakt zu den Jugendlichen haben wir auch dann immer beibehalten, als unsere kleine Initiative größer wurde und sich nicht mehr auf Konvois während der Schulferien beschränkte. 1994 hatten wir etwa vier Millionen Mark gesammelt – ehemalige Schüler arbeiteten vor Ort in Zagreb, Sarajewo und Mostar. Ich ging nach meinem Abitur nach Mostar, um dort den Wiederaufbau von Schulen und Kindergärten zu koordinieren. Meine Arbeit unterschied sich auf den ersten Blick nicht von der anderer professioneller Hilfsorganisationen. Während allerdings die internationalen Helfer in Mostar unter sich blieben, ihre Parties miteinander feierten und mit den Bewohnern Mostars höchstens während ihrer Arbeitszeit zusammen kamen, saß ich abends mit den „Mostaris" im Cafè herum, ärgerte mich wie sie über die Sperrstunde, die ständigen Stromausfälle und hörte die Geschichten aus dem Krieg. Ich besorgte Stimmgeräte und Gittarrensaiten, amerikanische Marlboros und alles, was man sonst noch braucht, in dieser merkwürdigen Zeit zwischen Krieg und Frieden. Ich erfuhr die Geheimnisse Mostars und erzählte im Gegenzug wie es „auf der anderen Seite" aussieht. 1995 war Mostar noch streng geteilt. In den kroatischen Westen und den muslimischen – oder besser bosniakischen – Osten der Stadt. Der Krieg hatte zwei Jahre lang mitten in der Stadt getobt und hinterließ eine völlig zerstörte Frontlinie, die nur von Frauen, Kindern und alten Leuten mit besonderer Genehmigung überquert werden durfte. Ich konnte mit meinem Ausweis der Vereinten Nationen problemlos von der einen zur anderen Seite wechseln und machte davon regen Gebrauch. Ich hatte Freunde auf beiden Seiten der Stadt und fungierte manchmal als Bindeglied zwischen der einen und der anderen Volksgruppe.

Der Hass und das Misstrauen war immer noch groß, als mit dem Vertrag von Dayton die Kampfhandlungen endgültig aufhörten und schließlich auch die „Checkpoints" in Mostar geöffnet wurden. Für niemanden meiner Freunde wäre es in Frage gekommen, auf die andere Seite zu gehen. Die meisten waren aus ihren Häusern vertrieben worden – nicht von einer fremden Armee, sondern von ihren eigenen Nachbarn. Ich kannte die Geschichten aus den ersten Kriegstagen; ich wusste, dass viele nur knapp und durch Zufall überlebt hatten und mit ansehen mussten, wie ihre Väter erschossen und ihre Mütter weggeschleppt wurden.

Obwohl „Schüler Helfen Leben" beschlossen hatte, sich nach Ende des Krieges in erster Linie für die Verständigung zwischen den Volksgruppen einzusetzen, kam es uns nicht in den Sinn, jetzt plötzlich ein gemeinsames Jugendzentrum aufzubauen, in dem alle Jugendlichen Mostars friedlich vereint wären. Die ersten vorsichtigen Kontakte fanden schließlich in meiner Wohnung statt. Sie lag direkt an der ehemaligen Frontlinie auf der Ostseite – war aber so etwas wie neutrales Terrain. Es ging langsam voran. Internationale Organisationen, vor allem die OSZE, bemühten sich intensiv um eine Verständigung zwischen den Volksgruppen, nicht immer mit Erfolg. Als die OSZE noch versuchte, wenigstens ein gemeinsames Treffen von Journalisten aller Bevölkerungsgruppen zu arrangieren, ging unter der Schirmherrschaft von „Schüler Helfen Leben" gerade die erste Zeitung in Druck, in der junge Bosnier, Serben und Kroaten gemeinsam schrieben. Es folgten Theatergruppen, workshops und Ferienreisen, an denen Serben, Kroaten, Bosnier und Deutsche teilnahmen. Die Ideen dazu kamen nicht allein aus Deutschland – viel häufiger gaben Jugendliche aus Bosnien die Anregung für neue Aktivitäten.

Was wir in Bosnien gemacht haben, das ist nie von langer Hand geplant oder vorbereitet worden. Die Organisation hat sich entwickelt und ist gewachsen mit den Anforderungen, die an sie gestellt wurden. Die Inputs kamen dabei von allen Seiten – aus Bosnien und Deutschland. Das Ergebnis sind Schulen und Kindergärten, an denen Kinder und Jugendliche mit geplant haben, volle Seminarräume in der gerade fertig gewordenen Jugendbegegnungsstätte in Sarajewo, eine an chronischer Finanznot leidende, aber immer noch existierende multiethnische Zeitung und ein Netzwerk kleiner lokaler Gruppen und Initiativen, die ganz verschiedene Projekte in Eigeninitiative weiterführen. Ohne einen partnerschaftlichen Dialog wäre das nie möglich geworden.

Heike Molitor

Globales Lernen und kulturelle Vielfalt

Mit dem Konzept des 'Globalen Lernens' wird im Zusammenhang mit den Phänomenen der Globalisierung die Bedeutung der kulturellen Vielfalt hervorgehoben. Kulturelle Weltsichten, fokussiert durch den Kontext der Nachhaltigkeit, werfen andere Perspektiven auf.

Grundlegende Aspekte der Globalisierung

Die Erkenntnis, dass die Welt als Einheit zu sehen ist, dass Handlungen auf der einen Seite der Welt Folgen in anderen Teilen hat, erfordert eine andere Sicht bzw. eine andere Perspektive auf die Probleme dieser Welt. Die Internationalisierung und Globalisierung in fast allen Bereichen gesellschaftlichen Miteinanders hat eine Änderung grundlegender Strukturen zur Folge, die Probleme auf verschiedenen Ebenen nach sich ziehen. Giddens legt den Akzent bei der Beschreibung von Globalisierung auf die Intensivierung weltweiter sozialer Beziehungen:

„Definieren lässt sich der Begriff der Globalisierung demnach im Sinne einer Intensivierung weltweiter sozialer Beziehungen, durch die entfernte Orte in solcher Weise miteinander verbunden werden, dass Ereignisse an einem Ort durch Vorgänge geprägt werden, die sich an einem viele Kilometer entfernten Ort abspielen, und umgekehrt".(Giddens 1999 a, S. 85).

Globalisierung meint Prozesse, die einen tiefgreifenden sozialen und kulturellen Wandel beschreiben, ohne die Gründe hierfür erklären zu wollen bzw. zu können (Albrow 1996, S. 138ff). Diese Prozesse werden durch transnationale Akteure initiiert. Die Grenzen der Nationalstaaten und ihre Souveränität inkl. ihrer Marktchancen, Orientierungen, Identitäten und Netzwerke 'verschwimmen' (Beck 1998, S. 28f.). Es entstehen eigene Systeme mit eigenen Gesetzen, die nebeneinander existieren und Aspekte in Hinblick auf Ökologie, Kultur, Wirtschaft, Politik oder Zivilgesellschaft u.a. darstellen. Für diese Systeme sind noch keine Strukturen der Kontrolle und Rechenschaft 'erfunden'. Der Zusammenhalt der traditionellen Bürgergesellschaften, sowie der demokratische Diskurs verändert sich. Globalisierung ersetzt die Institutionen der Demokratie durch konsequenzlose Kommunikation zwischen atomisierten Individuen (Dahrendorf 1998, S. 50). 'Raum' und 'Zeit' werden einer anderen Dimension zugeordnet. Räumliche Entfernungen und zeitliche Schranken stellen (z.B. durch moderne Kommunikationstechnologien) für Interaktionen keine Hemmnisse mehr dar (Münch 1998, S. 12). Auf der einen Seite entstehen durch den Prozess neue Räume, auf der anderen Seite finden Effekte der „Enträumlichung" statt, d.h. durch eine Aufhebung von Räumen werden Menschen, Waren und Geld „rast- und ruhelos um die Welt gejagt" (Appadurai 1998, S. 15).

Zu kulturellen Dimensionen der Globalisierung

Globalisierungsprozesse werden in den verschiedenen Wissenschaftsdisziplinen unterschiedlich betrachtet. Im Kontext der Nachhaltigkeit werden die ökonomische, ökologische, soziale und kulturelle Dimension diskutiert. Im Folgenden sollen einige Überlegungen zur kulturellen Dimension der Globalisierung in Anlehnung an die Sustainability-Debatte vorgenommen werden. 'Kultur' bezieht sich hier auf die „Lebensweise der Mitglieder einer Gesellschaft oder von Gruppen innerhalb einer Gesellschaft" (Giddens 1999 b, S. 20).

Die *kulturelle Dimension der Globalisierung* betrifft die Menschen in alltäglichen Lebensbereichen. „Die Globalisierung ökonomischen Handelns wird begleitet von Wellen kultureller Transformation, einem Prozess, den man 'kulturelle Globalisierung' nennt" (Beck 1998, S. 80). Es herrscht Gefahr der Vereinheitlichung von Geschmack, Gewohnheiten und Trends. International operierende Firmen und Medien tragen zur Homogenisierung bei. Daneben steht die Sorge um den Verlust der eigenen kulturellen Identität, einhergehend mit der Angst vor Prozessen, die sich hinter Schlagworten wie 'Amerikanismus' oder 'Verwestlichung' verbergen (Hey & Schleicher-Tappeser 1998, S. 16). Beispiele sind die Verbreitung von Fernsehserien wie 'Dallas', die sowohl in Deutschland, Kalkutta, Singapur oder Rio de Janeiro von unterschiedlichen Bevölkerungsschichten gesehen wurde, sowie das Tragen von Blue Jeans, das Konsumieren von Coca Cola oder das Rauchen von Marlboro als weltweit gemeinsames Gefühl von 'freier, unberührter Natur' (Beck 1998, S. 81). Das Werbe- und Image-Design multinationaler Konzerne erzeugt 'Eine-Waren-Welt-Symbole', die Gefahr der Entwurzelung lokaler Kulturen und Identitäten steigt. Da die Partizipation an diesen Waren über die Kaufkraft determiniert wird, steht vielen Menschen die Nutzung eben jener nicht offen. Die sich entwickelnden Länder (z.B. Schwellenländer) hingegen haben zunehmend die Möglichkeit, an dem Prozess aktiv mitzuwirken, so dass im Zuge der Globalisierung ein neues Wachstum hin zum westlichen Standard entsteht. Die Vereinheitlichungseffekte haben jedoch nicht zu einer globalen Kultur geführt, da nur Teile der jeweiligen Kultur tangiert werden. Kulturelle Beeinflussung von Globalisierungsprozessen ist nicht als 'Einbahnstraße' zu sehen, da die Einwirkung nicht-westlicher Kulturen auf den Westen ebenso erfolgt ist. Der Tendenz zur Standardisierung steht die der Regionalisierung und Individualisierung gegenüber. In diesem Spannungsfeld sind Mischkulturen (Hybridisierungen) entstanden, die wiederum verschiedene lokale Ausprägungen aufweisen (Pieterse 1998, S. 101f.).

Globales Lernen – eine Antwort?

'Globales Lernen' soll eine Antwort auf die Globalisierung und die damit verbundenen ökologischen, ökonomischen, sozialen und kulturellen Probleme darstellen. Dabei soll ein Weg aufgezeichnet werden, der prozesshaft beschritten wird und keine Patentlösung darstellt. Das offene allgemeine Leitbild verpflichtet sich, die Welt ökologisch und sozial zukunftsfähig zu gestalten (Bühler & Datta 1998, S. 2f.; Schreiber 1995, S. 9). Dabei wird mit der Idee des 'Globalen Lernens' sowohl das einer Orientierung für das eigene Leben als auch die Entwicklung einer Vision für das Leben in einer human gestalteten Weltgesellschaft angestrebt (Scheunpflug & Schröck 2000, S. 10).

Im Konzept 'Globales Lernen' wirken zwei Aspekte aufeinander, zum einen die Frage nach der eigenen Identität und zum anderen die globale Weltsicht, die untrennbar miteinander zusammenhängen und wechselseitig aufeinander wirken. Der Begriff 'global' beinhaltet die Dimension 'weltweit' und 'ganzheitlich'. Zentrale Forderung ist die Verbindung der lokalen Lebenswelt mit globalen Bezügen. 'Globales Lernen' stellt keine Ablösung oder Weiterentwicklung von Konzepten wie Umweltbildung, Menschenrechtserziehung, entwicklungsbezogene Bildungsarbeit, Ökumenisches Lernen, Interkulturelles Lernen, Friedenspädagogik o.a. dar, sondern strebt die Erweiterung der Perspektive des Denkens an (Forum Schule für eine Welt 1996 u. Verein für Friedenspädagogik 1998). Gugel & Jäger fordern, dass jene Erweiterung eine zukunftsorientierte Dimension als gemeinsame Aufgabe der Konzepte darstellt, „die über die bisherigen Sichtweisen und praktischen Ansätze hinausreicht" (1998, S.71) und nicht eine 'naive' Integration bedeutet.

Bühler spricht in diesem Zusammenhang nicht nur von einer Perspektivenerweiterung, die seiner Meinung nach nicht weit genug reicht, sondern von einem Perspektivenwechsel. Mit dem Konzept des 'Globalen Lernens' einen Paradigmenwechsel zu charakterisieren, würde auf der anderen Seite zu weit reichen, da alte Standpunkte umgeworfen werden und neue an seine Stelle gesetzt werden. Dennoch steht Grundlegendes zur Diskussion, „angefangen bei den Weltbildern bis hin zur Alltagspraxis und den damit verbundenen Lebensstilen" (Bühler 1996, S. 47).

Damit zielt das Konzept 'Globales Lernen' sowohl auf globale und ganzheitliche Aspekte, die Wissen, Einstellungen, Wertvorstellungen, Gefühle und Handlungen umfassen. Dabei wird besonders die gefühlmäßige Komponente betont.

Stadler beschreibt eine Person, die eine globale Perspektive integriert hat, idealtypisch wie folgt:

„Sie verfügt über eine flexible Art des Denkens, das verschiedene Zeitdimensionen und mögliche Kontexte einschließt, ein breites Wissen, das nicht lokal zentriert ist, die Fähigkeit, mit Paradoxa und Widersprüchen umzugehen, Toleranz für Viel- und Doppeldeutigkeit, und Unabhängigkeit des Denkens. Sie ist sich ihrer kulturellen Bedingtheit und ihrer eigenen Denkweise (weitgehend) bewusst und der Art und Weise, wie sie Wirklichkeit konstruiert. Sie ist daher in der Lage, ihre Sichtweise zu ändern und die Dinge aus den Perspektiven anderer zu betrachten." (1994, S. 48).

Zusammengefasst bedeutet dies, dass globale Entwicklungen mit lokaler Handlungsfähigkeit in Übereinstimmung gebracht werden kann (Scheunpflug & Schröck 2000, S. 14).

Kulturelle Differenzen und Dialogfähigkeit

Grundlegend für das Verstehen anderer, fremder Kulturen ist die Möglichkeit des Individuums zum Perspektivenwechsel. Das Heraustreten aus der eigenen Rolle und die Reflektion derselben ist eine wichtige Entwicklungsaufgabe im Leben eines Menschen.

Vollziehen wir nun einen Perspektivenwechsel und lassen uns darauf ein, welche unterschiedlichen Verständnisse dem Begriff 'Entwicklung' in verschiedenen Kulturen zugrunde liegen kann:

Ein Westler wird den Widerspruch zwischen seinem Bedürfnis nach Unterkunft und der äußeren Erscheinung eines halbverfallenen Hauses tatkräftig lösen, indem er 'die Ruine' abreißt und ein neues Gebäude errichtet. Chinesen würden beginnen, das Haus sorgfältig zu reparieren; ein Inder aber würde versuchen, sein Bedürfnis nach einer perfekten Behausung überhaupt zu überwinden (Alitto in Braun & Hillebrand 1991, S.12 f.).

Dieses 'etwas plakative' Zitat beschreibt drei verschiedene Strategien bzw. Reaktionen auf die gleiche Tatsache: 'Schaffe Neu gegen Alt' – 'Aus Alt mache Neu' – 'Das Alte so sein lassen'.

Können wir uns da eigentlich wirklich gegenseitig verstehen? Was für Kompetenzen und Fähigkeiten müssen wir entwickeln, um uns verstehen zu können?

Im Orientierungsrahmen einer Bildung für eine nachhaltige Entwicklung der Bund-Länder-Kommission für Bildungsplanung und Forschungsförderung (BLK 1998) und im darauffolgenden Gutachten (1999) wurden in einem ersten Schritt für diesen Bereich das didaktische Prinzip der 'Ganzheitlichkeit' mit den folgenden Schlüsselqualifikationen dargelegt:

- Vielfältige Wahrnehmungs- und Erfahrungsfähigkeit, d.h. die Kompetenz, Phänomene und Probleme in verschiedenen Dimensionen und Bedeutungen wahrzunehmen,
- Konstruktiver Umgang mit Vielfalt, der darauf hinausläuft, verschiedenen Methoden, Sichtweisen und Kompetenzen beim Problemlösen anwenden zu können,

sowie das didaktische Prinzip der 'Verständigungs- und Wertorientierung' mit den Schlüsselqualifikationen:

- Dialogfähigkeit, d.h. die Kompetenz, sich auf andere Sichtweisen und Argumente einlassen zu können,
- Selbstreflexionsfähigkeit, d.h. die Kompetenz, persönliche Motive und Interessen in ihrer Ambivalenz zu reflektieren und artikulieren zu können.

In diesem Kontext erscheint es wichtig, dafür zu sensibilisieren, von welchem Standpunkt aus ein Problem betrachtet wird. Die Menschenrechte z.B. sind westlich geprägt, sie gründen auf westlichen Werten wie Freiheit, Unabhängigkeit, Meinungsfreiheit und Individualität. Asiatische Werte, wie kommunitaristische Ideen der Gemeinschaftlichkeit (Familie, Gemeinschaft, Verantwortung gegenüber Gemeinschaft, die auch Opfer erfordert) kommen weniger zum Tragen (Offenhäuser 1999, S. 84).

Fazit

Die kulturelle Dimension der Globalisierung wurde im Zusammenhang mit der Nachhaltigkeit mit den Problemen und Potentialen bisher wenig diskutiert. Kulturelle Differenzen unter dem Aspekt der Nachhaltigkeit sollten stärker kommuniziert und in Lernprozesse integriert werden, um gegenseitiges Verstehen zu ermöglichen. Dazu gehört die Fähigkeit, in einen Dialog treten zu können und sich auf Werte und Verständnisse der Anderen einlassen zu können. Diese Unterschiede sollten in diesem Kontext als Chance und nicht als Widerspruch aufgefasst werden.

Literatur

ALBROW, M. (1996). Abschied vom Nationalstaat. Staat und Gesellschaft im Globalen Zeitalter. Frankfurt.

APPADURAI, A. (1998). Globale ethnische Räume. In: Beck, U. (Hg.): Perspektiven der Weltgesellschaft. Frankfurt, S. 11-40

BECK, U. (1998). Was ist Globalisierung? Irrtümer des Globalismus – Antworten auf Globalisierung. 5. Aufl. Frankfurt am Main

BRAUN, G. & HILLEBRAND, K. (1991). Dritte Welt. Fortschritt und Fehlentwicklung. Heft 17 – Sozialwissenschaften. Paderborn

BÜHLER, H. & DATTA, A. (1998). Global – total – fatal. In: Zeitschrift für internationale Bildungsforschung und Entwicklungspädagogik (ZEP). 21 Jhg., Heft 3, S. 2-7

BÜHLER, H. (1996). Perspektivenwechsel? – unterwegs zu „globalem Lernen". Frankfurt

Bund-Länder-Kommission für Bildungsplanung und Forschungsförderung (BLK) (Hg.) (1998). Bildung für eine nachhaltige Entwicklung – Orientierungsrahmen – Heft 69. Bonn

Bund-Länder-Kommission für Bildungsplanung und Forschungsförderung (BLK) (Hg.) (1999). Bildung für eine nachhaltige Entwicklung. – Gutachten zum Programm von Gerhard de Haan und Dorothee Harenberg. Heft 72. Bonn

DAHRENDORF, R. (1998). Anmerkungen zur Globalisierung. In: Beck, U. (Hg.): Perspektiven der Weltgesellschaft. Frankfurt, S. 41-54

Forum „Schule für eine Welt" (Hg.) (1996). Globales Lernen. Anstöße für die Bildung in einer vernetzten Welt. Bericht der Pädagogischen Kommission des Forums „Schule für eine Welt". Jena

GIDDENS, A. (1999 a). Konsequenzen der Moderne. 3. Aufl. Frankfurt am Main

GIDDENS, A. (1999 b): Soziologie. 2. überarb. Aufl. Graz, Wien

GUGEL, G. & JÄGER, U. (1998). Globales Lernen – Leitideen, Inhalte und Anfragen. In: Landesinstitut für Schule und Weiterbildung & Schulstelle Dritte Welt & Eine Welt: Leben und Lernen in der einen Welt. Bausteine einer Didaktik Globalen Lernens im Themenfeld 'Entwicklung – Frieden – Umwelt'. Bönen, S. 68-80

HEY, C. & SCHLEICHER-TAPPESER, R. (1998). Nachhaltigkeit trotz Globalisierung. Handlungsspielräume auf regionaler, nationaler und europäischer Ebene. Berlin, Heidelberg

MÜNCH, R. (1998). Globale Dynamik, lokale Lebenswelten. Der schwierige Weg in die Weltgesellschaft. Frankfurt am Main

OFFENHÄUSER, D. (1999). Meldungen – Berichte – Reportagen. In: UNESCO heute. Zeitschrift der deutschen UNESCO-Kommission. 46. Jhg., Ausgabe 3, S. 73-88

PIETERSE, J.N. (1998). Der Melange-Effekt. In: Beck, U. (Hg.): Perspektiven der Weltgesellschaft. Frankfurt, S. 87-124

SCHEUNPFLUG, A. & SCHRÖCK, N. & Hauptgeschäftstelle des Diakonischen Werkes der Evangelischen Kirche in Deutschland (EKD) (Hg.) (2000). Globales Lernen. Einführung in eine pädagogische Konzeption zur entwicklungsbezogenen Bildung. Stuttgart

SCHREIBER, J.-R. (1998). Globales Lernen – Was ist das denn? In: Verein für Friedenspädagogik Tübingen (Hg.): Global Lernen. Lernen in Zeiten der Globalisierung. CD-ROM. Rottenburg a.N, S. 9-10

STADLER, P. (1994). Globales und interkulturelles Lernen in Verbindung mit Auslandsaufenthalten. Ein Bildungskonzept. Saarbrücken

Verein für Friedenspädagogik Tübingen (Hg.) (1998). Global Lernen. Lernen in Zeiten der Globalisierung. CD-ROM. Rottenburg a.N.

Tilman Rhode-Jüchtern

„Wir leben in verschiedenen Welten" –
Perspektivenwechsel als Kommunikationsmedium

Jeder hat sicher Anfang Februar 2000 über die schiere *Größe* der Fische ge-
staunt, die sich da nach der Havarie der australisch-rumänischen Goldmine
tot am Ufer der Theiß und Donau bzw. im Fernsehschirm stapelten. Das
„größte ökologische Desaster seit Tschernobyl" wurde aber von den Betrei-
bern als Übertreibung bezeichnet, die empfohlenen Grenzwerte für Schwer-
metalle in Fließgewässern seien allenfalls leicht überschritten gewesen, und
im Übrigen: Das Wetter war schuld (Die Zeit 9/2000).

Derartige Dissonanzen – große Fische massenhaft tot, aber Grenzwerte
kaum überschritten – erstaunen uns dagegen kaum noch, weil wir uns an den
Zynismus von Interessenvertretern und an das Kommen *und* an das Gehen
von Katastrophenszenen gewöhnt haben. Tankerunfälle unter Billigflaggen,
Datenfälschung in Sellafield, Patentierung menschlicher Genmanipulation im
Europäischen Patentamt „aus Versehen" lassen sich kaum noch differenziert
betrachten. Ob eine wirklich große Gefahr für Leib und Leben oder für die
Zukunft darin liegt, kann man auch von Fachleuten nicht mehr eindeutig
erfahren; entweder wissen sie selbst noch nicht genug wie in der Klima- oder
Genforschung, oder sie sind selbst Partei.

Man mag die Reaktion darauf Fatalismus, Selbstschutz oder Sukzessions-
Zynismus nennen; aber zwei Fragen bleiben trotzdem: *Was hindert uns am
Denken in der Kategorie „Nachhaltigkeit" und was könnte dieses fördern?*

Eine erste Antwort behauptet eine systembedingte Aussichtslosigkeit: *Die
Anthropologie der Umweltzerstörung* (Verbeek 1994), die sich aus den Fit-
ness-Imperativen der zur Zweiten Natur gewordenen Markt- und Konkur-
renzgesellschaft ergibt, geradezu als Determinante allen Handelns.

Es stehen aber noch zwei weitere Meta-Antworten bereit: Das unterschiedliche Denken (Beobachten, Beurteilen) erklärt sich aus dem engen
Zusammenhang von *Erkenntnis und Interesse* (Habermas 1973*)*; man

kann/will nur sehen, was man sehen will, als Geschäftsmann oder als Opfer oder als Umweltschützer oder als Journalist etc.; aber darüber lässt sich u.U. kommunizieren. Es könnte bzw. muss bei allen Interessenunterschieden aber doch eine gemeinsame Kategorie geben, die für das Funktionieren einer Gesellschaft auf Dauer unabdingbar ist: *Vertrauen* (Luhmann 1973).

Offensichtlich ungeeignet wäre die Kategorie *Moral.* Man hört aus den USA von der Absicht der Krankenversicherungen, die Prämien für Raucher zu senken, weil durch den 5-7 Jahre früheren Tod per saldo auch die Kosten sinken – Rauchen wäre demnach keine Belastung für die Allgemeinheit oder die Gesundheitssysteme, sondern das Gegenteil!? Die Antwort gegen das Moral-Paradigma stützt sich auf eine geradezu axiomatische Erkenntnis: die *kognitive Dissonanz* zwischen Wissen und Handeln. Da diese Kategorie offenbar und vielfach gilt, muss man auf den moralischen Konsens – außerhalb von Sonntagsreden – wohl ganz verzichten.

Was bleibt, ist also die Kommunikation über mögliche Probleme, über deren Definition und mögliche Lösungen. *Kommunikative Kompetenz* ist die Voraussetzung für eine bestimmte Art des Handelns, nämlich der gemeinsamen Suche nach Richtigkeit und Wahrheit (Habermas 1979/84). Das *Vertrauen* besteht hier nicht darin, dass man an die Richtigkeit des Handelns anderer einfach glaubt (wie etwa beim Fliegen oder beim Computerkauf), sondern dass man auf die Bereitschaft zur wahrhaftigen Kommunikation vertraut. Dies geht natürlich nur im Felde des Diskurses, nicht bei Handelsvertretern oder Panzerfahrern.

Voraussetzung für eine gelingende Kommunikation ist die Einsicht, dass wir alle in jeweils eigenen *Denkräumen* stecken, die aus Vorerfahrungen, Interessen, beruflichen Zwängen etc. bestehen.

Mein Vorschlag geht deshalb dahin, auf dieser Figur den Diskurs über *Sach-* und über *Wertfragen*, sogar auch über *Beziehungsfragen* zwischen den Partnern aufzubauen. Wir wissen ja aus der Theorie über Kommunikation und deren Paradoxa (Watzlawick 1996), dass jede Kommunikation aus einem Inhaltsaspekt und aus einem Beziehungsaspekt besteht; wenn man dieses weiß und berücksichtigt, kann man mit den Widersprüchen womöglich besser und klarer umgehen (Praxis Geographie 4/1996).

Wenn wir also z.B. über „Nachhaltigkeit" als Begriff und Handlungsmaxime diskutieren wollen, müssen wir uns zuvor klarmachen, aus welcher Perspektive dieses jeweils geschieht. Da gibt es die kurzfristige (etwa betriebswirtschaftliche) Perspektive und eine langfristige (etwa volkswirtschaftliche); es gibt die globale, die regionale, die lokale Maßstäblichkeit; es gibt die Perspektive derjenigen, die „drin" sind (im Arbeitsmarkt, im Weltmarkt) und derjenigen, die das nicht sind; es gibt die Verwerter und die Vorsorger; es gibt die Philosophen und die Szientisten; es gibt die Parteipolitiker und die Gesellschaftspolitiker u.v.m. Das Vertrackte daran ist, dass alle

Perspektiven in sich „logisch" sein können, miteinander aber unverträglich. Etwaige Kompromisse brauchen, wenn sie nicht über Macht (also auf der Beziehungsebene) erzwungen werden sollen, zunächst Klarheit über die verschiedenen Wahrheiten (also über die Inhaltsebene). – Die Installation von Ilja Kabakow (Abb.1) mag diese Denk- und Kommunikationsfigur veranschaulichen: Wir betreten gemeinsam einen Raum (ein Thema, ein Problem), orientieren uns dann aber im Horizont der Möglichkeiten unterschiedlich; wir wenden uns bestimmten Abteilungen zu und geben diesen unterschiedliches Gewicht. Als Besucher des Raumes, als Subjekte haben wir die Freiheit, dieses zu tun; niemand kann uns unseren subjektiven Denkraum, unsere Priorität und Bewertung „widerlegen" (Luhmann 1986). Entscheidend ist dann, wie wir am Ende in der Mitte wieder zusammenkommen und uns verständigen: „Na, wie hast Du es gefunden?" und: „Was folgt daraus?". Aufmerksame und neugierige Menschen wünschen sich derartige Nachgespräche schon von sich aus, statt dies etwa als Störung der eigenen Ansicht zu empfinden.

Abb 1 (aus: Rhode-Jüchtern, Tilman: Den Raum lesen lernen. München 1996, S. 23)

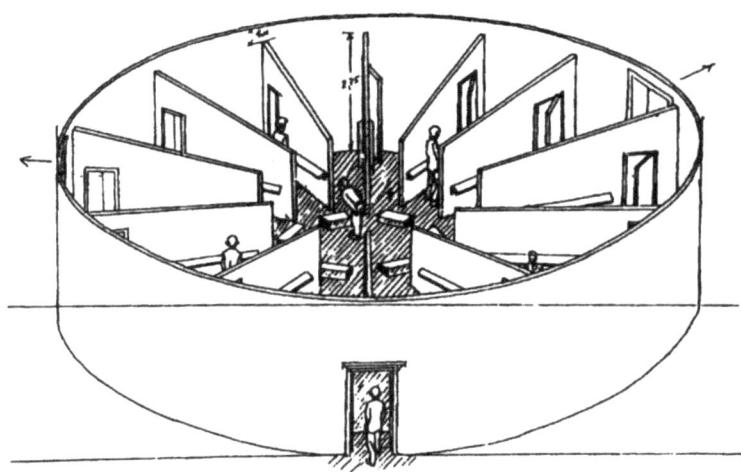

Ein Beispiel zum Schluss: Ich habe vor einiger Zeit als Projektthema angeboten: „Ökologische Rucksäcke". Ich wollte darauf aufmerksam machen, wieviel „Umweltraum" oder Energie etc. wir bei jeder normalen Tätigkeit und Entscheidung, bei jedem Glas Orangensaft und bei jeder Zeitung im Rucksack haben (Schmidt-Bleek 1994); das Produkt am Ende sollte darauf auch andere hinweisen. Nachdem die Projektgruppe nun den Sachstand mit

Hilfe des einschlägigen Buches „mips" innerhalb eines Tages arbeitsteilig ge-
klärt hatte, war aber „die Sache" klar und insofern banal geworden. Nicht
klar war dagegen, ob und wieso man das vielleicht auch anders sehen könnte
und was daraus folgt. Wir haben also beschlossen, beliebige Gegenstände
(gewählt wurden eine Orange, ein Stück Rasen, eine Sanduhr für die Zeit) auf
den Prüfstand zu stellen: Welche Hinsichten (Perspektiven) darauf gibt es
vernünftigerweise? Gesucht wurde nicht nach chaotischen Spezialitäten,
sondern nach in sich logischen Aspekten. Fazit der Diskussion: Es gibt eine
„commercial world" (bzw. Sehweise/Denkraum), in der die Orange nur eine
Ware ist; es gibt eine „communal world" (oder eine Allmende), in der die
Orange das Produkt/Mittel zum gemeinsamen Überleben ist; es gibt eine
„hazard world" (die Perspektive der Ökologen oder der Risikoforscher), in
der die Orange Träger/Symptom/Verursacher diverser Katastrophen ist, von
Umweltgiften bis zur Landvertreibung. Indem nun der Verstand alle diese
möglichen Perspektiven entdeckt hatte und diese auch sinnlich dargestellt
wurden, wie in der Installation von Kabakow, wurde deutlich: So einfach
sind die Probleme nicht zu definieren und zu lösen. Wollte man keine Oran-
gen mehr essen und keine Hamburger, sondern nur noch Soja, wäre schlag-
artig nur noch die Forderung möglich: „Haltet die Welt an, ich will aussteig-
en". *Jede* Handlung hat Folgen und Folgen der Folgen, diese gilt es *verstän-
dig* zu bestimmen, ehe man sich relativ (!) *vernünftig* entscheiden kann (vgl.
Rhode-Jüchtern 2000).

So lautet mein Vorschlag für eine „Bildung für nachhaltige Entwicklung"
also insgesamt: Lasst uns eine Haltung entwickeln (im Sprachführer
„Deutsch für Eliten", Kaehlbrandt 1999 wäre nachzuschlagen unter „Kompetenz", „Herausforderung" oder „Konzept"), die uns zur *Kommunikation als
gesellschaftliche Operation* (Luhmann 1986) befähigt; erst daraus kann sich
der Diskurs über die Sache entwickeln. Wäre es anders, könnte man ja einfach „ausrechnen", wie die Forstwirt- oder -wissenschaftler, was nachhaltig
ist und was nicht.

Literatur

HABERMAS, J. (1973). Erkenntnis und Interesse. Frankfurt/M.: Suhrkamp
HABERMAS, J. (1979/84). Theorie des kommunikativen Handelns. 2 Bände. Frank-
    furt/M.
KAEHLBRANDT, R. (1999). Deutsch für Eliten. Stuttgart: Deutsche Verlags-Anstalt
LUHMANN, N. (1973). Vertrauen. Ein Mechanismus der Reduktion sozialer Kom-
    plexität. Stuttgart: Ferdinand Enke Verlag
LUHMANN,N. (1986). Ökologische Kommunikation. Kann die moderne Gesell-
    schaft sich auf ökologische Gefährdungen einstellen? Opladen: Westdeutscher
    Verlag

RHODE-JÜCHTERN, T. (2000). Eine Orange ist keine Orange – Problemerkennung und Themenfindung im offenen Unterricht. In: Praxis Geographie 7-8/2000, S. 34-36

SCHMIDT-BLEEK, F. (1994). mips. Wieviel Umwelt braucht der Mensch? Berlin, Basel, Boston: Birkhäuser Verlag

VERBEEK, B. (1994). Die Anthropologie der Umweltzerstörung. Die Evolution und der Schatten der Zukunft. Darmstadt: Wissenschaftliche Buchgesellschaft

WATZLAWICK, P. (1996). Menschliche Kommunikation. Formen, Störungen, Paradoxien, (9.Aufl.). Bern: Huber Verlag

„PRAXIS GEOGRAPHIE" 4/1996, Themenheft „Weltverstehen durch Perspektivenwechsel" (mit Leitartikel d. V., S. 4-9)

DIE ZEIT 9/2000, S.11

(Foto: Thomas Mildner)

3.
Der Beitrag neuer Kommunikationsmedien

Rolf Schulz

Vernetzen lernen – die neuen Kommunikationstechnologien im Kontext einer Bildung für Nachhaltigkeit

Einführung

Mit der Entwicklung zur Wissensgesellschaft wird erkennbar, dass die Informations- und Kommunikationstechnologien eine immer größere Rolle spielen. Der Zugang zu Informationen wird immer leichter, zeitliche und örtliche Barrieren spielen keine Rolle mehr, die Vielfalt der Möglichkeiten für multimediale Darstellung und Bearbeitung wächst.

Im Memorandum „Zukunft gewinnen – Bildung erneuern" des Initiativkreises Bildung der Bertelsmann Stiftung wird herausgestellt, dass die neuen Technologien in ihrer Vieldimensionalität die Möglichkeiten jedes Mediums potenzieren und durch Synergien und Vernetzung einen Quantensprung in der Wissensvermittlung erreichen. Über die Anschaulichkeit der Präsentationen, die interaktive Vermittlung der Inhalte und die Vielfalt der Wissenszugänge können somit innovative Unterrichtskonzepte realisiert und Lernziele schneller und mit größerem Erfolg erreicht werden. Gerade das Konzept des lebenslangen Lernens profitiert von den neuen Medien, weil neben der notwendigen Flexibilität in der Wahl von Zeit und Raum auch individuelle Zuschnitte über einzelne Bildungsmodule berücksichtigt werden können, aber „um die Bildungspotentiale der virtuellen Netze zu erschließen, brauchen wir in Zukunft (neben) Schulen und Hochschulen, die die neuen Technologien quer über alle Fächer und Inhalte nutzen (...) auch Lernende, die sich kompetent in den virtuellen Wissenswelten bewegen, sowie Lehrpläne, die projektorientiertes, eigenständiges Arbeiten erlauben und exemplarisches Lernen zulassen" (Memorandum 1999, S. 25).

Im Hinblick auf inhaltliche Zugänge verweist die Denkschrift der Bildungskommission NRW (1995) auf jene gesellschaftlichen Entwicklungsprozesse, in denen die neuen Kommunikations- und Informationstechnologien ein besonderes Gewicht haben. Hierzu zählen insbesondere

- die Pluralisierung der Lebensformen sowie der sozialen Beziehungen,
- die Veränderung der Welt durch Medien und neue Technologien,
- die ökologische Frage

- die Internationalisierung der Lebensverhältnisse,
- der Wandel der Wertvorstellungen und Orientierungen.

Um die damit verbundenen Anforderungen zu bestehen, müssen veränderte Fertigkeiten und Kenntnisse vermittelt werden, die darauf abzielen, die „Neuen Medien" zum Bestandteil von Alltagswirklichkeit zu machen. Erprobt werden können u.a.

- selbstgesteuerte und innovative Lernprozesse, die initiiert und im Kontext der neuen Medien evaluiert werden,
- komplexe Zusammenhänge in neuen Darstellungsformen und Kontexten,
- produktorientiert digitale Netze und netzspezifische Arbeitsmittel für gruppenbezogene und individuelle sowie kooperative Aktivitäten,
- Aktionskompetenzen im Zusammenhang mit Informations-, Präsentations- und Kommunikationskompetenz.

„Umwelt-Entwicklung-Gesundheit" – konzeptionelle Ansatzpunkte eines Angebotes in learn:line

Vor dem Hintergrund der oben skizzierten gesellschaftlichen Veränderungsprozesse sind im Landesinstitut für Schule und Weiterbildung unter Bezugnahme auf den kritischen öffentlichen Diskurs zur Zukunftsfähigkeit und Zukunftsgestaltung, zu Fragen der nachhaltigen Entwicklung und den Gefährdungen im Kontext von Umwelt, Gesundheit, Entwicklung und Frieden erste Ansätze zur Didaktisierung dieses komplexen Themenfeldes entstanden, die insbesondere Bezug nehmen auf Vorarbeiten von außerschulischen Partnern und Facheinrichtungen.

Im Rahmen des Schulmodellversuches „Schulstelle Dritte Welt/Eine Welt in NRW" hat das Landesinstitut für Schule und Weiterbildung beispielsweise die Debatte um die Studie „Zukunftsfähiges Deutschland. Ein Beitrag zu einer global nachhaltigen Entwicklung" aufgegriffen und in Kooperation mit Fachorganisationen der Entwicklungszusammenarbeit und Umweltbildung die didaktische Diskussion in Form der Publikation „Die Zukunft denken – die Gegenwart gestalten" (Landesinstitut 1997) angestossen und fortgeführt.

Das heute vielfach beschriebene Spannungsverhältnis, Umwelt- und Enwicklungsziele im Sinne nachhaltiger Entwicklung zu vereinen, war Ausgangspunkt dieser Überlegungen und führte im Rio-Nachfolgeprozess in der Verdichtung dieser Problemfelder zu Fragen der

- globalen Dimensionen der zukunftsbedrohenden Risikofaktoren und der Notwendigkeit gemeinsamer Lösungsstrategien,

- Sinnhaftigkeit der Entwicklungs- und Wachstumsmodelle im Süden und im Norden,
- Grenzen und Verantwortung menschlichen Handelns.

Die Anbindung dieses Nachhaltigkeitsdiskurses und Paradigmenwechsels in der Umweltbildung an Fragen der Schulentwicklung führte in der Folge zu ersten Überlegungen in der Gestaltung einer gemeinsamen Bildungsplattform mit Hilfe der neuen Kommunikationstechnologien. Argumente für diesen Einsatz im Kontext einer Bildung für Nachhaltigkeit bezogen sich im Wesentlichen auf den Aspekt der Informationsbeschaffung, das Erreichen auch jugendlicher Zielgruppen, Vernetzungsmöglichkeiten zwischen verschiedenen Adressatengruppen/Anbietern und nicht zuletzt auf den Erwerb von Medienkompetenz.

Auch wenn erkennbar im Kontext einer Bildung für Nachhaltigkeit und Internetanwendung nur wenige Web-Seiten den Bildungsaspekt explizit berücksichtigen, ist der aktuelle Nutzen in der Informationsbeschaffung und in der Präsentation von Einrichtungen und Projekten unstrittig.

Mit der ersten Gestaltung eines Informationssystems und Serviceangebotes „Umwelt-Entwicklung-Gesundheit" in Kooperation mit Facheinrichtungen, Nichtregierungsorganisationen, Universitäten und mit Einrichtungen staatlicher Bildungspolitik – hier Landesinstitut für Schule und Weiterbildung – sollte eine erste Lücke im Bildungsangebot elektronischer Medien geschlossen werden. Als Adressaten dieses Informations- und Lernangebotes waren Lehrerinnen und Lehrer, Schülerinnen und Schüler, Multiplikatorinnen und Multiplikatoren der politischen Bildung und die assoziierten Netzwerke aus Umwelt, Entwicklung und Gesundheit im Blick. Perspektivisch sollte das Medium auch als Plattform für Bildungsfragen der beteiligten Partner im Hinblick auf Globales Lernen, Bildung für Nachhaltigkeit u. a. genutzt und weiterentwickelt werden.

Die Gestaltung dieses Angebotes erfolgte unter Einbezug des vorhandenen Netzwerkes der „Schulstelle Dritte Welt/Eine Welt in NRW" (Misereor, Brot für die Welt, Volkshochschulverband, Welthungerhilfe, UNICEF, terre des hommes, Kindernothilfe, Dritte Welt Haus Bielefeld, BUND, Grimme-Institut, Heinrich-Böll-Stiftung, Forum Umwelt und Entwicklung, Stiftung Entwicklung und Frieden u. a.) und des Netzwerkes „Gesundheitsfördernde Schule": Die beteiligten Partnerinnen und Partner brachten ihre Ressourcen in dieses Projekt ein – u. a. Datenbänke, Materialien, Bildquellen, Unterrichtsmaterialien, Unterrichtsskizzen, Dokumente – und unterstützten fortlaufend den Auf- und Ausbau dieses Lern- und Informationssystems.

Mit diesem im Bildungsserver Learn-line konzipierten Arbeitsbereich konnte die Zielsetzung des Modellversuchs „Schulstelle Dritte Welt/Eine Welt" in NRW in einem umfassenden Bereich – Fortführung und Ausbau der kooperativen und partnerschaftlichen Kooperationsstruktur; Multiplikation der Angebote für Schule, Unterricht und Lehrerbildung in einem „Online-Medium" u.a. – fortgeschrieben und nach Auslaufen des Modellversuches in wichtigen Bezugsfeldern in den Regelaufgabenbereich übernommen werden.

„Umwelt-Entwicklung-Gesundheit" als Online-Angebot

Angesichts von derzeit mehr als 320 Millionen Web-Seiten im Internet und der Aussicht auf ein tausendprozentiges Wachstum in den kommenden Jahren wird deutlich, daß erste geführte Orientierungsangebote im Rahmen dieses komplexen Themenfeldes unabdingbar sind. Insofern entwickelte sich das Internet-Angebot als modulares System mit dem Vorteil der Offenheit, Inhalte jederzeit zu aktualisieren, Ergänzungen in Teilbereichen hinzuzufügen und auf einen weiteren Bedarf zu reagieren.

Inhaltlich konzentriert sich das entwickelte Angebot auf grundlegende Informationen zu Aspekten „Zukunftsfähiges Deutschland", „Agenda 21 und Lokale Agenda", „Nachhaltigkeit", „Menschenrechte und Zivilgesellschaft", „Konstruktive Konfliktbearbeitung", Globales Lernen und Bildung für Nachhaltigkeit im Kontext von Schulentwicklung.

Von der Struktur gliedert sich das Angebot nach folgenden Schwerpunkten:

– Der Bereich *„Hintergrund"* umfaßt Dokumente, Grundlagenartikel, Stellungnahmen von Nichtregierungsorganisationen, Facheinrichtungen u.a.. Darüber hinaus sind KMK-Empfehlungen, Erklärungen, Erlasse u.a. aufgenommen als Orientierungshintergrund für den oben genannten Themenbereich. Die Einbindung von Bildungs- und Erziehungsfragen hat ein besonderes Gewicht.
– Der Bereich *„Service"* dokumentiert umfassend kommentierte Literaturübersichten und -hinweise, Links, Organisationsbeschreibungen und -verweise, Medienverzeichnisse und aktuelle Sendehinweise. Ergänzt wird diese Übersicht durch Adressen- und Anschriftenverzeichnisse.
– Der Bereich *„Daten- und Zahlenmaterial"* in Form von Grafiken, Schaubildern u.a. ist in Kooperation und mit dem Fundus der Nichtregierungsorganisationen entstanden.
– Der Bereich *„Projekte"* stellt Projektbeschreibungen für Schule, Unterricht und Lehrerbildung in den Feldern Energie, Klima, Verkehr und Mobilität, Konsum und Produkte, Bilanzierungen u.a. vor.
– Der Bereich *„Schulpraxis"* dokumentiert grundsätzliche Beschreibungen zu Fragen der Schulentwicklung (Visionen, Leitbilder, Initiierungsstrategien und Wege der Implementierung u.a.) und Übersichten zu Schulpro-

filen und -programmen im Kontext von Umwelt, Entwicklung und Gesundheit, bietet in kommentierter Form Beschreibungen zu außerschulischen Lernorten für die konkrete regionale Praxis und vermittelt Eindrücke von ersten Netzwerkstrukturen.

– Im Bereich „*Unterrichtspraxis*" sind grundlegende Orientierungen zu fachdidaktischen Zugängen zusammengestellt, Hinweise auf Richtlinien und Lehrpläne und Ansatzpunkte für fächerübergreifendes und fächerverbindendes Lernen und Arbeiten im Themenfeld zu finden. Der Auf- und Ausbau einer Online-Unterrichtsmaterialpräsenz (u.a. Sammlung von Unterrichtsbeispielen und -reihen) in Kooperation mit Nichtregierungsorganisationen, fachwisssenschaftlichen Einrichtungen, Lehrerinnen und Lehrern aus der Praxis bietet eine spezielle Serviceleistung.

– Der Bereich „*Fortbildung in Theorie und Praxis*" vermittelt inhaltliche und konzeptionelle Übersichten zu Fortbildungsangeboten und -programmen, Dokumentationen von landesweiten Fortbildungsseminaren und E-valuationen, Grundlegendes zu Methodenfragen und über eine Zusammenstellung von Methoden unterrichtspraktische Hilfen für den Einsatz der Methoden in Schule, Unterricht und Lehrerbildung. Materialgestützte Fortbildungsanbebote stehen als Download und als Präsentationsfolien für Schulentwicklungsfragen zur Verfügung.

– Der Bereich Netzwerke „*Agenda-Schulen*" und „*Opus (Offenes Partizipationsnetz und Schulgesundheit)*" greift Ansatzpunkte für Kommunikations- und Kooperationsforen auf, z.B. Nutzung als offenes Forum zu Fragen der Didaktik und Methodik (u.a. themenorientiert an „Schulprofil- und Schulprogrammarbeit", „Vermittlung von Medienkompetenz", „Fächerübergreifendes Arbeiten/Projektarbeit") und zur Erprobung von Lernortnetzen in Modellregionen mit Unterstützung durch Moderation vor Ort.

Worin liegen nun mögliche Vorzüge dieses konkreten Online-Angebotes für Schule, Unterricht und Lehrerbildung in Kooperation mit den beteiligten Partnern? Sind zudem eigenständige methodisch-didaktische Fragestellungen insbesondere im Kontext ökologischer Aspekte und Internet zu berücksichtigen? Michelsen & Siebert haben schon 1985 darauf hingewiesen, dass es schwierig sei, ökologische Inhalte an spezifische Methodenfragen zu knüpfen, gleichzeitig sich aber jene Methoden besonders eignen, die auf ein ganzheitliches, kreatives und vernetztes Lernen zielen. Zudem erscheint für eine inhaltliche Strukturierung ökologischen Lernens der Bezug zu Alltagserfahrungen und Problemfeldern sinnvoller als eine Orientierung an einer Lehrbuchsystematik (vgl. ebda, 1985).

Im Hinblick auf veränderte Anforderungen an „lebenslanges Lernen" spricht viel für multimediale, offene Lernumgebungen gegenüber dem vielfach noch vorherrschenden Anteil vorgegebener Inhalte, Fragestellungen,

Methoden und Zeitvorgaben. Im Rahmen des oben beschriebenen Angebotes wird es somit möglich, Lernschritte und auch Lerninhalte anhand detaillierter Fragestellungen selber auszuwählen und zu bearbeiten. Diese veränderten Lernumgebungen verlangen allerdings vom Lerner auch ein hohes Maß an Selbstorganisation und Eigenaktivität, die sicherlich auf eine produktive Ergebnisfindung hin zu neuen Anforderungen und Qualifikationen im Umgang mit den neuen Kommunikationstechnologien führen müssen.

Ansatzpunkte für innovative Beispiele

Gerade im Bereich der Multimedia-Ideen gibt es am Beispiel dieses komplexen Arbeitsfeldes vielfältige Zugänge für experimentelles Lernen mit den neuen Medien. Die folgenden Ausführungen nehmen Bezug auf erste Überlegungen, die Apel in seinen Untersuchungen dargestellt hat (vgl. Apel 1999).

a. Virtuelle Exkursion

Unmittelbare Naturerfahrungen in realen ökologischen Zusammenhängen haben die Umweltbildung lange Zeit dominiert. Sozio-ökonomische und naturwissenschaftliche Daten zur Naturbeobachtung zu machen ist dagegen ungewohnt und den Lernenden nicht vertraut. Sicherlich wäre es am Beispiel von bestimmten „Zeigerdaten" sinnvoll, Umweltsystembeschreibungen anhand realer Beobachtungen und Bestimmungen mit Systembeschreibungen aufgrund recherchierter Daten zu vergleichen. Diese Recherchearbeit kann auch über eine komplexe CD-ROM erfolgen, die im Online- und im Off-line-Modus gezielte Untersuchungen ermöglicht. Das Landesinstitut für Schule und Weiterbildung hat diesbezüglich eine CD-ROM „Umwelt und Entwicklung im Internet" (Landesinstitut 1998) aufgelegt, die frei von Online-Kosten erste grundlegende Orientierungen ermöglicht. In der Kombination böte sich das Netz als Ausgangspunkt für die Recherche, Aufbereitung, Interpretation und Darstellung von Umweltdaten aus dem Netz an, verbunden z.B. mit der Frage, ob die Beschäftigung mit Beobachtungsdaten vielleicht in gleicher Weise Werteeinstellungen oder Motivation zum Umweltschutz erzeugen kann wie naturerlebnis-gestützte Erfahrungen.

b. Aktionsformen im Netz

Mit Bezug auf den Handlungsaspekt in der Bildung für Nachhaltigkeit gibt es eine Reihe von Ansatzpunkten, die die klassischen Instrumente des bildungspolitischen Handelns unter Umständen mit dem Netz effizienter machen.

Neben Aufrufen in e-mail-Aktionen können Problemfragen in Chat-Räumen diskutiert werden, lokale Umweltfragen können durch Umfrageaktionen und Recherchen bei Produzenten oder Händlern von ökologisch problematischen Produkten untersucht werden. Das Instrumentarium der Produktlinienanalyse als Rechercheansatzpunkt bietet sich in besonderer Form an.

Darüber hinaus ist im Sinne größerer Transparenz, schnellerer Verfügbarkeit und gezielter Information die Präsentation von „Runden Tischen", Lokalen-Agenda-Foren u.a. mit Hilfe des Netzes zu optimieren.

c. Naturbeobachtung mit dem Internet

Neben der eingangs beschriebenen virtuellen Exkursion können Untersuchungen in Biotopen, der Wahrnehmung naturnaher Räume u.a. Anlass sein, eigene Aufbereitungen im Netz auszuarbeiten.

Möglich sind ebenfalls Naturbeobachtungen von Tieren (siehe das Beispiel „Turmfalke live im Internet" vom Dachboden der Schloßschule Linz im beschriebenen Arbeitsbereich des Bildungsservers learn:line) mit Hilfe einer Web-Camera, die z.B. Bild- oder Tonaufnahmen in „Echtzeit" überträgt. Diese speziell für Beobachtungszwecke eingerichteten Kameras könnten in vielfacher Hinsicht in Ergänzung nur schwerlich zugänglicher konkreter Naturerfahrung sinnvoll sein.

d. Globalisierung im Netz

In vielen Schulen sind die internationalen Kontakte im Rahmen des Sprachunterrichts weitgehend gängige Praxis, weil sie eingebunden sind in bildungspolitische Rahmenbedingungen. Der Nutzen des Mediums Internet mit Blick auf Globalisierungsfragen erschließt sich allerdings erst dann, wenn sinnvolle Konzepte Gegenstand der Nachfrage sind. Das Beispiel GLOBE (Global Learning and Observations to Benefit the Environment) ist ein internationales Programm für Umwelt, Wissenschaft und Erziehung mit dem Ziel, die Umwelt zu beobachten und anhand von Daten zu analysieren. Genutzt werden die neuen Kommunikationstechnologien, um Schulen miteinander zu verbinden, Datensammlungen von Schülerinnen und Schülern in zentrale Datenbanken einzubringen und Ermittlungen von Belastungsursachen und deren Interpretation zur Verbesserung und zum Nutzen der Umwelt zu verwenden.

Ähnliche Kommunikationsanlässe bieten sich für Schulnetzwerke, die programmatisch ausgerichtet sind und über den „Tellerrand hinaus" miteinander kooperieren und kommunizieren. Beispielhaft können hier das „Unesco-Projektschulen-Netz", das „Eine-Welt-Schulnetz" im Rahmen der Nord-Süd-Partnerschaften und die „Umweltschule in Europa" genannt werden.

Ausblick

Bislang gibt es im Kontext der Umweltbildung, des Globalen Lernens, der Politischen Bildung u.a. noch keine hinreichenden Erfahrungen im konsequenten Einbezug der neuen Kommunikationstechnologien in Bildungs- und Erziehungsprozesse. Die offenen Fragen reichen von Überlegungen zu einer speziellen Multimedia-Didaktik und Fragen der Unterrichtsplanung, über Konzepte von Präsentationstechniken im Internet bis hin zu grundlegenden Fragen der Vermittlung von Medienkompetenz. Auch wenn die Diskussionen über den Einbezug der neuen Kommunikationstechnologien in ökologische Kontexte mit Zeitverzug rezipiert werden, liegt der Nutzen bei näherem Hinweisen auf der Hand.

Literatur

APEL, H.: Umweltbildung im Internet. In: Unterrichtswissenschaft. Zeitschrift für Lernforschung. Thema: Umweltbildung, 27. Jahrgang, Heft 3,1999, S. 232 ff
BILDUNGSKOMMISSION NRW „Zukunft der Bildung – Schule der Zukunft". Denkschrift der Kommission „Zukunft der Bildung-Schule der Zukunft" beim Ministerpräsidenten des Landes Nordrhein-Westfalen, Neuwied 1995
LANDESINSTITUT für Schule und Weiterbildung (Hg.) (1998). Umwelt und Entwicklung. 23 Internet-Server auf CD-ROM. Ein Orientierungs- und Serviceangebot für Schule, Unterricht und Lehrerbildung zum Agendaprozess, Soest
LANDESINSTITUT für Schule und Weiterbildung (Hg.) (2000). Umwelt und Entwicklung 2000. Bildung auf dem Weg zur Nachhaltigkeit. 40 Internet-Server auf 2 CD-ROM's mit der Multimedia-Anwendung „Weltreisen", Soest
LANDESINSTITUT für Schule und Weiterbildung des Landes Nordrhein-Westfalen (Hg.) (1997) „Die Zukunft denken – die Gegenwart gestalten". Handbuch für Schule, Unterricht und Lehrerbildung zur Studie „Zukunftsfähiges Deutschland", Weinheim/Basel
MICHELSEN, G. & SIEBERT, H. (1985). Ökologie lernen. Frankfurt/M.
Memorandum (1999) Zukunft gewinnen – Bildung erneuern. Initiativkreis der Bertelsmann Stiftung unter der Schirmherrschaft des Bundespräsidenten, Gütersloh

Jörg-Robert Schreiber

Globale Perspektive und neue Kommunikationsmedien
Elektronische Kommunikation und internationale Vernetzung

„Vielleicht ist unsere vernetzte Welt nicht das weit geöffnete Tor zur Freiheit. Könnte es eine Flucht aus der Wirklichkeit sein? Ein Angebot, den Kopf in den Sand zu stecken, um unsere Aufmerksamkeit und unsere Energien von gesellschaftlichen Problemen abzulenken? Ein Missbrauch von Technologie, der eher passive als aktive Beteiligung hervorbringt? Ich fange an, mir solche Fragen zu stellen, und ich bin nicht der erste... Nicht die Computer als solche bereiten mir Kopfzerbrechen, es ist die Kultur, die sie umgibt. Das Folgende zeigt, wie ich vermute, die zunehmend zwiespältigen Gefühle, die ich gegen diese voll im Trend liegende Gemeinschaft hege. Wie die Netze entwickeln sich auch meine Ansichten über sie, und meine auseinanderstrebenden Eindrücke bringen widersprüchliche Standpunkte hervor. Ich entschuldige mich im Voraus bei denjenigen, die von mir eine konsistente Position erwarten... Es ist eine unwirkliche Welt, ein lösliches Gewebe aus Nichtigkeit. Während das Internet winkt, um uns mit dem blitzenden Bild der Macht des Wissens zu verführen, verpfänden wir unsere Lebenszeit an einem Unort. Sie ist ein armseliger Ersatz, diese virtuelle Realität, die unendliche Enttäuschungen bereithält und in der – im geheiligten Namen von Bildung und Fortschritt – wichtige Bereiche menschlicher Beziehungen rücksichtslos entwertet werden."

Damit ist fast alles zur Einordnung der Bedeutung dieses Mediums und Lernfeldes gesagt, von einem Großen der Szene, einem Gewandelten, wie es scheint: Cliffort Stoll. Er weiß wie kaum ein anderer, wovon er spricht, war schon 1972 am Aufbau des Arpanet (einem Vorläufer des Internet) beteiligt und wurde hierzulande 1987 durch das Ausheben eines Hackerrings bekannt, der von Deutschland aus Daten an das KGB verkaufte. Das Zitat stammt aus seinem 1995 veröffentlichten Buch: „Die Wüste im Internet". Inzwischen haben sich die Anzeichen verstärkt, dass er mit Manchem seiner Kritik Recht haben könnte. Es ist sicher lohnend, die Diskussion in seinem angekündigten Buch „Multimedia im Schulunterricht" weiterzuverfolgen.

Es geht nicht um Technikfeindlichkeit oder eine Rückkehr zum ästhetischen Humanismus (wenn es je so etwas gab), sondern um nagende Zweifel. Es brauchen an dieser Stelle nicht die scheinbaren Vorteile der Neuen Medien und der globalen Vernetzung in aller Breite vorgestellt zu werden, sie sprießen zur Zeit von selbst, angeschoben von mächtigen Budgets. Es geht um den von Widersprüchen geprägten Menschen, der sich neuen Entwicklungen öffnet, Ungewissheit und Widersprüche lustvoll erträgt, sie nicht verdrängt, sondern lernend an ihnen arbeitet, um die eigenen Potenziale im unüberschaubaren globalen Netz aufzuspüren und zu nutzen. Damit ist auch das Wesentliche über Globales Lernen und Neue Medien gesagt: Lernen nicht nur als Wissenserweiterung verstehen, sondern als Veränderung.

Der Frage, welche sinnvollen Möglichkeiten der elektronischen Kommunikation für Schule und Unterricht es denn gibt, muss konsequenterweise die Frage vorangehen, welche konzeptionellen Begründungen es im Feld einer Bildung für Nachhaltigkeit gibt, mehr als bisher von Neuen Medien Gebrauch zu machen. Die Antwort darauf ist einfach:

1. Die stürmische Entwicklung der elektronischen Kommunikation ist wie die Globalisierung selbst (die sie antreibt) eine zentrale Erscheinung unserer (und künftiger) Lebenswelten geworden. Man kann sie nicht ignorieren, sondern nur sinnvoll mitgestalten und nutzen lernen.
2. Globales Lernen kann nicht mehr nur auf die reale Erkundung der Lebenswelt bauen, sondern muss sich auch der modernen elektronischen Medien bedienen und Medienkompetenz fördern, weil sich unser globalisiertes Dasein heute und in Zukunft nicht ausschließlich im begrenzten Erlebnisraum erschließen lässt.

Der Gebrauch elektronischer Medien ist heute konzeptionell in den didaktischen Ansätzen zum Globalen Lernen verankert.[1] Methodisch stehen wir allerdings noch am Anfang.

Aus schulischer Sicht bieten sich nach meiner Beobachtung und Erfahrung folgende sinnvolle Möglichkeiten der Kommunikation und Vernetzung im Internet. Sie gehen über die bisher dominierende Informationsbeschaffung und Präsentation (z.B. in Form von Schul-Websites) hinaus, schließen diese aber immer als wichtige Bestandteile mit ein:

1. *E-Mail Kommunikation im Rahmen von Schul- und Projektpartnerschaften:* Sie erstrecken sich vom wechselseitigen Erkunden der Lebens- und Lernbedingungen bis hin zu Kooperationen an gemeinsamen Projekten, z.B. dem Bau einer Solaranlage oder der Verwirklichung von Kinderrechten. Die in solchen Partnerschaften bereits bestehenden persönlichen

---

1   siehe die didaktischen Beiträge unter "Was ist Globales Lernen" auf der Homepage www.hh.schule.de/
     globlern .
     Sowohl der Verband deutscher Nichtregierungsorganisationen (VENRO) als auch Brot für die Welt, die
     sich in diesem Lernbereich sehr engagiert haben, werden in nächster Zeit grundlegende Positionspapiere
     zum Globalen Lernen veröffentlichen, die einen guten Überblick geben.

Kontakte bieten eine wichtige Voraussetzung für die Überwindung technischer und organisatorischer Probleme bei der Kooperation mittels elektronischer Medien. Solche Schulnetze präsentieren sich auch bereits im Internet (z.B. in Hamburg in Form des Eine Welt Schulnetzes – EWS – www.hh.schule.de/globlern/workshop/ews), allerdings stehen die meisten Schulen noch vor der großen technischen Herausforderung, zusammen mit ihren Partnern den Absprung ins Internet zu schaffen. Günstige Voraussetzungen bietet in diesem Zusammenhang das Netzwerk von über 5000 unseco-projekt-schulen in 162 Ländern (www.unesco.org/education/asp).

2. *Vermittelte E-Mail Kontakte und moderierte Newsgroups:* Während Schul-Partnerschaften grundsätzlich langfristig angelegt sind und von einzelnen Personen – oft in Zusammenarbeit mit NRO – intensiv gepflegt werden müssen, gibt es für inhaltlich und zeitlich begrenzte Kommunikations-Vorhaben eine Reihe von Hilfsangeboten. Es soll hier v.a. auf die im Rahmen des Globalen Lernens besonders gepflegten „Nord-Süd-Kontakte" hingewiesen werden, da die Angebote europäischer und transatlantischer Internet-Kontakte schon recht gut ausgebaut und bekannt sind, z.B. im Rahmen des Comenius Projekts (www.englisch.schule.de/email.htm#Comenius) oder des Transatlantischen Klassenzimmers (www.tak.schule.de):

- *School Gate* von *Windows on the World* ist eine Datenbank des British Council (Central Bureau) für weltweite Schulkontakte, die allen Schulen offen steht. Schulen können sich mit ihrem jeweiligen Interessenprofil kostenlos registrieren und mit Hilfe einer Suchfunktion geeignete Partner – auch in außereuropäischen – Ländern aufspüren.

- *Das International Education Resource Network (I*EARN)* ermöglicht jungen Leuten (auch Klassen, Gruppen und Schulen) mit Hilfe der Neuen Medien Kooperations-Projekte, die auf eine zukunftsfähige Entwicklung der Welt ausgerichtet sind. Es umfasst derzeit etwa 3000 Mitglieder in ca. 60 Ländern. Mitglieder können ihre Projektidee in einer der 50-60 Newsgroups (= Diskussionsforen, Online Konferenzen) unterbringen oder sich an den Projekten anderer beteiligen. I*EARN sieht in Newsgroups aus folgenden Gründen das wirkungsvollste Instrument für die elektronische Projektarbeit:

  - Mitteilungen verstopfen nicht den elektronischen Briefkasten (wie Listserver)

  - sie werden nicht in Echtzeit übertragen und können deshalb innerhalb eines globalen Netzwerkes (mit 24 Zeitzonen) problemlos nach den jeweiligen Bedürfnissen (Stundenplänen) verarbeitet werden

  - der Meinungsaustausch ist öffentlich (im Unterschied zur E-Mail), so dass alle Teilnehmer die Interaktion verfolgen können

- Teilnehmer können auch zu einem späteren Zeitpunkt einsteigen, ohne einen Teil der Diskussion zu verpassen
- mittels roter Fäden und bestimmter Oberthemen kann die Diskussion auf wichtige Fragen konzentriert werden
- es gibt eine Aufzeichnung der Diskussion und Vorgänge, die die Erstellung eines Endprodukts erleichtern
- Interessenten, die lediglich über einen E-Mail-Zugang verfügen, können die Newsgroup abonnieren, anstatt ausgeschlossen zu sein

I*EARN macht seinen Mitgliedern ein recht umfassendes technisches und pädagogisches Hilfsangebot (z.B. den Gebrauch eines reflector sites, der es ermöglicht, dass sich mehrere Nutzer unter der gleichen Nummer an einer Echtzeit-Video-Konferenz beteiligen). Da die Mitgliedsbeiträge von der Zahl der Mitglieder pro Land abhängig sind, liegt der Jahresbeitrag in Deutschland bei z.Zt. erst 9 Mitgliedsschulen mit DM 109,-- recht hoch. Kontaktperson für I*EARN Germany ist Hans Georg Henkel von der Robert-Bosch-Gesamtschule in Hildesheim (hhenkel@debitel.net).

- Das von der Weltbank geförderte *World Links for Development* (WorLD) Programm verbindet Schüler und Lehrer von Sekundarschulen in Entwicklungsländern mit entsprechenden Schülern und Lehrern in Industrieländern und fördert sie bei gemeinsamen Forschungsvorhaben, Lehr- und Lernprojekten via Internet. Über einen Zeitraum von 4 Jahren (1997-2001) strebt das WorLD Programm an, 1200 Sekundarschulen in Entwicklungsländern mit Partnern in Australien, Kanada, Europa, Japan und den Vereinigten Staaten in Verbindung zu bringen.
- Bei den *St. Olafs-Listen* (St.Olaf College in Minnesota) des *IECC* (Intercultural E-Mail Classroom Connections; www.iecc.org) handelt es sich im Wesentlichen um einen List-Server, bei dem man sich für die regelmäßige Zustellung bestimmter Mailing-Lists kostenlos eintragen kann: In diesem Zusammenhang ist v.a. die IECC-Liste von Interesse, die LehrerInnen im Bereich der Primar- und Sekundarstufe I bei der Suche nach geeigneten E-Mail Partnerklassen in anderen Ländern behilflich ist. Die IECC-HE Liste tut dies für die Sekundarstufe II und über die IECC-PROJECTS-Liste können Lehrkräfte Hilfe für Projekte anfragen und anbieten.
- Die *„email-online-Liste"* wird von Jörg Lehners an der Uni Oldenburg geführt und wendet sich an alle Lehrerinnen und Lehrer vor allem in Deutschland, die sinnvolle E-Mail-Projekte im Fremdsprachenunterricht, im Fach Deutsch oder fächerübergreifend durchführen möchten. Diese Projekte wollen keine „pen pal"-Partnerschaften sein, sondern thematisch ausgerichtete Projekte mit festen Vorabsprachen sowie inhaltlicher und zeitlicher Struktur. Eine detailliertere Beschreibung die-

ser Projekte findet sich auf dem Server des Goethe-Instituts in München im Rahmen der Internet-Kl@ssenpartnerschaften (www.goethe.de/z/ekp/deindex.htm). Auch alle Anfragen nach Internet-Klassenpartnerschaften, die über den Server des Goethe-Instituts von Deutschlehrerinnen und -lehrern aus allen möglichen Ländern eintreffen, werden an diese Liste weitergeleitet. Da bei diesen Interessenten in den meisten Fällen die Deutschkenntnisse für ein intensives E-Mail-Projekt nicht ausreichen, wird sehr oft in zwei Sprachen kommuniziert. Auf der „email-online-Liste" können auch Tips zur unterrichtlichen Nutzung des WWW, Literaturtips, Hinweise auf interessante WWW-Projekte etc. von allen Listennutzern ausgetauscht werden.

(Anmeldung sowie Austragungs-/Änderungswünsche: email-online-request@informatik.uni-oldenburg.de; Mitteilungen an alle „email-online"-Abonnenten: email-online@informatik.uni-oldenburg.de)[2]

- Im „Lernort" des Unicef Online-Forums für junge Leute *Voices of Youth* gibt es neben dem Angebot interaktiver Bilder, Puzzles, Spiele und Diskussionen zur Erkundung globaler Probleme auch die Möglichkeit zur Teilnahme an interaktiven Projekten mit Gruppen rund um die Erde. Ein Lehrer/eine Lehrerin muss die Teilnehmer online anmelden.

„In bestimmten Arbeitsphasen sind Videokonferenzen (z.B. mit der CU-See-Me-Technologie) ebenso realisierbar wie ein gemeinsames Treffen in einem virtuellen Chat-Raum. Anders als E-Mail nutzen diese beiden Möglichkeiten allerdings eine simultane Kommunikationssituation, die bei unterschiedlichen Zeitzonen nicht immer problemlos herzustellen ist. Die rasante technologische Entwicklung deutet darauf hin, dass neben der zur Zeit noch dominant schriftlichen Kommunikation von E-Mail-Projekten zunehmend mehr verbale Kommunikationsmöglichkeiten entstehen, die durch visuelle Elemente ergänzt werden." (Reinhard Donath, s.o.) Außerhalb des Sprachunterrichts spielen diese technologischen Möglichkeiten jedoch noch eine sehr begrenzte Rolle. Die Erfahrungen mit den von der Kindernothilfe im Rahmen des Global March 1998 moderierten Global Chats zeigen, dass der technisch-organisatorische Aufwand sehr groß und nur bei besonderen Voraussetzungen/Anlässen didaktisch zu rechtfertigen ist. Themenorientierte Chats scheinen nur als besonderer Höhepunkt nach längeren E-mail Kontakten und nach gründlicher Vorbereitung sinnvoll zu sein. Allerdings kann die Teilnahme an technisch vorbereiteten und moderierten Videokonferenzen und Chats, wie

---

2 zitiert (und z.T. gekürzt und angepasst) nach: Reinhard Donath "E-Mail Projekte im Enlischunterricht" (www.englisch.schule.de/email.htm)

sie zu bestimmten Projekten von I*EARN durchgeführt werden, ein nachhaltiges Erlebnis sein.

Technische Kenntnisse im Umgang mit E-Mail können bei Schülern und Lehrern leicht dazu führen, die erforderlichen Planungsschritte und die notwendige Disziplin bei der Durchführung solcher Projekte zu unterschätzen. Wer Enttäuschungen in der eigenen Gruppe und beim Partner vorbauen will, muss sein Vorhaben gründlich und langfristig planen und sich mit Positiv- und Negativerfahrungen solcher Projekte vertraut machen (s. z.B. Reinhard Donath: E-mail-Projekte im Englischunterricht: www.englisch.de/email.htm).

Die Verwendung elektronischer Medien, v.a. des Internets, sollte auch nicht mit Globalem Lernen gleichgesetzt werden – wie häufig im Amerikanischen – wo unter Global Learning oft nur ein Privatinstitut firmiert, das in multimediale Arbeitstechniken einführt. Bei der Verwendung des Internets dürfen didaktische und methodische Grundsätze des Globalen Lernens nicht aus dem Blick verloren werden. Es geht auch bei der Verwendung des Internets um Perspektivwechsel, um Konfliktlösen und Empathie üben. Auch beim Einsatz elektronischer Kommunikationsmittel bewährt sich eine schülerorientierte, projektartige Arbeitsweise, die vielfältige methodische Fertigkeiten fördert und auf ein Produkt ausgerichtet ist.

Insgesamt fehlt es nicht an Anregungen und Angeboten. Sie sind aber oft unzureichend auf die sehr unterschiedlichen Voraussetzungen einzelner Schulen ausgerichtet und hängen sehr vom Engagement einzelner Lehrerinnen und Lehrer ab. Im Bereich der Bildung für nachhaltige Entwicklung dürfen geförderte Projekte, wie das Unesco-Schulprojekt „Lernen für die Welt von morgen"[3] nicht die Ausnahme bleiben. In ihm arbeiten ab September 1999 80 deutsche Schulklassen mit 80 spanisch sprechenden Schülergruppen aus Venezuela, Kuba, der Dominikanischen Republik und Mexiko an E-Mail-Projekten zu Themen der Agenda 21 und individuellen Zukunftsfragen. Die besten Ergebnisse sollen auf der EXPO 2000 in Hannover vorgestellt werden.

Vor allem aber – und sicher ganz im Sinne von Cliffort Stoll – darf nicht der Eindruck entstehen, als sei die virtuelle Kommunikation wichtiger oder wirkungsvoller als der direkte Kontakt mit den Menschen und ihrer Welt, wichtiger als Theaterspielen, Reiseerlebnisse oder die Kultur des Gesprächs, bei dem man sich in die Augen sehen kann.

---

3   s. Heike Härtel: Eine Entdeckungsreise via Internet, in: forum unseco-projekt-schulen 3/99, S.4-5

Arjen E.J. Wals / Frits Hesselink

ESDebate
Internet Discussion on Education for Sustainable Development[1]

I. BACKGROUND

Initiative

At the Pan European Expert Meeting on Sustainable Development and Environmental Education (Soesterberg, Netherlands, 27 – 29 January 1999), Douwe Jan Joustra, Program Manager of the Dutch Extra Impulse for Environmental Education, floated the idea to organize a follow-up with the use of ICT. The idea caught on and the Dutch Interdepartmental Steering Group for Environmental Education recognized the need for further discussion of the issue, especially as it was planning a next phase of its Program focused on *'learning for sustainability'*. Furthermore a need was felt to explore new ways of knowledge management and to introduce ICT further to the Dutch practice of environmental education. Debates on environmental education had taken place on internet before, but they were merely a collection of articles and not an exchange of opinions to stimulate debate and new ideas. Innovation in managing the process was another challenge.

Objectives

The Inter Departmental Steering Group asked the NCDO (Dutch Committee for Sustainable Development) to organize a tender. By the end of April 1999 HECT Consultancy was asked to manage the project, form a team of moderators and fulfil the following objectives:

– Bridge the gap between the Dutch policy with regard to ESD and the international practice of ESD

---

1   Paper presented by Arjen Wals at the Education for Sustainable Development Global Perspective and new Communication Means conference held in Bieliefeld, 18-20 November 1999 at the Oberstufen-Kolleg of the State of North Rhine-Westphalia at the University of Bielefeld.

- Provide Dutch experts with an impulse for deepening their thinking about ESD by confronting them with opinions from international experts.
- Contribute to the ongoing international debate on ESD managed by UNESCO and CSD.

Challenges

The moderators recognised that organizing a professional discussion among experts on the internet meant that they had to meet several challenges. Major challenges they felt they had to take on, were:

- How to find and motivate participants: what costs and benefits are in it for them?
- How to work from an unknown web site?
- How to keep the exchange lively, readable and avoid long articles?
- How to keep the interest of participants and the public over a longer period?
- How to make the exchange of ideas, opinions and experience into the learning exercise?

II. APPROACH

The moderators

Education for Sustainable Development is an 'ill defined' concept. One can approach it from various perspectives. The education perspective brings in the individual learning, the pedagogy, the emancipation. The perspective of sustainable development brings in aspects of policy and management of processes in organizations and communities. These two different paradigms are often difficult to reconcile. For that reason HECT Consultancy chose for a project team of people with different backgrounds. An academic researcher in environmental education, a consultant for education and communication policies and programs, a marketing expert and a webmaster with experience in educational projects.

Structure

As a preparation to the ESDebate several Internet On-line discussions were studied. The moderators felt that the level of participation in those debates varied strongly. In some cases a few participants produced extensive contributions, while many participants hardly contributed. Much reading was required to participate. Also, often a low response was found to the questions or the essays which were to be critiqued. So the moderators choose for a semi-closed group of selected participants and a specific round format to get a high response rate.

Participants

To guarantee quality of input the moderators choose for a process of invitation of participants in the exchange. It would be open to everyone, but the main discussion would be among a smaller group. The project time schedule did not allow for lengthy processes in identifying the participants. The moderators started with approaching a small group of experts who had attended the Soesterberg Conference and some key people from their own international networks in environmental education and sustainable development. They asked them for more names and then approached experts which were suggested.

Personal Approach

Participants were approached by email and preferably by a moderator who knew the expert personally. During the whole period of the internet discussion, communication between the moderators and participants was done through email (always with the ESDebate address present to click on) and had if possible a personal touch. Participants

Creating a new Brand?

One of the characteristics of Internet is the abundance of information. Adding a new initiative is like creating a new brand. The moderators thought it a success factor for ESDebate if the discussion was presented in a distinct way from other initiatives on environmental education and sustainable development on the web. The discussion should have its own name: ESDebate. ESD is recognized easily among the experts. Debate should appeal to the notion of real interaction. It should be interaction between high quality experts. You should either be one of those experts or know one or more of them. The name was promoted in a PR campaign through magazines, web sites and networks in the field of environmental education and sustainable development.

Registration makes site and idea visible

Mid June a list of invited participants was published on the web according to nationalities. This triggered more suggestions for participation. Participants were asked on the website to fill in the registration form and already give some statements on the issue. These answers were immediately accessible for visitors and other participants. So between July and September one could see of each registered participant a photo, an abbreviated CV, favourite books and web sites, vision statements on sustainable development and education. The registration was the first possibility for the moderators to receive feedback and suggestions from participants. It also gave moderators an overview in which regions or sectors to invest to stimulate participation.

Links with well known websites

One of the first things the moderators did was to ask organizations with a well known web site to be a partner organization in this project and make a link from their home page to that of ESDebate and vice versa. It not only added credibility to ESDebate, but it proved to be vital for hits by non participants. During the debate 50% of the visits to ESDebate came through the web sites of IUCN and UNESCO. Publicity of the debate through existing networks was another investment.

Success factors for a web site

To ask people's time over a period of four months to really engage in an international exchange on the internet is asking quite a lot. Characteristics of internet are its transient nature, surfing and zapping, staying very short on a page, until one sees something very interesting. To contribute to five rounds and to read each others contributions takes much more. The moderators designed the site as interesting and readable as possible, with opportunities to visit other sites, a top ten of sites and books, visuals, a clear navigation structure and teasers for revisiting the site.

Creating commitment: a publication

But this is not enough to create commitment for participation in the discussion. While approaching the first participants the moderators noticed the dilemma of many academics that providing contributions without credits made it more were contrary to the academic culture. The moderators then got IUCN's Commission on Education and Communication interested in making a publication of ESDebate and give credits to participants for their contributions.

Creating ownership and joint learning

The moderators had announced in the earliest version of the web page that ESDebate would be conducted in 5 rounds. A first round to explore the concept of Education for Sustainability, a second round to discuss examples of good practice and a third round to investigate the implications. The subjects of the last two rounds were kept open to be filled in later at the suggestions of participants. Each round participants were asked for feedback and the moderators tried their best to incorporate the many suggestions they received into the process. When after a few rounds a returning issue in the debate appeared to be the conflicting paradigms of education and of sustainable development policies, the fourth round was entirely devoted entirely two this subject. In the last round participants were given the opportunity to reflect on the debate and their own and collective learning.

Table 1: Structure of the debate

	Planning and themes of the debate		
n	Issue	Input deadline	Publication of results
I	Concepts of education for sustainable developmen	September 1999	October 1999
II	Examples of good practice	October 1999	November 1999
III	Implications of good practice: how can progress be achieved?	October 1999	November 1999
IV	Theme dependent on the course of the discussion	November 1999	December 1999
V	Evaluation of ESDebate	December 1999	January 2000

Articles versus interaction

There is an abundant literature on Environmental Education and Sustainable Development. Conferences and workshops have triggered numerous articles. No wonder that one's first reflex in participating in an internet expert discussion is to communicating by sending in his or her existing articles. The moderators have tried to find a structure to avoid this. They opened each round with statements, on which participants were asked to react. The statements were followed by a few open questions. This approach was meant to focus the attention to specific questions and provoke an immediate personal answer.

How to avoid drop outs?

The moderators had designed a system of regular communication with participants during the months September – December, the time for the discussion proper. Providing them right from the start with a time table for a reach round. Asking them to reserve time in their agenda in specific weeks. Sending reminders in time. And making sure that at the indicated time the results of each round were indeed visible on the web site of ESDebate. Sometimes personal emails were used to urge participants to respond. The time schedule was also designed so tight, that participants almost had no time to forget ESDebate and their commitments.

How to service non participants?

Visitors of the site who were not participants, could read all the information of the rounds, summaries of the answers, the individual answers themselves, the opening statements and personal data of participants, etc. If they wished to make comments, ask questions or react to the discussion the moderators had made a guest book. They also had the opportunity to mail directly to individual participants.

III. RESULTS 1: content of the debate

ESD = EE?

There appears to be consensus that ESD as a force, phenomenon or tool within contemporary education, both formal and non-formal, has to be reckoned with and has added value. Less agreement can be found with regards to the relationship between ESD and EE. Many view ESD as the next generation of EE which includes issues of ethics, equity and new ways of thinking and learning. Others say the ESD should be a part of good EE and there is no need to do away with EE as an umbrella. Again others suggest that EE is a part of ESD. They argue that ESD is more comprehensive than EE by including issues of development, North-South relationships, cultural diversity, social and environmental equity. Figure 1 shows the four relationships between EE and ESD as can be found among the participants. Despite the differences in opinion about the relationship between EE and ESD most participants appear to regard ESD as the next evolutionary stage or new generation of EE.

Figure 2: The emergence of a new kind of environmental education?

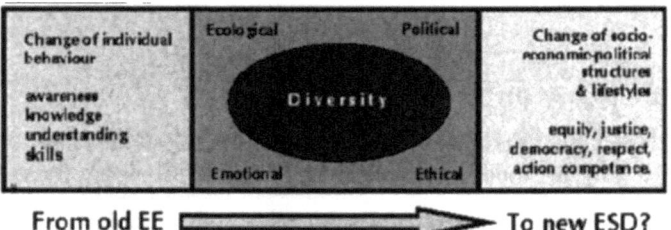

ESD for or about?

Many participants are quite comfortable with ESD as a tool to develop norms and values and change practices and lifestyles. Emphasis is placed on developing so-called higher thinking skills and personal, social and environmental competencies. Several participants suggest that indeed some values are more sustainable than others, and there is nothing wrong about teaching these values and to teach *for* sustainable development. Some participants, however, are quite uncomfortable with ESD as a tool to change behaviour. They argue that ESD should enable people to determine their own pathways towards sustainable living. The emphasis should, in their eyes, be on developing the competencies people need for achieving this and working towards a more democratic and equitable world. They oppose the idea of pre- and expert determined universal norms and values of sustainability. Since nobody knows what the ethically and morally right sustainable values of behaviours are for oneself and certainly not for others, they feel it is more appropriate to speak of education *about* sustainable development. It should be noted that some of them also object to the whole notion of sustainable *development* and much rather speak of education about sustainability. Figure 2 illustrates how the main focal points of EE seems to be shifting.

Figure 2: The emergence of a new kind of environmental education?

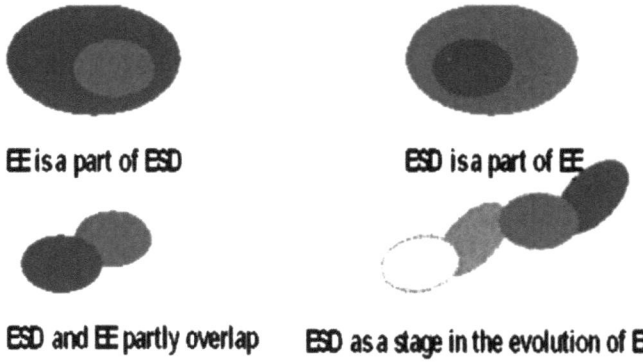

EE is a part of ESD   ESD is a part of EE

ESD and EE partly overlap   ESD as a stage in the evolution of EE

Distinctive features of ESD

Those participants who seem to view ESD as a successor of EE argue it is more future-oriented (careful examination of probable and possible futures), critical of the predominant market and consumption driven society, more sensitive to the different realities that challenge people around the world (sensitive to context), more systemic in dealing with complexity, more community and solidarity oriented (as opposed to individualistic and self-promoting), less concerned with product (behavioural outcomes), more concerned with process (creating the right conditions for social learning), more open to new ways of thinking and doing, and preoccupied with linking social, economic and environmental equity at the local, regional and global level.

Some cautionary remarks were made by some participants as well. Some warn of ESD becoming a tool of policy-makers and market players. Or suggest that Sustainable Development is nothing more (or less) than a neo-colonial concept riding the waves of globalisation...

There was consensus among the participants that ESD should not just focus on school audiences, but also and perhaps foremost on situations where informal and non-formal education takes place i.e. the workplace, recreation areas, people's homes, etc., as well as in policy and decision making processes. Some even prefer to speak of *learning* rather than of *education*, since education, in their eyes, has strong connotations with in-school and formal learning whereas, the 'broader' concept of learning refers to learning taking place at all levels in all situations both formal, informal and non-formal .

ESD as a force for change

The majority of the participants are of the opinion that ESD can provide an important contribution to sustainable development or, as some prefer, to sustainability. Most participants have a rather utopian vision of the future and describe in various way a better world. A few of them find creating imaginary or possible sustainable futures an essential element of ESD for it inspires creative thinking and gives a sense of hope. Some participants stress that it is preferable to describe possible directions that can change over time rather than to prescribe fixed targets to be achieved at all cost.

Some participants pointed out that the major driver of a sustainable future is a change in socio-economic structures which, in their eyes, breed inequity and over-consumption. Without such structural change, they seem to suggest, the well-organized and globally institutionalized drive to consume will be far greater than the newly emerging drive to sustain. Education is considered by most of the participants to be one of the driving forces to bring about such structural change and a more sustainable world. However, there are also some participants who seem to believe that we are a crisis-driven species. In other words: it will take a major crisis or an avalanche of smaller crises to really force humanity to pull together and rally behind more sustainable socio-economic structures and the norms and values embedded in concepts of sustainability.

There is an overwhelming richness of ideas and visions among the participants, which invite further thought and reflection. We invite you to take a closer look at them by visiting the website.

IV. RESULTS 2: Process of the debate

Participants

From about 70 invited participants, 58 participants registered, coming from 25 different countries. Most of them participated in three or more rounds. Between 22 and 40 participants took part per round. The majority of participants have an academic and or environmental education background. Somehow ESDebate has not been able to attract participation from experts involved in sustainable development and learning in the corporate and public sector. This coloured the dominating paradigm in the discussion: more focus on pedagogy and individual emancipation than on learning organization and managing processes towards sustainability.

Outreach

In the period June until September the site attracted more than one thousand hits. Since September 1999 the site has received over 4900 'hits' from 104 countries (as of mid February 2000). Although there do are no data available to answer the question how intensive the site has been visited, from looking a the hit-frequency of similar educational sites one can conclude that this is a remarkable result. The figure below gives some indications of the geographical spread of the hits.

Pageviews by country since 09/99 (02/16/00)		
Europe	1911	38.87%
North America	724	14.72%
Asia	181	3.68%
South America	145	2.95%
Australia	109	2.22%
Central America	104	2.12%
Africa	43	0.87%
Unknown	1700	34.58%

Structure of ESDebate

The structure of the debate (five rounds, invited participants, public guest book, round summaries, firm time schedule and personal probing) was valued by most of the participants. Particularly the inviting design of the web-site, the speed with which it was possible to answer the round surveys, and the quality of the round summaries and the speed with which they were put on the web, appears to be appreciated. Those who had little time but wanted to be part of the debate could suffice by answering the closed 'trigger' questions and ignore some or all of the open questions, those who had more time or

189

whose work it is to reflect on some of the issues raised, could spend more time on the open questions and elaborate on their answers.

Guest book

The public guest book was useful to the moderators to pick up signals from the wider audience about the direction the debate was going. Also people who felt excluded could express so. If someone strongly felt that the debate was too closed and could make a case for being included him or herself, the moderators would open the debate to accommodate this. The number of guest book entries (43 through mid-February) is quite low compared to the number of hits during the same time period (4900). More information is needed about what the people visiting the site actually did.

Visitors and outreach

Three categories of visitors can be distinguished: 1) *hit & miss surfers* who stumble upon a site and leave right away, 2) *relay surfers* who discover the site, have a quick look at it and pass it on to friends who belong to category 3) *deep surfers* who visit several layers of the site, return to the site more than once and may even download information. Although a NedStat counter was used to keep track of the origin of people visiting the site and the frequency of the visitations, we lack information about number of people belonging to each category. Anecdotal evidence, mostly gathered during environmental education conferences attended by the moderators, suggests that the debate has reached many professionals in the field. Of course, the fact that the debate was in the English language may have excluded many potential visitors and may have discouraged people to write in the guest book.

Discussion

In addition to the positive comments about the debate and its format there are some reservations and objections to the format as well. These reservations can be summarized by the following two questions:

- Was it a debate?
- Were the right questions being asked?

Debate?

Some participants did not really consider this to be a debate. It is stated that the level of interaction between participants is too low for it to be called a debate. Most interaction takes place in between the moderators and individual participants. Some interaction does take place between individual participants as a result of ESDebate, but this interaction remains unnoticed for the larger group. In essence, the moderators are surveying the ideas of a selected group of EE-experts from around the world and summarize these every round.

Interaction

Indeed, technically speaking it is not a real debate. The discussion triggered a lot of opinions, anecdotes, and new ideas. These were accessible for everyone and summarized by the moderators. Some bilateral interaction went on between participants – through their email linkages – but this was not visible for others. The language used is almost spoken language and far away from that of a scientific article. Participants spoke right from their heart, and some times showed enormous spontaneity. The contents of the various inputs shows an enormous richness in thinking and ideas, which ask for further exploration.

Right questions?

The language of the questions, as some participants commented, was the language of instrumental thinkers (i.e. using words like target groups, delivery, tools, marketing, etc.) and the world of positivism. Critics of such thinking argue that the same thinking lies at the root of many social and environmental problems in the world today. Addressing these problems requires new ways of thinking and alternative worldviews. The questions should reflect this, they argued.

Statements: closed questions

Furthermore, some participants criticized the closed questions: the statements, they argued, are often ambiguous and are stripped from context, so it is hard to know what respondents meant with their answers. Evidentially, interpreting the cumulated data becomes rather tricky in this situation. Some participants suggested that statements only have merit when the opportunity is given to clarify the answers (bringing in context and nuance). In later rounds this possibility was added.

Statements: effective triggers

The statements were intended as appetizers and a 'quick and dirty' way to get the keyboards to heat up. From the lengthy responses to the open questions this seems to have worked. We agree that 'quick and dirty' is not the best way to get at the subtleties and nuances which are necessary in an increasingly polarized world. Particularly academics tend to have an allergic reaction to 'quick and dirty' survey methods, especially when the questions are ambiguous and open to many interpretations. A balance needs to be struck between getting quick and arousing responses and providing space for nuances, subtleties of meaning and sensitivity to alternative viewpoints.

What has been missing?

The input of the corporate sector is definitely one of the major missing elements in ESDebate. The corporate sector is picking up considerations of sustainable development in its practices with considerable speed. Corporations increasingly also recognise that this a learning exercise. Knowledge management and learning organizations are key concepts in this development. The same is true for various areas in the public sector. Input from experiences from the private and public sector has been mostly missing in the educational debates so far. ESDebate has been no exception in that respect. A next time the moderators would put much more effort in the beginning to guarantee participation from these sectors.

Final thoughts of participants

Round 5 of the ESDebate provided an overview of the various ways in which participants evaluated the exercise. That not all participants leave the debate with the same feelings is clearly illustrated by the following quotes:

„The debate has so far seemed to me rather like a lot of little paper boats launched onto a pond, bobbing around independently but getting nowhere much. Surely they need to become a fleet with a united capacity to confront the enemy. They carry in their cargoes many useful loads.., some very useful, but not so far a force to which governments or even some large NGO's will pay much attention." John Smyth, Scotland

„Do not touch it... its working! People are responding – the level of the debate is fantastic – it is time consuming but we are moving forward. The structure is great. It is one of the easiest debate I have had online since the invention of Internet – it will become a model for future discussions. I love the synthesis and the graphs – Congratulations to the organizers and the web master." Jean Perras, Canada

Leads for the future

One of the conclusions one can draw from the experience of ESDebate is that on-line debates have a future. As a direct off spin of ESDebate, the format is used in two projects of the Wageningen University: *'Education for Integrated*

Rural Development', and *'Integrating Concepts of Sustainability in Education for Agriculture and Rural Development'*.

Furthermore debates like ESDebate provide opportunities as a preparation for workshops, seminars and conferences: participants come well prepared, know each other already from cyber space and are 'fired up' for a lively real debate.

Other applications of ESDebate can be found in the area of distance learning. Already during the debate the University of Leiden used ESDebate as a learning exercise for its students. One could also imagine students moderating in small groups a round in the discussion (preparing questions, analyzing answers and formulating a synthesis).

ESDebate also offers an emerging internet format for expert consultations for social marketing and interactive planning. Especially on issues with an international dimension. International organizations with a mission in the field of sustainable development could use the format to investigate their clients ideas about the existing products and services and could explore the added value of new services and products. When planning their programs or activities these organizations could use the ESDebate format to generate input of key stakeholders from various parts of the world.

For more on the ESDebate visit: www.xs4all.nl/~esdebate/

4.
Beispiele der Umsetzung
in die schulische Praxis

Klaus-Dieter Lenzen

Agenda 21 – schwer vermittelbar?
Wie knüpft die Grundschule an das Konzept der nachhaltigen Entwicklung an?

Kurz bevor die Arbeitsgruppe Grundschule begann, erlebte ich im Tagungscafe die folgende Szene mit: Die Tagungsteilnehmer genehmigten sich zur Erfrischung noch einen Kaffee und stöberten in ihren Unterlagen. Am Tisch nebenan blätterten Leute das Tagungsprogramm durch und kommentieren die Angebote. Jemand sagte ganz überrascht: „Ist ja irre, da gibt es sogar eine Arbeitsgruppe für Grundschulen". Darauf seine Nachbarin: „Was heißt hier *sogar für Grundschulen*'?"

Agenda 21 – *sogar für Grundschulen*? In der geschilderten Szene klingen die Fragen bereits an, die uns in der Arbeitsgruppe Grundschule beschäftigen sollten: Ist die Agenda – Thematik nur etwas für die Großen, die im abstrakten Denken schon geübt sind? Ist es exotisch, ungewöhnlich oder schwierig, dazu auch schon mit Grundschulkindern zu arbeiten? Von den Kindern und Jugendlichen werden in der Agenda ja Mitwirkung und Mitgestaltung gefordert, müsste man diese Agenda – Programmatik dann nicht auch verständlich machen können – *sogar den Grundschulkindern*? Und: Wie kann man sich das vorstellen, Agenda 21 in der Grundschule?

Die Grundschule hat als eine „Schule für alle Kinder" den Auftrag, primäre Kenntnisse und Erfahrungen zu vermitteln. „Sie soll a) 'alle Kinder des Volkes' (heute: aller Völker) sozial integrieren, b) eine eigenwertige Allgemeinbildung' vermitteln, die c) abgestimmt ist auf das Alter wie das Umfeld des Kindes: Fundament, nicht Vorschule des Bildungswesens also" (Haarmann & Kalb 1999, S. 11). Die Grundschule folgt dabei einem weitgehend flexiblen und exemplarisch organisierten, kindgerechten Curriculum. Hochtrabende politische Programmatiken schlagen in der Arbeit „am Kinde" nicht unmittelbar durch; die Praxisanforderungen der Grundschule sperren sich dagegen. Eine Programmatik wie die der Agenda 21, die wenig pädagogische Zugänge anbietet, hat entsprechend geringe Chancen, unmittelbar adaptiert zu werden, wohl aber erhöhte Chancen, spontan abgewehrt zu werden – von der Schule insgesamt, von der Grundschule insbesondere. Insofern verwundert es nicht, wenn die Agenda-Programmatik in Schulen auch auf Widerstände stößt. Im Rahmen von Fort-. und Weiterbildungen bin ich u.a. auf die folgenden Widerstände gestoßen:

> *„ 'Nachhaltigkeit' – Wer soll denn das verstehen? "*
>
> *„ Wir können den Begriff unter uns Erwachsenen ja kaum verständlich machen – was sollen wir damit in der pädagogischen Arbeit anfangen? Den Kinder erklären, was 'Nachhaltigkeit' bedeutet? "*
>
> *„ Wir wechseln die Begriffe wie die Hemden. Alle paar Jahre ein neues Modewort! Jetzt dies: 'Nachhaltigkeit'. "*
>
> *„ Wenn ich in meinem Kollegium vorschlage, wir sollten was zum Thema 'nachhaltige Entwicklung' arbeiten, dann lachen die mich nachhaltig aus. "*
>
> *„ Wir schaffen es ja nicht einmal, in unserer Schule den Müll wirklich konsequent zu trennen. Wie sollen wir da über ein so hoch gehängtes Konzept wie das der Nachhaltigkeit nachdenken? "*
>
> *„ Kann sein, dass das Konzept der 'Nachhaltigkeit' eine Bedeutung für die Politik im Großen und die Politik im Kleinen hat – für die Schule ist es unbedeutend. 'Nachhaltige Entwicklung', das kommt nicht aus der eigenen schulischen Arbeit heraus, das wird ihr übergestülpt. Das wird deduziert, von oben herab. "*
>
> *„ Ein neues Programm muss für Kinder, Jugendliche und ihre Lehrerinnen und Lehrer klar und verständlich sein, muss ein deutliches Ziel haben. 'Nachhaltige Entwicklung', das klingt weder klar noch programmatisch. Da braucht man erst eine akademische Diskussion, um zu verstehen, was das sein soll. "*
>
> *„ 'Nachhaltigkeit' – alle reden davon, keiner weiß, was gemeint ist. "*
>
> *„ Wieder ein Weltverbesserungsprogramm, an das sich niemand hält. Die Zeiten, dass wir Schüler für so etwas begeistern konnten, sind vorbei – zum Glück! "*
>
> *„ Wir brauchen Kontinuität, nicht immer wieder was Neues. Wenn wir unseren Sachunterricht gut machen, dann reicht das. Da brauche ich keine Nachhaltigkeit. "*
>
> *„ 'Nachhaltige Entwicklung', dazu könnt Ihr in der Oberstufe ja gern arbeiten, für uns als GrundschullehrerInnen spielt das wohl noch keine Rolle. "*

Die Einwände besagen: Die Agenda ist schwer vermittelbar, ganz besonders in der Grundschule. Dem steht das gewaltige inhaltliche Potential gegenüber, das die Agenda der Pädagogik anbietet: „Kaum einmal", so formulierte Gerhard de Haan, „war Pädagogik in einer so günstigen Lage, ihr Grundanliegen, nämlich auf Zukunft bezogen zu sein und Menschen befähigen zu wollen, selbstbestimmt und gemeinsam mit anderen ihr Leben und die Welt zu gestalten, wiederzufinden in einer großen politischen Idee. Von daher sollte man die Chance ergreifen und Bildung für Nachhaltigkeit einbetten in eine generelle Bildungsreform" (de Haan 1998, S. 28). – Ich ergänze: Einbetten nicht nur in eine generelle Bildungsreform, sondern auch in Schulprogramme, in Fachdidaktiken und Curricula, nicht zuletzt in die der Grundschulen. Wie aber soll dieses „Einbetten" gelingen? Wo finden wir die notwendigen Anknüpfungspunkte?

1. Anknüpfungspunkte für die Grundschularbeit

In der Arbeitsgruppe Grundschule sind – in Referatanteilen, Wortbeiträgen und Texteingaben – eine ganze Reihe möglicher Anknüpfungspunkte benannt worden. Es gibt danach:

- Anknüpfungspunkte in der Agenda selbst (1.1)
- Anknüpfungspunkte in der fachdidaktischen Diskussion (1.2)
- Anknüpfungspunkte in der Alltagspraxis der Grundschulen (1.3)
- Anknüpfungspunkte in der Arbeit außerschulischer Initiativen (1.4).

1.1 Anknüpfungspunkte in der Agenda selbst

Die Agenda 21 ist kein erziehungswissenschaftlich begründeter, schulpädagogisch orientierter Text. Aber sie schreibt dem Bildungsbereich eine zentrale Rolle zu und bietet der Schularbeit *Orientierungen* an. Ich greife hier nur fünf heraus:

- Die erste Orientierung heißt „Interdisziplinarität": Die Themenfelder Ökologie, Ökonomie und Soziales sollen in Wechselbeziehungen gesehen und fächerübergreifend bearbeitet werden. Diese Orientierung bedeutet für die Grundschule, in der die Bedingungen für fächerübergreifendes Lernen ja besonders günstig sind: Fächerübergreifendes und projektorientiertes Lernen werden kultiviert, von besonderem Interesse ist dabei der Bereich des Sachunterrichts (der Umweltbildung).
- Die zweite Orientierung heißt „Partizipation": Kinder und Jugendliche sollen an Entscheidungs- und Gestaltungsprozessen zunehmend beteiligt

werden. Diese Orientierung bedeutet für die Grundschule: Formen der Schülerbeteiligung, der Mitbestimmung und -gestaltung, des offenen Unterrichts werden gestärkt. Grundschulkinder übernehmen Mitverantwortung bei der Gestaltung des Schullebens und der Schulumgebung sowie unmittelbar im Unterricht.

- Die dritte Orientierung heißt „Lernen und Handeln": Schulen sollen sich nicht nur als Institutionen der Wissensvermittlung begreifen, sondern auch über zukünftsfähige Lebensformen nachdenken, soziale Orientierungen und Handlungskompetenzen entwickeln. Diese Orientierung bedeutet für die Grundschule: Der Unterricht schafft Handlungsmöglichkeiten, er bezieht Kinder in möglichst viele „Schularbeiten" mit ein, beteiligt sie an Arbeits- und Gestaltungsprozessen aktiv.
- Die vierte Orientierung heißt „Zukunftsorientierung" und „Nachhaltige Entwicklung": Schulische Bildung sollte Schülerinnen und Schüler dazu anleiten, im alltäglichen Leben mit Ressourcen sorgsam, verantwortungsvoll und zukunftsbezogen umzugehen. Diese Orientierung bedeutet für die Grundschule: Sie entwickelt gemeinsame Verantwortung für unsere Zukunft und übt dies situations- und umfeldbezogen ein.
- Die fünfte Orientierung heißt „Eine Welt": Lokales und globales Lernen und Handeln sind miteinander verbunden. Diese Orientierung bedeutet für die Grundschule: Sie öffnet sich gegenüber der Kommune, der Region, auch gegenüber anderen Ländern und Erdteilen. Die „Heimatkunde" wird mit der Weltkunde verbunden.

1.2   Anknüpfungspunkte in der fachdidaktischen Diskussion.

Im Folgenden greife ich zwei Konzepte heraus, die in der grundschulpädagogischen Diskussion der letzten Jahre eine entscheidende Rolle gespielt haben, das Konzept der „Umweltbildung" und das Konzept der „Welterkundung". Beide beziehen sich auf den Bereich des Sachunterrichts.

„Welterkundung" in der Grundschule: In der programmatischen Schrift „Die Zukunft beginnt in der Grundschule. Empfehlungen zur Neugestaltung der Primarstufe" (Faust-Siehl u.a. 1996) kündigte der Begriff „Welterkundung" einen Paradigmenwechsel an: Ging es 1970 noch um den Konzeptwechsel „Von der Heimatkunde zum Sachunterricht", so wird aktuell ein Wechsel „Vom Sachunterricht zur Welterkundung" eingefordert. Die starke Wissenschaftsorientierung des Sachunterrichts wird in Frage gestellt, ebenso seine Themenauswahl. Sie gleiche, so die Kritiker, häufig einem „Flickenteppich". Auch der Terminus „Sachunterricht" wird kritisiert, es gehe schließlich nicht nur um Sachen, sondern auch um (soziale) Verhältnisse. Das neue Konzept der „Welterkundung" will solche Defizite wettmachen: Es formuliert eine

neue Rollenvorstellung für die Lernenden, erweitert das inhaltliche Spektrum und gibt neue Zielorientierungen vor. Kinder sollen dem Konzept der Welterkundung zu Folge als Fragende, Entdeckende, Mithandelnde verstärkt im Zentrum der Unterrichtsarbeit stehen. Es wird von einer „Globalisierung des kindlichen Erfahrungsraumes" gesprochen, davon dass die Nahwelt in ein neues Verhältnis zur Fernwelt getreten ist und dass auch in dieser Hinsicht eine „Öffnung der Schule" erfolgen müsse. Schließlich wird der Bezug auf die sogenannten epochaltypischen Schlüsselfragen – die Frage von Krieg und Frieden, die Frage nach unserem Verhältnis zur Natur, die gesellschaftlich produzierte Ungleichheit und ihre Folgen u.a. – empfohlen.

Umweltbildung in der Grundschule. In einem speziellen Abschnitt des klassischen Sachunterrichts, dem der Umweltbildung, wird die Nähe zur Agenda-Programmatik ähnlich deutlich spürbar. Umweltbildung in der Grundschule, so de Haan (1998), machte traditionell zwar nur einen geringen Teil des Sachunterrichts aus, sie wirkte hier aber besonders innovativ. Zunächst dominierten in der Umweltbildung der Grundschule die sogenannten grünen Themen, also Themen wie Tierschutz, Wasser, Naturschutz: „Im Grundschulbereich werden allein mit der Behandlung der Themen 'Wasser' und 'Müll' 50% der Umweltbildung bestritten". Es „wurden rund 35 Stunden im 3. und 40 Stunden im 4. Schuljahr mit dem Kennenlernen von Tieren und Pflanzen, mit der Hege und Pflege, mit Naturbeobachtung und allgemeinen Fragen des Artenschutzes verbracht". – „Lediglich 3% des gesamten Angebotes geht auf das Thema 'Verkehr' ein". „Die kulturelle Seite der Ökologie, das Bauen und Wohnen, der Verkehr, der Konsum" ist demgegenüber „mit Materialien unterversorgt" (de Haan 1998, S. 6-8). Thematische Stiefkinder sind außerdem: Freizeitgewohnheiten, Konsummuster, Wohnstrukturen. Entsprechende inhaltliche und methodische Neuorientierungen wurden für die Umweltbildung inzwischen eingefordert. Umweltbildung setzt heute zunehmend auf den fächerübergreifenden, mehrperspektivischen Unterricht (Kahlert 1994; Schreier 1994), auf Handlungsorientierung (Kaiser 1996, 1997; Kiper 1997); sie wendet sich deutlich von Konzepten der Bedrohungspädagogik, des Schonens und Bewahrens, des persönlichen Verzichts ab. Zwar dienen die klassischen grünen Themen der Umweltbildung nach wie vor als Anknüpfungspunkte, sie müssen allerdings um neue thematische Aspekte (alltäglicher Konsum, Verkehr, Wohnen, Städtebau) und um Verknüpfungen zum Beispiel mit sozialen Themenfeldern ergänzt werden. Eine Abkehr von den Bedrohungskonzepten bahnt sich an; zukunftsfähiges Verhalten und nachhaltige Entwicklung treten in den Vordergrund.

Mit anderen Worten: In den Grundschul-Konzepten der „Welterkundung" und der „Umweltbildung" kehren die Orientierungen wieder, die wir aus der Agenda 21 kennen: die Orientierung der „Interdisziplinarität", die der „Partizipation", die der Verschränkung von „Lernen und Handeln", die der „Zukunftsorientierung" und die des „globalen Lernens". Damit bieten sich Anknüpfungspunkte für die Arbeit mit der Agenda 21 innerhalb der fachdidaktischen Debatte an.

1.3 Anknüpfungspunkte in der Alltagspraxis der Grundschulen.

Das Konzept der „nachhaltigen Entwicklung" steht für einen Neuanfang. Es markiert die konsequente Abkehr von der Illusion der prinzipiellen Erneuerbarkeit (natürlicher) Ressourcen, die Abwendung von liebgewordenen Alltagsgewohnheiten, von bloß situativem, zukunftsblindem Denken und Handeln. Das Konzept reklamiert eine gewisse Radikalität – auch für den Bildungsbereich, auch für die Schulen, auch für die Grundschulen. Damit ist allerdings nicht gesagt, dass das Repertoire klassischer Grundschulthemen und – methoden nun getrost über Bord geworfen werden kann und völlig neue Orientierungen ausgegeben werden müssen. Entscheidend wird vielmehr, Anknüpfungspunkte im Methoden- und Themenrepertoire des bestehenden Grundschulalltags zu finden und neue Orientierungen daran zu binden, also zugleich zu bilanzieren und perspektivisch weiter zu denken. De Haan formuliert dies so: „ Zunächst muss ausdrücklich betont werden, dass die klassischen 'grünen' Themen- und Handlungsfelder natürlich nicht aufs Abstellgleis gehören. Sie weiterzuverfolgen, sie zu verankern und in die Breite der Schulen zu tragen, ist eine bleibende Aufgabe. Die 'grünen' Themen tragen allerdings nicht mehr jenen innovativen Schub wie einst. Die Innovation liegt in der Orientierung am Komplex ' Nachhaltigkeit'" (de Haan 1998, S. 26).

Es kommt also darauf an, die klassischen Grundschulthemen – sie heißen „Gesundheit", „Artenschutz", „Schulgarten", „Müll", „Wald", „Tiere" – so weiterzuentwickeln, dass der „Komplex 'Nachhaltigkeit'" deutlicher zu Tage tritt. Dies bedeutet:

– Die sozialen Kontexte betonen: Wer produziert welchen Müll und welche Wege geht er? Wie sind Verkehrswege organisiert, welche Wege gehen Kinder durch die Stadt? Wie bewegen sich darin „die Alten", wie „die Jungen"?
– Die kulturellen Kontexte betonen: Welche Orte finden wir in unserer Stadt für Erholung und Freizeit? Welche Freizeitangebote bestehen für Kinder und Jugendliche? Welche Zerstörungen lösen Freizeitgewohnheiten aus, welche Freizeitmodelle sind zukunftsfähig?
– Die globalen Zusammenhänge betonen: Welche Gesundheitsstandards gelten für Kinder in unserer Gesellschaft, welche für Kinder in anderen Gesellschaften? Wo werden die Alltagsgegenstände produziert, die Kinder

und Jugendliche alltäglich brauchen, welche Produktionswege lassen sich beschreiben?

– Die Perspektive „Zukunftsfähigkeit" betonen: Was bedeutet für Kinder heute der Wald, welche Bedeutung wird er in Zukunft haben? Was bedeutet Nachhaltige Entwicklung für die Waldwirtschaft? Welche Nutzungsmodelle sind zukunftsfähig? Wie können Freizeitaspekte mit der wirtschaftlichen Nutzung des Waldes verbunden werden?

1.4 Anknüpfungspunkte in der Arbeit außerschulischer Initiativen

Die Schule ist nicht der Nabel der Welt. Um sie herum gibt es viele Dinge, die für Kinder ebenfalls interessant und lehrreich sein können, außerdem Initiativen, Verbände und Vereine, die entsprechende Lernangebote machen. Die Teilnehmerinnen und Teilnehmer am „Forum Grundschulen" kamen zu einem erstaunlich großen Teil nicht aus den Grundschulen selbst, sondern aus Initiativen, die außerschulisch – oder in Kooperation mit Schulen – arbeiten. Die Arbeit dieser Initiativen befasst sich mit Fortbildungskonzepten für Grundschulkollegien (Analyse von Energieverbräuchen in einer Schule, Konzepte für Energieeinsparung, Gestaltung des Schulgartens, Begegnung mit der Natur, Erlebnispädagogik). Außerdem bieten die Initiativen thematische Projekte für Kindergruppen an, die häufig an Lernorten außerhalb der Schule gestaltet werden und die dadurch vom Druck des schulischen Curriculums befreit sind.

„Öffnung der Schule" ist zu einem erfolgreichen Reformkonzept auch der Grundschulen geworden. Die Teilnehmerinnen und Teilnehmer der Arbeitsgruppe haben deutlich gemacht, dass diese Öffnung nicht nur von seiten der Grundschulen aus erfolgt, sondern in mindestens dem gleichen Maße auch von den Trägern außerschulischer Bildungsarbeit ausgeht.

2. Zwei praktische Vorhaben aus der Grundschulpraxis

Aus den im „Forum Grundschulen" vorgetragenen Berichten über geplante und bereits realisierte Vorhaben wähle ich im Folgenden zwei Beispiele aus.

Gisela v. Alten (Grundschule Amshausen) merkt zur Agenda-Arbeit in der Grundschule an:

„Meine Position in dieser notwendigen Auseinandersetzung: Nur Erfahrungen, die Kinder entdeckend, selbständig gestaltend, sinngebend, mit allen Sinnen, innehaltend und 'meditativ ' machen können, führen zu Einstellungen im Sinne des Konzepts der 'nachhaltigen Entwicklung'. Je weniger Kinder zu Hause gefahrlos in ihrem Wohngebiet, auf einer Wiese, an einem Bach oder in einem Wald spielen können, desto bedeutsamer werden elementare Erfahrungen auch innerhalb der Schule. Schülerinnen und Schüler sollten durch offene Unterrichtsformen, die Selbständigkeit und Eigentätigkeit ermöglichen, an eigene Erfahrungen und Erkenntnisse herangeführt werden. Dieses kann durch die Stationsarbeit, durch die Arbeit mit dem Wochenplan, durch die freie Arbeit oder auch die Projektarbeit besonders dann gelingen, wenn dabei fächerübergreifend, unter der Beteiligung aller Sinne und handlungsorientiert gearbeitet wird. Für die Grundschule notwendig sind insofern: lebendige Informationen, freudige und emotionale Begegnungen, umfassende kreative Aktivitäten im schulischen wie im öffentlichen Raum. Kinder im Grundschulalter sind wahrhafte Umwelt- und Menschenschützer, wenn man ihnen Möglichkeiten zu positiven Erlebnissen anbietet. Ihnen solche Möglichkeiten anbieten, das heißt auch: Sie zu schützen vor Indoktrination, vor falschem Moralisieren und vor dem pädagogischen Zeigefinger. Unterricht zu machen im Sinne von 'Die Erde klagt uns an, wir Kinder müssen sie retten' wird zu Überforderung und zu schlechtem Gewissen bei kleinen Kindern führen.

Für Grundschulkinder ist es besonders wichtig, dass ihre Erfahrungen in wirkungsvolle Handlungen münden, dass sie einen öffentlichen Charakter gewinnen und mit Anerkennung verbunden sind. Gelegenheiten, vor Ort Erkundigungen einzuziehen oder 'Professionelle' in die Schule einzuladen, sollten deshalb genutzt werden. (...) Eine Fülle von spektakulären Aktionen und fächerübergreifenden Projekten bieten sich zum Themenbereich 'Nachhaltige Entwicklung' für alle Gemeinden, Kommunen, Verbände und Vereine an – nicht zuletzt auch für die Grundschulen solcher Kommunen. Einiger dieser Themenbereiche und Handlungsmöglichkeiten sollen hier nur stichwortartig genannt werden:

- Schulgarten unter ökologischen Gesichtspunkten,
- Theaterstück 'Wasser im Eimer',
- Pflege und Verantwortung für Waldstücke, Straßenzüge, Spielplätze etc.
- Einsatz für die Renaturierung von Bächen, asphaltierten Plätzen,
- tiergerechte Haltung,
- Müll und Müllvermeidung/Recycling,
- Energieverbrauch und Umweltbelastung – Alternativen,
- Gesundheitserziehung – Ernährung und Unterernährung/Hunger,
- regelmäßige Besuche des ortsnahen Altersheimes, Kooperationen,
- Einsatz für und Austausch mit Flüchtlingen/Asylsuchenden,
- Arm und Reich als „Sachthema",
- Ausbeutung / Kinderarbeit,
- Austausch mit Partnerschulen und Partnerstädten,
- Sammeln von Spenden, Erarbeiten von Geldern,
- Einbringen solcher Finanzierungsmöglichkeiten in zukunftsfähige Projekte,
- Kennenlernen gewaltloser Konfliktstrategien,
- Persönlichkeitsstärkung, Prävention: sexueller Missbrauch,
- Entwicklung einer „Agenda für die Schule",
- Einbindung der Schul-Agenda in das Schulprogramm,
- Mitarbeit bei der Veränderung des schulischen Lebens- und Lernraumes.

Besonders vielfältige und anregende Ansätze bietet der Themenkreis ‚Die vier Elemente. Feuer, Wasser, Luft und Erde'. Die Auseinandersetzung mit den vier Elementen könnten zum zentralen Programm einer Schule werden."

Der zweite Beitrag stammt von Veronika Wehmeier aus der Grundschule Dehme. Die Grundschule bezieht sich in ihrer Agenda-Arbeit auf ein besonders naheliegendes Themenfeld, nämlich auf die Gestaltung des schulischen Umfeldes. Veronika Wehmeier erläutert:

„Im Schulprogramm der GS Dehme bildete und bildet der Bereich der Schulgeländearbeit einen Schwerpunkt. Die Arbeit an und mit der Schulgeländegestaltung führt zu einer intensiven Auseinandersetzung mit den Aufgaben und Zielstellungen der Agenda 21 im Bereich der Umwelterziehung und damit zu veränderten Schwerpunkten im Unterricht."
„Das Projekt der naturnahen Schulgeländegestaltung wurde im Zeitraum von 1996 bis 1998 geplant und ab April 1998 praktisch umgesetzt. Das bisherige Gelände und der Schulhof waren bis auf Teilbereiche den Kriterien Pflegeleichtigkeit und Funktionalität untergeordnet. Die Asphaltierung der größten Fläche vermittelte eine eher bedrückende als anregende Atmosphäre und lud als Gesamtheit nicht oder nur bedingt zum Spielen, Bewegen und Experimentieren ein.(...) Bei der Planung galt es, die verschiedenen Funktionen, denen ein Schulgelände gerecht werden muss, angemessen zu berücksichtigen."
„Das räumliche Konzept für die Schulgeländegestaltung der Grundschule Dehme ist in 10 Teilbereiche (Schulgeländeplan) gegliedert, die unabhängig voneinander, sukzessive, den jeweiligen Bedingungen entsprechend, umgesetzt werden sollten (Schulkonferenzbeschluss). Ideen für einzelne Elemente und Notwendigkeiten basieren auf einer Befragung der Schülerinnen und Schüler. In der Umfrage wurden folgende Punkte abgefragt:

– Welche Aktivitäten sind Dir auf dem Schulgelände wichtig?
– Was findest Du gut am Schulgelände? Was soll bleiben?
– Was sind Deine Lieblingsplätze?
– Was stört Dich besonders am Schulgelände? Was findest Du unangenehm?"

Die Maßnahmen wurden jeweils in Kooperation mit Eltern und Kindern, Hausmeister, mit Ämtern des Schulträgers, Vereinen des Ortsteils Dehme, der Akademie für berufliche Bildung (AfB), Firmen und Institutionen durchgeführt. Es gelang, in steter Kooperation und Partizipation Kinder, Eltern und Kollegium in allen Bauphasen zu beteiligen, z.B. in Projektwochen oder in Arbeitsaktionen am Wochenende. Die Kinder wurden aber auch in normalen Unterrichtswochen in die Umgestaltungsarbeiten integriert. Der Unterricht wurde in allen Klassen so offen und flexibel geplant und durchgeführt, dass immer wieder Kindergruppen draußen mitarbeiten konnten bei Tätigkeiten wie:

– Gehölzstreifen entrümpeln und auslichten
– Schotter ausheben
– Rindenmulchwege anlegen
– Rollrasen verlegen
– Bäume, Sträucher und Stauden pflanzen
– Kartoffeln pflanzen, pflegen, ernten; später dann Auswiegen und Verkaufen der Schulhofkartoffeln auf dem Ökomarkt in Bad Oeynhausen,
– Ideen für Pausenspiele entwickeln und draußen umsetzen
– Getreidefeld anlegen
– Bestimmungsbuch für Bäume und Sträucher des Schulgeländes entwickeln und Bestimmungstafeln aufstellen
– Vogeltränken bauen und pflegen

- Skulpturen aus Ytong-Steinen für das Schulgelände herstellen
- ein großes Klangelement erstellen
- Mosaikplatten bauen, die draußen in die Entwässerungsrinne mit eingebaut werden
- Lehmnistwand für Solitärbienen und -wespen errichten.

Ein solcher Planungs- und Gestaltungsprozesses führt zur Identifikation mit der eigenen Lebensumwelt und zur Verantwortungsübernahme für diese. Das gemeinschaftliche Planen, Bauen und Nutzen verbessert das Miteinander an der Schule."

Die zitierten Beispiele sind in die Aktionsmappe zum 3. Weltweiten Projekttag der Solidarität aufgenommen worden (vgl. Bloech, Lenzen u.a. 2000, S.78-84; 130-133).

3. Agenda 21 – Sogar für Grundschulen !

Die anfangs erwähnten Einwände und Widerstände, mit denen sich Schulen – insbesondere Grundschulen – gegen eine Auseinandersetzung mit der Agenda 21 sperren, sind in vieler Hinsicht zunächst sicher berechtigt. Unsere Arbeitsgruppe hat am Ende aber auch dies gezeigt: Gelingt es den Grundschulen, sich auf die Agenda 21 trotzdem einzulassen und damit die mühevolle Arbeit des Vermittelns und Konkretisierens einer abstrakten Programmatik zu beginnen, dann kann das gewaltige kreatives Potential frei werden, das in Grundschulen steckt – in ihren Kindern, Eltern und Kollegien.

Literatur

BLOECH, F.; LENZEN, K.-D.; NOVOTNY, P. & STROBL, G. (2000). Aktionsmappe zum 3. Weltweiten Projekttag der Solidarität. Bielefeld
FAUST-SIEL, G.; GARLICHS, A. u.a. (1966). Die Zukunft beginnt in der Grundschule. Empfehlungen zur Neugestaltung der Primarstufe. Reinbek bei Hamburg
HAAN, G. de (1998). Von der Umweltbildung zur Bildung für Nachhaltigkeit. Papers der Forschungsgruppe Umweltbildung. Berlin
HAARMANN, D. & KALB, P. E. (Hg.) (1999). Grundschule 2000. Lernen und leben im neuen Jahrtausend. Weinheim/Basel
KAHLERT, J. (1997). Vielseitigkeit statt Ganzheit. Zur erkenntnistheoretischen Kritik einer pädagogische Illusion. In: Duncker, L. & Popp, W. (Hg.): Über Fächergrenzen hinaus. Chancen und Schwierigkeiten des fächerübergreifenden Lehrens und Lernens Bd. I. Heinsberg, S. 92-118
KAISER, A. (1996). Einführung in die Didaktik des Sachunterrichts. Hohengehren
KAISER, A. (1997). Praxisbuch handelnder Sachunterricht. Bd.1. Hohengehren
KIPER, H. (1997). Sachunterricht kindorientiert. Hohengehren
SCHREIER, H. (1994). Über die Möglichkeit, die Bereiche „Gesellschaft" und „Natur" im Lehrplan des Sachunterrichts miteinander zu verbinden. In: Lauterbach, Roland/ Köhnlein, W. (Hg.). Curriculum Sachunterricht. Kiel, S. 86-103

Rainer Wittmann / Gerd Heitmann / Uwe Krawinkel

Der Einsatz neuer Medien für Kooperation in der Sekundarstufe I und II:
a) E-mail vermittelt in einer Schulkooperation
b) Videokonferenz vereint zwei Arbeitsgruppen verschiedener Stufen

Intention des Forums war, sich darüber auszutauschen, wie man Schülerinnen und Schülern die „Eine Welt" näher bringen kann, um aus Beteiligten Betroffene zu machen. Eine Möglichkeit ist die Kontaktaufnahme mittels neuer Technologien. In diesem Zusammenhang berichteten Lehrer über Erfahrungen, die sie gemacht hatten, als sie solche Kommunikationsformen erprobten. Es handelt sich um zwei Beispiele:

a) Beginn der Kooperation des Gymnasiums im Schulzentrum Aspe, Bad Salzuflen, mit der deutschen Schule in Lima;
b) Erprobung einer Videokonferenz zwischen Schülergruppen, die sich mit der Untersuchung eines Fließgewässers beschäftigten. Die Ergebnisse der Untersuchungen am Oberlauf (Gymnasium Barntrup) und am Unterlauf (Friedrichs Gymnasium Herford) wurden ausgetauscht und die Stellen der Untersuchungen vorgeführt.

In der Diskussion der Beiträge wurden verschiedene Problemkreise behandelt:

− Die Schwierigkeit, solche Kontakte aufrecht zu erhalten
− Die Erkenntnisse, die man bei der Suche nach gemeinsamen Untersuchungsmöglichkeiten über die Umweltprobleme am jeweiligen Ort erhält
− Die Notwendigkeit, Schülerinnen und Schüler an den Erkenntnissen teilhaben zu lassen
− Dass ohne das Engagement von Einzelnen und das Vertrauen auf die Wirksamkeit kleiner Schritte ein solches Projekt scheitert

Zu a) Gerd Heitmann: E-mail vermittelt in einer Schulkooperation

Kooperation zwischen der Deutschen Schule in Lima und dem Gymnasium im Schulzentrum Aspe, Bad Salzuflen

In einem „eMail-Projekt" wollen wir mit der Deutschen Schule in Lima gegenseitig die Methoden und Ergebnisse der an beiden Schulen durchgeführten „Wasser-Kurse" austauschen. Es geht jeweils um Gewässer-Analysen in der eigenen Stadt. Uns interessiert vor allem:

– Wie, d.h. mit welchen Mitteln und Methoden arbeiten peruanische Schüler an diesem Thema?
– Sind die Wasserverhältnisse in den beiden Städten ähnlich oder etwa ganz anders?

Im Folgenden einige Auszüge aus dem e-mail Briefwechsel, die einen konkreteren Eindruck von Möglichkeiten und Schwierigkeiten einer solchen Kooperation vermitteln:

Aspe, 05.05.1998
Das erste Thema kann die Untersuchung ausgewählter Gewässer in Lima und Bad Salzuflen sein mit Austausch und Diskussion der aufgenommenen Daten...
   Seit vier Jahren untersuchen unsere Differenzierungskurse der neunten Klasse mit einfachen Mitteln die Gewässer in unserer Umgebung. Über diese Arbeit können wir berichten. Außerdem können wir unseren „Leitfaden" (24 Seiten) zur Verfügung stellen, in dem die Methoden für die chemischen und biologischen Untersuchungen beschrieben sind. Interessant dürfte der Unterschied sein, der sich in der biologischen Methode ergeben muss: denn in den Gewässern in Lima und Bad Salzuflen leben sicherlich verschiedene Tiere, die sich als „Indikatororganismen" eignen.
   Wir würden uns sehr freuen, wenn es zwischen unseren Schulen zu einer gemeinsamen Arbeit in der Umwelterziehung und möglicherweise darüber hinaus käme.
   Bis zum 01.07.1998 müssen wir die Projektidee genauer beschreiben und damit unseren Antrag begründen.

Lima, 16.06. 1998
Sehr geehrter Herr Kollege Heitmann,
..., möchte ich Ihnen auch schriftlich mitteilen, dass die Deutsche Schule „Alexander von Humboldt" in Lima/Peru, gemeinsam mit dem Städtischen Gymnasium im Schulzentrum Aspe im Rahmen der Kooperation zwischen deutschen Schulen im Ausland und Schulen in NRW ein Kooperationsprojekt zur Umwelterziehung durchführen möchte. Wie Sie uns am 10.06.1998 per e-mail mitgeteilt haben, könnte der Einstieg in dieses Projekt unter dem Generalthema „Wasser" in einer vergleichenden Untersuchung ausgewählter Ge-

wässer in Lima und Bad Salzuflen vorgenommen werden. Da seitens der Humboldtschule auf keine nennenswerten praktischen Erfahrungen im Bereich von Gewässeruntersuchungen zurückgegriffen werden kann, würden wir es begrüßen, wenn wir eine methodische Starthilfe erhalten könnten. Der von Ihnen in diesem Zusammenhang gemachte Vorschlag:

- kleiner Leitfaden
- technische Hinweise
- Info über Arbeitsbedingungen

erscheint mir sinnvoll.

Unsere ersten Aktivitäten werden darin bestehen, eine generelle Übersicht über die Situation der Fließgewässer im Großraum Lima zu erstellen und geeignete Untersuchungsmethoden auszuwählen. Mit den ersten praktischen Arbeiten könnten wir nach den hiesigen Winterferien, d.h. im August des Jahres, beginnen.

Lima, 16.11.1998
Hallo,
wir sind eine Gruppe von Schülern, die die 9. bis 12. Klasse besuchen, aus der Alexander von Humboldt Schule Lima.

Aus unserem Interesse für den Umweltschutz haben wir eine Öko-Gruppe gebildet. Durch unseren Schulleiter haben wir erfahren, dass Ihr Forschungsarbeiten zur aktuellen Lage Eurer unmittelbaren Unwelt macht. Wir sind an solchen Projekten interessiert und würden sehr gern mit Euch die Forschungsergebnisse austauschen. Im Augenblick sammeln wir Informationen über die Versorgung und Qualität des Trinkwassers in unserer Stadt. Wir werden Euch so bald wie möglich unsere Ergebnisse schicken.

Aspe, 20.11.1998
Hallo,
wir freuen uns über Eure Nachricht. Auch wir beschäftigen uns zur Zeit mit der Gewinnung des Trinkwassers in unserer Stadt. Am 2. Dezember werden wir die hiesigen Stadtwerke besuchen, die das Trinkwasser fördern.

Über die Ergebnisse der Arbeit erstellen wir einen Bericht. Diesen Bericht werden wir Euch zuschicken.

Das Thema Trinkwasser ist nur ein Teil der Jahresarbeit, die unter dem Titel „Wasser in der Stadt Bad Salzuflen" steht. Die Planung der Arbeitsthemen findet Ihr auf der Anlage zu diesem Brief.

Inzwischen liegen über den Teil B Ergebnisse vor, die wir mit einem PC-Programm in Graphiken umgewandelt haben. Diese Berichte senden wir Euch hiermit als Attachment zu.

Interessiert erwarten wir Eure Berichte, denn wir wissen, dass es zwischen Lima und Bad Salzuflen erhebliche Unterschiede im Klima und der Wasserversorgung gibt.

Nur – wie sehen diese Unterschiede aus?

Lima, 24.09.1999
Hallo!

Und es bewegt sich doch etwas... Lange ist es her, dass Eure Nachricht bei uns auf den Bildschirmen erschien. Doch dann kamen erstmal die Sommerferien, dann stand eine Exkursion mit den 8. Klassen in den Urwald im Vordergrund und jetzt ist bereits wieder das Abitur angesagt!

Dennoch will ich endlich einmal ein Bild von unserer Truppe zeichnen, die sich um das Thema Wasser schart. Wie wohl alle Gruppen, die sich auf freiwilliger Basis etablieren, gibt es anfängliche Höhen und Tiefen. So waren wir am Anfang über 12 Schüler und 3 Lehrer, die sich mit Freude an die Sache heranmachten. Doch hier in Lima laufen die Dinge anders als in Deutschland. Da einige Schüler, die sich interessiert zeigten, zu unserem Termin nicht kommen konnten, haben wir unser Treffen verlegt. Mit der Folge, dass jetzt noch weniger Schüler kommen. Für viele sind unsere Treffen auch eher eine Möglichkeit zum gesellschaftlichen Beisammensein, die Bereitschaft zu intensiven Studien ist ihnen weniger wichtig. Zudem bereiten die schlechten Sprachkenntnisse, insbesondere bei den jüngeren Schülern, Schwierigkeiten, die sie – begreiflicherweise – bei einer ja immerhin freiwilligen Tätigkeit nicht gerade gerne auf sich nehmen. Gespräche und Erläuterungen werden langwierig und mühsam. Zudem fehlen uns die entsprechenden Materialien. Sämtliche Untersuchungschemikalien, die noch an der Schule waren, waren unbrauchbar. Und die Bemühungen für Ersatz scheiterten bislang an den hiesigen Gegebenheiten... Doch, ein Lichtblick, ich erhielt heute die Nachricht, dass wir den erwünschten Untersuchungskoffer möglicherweise in drei Wochen erhalten können! Jetzt, nach drei Monaten!!! Aufgrund der schlechten Ausstattung belaufen sich unsere Unternehmungen daher auf biologische Untersuchungen (Mikroskopie von Kleinstlebewesen), Exkursionen, Bestimmungsübungen und theoretischen ökologischen Betrachtungen. Von Gewässergütebestimmungen sind wir leider weit entfernt!

Eine weitere Tatsache ist von wichtiger Bedeutung! Lima ist eine Wüstenstadt! Die Anzahl geeigneter Biotope ist daher äußerst beschränkt. Größere und kleinere Flüsse, die aus den Anden kommen, sind zu Kloaken verkommen und verlaufen bis auf den Rio Rimac zudem als Abwasserkanäle unter den Betondecken der Straßen. Wir haben uns daher als erstes auf ein Sumpfgebiet konzentriert, das ca. 10 km im Süden der Schule liegt, immer noch im Stadtbereich! Die ,pantanos de villa' sind eine wichtige Zwischenstation für durchreisende Zugvögel und sind deshalb ökologisch bedeutsam. Sie lassen sich einigermaßen bequem mit einem schuleigenen Bus erreichen. Doch auch dieses Gebiet ist in Gefahr. So ist es durch die zügellose Bautätigkeit der Limenier bis auf ein paar wenige Hektar geschrumpft, eingekeilt zwischen Fabriken und wachsenden Siedlungen. Auch sind wir Lehrer mehr oder weniger Neulinge auf dem Gebiet von Gewässeruntersuchungen, auch wenn wir teilweise an der Uni entsprechende Kurse belegt haben oder in der Meeresbiologie tätig waren. Doch fehlen uns allen Erfahrungen, wie die Untersuchungen anzuleiten, zu planen und zu koordinieren sind. Doch genug davon! Wenn der Koffer da ist, können wir endlich mit den chemischen Untersuchungen beginnen. Zuvor wollen wir noch die „pantanos de villa" kartieren, die dort vorkommenden Organismen bestimmen. Langfristig geplant ist auch ein Projekt, bei dem der Rimac vom Quell- bis zum Mündungsbereich untersucht werden soll. Bis dahin muss sich aber noch einiges tun!

Was wir parallel zu den Gewässeruntersuchungen noch gerne in Angriff genommen hätten, ist das Anlegen eines möglichst naturnahen Teiches auf dem Schulgelände. Die Voraussetzungen dafür sind nicht schlecht! So haben wir an der Schule eine ganze Schar von Bauleuten und Gärtnern, die uns da sicherlich unter die Arme greifen können.

Jetzt zu meiner Bitte/Frage: Habt Ihr auf diesem Gebiet bereits Erfahrung? Könnt Ihr uns dazu Tipps geben, Literatur empfehlen?

Wir hoffen bald von Euch zu hören und vielleicht etwas über Euch zu erfahren!

Bis dahin, viele herzliche Grüße

Eure Wassergruppe aus Lima!

Aspe, 26.10.1999
Hallo,
vielen Dank für Eure Nachricht vom 24.09.1999. Wir können nur hoffen, dass Ihr noch einige Messpunkte an verschiedenen Gewässern findet, die sich mit einfachen Methoden untersuchen lassen. Welche Qualität hat das Wasser im Sumpfgebiet „pantanos de villa"? Wie verändert sich das Wasser des Rio Rimac zwischen den Messpunkten, die vor und hinter der Stadt Lima liegen? Wir sind gespannt auf einen Bericht.

Inzwischen haben wir eine kleine Dokumentation erarbeitet zum Thema „Wasser durch die Stadt Bad Salzuflen". In diesem Jahresbericht informieren wir zum Klima, zur Trinkwassergewinnung, zur Reinigung der Abwässer, zur Förderung der heilkräftigen Sole in Bad Salzuflen und über eine chemische Gewässeruntersuchung des Flusses Salze, der durch unsere Stadt fließt. Außerdem enthält unser kleines Werk eine Betrachtung über Stoffkreisläufe in der Natur und über das Wachstum einer Bakterienpopulation. Darüber hinaus haben wir im Zusammenhang mit der Auswertung unseres Besuches der städtischen Kläranlage das Wachstum und die Arbeit der Bakterienpopulation in der biologischen Reinigungsstufe einer virtuellen Kläranlage mit einem Simulationsprogramm bearbeitet. Dieses Programm mit der Bezeichnung „Dynasys" dient allgemein der Modellierung und Simulation von Regelvorgängen. Das Programm ist Shareware und kann mit Hilfe eines Links auf der Download-Seite des Arbeitsbereiches „Modellierung und Simulation" beim NRW-Bildungsserver (http://www.learn-line.nrw.de/Themen/Modell/modlist.htm) heruntergeladen werden. Das Simulationsmodell ist – wie der gesamte Arbeitsbereich – in wesentlichen Teilen von Herrn Kohorst entwickelt worden, der auch den entsprechenden Unterricht durchführt. Es ist mit Kommentaren zur unterrichtlichen Einbettung abrufbar unter http://www.learn-line.nrw.de/Themen/Modell/unt-bsp1.htm.

Vielleicht regt Euch unsere Arbeit an, eine ähnliche Untersuchung über Lima anzustellen.

Eine andere Möglichkeit, ein Gewässer zu untersuchen, entsteht, wenn Eure großartige Idee realisiert wird, einen möglichst natürlichen Teich anzulegen. Die Entwicklung der Anlage von der ersten Bewässerung bis hin zu einem relativ stabilen Zustand des kleinen Ökosystems ist eine Reihenuntersuchung über Jahre hinweg wert. Auch wir planen derzeit eine ähnliche Anlage.

Wir hoffen erneut von Euch zu hören. Viele herzliche Grüße

Zu b) Uwe Krawinkel:
Videokonferenz vereint zwei Arbeitsgruppen verschiedener Stufen

Einleitung
Die Werre zwischen Herford und Löhne galt noch 1996 als der schmutzigste Fluss in Ostwestfalen – Lippe. Die sehr starke Belastung ist auf die direkte Einleitung von Abwässern, aber auch auf die indirekte Zufuhr über Bäche und Flüsse zurückzuführen.

Am Friedrichs-Gymnasium in Herford (FGH) werden seit Jahren Gewässeruntersuchungen im Rahmen des Biologieunterrichts im Fachunterricht der Klasse 8 und Jahrgangsstufe 12 und im Differenzierungsunterricht der Klasse 10 durchgeführt, da der Fluss in unmittelbarer Nähe der Schule schnell zu erreichen ist.

Eine vergleichbare Situation ergibt sich am Gymnasium Barntrup, wo die Bega, ein Zufluß der Werre, ebenso schnell zugänglich ist.

Da die beiden Schulen durch die Flüsse Bega und Werre quasi miteinander verbunden sind und an beiden Schulen Gewässeruntersuchungen zum Standardprogramm der Umweltbildung gehören, lag es nahe, die Ergebnisse der Untersuchungen miteinander auszutauschen und gemeinsam die Ursachen der Verschmutzung zu erkunden und über Maßnahmen der Gewässersanierung nachzudenken.

Im Rahmen des Schulunterrichts ist aus organisatorischen und zeitlichen Gründen eine persönliche Begegnung der Schülergruppen für ein solches Projekt wohl kaum zu realisieren, und so haben wir uns entschlossen, für die Kommunikation auf ein Videokonferenzsystem zurückzugreifen, welches den beteiligten Schulen von der Geschäftsstelle für Modellversuche bei der Bezirksregierung in Detmold zur schulischen Erprobung zur Verfügung gestellt worden war.

Einige Erfahrungen bei diesem Videokonferenzprojekt stellen wir im Rahmen der Tagung für nachhaltige Entwicklung vor, wobei wir vor allem den Aspekt der Eignung und Anwendungsmöglichkeiten der Videokonferenzmethode in der Umweltbildung in den Vordergrund stellen.

Durchführung der Gewässeruntersuchung
Die Fließgewässeruntersuchung zur Bestimmung des Saprobienindex wurde am FGH von einem Grundkurs Biologie der Jahrgangsstufe 12 im Rahmen des Fachunterrrichts zum Thema Ökologie vorgenommen (20 Schülerinnen und Schüler waren daran beteiligt), am Gymnasium Barntrup führten Schülerinnen und Schüler des Differenzierungskurses (20 SchülerInnen der Klasse 10) die Gewässeruntersuchung durch.

Beide Gruppen ermittelten die Gewässergüte nach dem Saprobiensystem mit Hilfe makroskopisch bestimmbarer wirbelloser Tiere als Indikatorarten, die aussagekräftige Durchschnittswerte liefert, allerdings keine Aussage über Art und Menge der belastenden Inhaltsstoffe macht. Die Fließgewässeruntersuchung wurde von beiden Gruppen mit einer Videokamera gefilmt und die Untersuchungsergebnisse für eine Präsentation aufbereitet.

Durchführung der Videokonferenz
Zunächst stellten sich die Schülergruppen gegenseitig vor. Anschließend wurden die eigenen Videoaufnahmen (ohne Ton) der jeweils anderen Gruppe vorgeführt und simultan von SchülerInnen kommentiert und die Untersuchungsergebnisse übermittelt und erläutert.

Während der Videokonferenz wurde die Gruppe in Barntrup mit einer zweiten Kamera zusätzlich gefilmt, um das Verhalten der SchülerInnen beobachten und für die Tagung dokumentieren zu können. Eine Aussprache (Fragen und ergänzende Erläuterungen) über die Untersuchungsergebnisse schloss die Videokonferenz ab.

Technische Ausstattung (Hardware und Software)
Das Intel Business Video Conferencing System mit ProShare-Technologie ermöglicht die gleichzeitige gegenseitige Bildübertragung (auf dem Bild-

schirm ist jeweils das eigene Kamerabild und das der Gegenstelle zu sehen), Tonübertragung (abwechselndes gegenseitiges Sprechen und Hören über Mikrofon und Kopfhörer oder Lautsprecher) und Dateiübertragung (Austausch von Dateien und gemeinsames wechselseitiges Bearbeiten von Dokumenten). Es verfügt außerdem über eine Notizbuch- (mit Zeichen-, Schreib- und Speicherfunktion) und eine Chat-Funktion (für „schriftliche Unterhaltung"). Die Handhabung der Software ist einfach und kann auch von Computer-Laien kurzfristig erlernt werden und für den Anschluss des Systems genügt die Verbindung mit einer ISDN-Steckdose.

Auswertung und Reflexion

Eine Erörterung des Mitschnitts über das SchülerInnenverhalten während der Videokonferenz ergibt folgende Aspekte:

Zunächst fiel auf, dass durch den Sicht- und Sprechkontakt während der Videokonferenz die SchülerInnen trotz der räumlichen Entfernung in ähnlicher Weise emotional am Geschehen beteiligt zu sein schienen wie es bei einer persönlichen Begegnung zu erwarten gewesen wäre. So waren sie anfänglich sehr aufgeregt und gespannt, als sie ihre Ergebnisse vorstellen sollten, ganz so, als stünden sie vor Publikum und nicht nur in der eigenen Gruppe.

Außerdem zeigten sie großes Interesse, Persönliches über die Gesprächspartner am anderen Ende der Leitung in Erfahrung zu bringen (Hobbies, Interessen usw.). Die anfängliche Befangenheit legte sich bald und man tat schließlich so, als säße man sich direkt gegenüber.

So kann die spürbare emotionale Beteiligung der SchülerInnen auch zu einer größeren persönlichen Betroffenheit über die nachteiligen Folgen der Umweltverschmutzung führen, wenn die Auswirkungen auf andere Menschen trotz räumlicher und zeitlicher Entfernung auf solche Weise erfahren wird: die Verschmutzung im Oberlauf eines Flusses (z.B. Gülle oder Industrieeinleitungen im Oberlauf der Bega bei Barntrup) bekommen Menschen (30 km weiter flußabwärts an der Werre bei Herford) schon nach kurzer Zeit zu spüren (Verschlechterung der Gewässergüte mit Auswirkungen auf die Lebewesen).

Gegenüber anonymen Datenaustausch und -abgleich, z.B. via Internet und e-Mail, scheint die Videokonferenzmethode durch Auslösen persönlicher Betroffenheit über die Auswirkungen von Umweltverschmutzungen besonders geeignet zu sein, im Gespräch und Blickkontakt mit anderen Menschen für nachhaltige Entwicklung im Kleinen zu sensibilisieren.

Einige organisatorische und motivationspsychologische Fragen sind jedoch im Zusammenhang mit der Durchführung von Videokonferenzen zu umweltrelevanten Themen in der Planung zu berücksichtigen: So müssen z.B. Termine (passende Jahreszeit, passender Kurs bzw. passende Klasse usw.) rechtzeitig abgestimmt werden, wobei auch Zeitverschiebungen im Stundenplan zu berücksichtigen sind. Die SchülerInnen sollten in die Planung frühzeitig einbezogen werden (z.b. Drehbuch erstellen, Rollen- und Aufgabenverteilung während der Videokonferenz festlegen) und auch Arbeitsaufträge an die Partnergruppe erteilen (z.b. Ursachen für das Trockenfallen der Bega bei Barntrup erkunden). Wenn die SchülerInnen wissen, dass sich andere für ihre Arbeitsergebnisse interessieren, wirkt sich dies positiv auf ihre Motivation aus.

Gisela Feurle / Georg Krieger / Irene Below / Janis Somerville /
Pip Cozens

Kunst, Kultur und Sprache als Medium globaler Verständigung

Teil 1: Thesen und Fragen (Gisela Feurle, Georg Krieger)

Sind „Kunst, Kultur und Sprache ein Medium globaler Verständigung"?

Geht es eigentlich um Verständigung? Müssen nicht die Machtverhältnisse im Blick sein? Kommt Verstehen nicht vor Verständigung?

Sprache ist zunächst kein Medium globaler Verständigung. Deutsch – Suaheli – Japanisch... das sind riesige Barrieren, die der Verständigung im Wege stehen. Wir umgehen sie mit Englisch. Bedeutet das, einen kleinsten gemeinsamen Nenner für globale Kommunikation zu finden? Wird dabei nicht eine Vielzahl von Sprachen verdrängt? Kann man bei einem kleinsten gemeinsamen Nenner überhaupt von Verständigung sprechen?

Kunst erscheint eher als ein Medium globaler Verständigung. Das Tadjmahal, die 9. Symphonie, ein orientalischer Teppich... – das von der Unesco als Weltkulturerbe Herausgestellte, alles in einem „Musée Imaginaire" Ausgestellte zeigt die Kulturen jeweils von ihrer besten Seite. Welche Kunst wird dabei ausgeblendet? Wer hat die Definitionsmacht? Gibt es nicht auch im Bereich der Kunst Barrieren?

Kultur: Menschen, die werktags um 7 Uhr im Betrieb anfangen – wenn sie denn einen Arbeitsplatz haben –, irgendwann später im Supermarkt ihre Einkäufe erledigen ... deren Verhaltenskultur gleicht sich weltweit an und lässt allmählich andere Komponenten von Kultur in den Hintergrund treten. Die Arbeitsorganisation, das internationale Kapital scheinen sich als Grundlage einer globalen Kultur (und Verständigung) herauszubilden.

Doch zeigt ein Blick auf die andere Seite der Medaille nicht Folgendes?

217

- Diese globale, weltweit angeglichene Kultur besteht nur zu einem geringen Teil und auf der Basis der ökonomischen Ungleichheit in der Welt: die Mehrheit der Weltbevölkerung, der Großteil der Bevölkerung der Länder Afrikas, Asiens, Lateinamerikas .... ist davon ausgeschlossen, lebt in bäuerlichen Verhältnissen auf dem Land oder am Rande der Städte, hat keine Arbeit im formalen Sektor, geht nicht zu McDonald's, hat keinen PC;
- Der Vereinheitlichung von Kulturen liegt die Dominanz der westlichen (amerikanischen und europäischen) Industrie-Kulturen zugrunde und die Verdrängung, Unterdrückung von Kulturen der sog. Dritten Welt;
- als Gegentrend zu oder als Folge der weltweiten Angleichungen nimmt die Bedeutung von partikularen kulturellen und ethnischen Identitäten zu, und damit die Konstruktion von Kultur und Tradition; politische, ökonomische und soziale Konflikte in den Verteilungskämpfen in der globalen Welt werden ethnisiert und „kulturalisiert";
- *Neue Medien* wirken vereinheitlichend, gleichmachend (beim Arbeiten, beim Konsumieren, bei der Information). Ist eine solche „Gleichheit" eine gute Voraussetzung für gegenseitiges Verstehen? Für wen gilt das, wer ist davon ausgeschlossen? (s.o.)

Was bedeuten obige Gesichtspunkte für eine „Bildung für eine nachhaltige Entwicklung"?

- Literatur, Musik, Kunst, Theater und andere Ausdrucksformen sind Wege zum Kennen- und Verstehenlernen „anderer" Kulturen und deren symbolischer Bedeutungen; dazu gehört auch, diese global und lokal auf ihren besonderen historischen, ökonomischen, politischen und gesellschaftlichen Kontext zu beziehen, Unterdrückung und Dominanz, Einschluss und Ausschluß zu berücksichtigen, die Hybridität (d.h. Vermischung) und Dynamik von Kulturen in den Blick zu nehmen – „im Norden" und in den postkolonialen Kulturen des „Südens".
- Bildung für nachhaltige Entwicklung bedeutet die Bereitschaft und Fähigkeiten zu interkulturellem Lernen auszubilden, Fähigkeiten für interkulturelle Verstehensprozesse zu entwickeln:
  - zu lernen, den Blick auf „das Fremde" und „Andere" (in Musik, Literatur, Kunst, Lebensformen...) mit dem Blick auf „das Eigene" zu verbinden,
  - die Fähigkeit zu kultureller Selbstreflexion, zu Auseinandersetzung mit eurozentrischer Rezeption und Bewertung von Musik, Literatur, Kunst aus den Ländern „des Südens" (z.B. Exotisierung); zu Annäherung und nicht Vereinnahmung, zu Respekt gegenüber und Hinnahme von Unterschieden.

– Es geht nicht nur um die Entwicklung von Fähigkeiten, die einen Menschen „unentbehrlich" machen (Ausbildung in einem Beruf, einigen Berufen), die unmittelbar „verwertbar" sind, sondern auch Fähigkeiten, die ihm seine „Entbehrlichkeit" erträglich machen (Künste, Philosophie) und die seiner persönlichen und kreativen Entwicklung dienen.

Zusammenfassung der Diskussion

Nach der Vorstellungsrunde und den einzelnen Beiträgen kam es in der zahlreich besuchten Arbeitsgruppe zu einer lebhaften und interessanten Diskussion. Es wurde wiederholt kritisch hervorgehoben, dass der kulturelle und künstlerische Aspekt im Gesamtdesign der Tagung unterrepräsentiert sei. Der Vorrang von Technologie und Wirtschaft auf einer Tagung zu „Bildung für nachhaltige Entwicklung" wurde als problematisch angesehen, die Konzentration auf Natur und Umwelt als zu eng. Kunst und Kultur sollten nicht exotische Beigabe sein, sondern in ihrem Stellenwert für Verständigung und das „Zueinanderbringen von Menschen", für eine Umgangskultur mit „den Anderen" erkannt und genutzt werden. Künstlerische Projekte und Kunst sprechen alle Sinne an und es gelte, die beiden Dimensionen zu verfolgen: anschauen und selbst tun.

Aus den Berichten der TeilnehmerInnen wurde deutlich, dass bereits viel Unterrichtspraxis und Erfahrung in den Bereichen Kunst, Kultur und Sprache bestehen. Es deuteten sich in der Diskussion zwei Herangehensweisen an: eine, die den unmittelbaren Zugang zu anderen Kulturen und Gesellschaften über Kunst bzw. eigenes kreatives Tun hervorhob und eine, die unterstrich, dass Kunstwerke bereits in der eigenen Gesellschaft häufig auf Unverständnis stießen, fremd seien, und es daher eher um eine kritisch reflektive Haltung ginge.

Teil 2: Beispiele aus dem Unterricht

„Paperprayers" – Papiergebete gegen Aids. Unterrichtsanregungen durch ein südafrikanisches Kunstprojekt (Irene Below)

Aids hat im gesamten südlichen Afrika verheerende Ausmaße angenommen.

Südafrika ist eines der stark betroffenen Länder und gilt weltweit als das Land mit der raschesten Zunahme an Infizierten. 1998 hat die Regierung bekannt gegeben, dass 16,01 % der Schwangeren, die sich untersuchen ließen, HIV infiziert waren. Aids ist die „ernsteste Krise, der sich Südafrika stellen muss" – so der Nachfolger Präsident Mandelas, Thabo Mbeki. Es handle sich „nicht länger nur um ein Gesundheitsproblem", sondern habe „die Macht alle ökonomischen und sozialen Reformen zu zerstören."

Kim Berman, Nhlanhla Xaba und Zanele Mazibuko vom Artistproof Studio in Johannesburg entwickelten seit 1995 das Projekt „Paper Prayers – Aids Awarenes through the Art of Printmaking". Durch künstlerische Arbeit wollen sie aufklären, zur Prävention beitragen sowie den heilsamen Ausdruck individueller Gefühle und eine Verständigung miteinander ermöglichen. Das durch den Verkauf der Arbeiten erzielte Geld kommt der Aids-Hilfe und der Aids-Forschung zugute.

Die Grundidee hatte die junge südafrikanische Graphikerin Kim Berman bei einem Studienaufenthalt in Boston/USA kennengelernt: bemalte oder bedruckte längliche Papierstreifen – „Papiergebete", die nach einem japanischen Brauch die Heilung Kranker fördern. Das Artistproof Studio – eine Einrichtung, die künstlerische Arbeit und Ausbildung auch denen ermöglichen will, die unter dem Apartheidregime davon ausgeschlossen waren – ist inzwischen das Zentrum einer erfolgreichen landesweiten Kampagne, die vom südafrikanischen Ministerium für Kunst, Kultur, Wissenschaft und Technologie gefördert wird. Überall in Südafrika sind „Paper Prayer"-Workshops entstanden, an denen sich KünstlerInnen und Laien, LehrerInnen, SchülerInnen und StudentInnen, Frauengruppen in den Städten oder in ländlichen Regionen beteiligen. Papier wird aus heimischen Rohstoffen hergestellt, Papiergebete werden entworfen, gedruckt oder gestickt, ausgestellt und verkauft. In den Workshops wird auch über Aids geredet, Kranke und Angehörige haben die Möglichkeit, sich künstlerisch auszudrücken und werden psychologisch betreut.

Aus der künstlerischen Auseinandersetzung mit der Krankheit ist eine umfassende Strategie zur Verbesserung des sozialen Umfeldes und der Infrastruktur geworden. So entstanden aus den Workshops Selbsthilfe-Projekte zur Existenzsicherung auf der Basis der neu erworbenen künstlerischen Qualifikationen – insbesondere in ländlichen Gebieten, in denen die Arbeitslosigkeit unter Frauen extrem hoch ist. Daneben kam es zu einfallsreichen weiteren Projekten der Existenzgründung und -sicherung. Auch sie können veranschaulichen, wie kulturelle Praxis Nachhaltigkeit in einem umfassenderen Sinn fördern kann.

Das FrauenMuseum Bonn wird ab dem 8. März 2000 das Projekt „Paper Prayers" in Deutschland vorstellen und Workshops mit Kim Berman und einer weiteren Mitarbeiterin des Artistproof Studio veranstalten. Im Anschluss daran wird die Ausstellung ab dem 14. April in Berlin und ab Mitte Mai in Bielefeld zu sehen sein – ebenfalls von einem Begleitprogramm und Workshops umrahmt.

Eine Unterrichtseinheit von 6 oder mehr Unterrichtsstunden zu dem südafrikanischen Projekt, zur Aidsthematik in Europa und Afrika und zum Entwerfen und Drucken von Paper Prayers kann auf ganz unterschiedlichen Schulstufen durchgeführt und in unterschiedliche Fächer (z.B. Englisch, Geschichte, Kunst, Sozialkunde, Religion...) und thematischen Kontexte integriert werden. Auch eine Zusammenarbeit mit der lokalen Aidshilfe ist naheliegend. Für den weltweiten Projekttag sind ebenfalls unterschiedliche Aktionen denkbar – von Ausstellungen und Infoveranstaltungen bis zu Kooperationen mit südafrikanischen Schulen übers Internet.

Ich selbst werde das Projekt als Lehrende im Fach Künste am Oberstufen-Kolleg Bielefeld in einen interdisziplinären Kurs über zeitgenössische Kunst in Südafrika einbringen und mit einer Tagesfahrt zu der Ausstellung in Bonn verbinden. In Kooperation mit dem Welthaus Bielefeld wird das südafrikanische kleine Arbeitsbuch auf Deutsch herausgebracht und durch einige Anregungen erweitert werden, die sich aus der europäischen Perspektive ergeben. Weiter ist geplant mit einer Kollegin im Fach Gesundheitswissenschaften am Oberstufen-Kolleg und mit der Bielefelder Aidshilfe intensiver auf die Aids-Problematik in Afrika und Europa und auch auf die Ängste Jugendlicher davor einzugehen. Ich vertraue darauf, dass auch bei uns künstlerische Arbeit das Bewusstsein schärfen kann für die Krankheit, ihre unterschiedlichen Erscheinungsformen hier und dort und die sozialen Probleme, die daraus entstehen. Vor allem ermöglicht sie einen heilsamen Ausdruck individueller Gefühle und eine Verständigung miteinander – wohl auch über die Kontinente hinweg. In diesem Sinne werden sich die Kollegiatinnen und Kollegiaten sicher auch mit einer Aktion am weltweiten Projekttag beteiligen wollen.

Adresse: National Paper Prayers Campaign, PO Box 664, Newtown 2113, Südafrika, Tel/Fax 0027-11- 4921278 E-mail: artistp@mweb.co.za, Webseite: www.artistproofstudio.org.za

*„Die weißen Fremden" – Afrikanische Literatur und interkulturelles Lernen
(Gisela Feurle)*

Zur Konkretisierung der Eingangsthesen möchte ich ein Beispiel aus dem
fächerübergreifenden Unterricht am Oberstufenkolleg darstellen und diskutieren.

Im Rahmen eines Kurses zu Literatur und Geschichte Südafrikas wurden
Auszüge aus dem Zulu Epos „Emperor Shaka the Great" (1977) des südafrikanischen Autors Mazisi Kunene behandelt. Das Epos bezieht sich auf das
Reich der Zulu zu Beginn des 19.Jahrhunderts und das Kapitel handelt von
der Ankunft der weißen Kolonialisten – zunächst in einem prophezeienden
Traum – und der Reaktion der afrikanischen Bevölkerung. In den 70er Jahren
geschrieben, bedeutet es auch eine literarische Antwort auf das Apartheidregime und seine Ideologie.

„Book Ten: The white strangers
For many years there were rumours of the arrival of the Pumpkin Race.
In truth, the teller of tales informs us
It was the great King Sobhuza who, in a dream, forsaw these events.
He solemnly told his councillors, at the Assembly:
'Through a vision I saw nations emerging from the ocean.
They resemble us but in appearance are the colour of pumpkin-porridge.
They speak a language no different from that of nestling birds,
Quick and given to staccato sounds like wild animals.
They are rude of manner and are without any graces or refinement.
They carry a long stick of fire.
With this they kill and loot from many nations.
Sometimes they seize even children for their sea-bound furnaces –
A veritable race of robbers and cannibals!'
Those at the Assembly were deeply disturbed by this horrific dream." (...)
(Kunene 1977, 206f.)

Die Problematik und Ambivalenz inwieweit Sprache Mittel „gobaler Verständigung" ist oder nicht lässt sich gut an diesem Text verdeutlichen. Kunene schrieb das Epos in der afrikanischen Sprache Zulu, in Anknüpfung an die
reiche Tradition mündlicher dichterischer Überlieferung, auch um diese zu
bewahren und kreativ weiter zu entwickeln. Da es aber – angesichts des
Marktes – unmöglich war, das Werk auf Zulu zu veröffentlichen, übersetzte
er es selbst ins Englische und es erschien 1977 in der „Heineman African
Writers Series". Eine Veröffentlichung auf Zulu in Südafrika ist (noch?)
nicht erfolgt, eine Übersetzung ins Deutsche liegt nicht vor, da das Interesse
an afrikanischer Literatur in Deutschland eher marginal ist. Einerseits werden
hier verschiedene Dominanzstrukturen deutlich – die sprachlichen, die mit
dem Englischen verbunden sind und andere Sprachen wie Zulu zurück-
drängen, und die kommerziellen, die sich in Verlagspolitik ausdrücken und
mit Definitionsmacht verbinden. Andererseits ermöglicht die Übersetzung ins
Englische vielen Menschen überhaupt erst den Zugang zu diesem Zeugnis
einer „anderen Kultur" und damit die Grundlage für eine Auseinandersetzung
mit ihr und für gegenseitiges Verstehen.
   Das Thema „Verständigung" wird im Text selbst aufgegriffen, indem die
interkulturelle Begegnung von Europäern und Afrikaner beschrieben wird,
gleichzeitig aber auch die Machtverhältnisse und die Ungleichheit, im Rahmen derer sie sich vollzieht, (damals: der Kolonisierung) in den Blick kommen. Es wird uns die „andere Perspektive" nahegebracht: die Fremdheit und
Unverständlichkeit der „Anderen", der Kürbisfarbigen, in Aussehen, Sprache, Verhalten, wobei uns europäischen LeserInnen mit der Umdrehung von
Bewertungen des kolonialen Blicks (wie: Tierlaute, Rohheit, Kannibalen)

provozierend ein kritischer Spiegel vorgehalten wird, auch insofern als im Gegensatz zu kolonialen und rassistischen Sichtweisen, bei allen Unterschieden die „Ähnlichkeit", d.h. Menschlichkeit der Anderen betont wird.

Im Unterricht können mit diesem Text *interkulturelle Verstehens- und Reflexionsprozesse* in verschiedener Hinsicht ermöglicht und angeregt werden. Durch

- das Kennenlernen von Elementen einer anderen Gesellschaft und Kultur an einem Beispiel afrikanischer Literatur, seinen ästhetischen Strukturen und Traditionen (wie Bildhaftigkeit, mündliche Dichtung), dem historischen Stoff dieses Epos, dem vorkolonialen Afrika, und seinem zeitgenössischen politischen Kontext, dem Südafrika der Apartheid;
- kulturelle Selbstreflexion und Auseinandersetzung mit eurozentrischer Rezeption, indem die eigenen Reaktionen auf diesen Text (z.B. Erstaunen, Ärger, Abwehr bei diesem Bild von „den Weißen", Nichtverstehen) bewusst wahrgenommen und die Gründe dafür (d.h. die eigenen Vorstellungen, Werte) reflektiert werden;
- eine Auseinandersetzung mit der „anderen Perspektive" und ihren Hintergründen, d.h. mit den Bildern von „Weißen" dieses Textes im Kontext der kolonialen Erfahrung, mit den Bildern von Afrikanern und von afrikanischen Herrschern als Gegenbildern zum kolonialen Diskurs, und damit immer wieder einen Wechsel der Perspektiven;
- eine theoretische Vertiefung, indem das Thema der Konstruktion von kultureller Identität durch Literatur, das „Zurückschreiben" der postkolonialen Autoren und Autorinnen analysiert wird;
- einen kreativen Zugang zum interkulturellen Thema, wie einer Übersetzung von Passagen des Epos oder des Schreibens eines eigenen Gedichts (z.B. mit dem Thema: Bilder von Anderen)

Auf diese Weise können über Kunst, Kultur und Sprache interkulturelle Begegnungen stattfinden, in denen interkulturelles Lernen und Reflektieren und damit Fähigkeiten gefördert werden, die notwendig zu einer Bildung für nachhaltige Entwicklung gehören.

„Weltmusik" im Unterricht (Georg Krieger)

Zu Beginn werden acht kurze, sehr verschiedene Musikbeispiele aus aller Welt vorgespielt. Sie sind aus Indien, der Türkei, aus Tibet, China, Westafrika, Japan, Indonesien, Iran. Die Teilnehmer sollen aufschreiben, woher die Stücke jeweils stammen. Sie sollen auch notieren, an welchen Merkmalen sie das zu hören meinen, und sie sollen die Stücke bewerten. – Ein solches Quiz kann als Einstieg in eine Unterrichtsreihe dienen, in der es um die „nachhaltige Entwicklung" eines Bewusstseins von der globalen Situation der Musik geht.

Was kann „nachhaltige Entwicklung" angesichts der Globalisierung im Bereich Musik für den Musikunterricht bedeuten?

Um es kurz vorweg zu sagen: die systematische Einbeziehung außereuropäischer Musikkulturen in den Musikunterricht.

Zwei Modelle stehen zur Diskussion:

- ein pluralistisches,
- ein weltoffenes-eurozentrisches.

Alle existierende Musik – auch die aus vergangenen Zeiten – ist zeitgleich überall verfügbar. Globalisierung auf dem Gebiet der Musik ist Realität. Man spricht deshalb schon seit längerem von „Weltmusik".

Wohl gibt es keine Einigkeit darüber, was das ist, aber offensichtlich kann man nicht bestreiten, dass sich die Situation folgendermaßen beschreiben lässt: Geht man heute in Tokyo oder irgendeiner anderen Weltstadt ins Konzert, dann hört man die gleiche Musik wie in der Oetkerhalle in Bielefeld. Geht man in Tokyo ins Café, dann macht man die Erfahrung, dass der Unterschied im Frühstück größer ist als in der Begleitmusik. In der Disco ist es ähnlich, und in der Patchinkohalle hört man europäische Marschmusik. In der Neuen Musik gilt Universalität geradezu als Standardforderung. Hört man einer Musik ihre Herkunft zu deutlich an, gilt sie als provinziell.

Es gibt als verschiedene Arten von Weltmusik, man könnte sie vielleicht benennen: Klassik, Jazz-Rock, Techno, Pop und verschiedene Mischungen. Die Herkunft ist unwichtig geworden, die Musik ist überall zu hören, wird angenommen, wird gebraucht, unterscheidet sich nach dem sozialen Ort, an dem sie aufgeführt wird; Konzertsaal, Disco, Kirche ... usw. – Daneben gibt es lokale Traditionen, die sich bisher nicht beeinflussen ließen – das Quiz am Anfang wies darauf hin – sie stehen aber vor dem Problem, ob sie in „Reinheit" zur Folklore für relativ kleine Gruppen werden sollen oder ob sie durch Anpassung an einen mainstream in der Welt verändert fortleben können.

Das alles ist Ergebnis einer Entwicklung, die unumkehrbar ist. Musikunterricht muss in dieser Situation reagieren.

- Die UNESCO beginnt in den fünfziger Jahren, das gesamte Weltkulturerbe zu sichten. Für die Musik heißt das, Musikwissenschaftler schwärmen nach allen Richtungen aus, mit Tonbandgeräten ausgestattet, und sammeln klingende Dokumente. Dahinter steckt die begründete Befürchtung, dass diese Musik bald verklungen sein wird, weggespült von der dominanten westlichen Musik. In einem großen „musée imaginaire" (André Malreaux) soll alles Schöne, das Menschen irgendwo auf der Erde geschaffen haben, sorgfältig aufgehoben werden. Unter der Leitung von Alain Daniélou in Berlin entstand eine imponierende Serie von Schallplatten. Inzwischen gibt es weitere Serien, aus dem Geiste eines weltweiten Pluralismus. Der Amerikaner David Reck legt in seinem 1977 erschienenen Buch „music of the whole earth" (deutsche Übersetzung „Musik der Welt" im Verlag 2001) eine Art Theorie zu diesem Pluralismus vor. Die europäische Entwicklung kommt sehr schlecht weg. Die Linie Haydn, Mozart, Beethoven, Brahms, Wagner fasst er als Ausfluß eines darwinistischen Evolutionsgedankens auf, nennt sie kurzerhand Musik einer „Herrenrasse", die gottlob heute nichts mehr zu sagen hat. Sieht man von diesem Unsinn ab, dann bringt das Buch einen nützlichen Überblick über die weltweite musikwissenschaftliche Forschung.

– Einen ganz anderen „universalhistorischen Entwurf" legt Walter Wiora 1961 in seinem Buch „Die vier Weltalter der Musik" vor. Er wertet die außereuropäischen Kulturen keineswegs ab, betont ihren hohen Grad an Differenziertheit, sieht sie jedoch real in einem vergangenen Weltalter verharren. Die europäische Musik hat im 4. Weltalter, in der Neuzeit, die Führung übernommen und reißt seitdem die anderen Kulturen mit. Diese bringen ihr jeweils Bestes in die gemeinsame Entwicklung ein.

Folgerungen für die Praxis des Musikunterrichts wären zu diskutieren. Der Referent sieht Chancen für eine globale Musiktheorie und die entsprechende Musikpädagogik. Es gibt für ihre Entwicklung aber bestenfalls Ansätze.

Das Quiz zu Beginn konnte zunächst diffus vorhandene Kenntnisse hervorlocken, die dann im Kurs weiterentwickelt werden. Die Unterschiede in rhythmischer, melodischer, klanglicher, instrumentaler, gesangstechnischer Hinsicht sind dann das zentrale Thema. Gemeinsames, das der Intuition als Brücke zum gegenseitigen Verstehen dient, wäre später zu einer Basistheorie einer „Weltmusik" auszubauen.

Wieviel Platz brauchst Du wirklich? How much space do you really need?
(Janis Somerville und Pip Cozens)

This 6 minute video shows one process used by ART at WORK (artists Janis Somerville and Pip Cozens) during a one week workshop at the Felix-Fechenbach-Gesamtschule, Leopoldshöhe in 1999.

Rapid consumption of land for urban and industrial development is one of the most pressing problems of our time. In Deutschland it is being paved over at the rate of 70 hectares a day. To slow such demand people need to be more aware of space and how they use it.

This workshop aimed to give 25 students, between the ages of 10 to 15 years, an experience that heightened their awareness of the space that they think they need and of the space which they actually need to live a quality life.

The exploration began with each student critically reviewing her/his own personal environment before examining the communal aspects. For this they conducted interviews with many different people in the community. Information was recorded in video, photos, drawings and 3D formats.

Participants were guided to find solutions but decisions of how and what they did were made by the group. The end result was a sculpture and an interactive performance for the whole school.

The sculpture was an archway for people to pass through from the now in to the hopefully healthy future. It was covered with information that the group had gathered and reworked into a visual form.

The performance was conducted in such a way that groups of fellow students were invited to pass through the archway into the performance area which was defined by the group. They held up a long curtain of cloth which, while a speaker was talking about the facts of land consumption, slowly closed in on them.

The group thought that before people could decide how much space they really needed, it was important to first give them the feeling of not enough space. The true consequence when everyone continues to take too much for themselves. The action crossed most people's borders.

The video is in both English and Deutsch and costs 45 DM + post
E-mail: artatwork2000@yahoo.com

Andreas Fischer

Kristallisationspunkte von Nachhaltigkeit –
Herausforderungen für die berufliche Bildung

Während die Auseinandersetzung über eine nachhaltige Entwicklung in den vergangenen Jahren in der Bundesrepublik intensiv geführt wurde, ist die Praxis der beruflichen Bildung davon seltsam unberührt geblieben. Mit anderen Worten: Während politische Praktiken und allgemeine Bildungsprogramme nachhaltig umstrukturiert werden, besteht in der beruflichen Bildung ein hoher Aufklärungs-, Nachhol- und Entwicklungsbedarf.

Insofern ist es angebracht, jede Möglichkeit zu nutzen, die Idee einer nachhaltigen Entwicklung zu skizzieren und gemeinsam nach der Bedeutung für und Anknüpfungspunkten an eine berufliche Bildung für nachhaltige Entwicklung zu suchen. Um Missverständnisse zu vermeiden: Ich formuliere weder Rezepte noch leite ich aus der Nachhaltigkeitsidee Regeln für die berufliche Bildung deduktiv ab. Vielmehr skizziere ich Möglichkeiten, wie die berufliche Bildung in einer Welt der knappen Ressourcen und nicht realisierter inter- und intragenerationeller Gerechtigkeit gestaltend im Sinne einer Bildung für nachhaltige Entwicklung mitwirken kann.

Wenn ich zunächst die Kerngedanken der Nachhaltigkeitsidee referiere, hat das seinen guten Grund: Die Idee der nachhaltigen Entwicklung ist äußerst abstrakt und gleichzeitig komplex. Der Soziologe Karl Werner Brand hebt hervor, dass die Idee ein sehr allgemein gehaltenes Konzept darstellt, gegen das nicht viel zu sagen ist, wenn man sich die Alltagsassoziationen von „nachhaltig" oder „dauerhaft" vor Augen hält: Wer ist schon für eine nicht-nachhaltige Entwicklung? Andererseits: Was genau kann man sich unter nachhaltiger Entwicklung vorstellen? Die Idee hat weder die Ausstrahlung von Begriffen wie Demokratie oder Selbstbestimmung, noch transportiert sie Verheißungen eines besseren Lebens wie – zumindest bis vor einiger Zeit – die Termini Modernisierung, technischer Fortschritt und wirtschaftliches Wachstum. Brand meint, dass nachhaltige Entwicklung etwas langweilig, dröge daher kommt. Die Idee „stellt keine aus sozialen Bewegungen erwachsene, öffentlich umstrittene, mit Herzblut getränkte Vision dar." (Brand 1999)

1. Die Idee der Nachhaltigkeit/Sustainability

Hinter dem Begriff Sustainability oder Nachhaltigkeit, der nach der UN-Konferenz von 1992 in Rio de Janeiro populär wurde, steht die Vorstellung, dass die gegenwärtige Generation ihren Bedarf befriedigen soll, ohne künftige Generationen in ihrer Bedarfsbefriedigung zu beeinträchtigen. Die Forderungen nach einer generationsübergreifenden (intergenerationellen) Gerechtigkeit sowie nach Verteilungsgerechtigkeit innerhalb einer Generation (intragenerationelle Gerechtigkeit) stellen den eigentlichen Kerngedanken dar. Ein weiteres Charakteristikum der Sustainability-Idee ist, dass ökonomische, ökologische und soziale Entwicklungen nicht voneinander abzuspalten und gegeneinander aufzuwiegen sind. Der Sustainability-Ansatz stellt eine Vision über ein neues Verständnis des Wirtschaftens dar, das sich vom traditionellen wirtschaftlichen Fortschritts- und Wachstumsmodell loslöst.

In ökologisch-ökonomischen wie auch in politischen Auseinandersetzungen wird versucht, unter dem Begriff Sustainable Development bzw. Sustainability ein neues Verständnis für eine ökologisch und zugleich sozial orientierte wirtschaftliche Entwicklung zu formulieren. Gleichzeitig werden in der inzwischen umfangreichen theoretischen und gutachterlichen Diskussion Operationalisierungsstrategien diskutiert (vgl. dazu exemplarisch die Stellungnahmen der Bundestags-Enquête-Kommissionen „Schutz der Erdatmosphäre" bzw. „Schutz des Menschen" 1993, 1994, 1997 und 1998, des Sachverständigenrats für Umweltfragen 1994 und 1996 sowie des Wissenschaftlichen Beirats: Globale Umweltveränderungen 1993, 1995 und 1996; für die wissenschaftstheoretische Diskussion stellvertretend Pfriem 1995; Rennings & Hohmeyer 1997 und Ökonomie und Gesellschaft 1997).

Um die abstrakte Idee konkretisieren zu können, wurden vier sogenannte Managementregeln formuliert. Die erste Regel besagt, dass die Abbaurate erneuerbarer Ressourcen deren Regenerationsrate nicht überschreiten soll, dass also die Ernte nicht über die Regenerationsrate des genutzten Öko-Systems hinausgehen darf. Dies entspricht der Forderung nach Aufrechterhaltung der ökologischen Leistungsfähigkeit, das heißt mindestens nach Erhaltung des von den Funktionen her definierten ökologischen Realkapitals. In der zweiten Regel wird gefordert, dass Stoffeinträge in die Umwelt sich nicht nur an der Belastbarkeit der Umweltmedien orientieren sollen, sondern dass der Verbrauch der Ressourcen immer ins Verhältnis zur natürlichen Aufnahmekapazität zu setzen ist. Dabei sind alle Funktionen zu berücksichtigen, nicht zuletzt die „stille" und empfindlichere Regelungsfunktion. Hinter diesen beiden Regeln steht die Absicht, den Ressourcen-Bestand, also das natürliche Kapital, im Zeitverlauf zu erhalten. Da sie aber nicht für erschöpfliche Ressourcen gelten, besagt die dritte Regel, dass diese nur in dem Umfang verwendet werden sollen, in dem ein physisch gleichwertiger Ersatz in Form regenerierbarer Ressourcen oder höherer Produktivität der nicht erneuerbaren Ressourcen zu schaffen ist. Gemeint ist damit zum einen die Substitution von erschöpflichen durch erneuerbare Ressourcen, zum anderen eine Effizienz-Steigerung in der Ressourcennutzung. Die vierte Regel legt fest, dass das Zeitmaß anthropogener Einträge bzw. Eingriffe in die Umwelt im ausgewogenen Verhältnis zum Zeitmaß der für das Reaktionsvermögen der Umwelt relevanten natürlichen Prozesse stehen soll.

Für die Realisierung der Managementregeln wurden verschiedene „Nachhaltigkeitsstrategien" entwickelt. Populär sind die beiden Strategien, die unter den Begriffen Effizienz- bzw. Suffizienzrevolution firmieren. Die Idee dieser Strategien lässt sich schnell skizzieren: *Effizienzrevolution* bedeutet, dass Ressourcen, Energie und Flächen mit Hilfe neuen Wissens effizienter genutzt werden sollen. Der Schwerpunkt dieser Strategie liegt auf einem technologieorientierten Effizienzkonzept. Unter *Suffizienzrevolution* wird das Überprüfen des augenblicklichen Lebensstils verstanden. Gemeint ist damit, dass die Lebensstile der Konsumenten kritisch hinterfragt und ggf. so verändert werden müssen, dass sie umweltverträglicher werden.

Beide Optionen streben letztlich das Ziel an, die Stoffströme einer Wirtschaft zu reduzieren, und werden deswegen in der Regel miteinander verknüpft. Ergänzt werden die beiden Ansätze durch die *Konsistenzstrategie*, die fordert, dass die Stoff- und Energieströme umweltverträglich sein sollen. Diese drei Strategien werden im Rahmen der Sustainability-Debatte intensiv diskutiert, weil sie als Scharniere zwischen den aus dem Leitbild abgeleiteten Managementregeln und den Ansätzen zu verstehen sind, die den Umweltverbrauch zu erfassen versuchen (vgl. dazu exemplarisch Huber 1995).

2. Kristallisationspunkte der Nachhaltigkeitsidee

Als Kristallisationspunkte, die zusammen die Nachhaltigkeitsidee ausmachen, sind folgende Aspekte zu nennen: Neben der oben angesprochenen Erweiterung bzw. Neuorientierung ökonomischen Denkens bzw. wirtschaftlicher Denkmodelle sowie dem Aspekt der inter- und intragenerationellen Gerechtigkeit, die wiederum den Verantwortungsgedanken in den Vordergrund rückt, lassen sich die Globalisierung, die Vernetzung oder Retinität, die Zukunftsorientierung, der gesellschaftliche Diskurs sowie die Partizipation anführen (vgl. dazu ausführlicher Fischer 1998).

Globalisierung, die an dieser Stelle als Weltorientierung verstanden wird, ist mit der Nachhaltigkeit bereits durch die Forderung nach intragenerationeller Gerechtigkeit verbunden. Der globale Ansatz ergibt sich aus der Einsicht, dass eine nationale Wirtschafts- und Umweltpolitik zum Scheitern verurteilt ist: Der anthropogene Treibhauseffekt und die irreversible Schädigung der Ozonschicht verdeutlichen beispielhaft, dass nationalstaatliche Alleingänge wirkungslos bleiben müssen. Darüber hinaus werden aufgrund der wirtschaftlichen, informations- und kommunikationstechnologischen Entwicklungen geographische und soziale Entfernungen relativiert, so dass mehr und mehr Menschen, Ideen und Güter Raum und Zeit überwinden. Schließlich wird mit dem Begriff Globalisierung die Botschaft transportiert, dass im Zuge der verschärften internationalen Konkurrenz von Unternehmen und Standorten herkömmliche Formen der Sozialstaatlichkeit sowie von Lohn- und Arbeitsstandards nicht länger aufrechtzuerhalten sind (vgl. dazu exemplarisch Petschau & Hübner u.a. 1998).

In der Sustainability-Debatte geht es um eine ganz neue Problemstellung, die sich aus den vielfältig vernetzten Zusammenhängen innerhalb der ökologischen Systeme der Natur, zwischen diesen und den menschlichen Zivilisationssystemen sowie innerhalb der komplexen Strukturzusammenhänge moderner Gesellschaftssysteme ergibt. Diese Elemente sind eingebunden in eine *Vernetzungsproblematik,* auf die in Deutschland der Sachverständigenrat für Umweltfragen explizit hinweist: In seinem Umweltgutachten stellt er die *Retinität* als die entscheidende umweltethische Bestimmungsgröße dar (vgl. SVR 1994, S. 54 ff). Mit diesem Begriff soll der Umgang mit vernetzten Systemen schlagwortartig erfasst werden, der ein Handeln erfordert, das „sowohl schöpferische Intelligenz im Bereich technischer und organisatorischer Innovationen, wie ebenso auch auf Gegensteuerung und Restriktion gerichtete ordnungsrechtliche und preispolitische Maßnahmen" verlangt (ebenda). Die Vernetzungsproblematik wird vom Sachverständigenrat als die eigentlich neue Dimension der Nachhaltigkeitsidee angesehen, zwei Jahre später wird sie sogar als das eigentliche Sustainability-Prinzip bezeichnet (vgl. SVR 1996, S. 52). Ausgegangen wird davon, dass die Umweltkrise nur auf der Basis einer Vernetzung der ökologischen, sozialen und wirtschaftlichen Entwicklung zu bewältigen ist.

Das Konzept der dauerhaft-umweltgerechten Entwicklung kann als eine Utopie begriffen und als Ausdruck eines Aufbruchs in eine offensiv auf die Gewinnung neuer Perspektiven ausgerichtete *Zukunft* wahrgenommen werden. Der utopische Gedanke wird allerdings nicht im Sinne einer illusorischen Sorglosigkeit in der Form formuliert, dass alles schon irgendwie gutgehen werde, sondern im Sinne der Fähigkeit zur kritischen Vorstellung einer veränderten Zukunft als handlungsleitendes Gegenbild zur bestehenden Wirklichkeit. Zukunft wird in Anbetracht der Ressourcenknappheiten, der

Irreversiblilität und Irreparabilität von Entwicklungen nicht mehr als unendlich offen angenommen. Die Unendlichkeit wird dadurch relativiert, dass von einem potentiellen Entwicklungskorridor bzw. Leitplankensystem gesprochen wird, das die vermeintliche Offenheit der Zukunft einschränkt. Damit knüpft die Sustainability-Debatte an die pessimistischen Szenarien ökologischer Prognosen an, überwindet aber gleichzeitig die darin enthaltene Hoffnungslosigkeit. In der Akzeptanz von Grenzen findet bereits ein Bruch mit dem traditionellen Fortschritts- und Wachstumsdenken der Moderne statt, das sich als ein Omnipotenzdenken umschreiben lässt, wonach (fast) alles als machbar gilt.

Da für die Nachhaltigkeit kein Entwurf vorliegt, sondern das Konzept in einem Suchprozess zu entwickeln ist, spielt das prozessuale und *diskursive Element* eine entscheidende Rolle. Das diskursive Vorgehen ist von besonderer Bedeutung, weil Umweltprobleme vor allem über die Kommunikation erfasst werden. Letztendlich läuft deren Wahrnehmung auf eine Auseinandersetzung mit der eigenen Kultur hinaus, weil Umweltbeeinträchtigungen vor allem Probleme der sozialen oder gesellschaftlichen Organisation darstellen. Mit anderen Worten: Was als Umweltproblem verstanden wird, wird nicht nur im Verhältnis zur Natur, sondern vor allem in Bezug auf die gesellschaftlichen Konventionen definiert. Die Frage nach der „richtigen" Gewichtung und nach der „richtigen" Bewertung der Umweltsituation wird ebenso im gesellschaftlichen Diskurs zu lösen versucht wie die Formulierung umweltpolitischer Zielvorgaben und die Entwicklung konkreter Umsetzungsmaßnahmen.

Partizipation ist ein zentraler Gedanke der Nachhaltigkeitsidee. Betont wird, dass ohne eine Beteiligung aller Betroffenen an Entscheidungen für eine nachhaltige Entwicklung, ohne veränderte Lebens- und Produktionsstile und ohne das Interesse des Einzelnen an globaler Gerechtigkeit eine nachhaltige Entwicklung nicht zu realisieren ist.

Eine Implementierung der Nachhaltigkeitsidee in die berufliche Bildung erscheint erst dann realistisch, wenn in Diskursen und in politischen, ökonomischen und wissenschaftlichen Entscheidungen kontinuierlich Umsetzungsmöglichkeiten für die Handhabung einer nachhaltigen beruflichen Bildung produziert und reproduziert werden. Bürokratische Vorgaben allein reichen ebenso wenig wie das Formulieren von Rezepten. Vielmehr ist es erforderlich, bei den Akteuren entsprechende Kompetenzen auszubilden und ihnen auf der organisationspolitischen Ebene nachhaltig ausgerichtete Handlungs- und Entscheidungsfreiräume zu bieten.

3. Der Weg: Die „4-D-Strategie"

Um Strategien zu entwickeln, bietet es sich an, die derzeitige berufliche Bildung und die dazu vorhandene Struktur gleichzeitig aus vier sich ergänzenden Perspektiven zu durchdenken. Dieses Vorgehen, das von Dierkes & Marz (1998) für die Organisationsentwicklung erstellt wurde, wird als Strategie des Anders-, Reflektiv-, Neu- und Querdenkens oder einfach als „4-D-Strategie" bezeichnet. Der Ansatz erscheint vielversprechend, weil er auf konkrete Denkangebote abzielt, auf die sich ein zukunftsorientiertes Konzept einer beruflichen Bildung für nachhaltige Entwicklung stützen kann.

- Das „Anders Denken" ist vor allem darauf ausgerichtet, alternative Zukunftsprojektionen in den Blick zu nehmen, sich in sie hinein zu denken und sie vergleichend miteinander in Beziehung zu setzen.
- Für das „Reflektive Denken" ist es charakteristisch, berufliche Bildung mit Abstand zu betrachten. Der Blickwinkel wird über den unmittelbaren persönlichen und kollektiven Erfahrungshorizont aller Beteiligten hinaus erweitert. Gemeint ist damit, dass scheinbar „selbstverständliche", „logische" und „natürliche" Gewissheiten problematisiert werden. Gefragt wird, wie solche Gewissheiten entstehen, an Stabilität und Verbindlichkeit gewinnen und wieder zerfallen.
- Das „Neu Denken" zielt darauf ab, die unterschiedlichen kollektiven Wahrnehmungs-, Deutungs-, Denk- und Entscheidungsmuster transparent zu machen und zu untersuchen, wie eine permanente (selbst-) kritische und (selbst-) reflektive Haltung herausgebildet werden kann.
- Das „Quer-Denken" will Wissensarten miteinander in Beziehung setzen, die üblicherweise strikt voneinander getrennt sind. Durch deren Verbindung ergeben sich Synergieeffekte, die bei der Entwicklung von Strategien für eine nachhaltige Entwicklung hilfreich sein können.

4. Konturen einer an der Nachhaltigkeitsidee ausgerichteten beruflichen Bildung

Welche Konsequenzen hat die Nachhaltigkeitsidee für die berufliche Bildung und wie kann eine Annäherung an eine am Nachhaltigkeitsgedanken orientierte Berufsbildung unternommen werden? Bei der Beantwortung dieser Fragen ist es aufgrund der gesellschaftlich-politischen Relevanz und Praxisorientierung beruflicher Bildung immer wieder notwendig, sich potentieller Realisierungschancen zu vergewissern, um nicht in die Gefahr zu geraten, ein Glasperlenspiel zu betreiben bzw. ein Ideal zu thematisieren.

Mit dieser Vergewisserung ist nicht die Anpassung an gesellschaftliche Anforderungen gemeint; vielmehr wird dadurch der Doppelcharakter einer an der Nachhaltigkeitsidee ausgerichteten beruflichen Bildung deutlich: Sie knüpft an vorhandene Strukturen an, will aber gleichzeitig Wege eröffnen, die zu einer Überwindung der an einer einseitig ökonomischen Rationalität orientierten beruflichen Bildung hinführen. Dieser Spannungsbogen zwischen Kontinuität und Diskontinuität erfordert einen dynamischen Prozess bzw. eine Entwicklung hin zu einem nachhaltig ausgerichteten Lernen, das in eine entsprechende Wirtschaftsform eingebettet ist.

Eine an der Nachhaltigkeitsidee ausgerichtete berufliche Bildung hat durchaus Realisierungschancen, weil Sustainability im gesellschaftlich-politischen Kontext akzeptiert ist (Stichwort: Rio-Deklaration) und weil sich die ökonomisch-ökologische Neuausrichtung auch in der Wirtschaft auszubreiten beginnt.

Unter bildungspolitischen Gesichtspunkten am interessantesten sind die Organisationsentwicklungen, das heißt die Festlegung einer ökologischen Zuständigkeit in der Unternehmensleitung, die Organisation von Verantwortlichkeiten auf allen Ebenen und in allen Funktionsbereichen, die Ernennung betrieblicher Umweltbeauftragter und der Aufbau von Umweltabteilungen sowie die Einleitung von Fortbildungsmaßnahmen als erste Schritte zu einer innerbetrieblichen Umweltorganisation.

Eine Anlehnung an Ansätze der beruflichen Umweltbildung kann den Schritt zur praktischen Umsetzung der Nachhaltigkeitsidee erleichtern. Allerdings ist das eng berufs- und betriebsgebundene Qualifikationsverständnis der beruflichen Umweltbildung mit ihrer Konzentration auf „grüne Themen" ebenso als Auslaufmodell zu bezeichnen wie die defensiv und soziotechnisch ausgerichtete Machbarkeitsvorstellung in Bezug auf die Gestalt- und Planbarkeit von Lernprozessen und deren kausale Beziehung zum Handeln.

Der Diskurs über Nachhaltigkeit erschöpft sich nicht in pragmatischen Fragen wie Energiesparmöglichkeiten, Nutzung öffentlicher Verkehrsmittel, den Aufbau eines Umweltmanagements oder den Kauf von ökologischen Produkten. Es geht vielmehr um ein sehr allgemeines, abstraktes Leitbild gesellschaftlicher Entwicklung – oder genauer: um einen Begriff und ein dahinter stehendes Konzept, das in der beruflichen Bildung überhaupt erst Leitbild-Qualität erlangen soll.

Die bisherige einseitig ökonomisch ausgerichtete Rationalität beruflicher Bildung soll um ökologische und soziale Zielformulierungen erweitert werden. Dabei soll kein Dualismus zwischen Ökologie und Ökonomie aufgebaut bzw. gepflegt werden. Denn es ist eine triviale Erkenntnis, dass ökologisches Leben sich langfristig als absolute Voraussetzung für ein ökonomisches Überleben erweist. Über einen längeren Zeitraum ist Nachhaltigkeit komplementär zu ökonomischen Zielen; lediglich in einer kurzfristigen Perspektive stellt sich der Nachhaltigkeitsgedanke häufig als mit anderen Zielen konkurrierend dar und wirkt als Restriktion.

Ein ökologisch akzentuierter Berufs(schul)unterricht kann sich nicht mehr nur auf die berufsspezifische und ökonomische Rationalität beschränken, die überwiegend durch Zweckorientierung, Linearität und permanentes Wachstum gekennzeichnet ist. Darüber hinaus muss auch die ökologische Rationalität berücksichtigt werden, die durch Zweckfreiheit, Zirkularität und gleichgewichtige Entwicklung charakterisiert werden kann. Im Ergebnis kann von einer universalistischen Berufsausbildung gesprochen werden. Der Begriff einer universalen Bildung erscheint deswegen gerechtfertigt, weil sich der Einzelne aufgrund der intergenerationellen und intertemporalen sowie intragenerationellen Gerechtigkeit die Lebensinteressen aller Menschen zu eigen macht und weil nicht ausschließlich das berufsspezifische Element im Mittelpunkt der Lernprozesse steht.

Will man einer an der Nachhaltigkeitsidee ausgerichteten beruflichen Bildung Konturen geben, muss nach Berührungspunkten zwischen den Merkmalen der Sustainability-Debatte und den Besonderheiten arbeits- und berufsbezogener Lernprozesse gesucht werden. Die Spezifika beruflicher Bildung liegen vor allem in der Alters- und Lebensphase der Lernenden, in den Rahmenplänen und den damit verbundenen Prüfungen, in der professionellen Identität der Lehrenden und schließlich in der Berufsschule als Institution. Was grundsätzlich für Lern- und Bildungsprozesse gilt, hat auch für eine nachhaltig ausgerichtete berufliche Bildung Bedeutung: Die materiellen, sozialen und persönlichen Bedingungen wie Alter oder Betriebserfahrungen der Auszubildenden sind ebenso zu berücksichtigen wie die Erfahrungen aus der persönlichen Biographie. Sensibilität für Umwelt (auf der Voraussetzungsebene) entsteht in langfristigen, personal bedeutsamen sozialen Lernprozessen, zum Beispiel im Kontext der Familie, aber auch durch individuelle Naturerfahrungen, das heißt, Sozialisation und biographischer Prozess wirken nachhaltig auf die Voraussetzungen für das Umweltverhalten und werden bereits in früher Kindheit entwickelt.

Schaut man sich die Themen an, die im Zusammenhang mit der Nachhaltigkeitsidee bearbeitet werden sollen, dann handelt es sich zum einen um Themenfelder, die sich auf die Rahmenbedingungen des Lebens beziehen, insbesondere auf Energie- und Stoffströme, Technikfolgenabschätzungen, Produktion, Transport und Medien, und die zum anderen Konsummuster, Lebensstile und Wertvorstellungen ansprechen. Schon dieser kurze Aufriss der Themenfelder macht deutlich, dass von einer berufsspezifischen Inhaltlichkeit abstrahiert wird.

Dies könnte zu einer simplen Gegenüberstellung von „Berufsbezug" und „lebensweltlichem Ansatz" verführen, die uns wiederum in die berufs- und wirtschaftspädagogische Auseinandersetzung über „Entberuflichung" und „Neue Beruflichkeit" führt. Es wäre hilfreich, einen Bogen zur aktuellen soziologischen Diskussion zu schlagen, die die Abgrenzungen zwischen Arbeit und Nichtarbeit auflöst, so dass von einer Gleichzeitigkeit disparater Entwicklungen bzw. Entwicklungszustände gesprochen wird. Damit kann die vorgenommene Gegenüberstellung „Berufsbezug" versus „lebensweltlicher Ansatz" in der Form gelesen werden, dass ein Trend von der traditionellen Erscheinungsform (dem Status quo) hin zur modernen Entwicklung stattfindet (dynamische Betrachtungsweise). Die Gegenüberstellung kann gleichermaßen als Klammer interpretiert werden, weil sich beide Erscheinungsformen in der beruflichen Bildung finden (statische Betrachtungsweise). Kurz: Es zeichnet sich eine Gleichzeitigkeit von Modernisierung und dem Festhalten an traditionellen Strukturen ab.

5. Wege entstehen beim Gehen

Eine berufliche Bildung für nachhaltige Entwicklung kann an verschiedenen Stellen anknüpfen: Die inhaltlichen Anknüpfungspunkte, Ergänzungen, Erweiterungen und Veränderungen sind berufsspezifisch sowie fach- bzw. lernfeldspezifisch zu entwickeln (für die wirtschaftsberufliche Bildung vgl. exemplarisch Fischer 1995, 1998a-c). Richtlinien und Lehrpläne des beruflichen Schulwesens sowie das didaktische Konzept der Lernfelder bieten Möglichkeiten, Lernwelten zu arrangieren, in denen sich die Auszubildenden mit einer nachhaltigen Entwicklung im Berufsleben auseinandersetzen können. Schließlich spielt die Schulorganisation im Kontext einer beruflichen Bildung für nachhaltige Entwicklung eine bedeutende Rolle.

Handlungsspielräume eröffnen die Richtlinien und Lehrpläne des beruflichen Schulwesens: Mit den 1991 erlassenen Rahmenvereinbarungen verpflichteten die Kultusminister die Berufsschulen „eine Berufsfähigkeit zu vermitteln, die Fachkompetenz mit allgemeinen Fähigkeiten humaner und sozialer Art verbindet" sowie „die Fähigkeit und Bereitschaft zu fördern, bei der individuellen Lebensgestaltung und im öffentlichen Leben verantwortungsbewusst zu handeln." Die Berufsschule soll unter anderem „auf die mit der Berufsausübung und privater Lebensführung verbundenen Umweltbedrohungen und Unfallgefahren hinweisen und Möglichkeiten zu ihrer Vermeidung bzw. Verminderung aufzeigen." Darüber hinaus soll sie auf „Kernprobleme unserer Zeit" eingehen, wie zum Beispiel „friedliches Zusammenleben von Menschen, Völkern und Kulturen" und die „Erhaltung der natürlichen Lebensgrundlagen." Somit besteht kein Bedarf, die Einbettung einer Bildung nach den Erfordernissen des Sustainable Development in die Berufsbildung zusätzlich zu legitimieren (vgl. dazu ausführlicher Weber 1999).

Anknüpfungspunkte ergeben sich ebenfalls aus dem seit 1997 von der Ständigen Konferenz der Kultusminister der Länder in der Bundesrepublik Deutschland (KMK) diskutierten didaktischen Konzept der Lernfelder, das die Inhalte „neu schneidet". Der Fachunterricht soll im (fach-) didaktischen Sinne abgeschafft werden. Die daraus resultierende Umstrukturierung kann als Chance interpretiert werden, sich von liebgewonnenen Routinen und institutionalisierter Langeweile zu befreien; denn in Lernfeldern können Inhalte nicht nur neu angeordnet, sondern neu komponiert werden. Einer „integrativen Komposition" der Lerngegenstände, und damit der Exemplarik sowie komplexen didaktisch-methodischen Lehr-Lern-Arrangements, wird dadurch mehr Raum gegeben. Gerade im Rahmen der Lernfeld- und der Nachhaltigkeitsdebatte gewinnen Verfahren an Bedeutung, die etwas zu ermöglichen versuchen, das nicht instrumentarisierbar ist: Das Denken in Zusammenhängen, das die lineare Kausallogik keineswegs außer Kraft setzt, lineare, monokausale und dualisierende Strukturen aber relativiert (vgl. dazu ausführlicher Fischer 1999a).

Die in der aktuellen Nachhaltigkeitsdebatte geführte Auseinandersetzung über das Öko-Audit steht in engem Zusammenhang mit der zeitgleich geführten Diskussion über Schulprogramme. Wie aktuell der Ansatz ist, zeigt der BLK-Modellversuch „Bildung für eine nachhaltige Entwicklung": In einem der drei vorgesehenen Programmschwerpunkte soll erprobt werden, wie die bildungspolitischen Bestrebungen, den Einzelschulen mehr Gestaltungsmöglichkeiten einzuräumen, mit Elementen der Öko-Audit-Verordnung verbunden werden können (BLK 1999; vgl. dazu ausführlicher Bormann 1999).

Die zusammengetragenen Überlegungen lassen sich in Form von fünf Thesen zusammenfassen, die ein Konzentrat der inhaltlichen Debatte darstellen:

– In der Auseinandersetzung mit einer nachhaltigen beruflichen Bildung geht es nicht um die Funktionalisierung der beruflichen Schulen und ihrer Akteure für externe politische oder gesellschaftliche Zwecke. Die Lernenden sollen die Möglichkeit erhalten, in einer Welt der knappen Ressourcen und nicht realisierter inter- und intragenerationeller Gerechtigkeit gestaltend agieren zu können.
– Die epochaltypischen Schlüsselprobleme einer nachhaltigen Entwicklung werden in der beruflichen Bildung nicht *nachhaltig* aufgegriffen, sondern *nachrangig* behandelt. Aufgrund der Marginalisierung und Isolierung der Nachhaltigkeitsidee besteht in der Praxis der beruflichen Bildung ein hoher Aufklärungs-, Nachhol- und Entwicklungsbedarf.
– Um die Auszubildenden auf gegenwärtige und zukünftige Herausforderungen adäquat vorbereiten zu können, ist ein neues Modell der berufli-

chen Bildung zu entwickeln. Dieses Modell strebt eine Zusammenführung von Ökonomie, Sozialem, Ökologie und Bildung an, die nicht mehr als isoliert, konfliktträchtig oder gar unvereinbar angesehen werden.

- Neben der schulinternen Vernetzung ist eine stärkere Verzahnung mit der Praxis herzustellen. Die in der beruflichen Bildung intensiv diskutierte Lernortkooperation erleichtert den wirksamen Einsatz des bestehenden Potentials an Ausbildungs-Know-how und Kompetenzen und ermöglicht damit eine zukunfts- und entwicklungsfähige Ausbildung.

- Auf dem Weg zu einer nachhaltigen beruflichen Bildung werden in der Praxis – zumindest vorübergehend – moderne Konzeptionen neben traditionellen Strukturen stehen, so dass von einer Gleichzeitigkeit disparater Entwicklungen bzw. von pluralen Ansätzen gesprochen werden kann.

Das Fazit lautet: Die Realisierung einer modernen, zukunftsorientierten beruflichen Bildung ist eng gekoppelt mit der Entwicklung und Umsetzung eines nachhaltig ausgerichteten Managements in Betrieben und in der Wirtschaft insgesamt. Im Zusammenspiel von Bildung und Wirtschaft können produktive Vielfalt und schöpferische Potentiale freigesetzt werden, die überholte starre Organisationsformen, Inhalte und Methoden zu überwinden vermögen.

Literatur

BECK, U.; GIDDENS, A. & LASH, S. (1996). Reflexive Modernisierung. Frankfurt/M.

Bildungsprogramm für nachhaltige Entwicklung in der Bundesrepublik Deutschland; o.J.: Erklärung der Arbeitsgemeinschaft Natur- und Umweltbildung, Deutschen Gesellschaft für Umwelterziehung und der Gesellschaft für Umweltbildung zur Innovation der Bildung. o.O.

BORMANN, I. (1999). Schulaudit und Akteursqualifizierung – Nachhaltige Schulentwicklung und Herausforderungen für die Lehrerausbildung. In: Fischer, A. (Hg.): Herausforderung Nachhaltigkeit. Perspektivenwechsel in der Ausbildung von Wirtschaftslehrer-/innen. Frankfurt/M.

BRAND, K.W. (1999). Kommunikation über nachhaltige Entwicklung, oder: Warum sich das Leitbild der Nachhaltigkeit so schlecht popularisieren lässt. Vortrag auf der UBA-Tagung „Strategien der Popularisierung des Leitbildes ‚Nachhaltige Entwicklung‘ aus sozialwissenschaftlicher Perspektive" vom 18.-20.03.1999. Manuskript

DIERKES, M. & MARZ, L. (1998). Wissensmanagement und Zukunft. Orientierungsnöte, Erwartungsfallen und „4D"-Strategie. Schriftenreihe des Wissenschaftszentrums Berlin für Sozialforschung. Berlin

Enquête-Kommission „Schutz des Menschen und der Umwelt" des Deutschen Bundestages (Hg.) 1993. Verantwortung für die Zukunft – Wege zum nachhaltigen Umgang mit Stoff- und Materialströmen. Bonn

Enquête-Kommission „Schutz des Menschen und der Umwelt" des Deutschen Bundestages (Hg.) 1994. Die Industriegesellschaft gestalten – Perspektiven für einen nachhaltigen Umgang mit Stoff- und Materialströmen. Deutscher Bundestag. 12. Wahlperiode. Drucksache 12/8260. Bonn

Enquête-Kommission „Schutz des Menschen und der Umwelt" des Deutschen Bundestages; 1998. Konzept Nachhaltigkeit. Abschlussbericht. Bonn

FISCHER, A. (1995). Nachhaltiges Wirtschaften. Anknüpfungspunkte für den Unterricht. Pädagogisches Landesinstitut Brandenburg. Werkstattheft 38. Ludwigsfelde

FISCHER, A. (1998). Wege zu einer nachhaltigen beruflichen Bildung. Bielefeld

FISCHER, A. (1998a). Nachhaltiges Wirtschaften. Wirtschaftsdidaktische Materialien für eine nachhaltige berufliche Bildung. WDM 98-101. Lüneburg

FISCHER, A. (1998b). Betriebliches Umweltmanagement. Wirtschaftsdidaktische Materialien für eine nachhaltige berufliche Bildung. WDM 98-102. Lüneburg

FISCHER, A. (1998c). Kosten und Nutzen des Umweltschutzes. Wirtschaftsdidaktische Materialien für eine nachhaltige berufliche Bildung. WDM 98-103. Lüneburg

FISCHER, A. (Hg.) (1999). Herausforderung Nachhaltigkeit. Perspektivenwechsel in der Ausbildung von Wirtschaftslehrer-/innen. Frankfurt/M.

FISCHER, A. (1999a). Lernfelder und nachhaltige Entwicklung – Potentiale für die ökonomische Bildung. In: Lisop, I.; Huisinga, R. & Speier, H.D. (Hg.): Lernfeldorientierung. Konstruktion und Unterrichtspraxis. Frankfurt/M.

HUBER, J. (1995). Nachhaltige Entwicklung. Berlin

Ökonomie und Gesellschaft; 1997: Jahrbuch 14: Nachhaltigkeit in der ökonomischen Theorie. Frankfurt/M.

PETSCHOW, U.; HÜBNER, K.; DRÖGE, S. & MEYERHOFF, J. (1998). Nachhaltigkeit und Globalisierung. Berlin/Heidelberg

PFRIEM, R. (1995). Unternehmenspolitik in sozialökologischen Perspektiven. Marburg

RENNINGS, K. & HOHMEYER, O. (Hg.); 1997: Nachhaltigkeit. Baden-Baden

Sachverständigenrat für Umweltfragen (SVR); 1994: Umweltgutachten 1994. Stuttgart

Sachverständigenrat für Umweltfragen (SVR); 1996: Umweltgutachten 1996. Bundesdrucksache. Bonn

WEBER, B. (1999). Sustainable Development als Herausforderung für die berufliche Bildung. In: Fischer, A. (Hg.): Herausforderung Nachhaltigkeit. Perspektivenwechsel in der Ausbildung von Wirtschaftslehrer-/innen. Frankfurt/M.

Wissenschaftlicher Beirat der Bundesregierung: Globale Umweltveränderungen (WBGU); 1993. Welt im Wandel. Grundstruktur globaler Mensch-Umwelt-Beziehungen. Bonn

Wissenschaftlicher Beirat der Bundesregierung: Globale Umweltveränderungen (WBGU); 1994. Welt im Wandel. Die Gefährdung der Böden. Bremerhaven

Wissenschaftlicher Beirat der Bundesregierung: Globale Umweltveränderungen (WBGU); 1996. Welt im Wandel. Herausforderungen für die deutsche Wissenschaft. Berlin/Heidelberg

Michael Kalff (in Zusammenarbeit mit dem „MIPS-für-Kids"-Team am Wuppertaler Institut)

MIPS für Kids: Mit Kindern neue Wege wagen

MIPS: Die Wende vom Mikrogram zur Megatonne

Das MIPS-Konzept wurde von Prof. Friedrich Schmidt-Bleek am Wuppertal Institut entwickelt (1994). Es beschäftigt sich auf völlig neue Weise mit dem Schutz der Umwelt. Bisher hatte man vor allem die Folgewirkungen unserer Produktions- und Konsumweisen im Blick und das auch mit einigem Erfolg: Im Rhein kann man fast schon wieder schwimmen, die Luft ist spürbar sauberer geworden, das Müllaufkommen wird so effizient bewirtschaftet, dass schon Überkapazitäten bei der Entsorgung entstanden sind. (Natürlich gibt es hier immer noch genug Probleme, die zu lösen sind wie etwa Ozonsmog, schleichende Boden- und Grundwasservergiftung etc.).

Die Qualität der Umweltmedien hat sich also verbessert, das allein reicht aber bei weitem noch nicht hin, der Gefährdung der Lebensgrundlagen durch menschliche Aktivitäten effektiv zu begegnen. Das MIPS-Konzept setzt deshalb nicht bei der Umwelthygiene an, also beim umweltverträglichen Management von Outputs, sondern beim Input von Naturstoffen in unser Wirtschaftssystem. Unser Wohlstand beruht ja auf der Nutzung natürlicher Ressourcen wie etwa Wasser, Holz, Eisen, Erdöl usw. Die Entnahme von Ressourcen aus der Natur zieht ökologische Folgen nach sich, und wir verbrauchen Megatonnen von Naturstoffen. Nachwachsende Rohstoffe müssen mit entsprechendem Verbrauch von Flächen, Düngemitteln etc. angebaut werden. Der Anbau von Baumwolle in Usbekistan beispielsweise „trinkt" seit Jahrzehnten den Aralsee leer – von ehemaligen Häfen ziehen sich heute 70 km Wüstensand bis zum Ufer des Restsees. Für nicht nachwachsende Rohstoffe wie Kohle oder Kupfer wird die Erde umgegraben, ausgehöhlt, umgelagert; zum Schmelzen von Erzen wird Energie verbraucht usw. Die Deutschen verbrauchen so pro Kopf und Jahr insgesamt etwa 80 Tonnen feste Natur –

das sind Tag für Tag 220 kg feste Naturstoffe für die Zwecke von Wirtschaft und Konsum!

Langfristig kann die Erde das nicht verkraften – zukunftsfähig wäre ein Naturverbrauch von maximal 8 Tonnen pro Kopf und Jahr. Nun ist es auch keine sinnvolle Lösung, Wirtschaft und Konsum auf ein Zehntel „arm und klein" zu schrumpfen – intelligente Lösungen sind gefragt. Es gilt, die „Materialintensität" unseres Wohlstands zu senken – unseren Wohlstand mit weniger Umweltverbrauch als bisher zu schaffen, so wie bislang die „Arbeitsintensität" des Wohlstandes gesenkt wurde. Die Arbeitsproduktivität ist in den letzten 50 Jahren um mehr als das Hundertfache gestiegen. Das MIPS-Konzept zeigt, wie neue Technologie und neue soziale Designs (z.B. veränderte Konsummuster) es ermöglichen, auch die Ressourcenproduktivität innerhalb von 50 Jahren um den Faktor zehn zu steigern. Unser Wohlstand könnte dann mit einem Zehntel des heutigen Umweltverbrauchs erbracht werden – und wäre zukunftsfähig.

Das Akronym „MIPS" bedeutet Material-Input pro Serviceeinheit. MIPS ergibt sich, wenn man den Naturverbrauch (also alle Stoffe, die während des ganzen Lebensweges eines Produkts eingesetzt werden), (MI) durch die Anzahl der Serviceeinheiten (S) teilt, d.h. durch den Nutzen, den das Produkt bringen kann. Serviceeinheiten sind zum Beispiel: 1 km Personentransport oder 5 kg Wäsche waschen – sie müssen zum MIPS-Vergleich von Produkten und Dienstleistungen jeweils handhabbar definiert werden. So lässt sich berechnen, ob Auto oder Bahn weniger Natur verbrauchen, ob die eigene Waschmaschine oder die Nutzung eines Wäscheservice umweltfreundlicher sind.

MIPS berücksichtigt nur Input-Werte. Der Ausstoß von Stoffen (etwa Gifte oder klimawirksame Gase) wird hier nicht betrachtet. Zur ökologischen Gesamtbewertung von Dienstleistungen oder Produkten kann MIPS also nicht allein herangezogen werden. Die MIPS-Idee folgt allerdings der Idee, dass im Allgemeinen „hinten" auch weniger Schädliches herauskommt, wenn „vorne" weniger Material in den Wirtschaftsprozess eingebracht wird.

Das neue Umweltdenken zielt also nicht mehr auf Schadstoffe ab, sondern auf positive Entwürfe einer zukunftsfähigen Lebensweise.

Das MIPS-Konzept wurde 1993 am Wuppertal Institut entwickelt. In den folgenden Jahren wurde eine Datenbank für Material-Inputerberechnungen aufgebaut, Öko-Audits nach MIPS-Kriterien durchgeführt und ein Konzept für eine inputorientierte ökologische Wirtschaftspolitik erarbeitet. Zusammen mit interessierten Unternehmen wurden Produktionsverfahren, Produkt- und Angebotdesigns mit höherer Ökoeffizienz nach MIPS entwickelt.

Den Wissenschaftlern am Wuppertal Institut wurde aber zugleich klar, dass auch die Konsumenten ihren Teil zum „Faktor Zehn" beitragen müssten. Um zu lernen, wie aus „den Höhen der Wissenschaft" das mühsame Geschäft der Vermittlung neuer Ideen an die Öffentlichkeit gelingen kann, wollte man sich zunächst an die zukünftig entscheidenden Mitglieder der Gesellschaft wenden: an Kinder und Jugendliche.

So entstand im Jahr 1995 die Projektidee „*MIPS für Kids.*"

Im Rahmen dieses innovativen Vorhabens übersetzten die Wissenschaftler MIPS, jeweils altersstufengerecht, in die Sprache von Fünf- bis Fünfzehnjährigen. Hier wurde erfahrbar, dass sich hinter jedem Produkt ein unsichtbarer „ökologischer Rucksack" verbirgt: der gesamte Materialverbrauch aus der Natur, erfasst von der Rohstoffentnahme über den Gebrauch bis zur Entsorgung eines Produktes, also über dessen gesamten Lebenszyklus.

In den verschiedenen Bausteinen des Projektes werden sowohl ökologische Rucksäcke von unterschiedlichen Produkten spielerisch entdeckt, als auch neue Ideen für ein gutes Leben mit einem dauerhaft verträglichen Naturverbrauch vermittelt.

Konkrete Bausteine

Das Projektteam MIPS FÜR KIDS hat verschiedene Spiel- und Lehrbausteine entwickelt, die auf eine Altersgruppe in Medium, Methode und Inhalt jeweils besonders zugeschnitten sind:

• *Das Figurentheaterstück „Pflückt man Jeans von Bäumen?"*

Kindern in Kindergarten und Grundschule vermittelt das Stück auf witzige und spannende Weise den Inhalt des ökologischen Rucksacks einer Jeanshose. In anschließenden Spielaktionen finden die Kinder Wege, den Naturverbrauch für unsere alltäglichen Bedürfnisse klein zu halten.

> Ingeborg hat sich eine neue Hose gekauft und findet sich plötzlich hoch oben in der Luft – festgeschnallt an einem riesengroßen Rucksack. Zusammen mit ihrem Freund Stefan entdeckt sie nach und nach das Geheimnis dieses Rucksacks, in dem sich alles verbirgt, was für die Herstellung, den Gebrauch und die Entsorgung von Jeans aufgebracht wird: Erde natürlich, jede Menge Wasser, Samen, Dünger und Gift, Fabriken, Farben, Schiffe und Lastautos... Das Baumwollsamenkorn Sam begleitet den Lebensweg der Jeans und lernt dabei Wolfgang Wolle kennen, das Baumwollschwanzkaninchen. Seine Heimat ist gerade ein Baumwollfeld geworden, und auch den anderen Tieren dort geht es schlecht, vor allem, als das Gift zum Einsatz kommt. Wolli findet ein neues Zuhause schließlich bei Stefan und Sam wohnt in Ingeborgs neuer Jeans. Ein schmissiger Song (zum Mitsingen und -tanzen für die Kinder) zeichnet den Lebensweg der Jeans noch einmal nach und schließt das Stück ab.

Die ErzieherInnen werden in einer vorangehenden Fortbildung (ein Tag) mit dem MIPS-Konzept sowie seiner pädagogischen Umsetzung vertraut gemacht. So können sie das Theaterstück mit den Kindern nachbereiten und die sieben MIPS-Tips in Spielaktionen vertiefen. Ziel ist, einige der Anregungen im Alltag des Kindergartens auch umzusetzen: zum Beispiel ein Tauschregal für Spielzeug, ein Flohmarkt mit den Eltern etc.

• *Die Spielaktion „Sarahs Welt" (9-12 Jahre)*

Innerhalb einer vierstündigen Spielaktion werden ökologische Rucksäcke unterschiedlicher Produkte aktiv erlebt und Strategien zu ihrer Minimierung entdeckt.

Am Beispiel einer Coladose und einer Glasflasche vollziehen die Kinder den Naturverbrauch, den ökologischen Rucksack der Produkte, spielerisch nach. Schon hierbei erleben sie, wie unterschiedlich hoch der Naturverbrauch bei gleicher Dienstleistung sein kann – der einer Dose liegt vier mal höher, als der einer gleich großen Einwegglasflasche.

Beim anschließenden Einkaufsspiel an vorbereiteten Theken beschaffen die Kinder alles, was Sarah für ihre Geburtstagsfete braucht: Getränke, Dekoration, Spielpreise usw. und natürlich ein Geschenk für Sarah. Dabei gilt es, nicht nur mit dem Geld hauszuhalten, sondern auch auf den Naturverbrauch zu achten – nur wer unterhalb einer kritischen Marke bleibt, darf zu Sarahs Fest. Ereigniskarten erschweren die Aufgabe, wie im richtigen Leben: mal ist es eine coole Werbung, mal die Eltern, mal die mangelnde Alternative im Geschäft, die die Kreativität der Kinder für neue Lösungen herausfordern.

Arbeitsblätter für die Kinder und eine Anleitung für den jeweiligen Lehrer geben Anreize, das Thema wiederholt aufzugreifen und in der Alltagspraxis umzusetzen.

Das Wuppertal Institut bildet in eintägigen Workshops die Multiplikatoren für Sarahs Welt aus und gibt ihnen die Materialien für die Spielaktion an die Hand.

• *Das Computerspiel auf CD-ROM „Mission Zukunft" (10-14 Jahre)*

„Mission Zukunft" ist ein interaktives Abenteuerspiel, bei dem Wissen über ökologische Rucksäcke und ökologisch orientierte Konsumoptionen vermittelt wird.

Dana aus dem Jahr 2060 erzählt Robin von dem Öko-Scanner, der die ökologischen Rucksäcke sichtbar macht. Nachdem sie zurück in die Zukunft entführt wurde, bleibt SAM zurück – ein Computer, der mit allen wichtigen Informationen und Sensoren ausgestattet ist, um die Formel für die Rettung der Zukunft zu finden. Robin muss nun Informationen beschaffen, Geld verdienen, Ausrüstung besorgen, Wegstrecken zurücklegen usw. – dabei darf der ökologische Rucksack von Robin und SAM nicht zu schwer werden, damit der Sprung in die Zukunft auch gelingen kann. Welche Verkehrsmittel wählt Robin? Manche sind einfach zu langsam, andere haben einen schweren ökologischen Rucksack. Kauft Robin ein Zelt oder leiht er eines? Wie wird SAMs Energiespeicher wieder aufgeladen? Robin muss gelegentlich essen und trinken. Dazu kommt Mister X in die Quere, der immer wieder unangenehme Besuche im Jahr 1999 abstattet und falsche Fährten legt, Fallen stellt usw.

Gelingt Robin das Abenteuer, kann er Dana im Jahr 2060 besuchen. Robin staunt wieder – diesmal über die Technik und Lebensweise im Jahr 2060: Verkehrsmittel, Häuser, Energieversorgung, Konsumgewohnheiten – vieles ist sehr anders als es Robin gewöhnt ist.

Wegen zu geringer Budgetierung konnte von MISSION ZUKUNFT bislang nur eine Demoversion erstellt werden; das Wuppertal-Institut sucht derzeit noch einen Partner für die Fertigstellung des Spiels.

- *Der MIPS-Test „Bist Du fit für das 21. Jahrhundert? Ein Cleverness-Parcours" (12 bis 15 Jahre)*

Der MIPS-Test vermittelt die sieben MIPS-Tipps für den Alltag in altersstufengerechter Aufmachung.

Die einleitende Story beginnt mit einer E-Mail von Schülern am Aralsee. Das Institut wird um Hilfe bei einem Wasserproblem gerufen. Ein Expertenteam reist an und entdeckt, dass dem Aralsee das Wasser ausgeht. Vom ehemaligen Hafen sind es 70 km durch Wüstensand zum Ufer des Restsees. Warum nur?

Riesige Baumwollfelder in Usbekistan trinken die Flüsse leer, die den Aralsee speisen. Der Professor verfolgt den Weg der Baumwolle weiter – das ist die Entdeckung des ökologischen Rucksacks. Die Forscher suchen weiter – auch andere Produkte haben einen ökologischen Rucksack, Coladosen, Glasflaschen, Silberringe, Computer. So kommt es, dass jeder von uns Tag für Tag 220 kg feste Natur verbraucht und 1.600 Liter Wasser.

Also sucht der Professor nach einer Idee – und findet MIPS. MIPS zeigt, wie man Bedürfnisse befriedigen kann, ohne zu viel Natur zu verbrauchen. Im anschließenden Cleverness-Parcours können die Jugendlichen herausfinden, wie MIPS im Alltag funktioniert. Typische Situationen entlang der sieben MIPS-Tipps vermitteln, wie man den Nutzen von Produkten haben kann, ohne einen allzu großen ökologischen Rucksack zu erzeugen.

Pädagogische Überlegungen

MIPS FÜR KIDS ist am Wuppertal Institut unter einer wissenschaftsinternen Diskussion begründet worden, die Perspektive eines Projektes zur „Bildung für Nachhaltigkeit" war 1996 noch nicht präsent (seinerzeit wurde *sustainability* selbst in Umweltbildungskreisen nur hoch vereinzelt thematisiert). „Bildung für Nachhaltigkeit" kann gar als später Reflex der Umweltbildung auf ihre eigene Krise verstanden werden, um gesellschaftlich-politisch anschlussfähig zu werden und um die ihr Anvertrauten pädagogisch konstruktiv in das alte bildungstheoretische Spannungsfeld *Gegenwarts- vs. Zukunftsbezug* zu stellen. „Bildung für Nachhaltigkeit" thematisiert eine alte Frage: Worauf soll Bildung zielen?

Andererseits setzte das interdisziplinär besetzte Projektteam inhaltlich an zentralen Begriffen der *sustainability*-Debatte an: Lebensstilfragen; Konsumverhalten, Natur- und Ressourcenverbrauch u.a.m. Damit steht es in der Tradition des vom Wuppertal-Institut begründeten 'Umweltplans' in der Studie 'Zukunftsfähiges Deutschland'.

Wie lässt sich diese komplexe Aufgabe und das abstrakte ökonomischnaturwissenschaftliche Konzept MIPS pädagogisch herunterbrechen, gar noch für Fünfjährige? Wie kann man den unsichtbaren Naturverbrauch sichtbar machen? Der im Rahmen von MIPS erfundene Begriff des ökologischen Rucksacks war da sehr hilfreich.

In der Praxis stellte sich heraus, dass die Visualisierung von ökologischen Rucksäcken alltagsrelevanter Produkte gar nicht so einfach ist, da die Berechnung der Materialintensität sehr komplex ist und z.T. keine Daten vorliegen, die als Grundlage für die pädagogische Arbeit hätten dienen können. So mussten die Spielbausteine auf einige einfach zusammengesetzte Produkte beschränkt werden, für die schon Materialinputs berechnet waren bzw. die im Rahmen des Projektes berechnet werden konnten. Wichtig war, dass die Kinder ökologische Rucksäcke durch die Dynamik der Spiele erfahren konnten, ab Grundschulalter auch eine Idee vom „Umweltraum" oder „ökologischen Leitplanken" entwickeln konnten und altersspezifisch in das MIPS-Prinzip eingeführt wurden.

Das Figurentheaterstück findet Interesse und Begeisterung bei Kindern und erwachsenen Begleitern. Dennoch zeigt sich, dass Kinder sich an singulären Elementen und Szenen des Theaterstücks orientieren und emotional besonders von den handelnden Spielfiguren (weniger den Schauspielern) berührt sind. Inhalte wie der ökologische Rucksack, eine Produktions- und Konsumkette, die in einem Produkt – hier der Jeans – von der Wiege bis zur Bahre liegen, sind aufgrund ihrer Komplexität nicht ohne weiteres vermittelbar. Das bedeutet für den Einsatz des Figurentheaterstücks dreierlei:

1. Es muss durch eine systematische Vor- und Nachbereitung (z.B. begleitende Fortbildung für die ErzieherInnen) gestützt werden.
2. Für den Transfer der MIPS-Erkenntnisse ist das Figurentheaterstück als Familienstück einzusetzen – zumindest begleitet von Elternarbeit und intensivem Dialog von Kindern mit Erwachsenen.
3. Der Naturverbrauch von Alltagsgegenständen muss als Lernziel ins Zentrum rücken und als Konsequenz auch Niederschlag im Kindergartenalltag

finden. Das Theaterstück als Highlight in einem solchen Gesamtkonzept – übrigens auch für Grundschulkinder geeignet – schafft den Anreiz für verändertes Handeln, das Kinder dann auch von ihren Eltern im Alltag einfordern. Elemente aus dem Theaterstück (wie z.B. das Lied oder die Figuren) schaffen Anreize zum Weiterarbeiten aus den Impulsen der Aufführung.

Reduzierter Umweltverbrauch wird emotional positiv besetzt und nicht mit erhobenem Zeigefinger praktiziert. Lebt das Stück in den Kindern (und ErzieherInnen) weiter, dann kann seine Geschichte sich weiterentwickeln und die MIPS-Regeln vertiefen. So kann es gelingen, die doch eher rezeptive Rolle der Kinder im Theaterstück in die aktive Rolle des Handelnden zu verwandeln.

Einer anderen Didaktik folgend ist (für die nachfolgende Altersstufe) die Spielaktion 'Sarahs Welt' konzipiert. Das Figurentheaterstück und das Einkaufsspiel können kombiniert oder auch für sich eingesetzt werden. Sarahs Welt bietet sich für den Einstieg in Projektwochen an oder auch zur thematischen Einführung in ein Wochen-, Monats- oder Halbjahresthema. Anknüpfend können Lehrplaninhalte wie Konsumverhalten, Natur- und Umweltschutz im Alltag, Entwicklungsländer, Herstellung von Produkten etc. ausdifferenziert werden.

Sind für die komplette Durchführung des Bausteins Sarahs Welt 5 bis 6 Unterrichtsstunden notwendig, so wird in der Folge durch die Variabilität von Lehrervortrag und Schüleraktiviät, von Methoden- und Medieneinsatz ein abwechslungsreiches pädagogisches Angebot möglich. Die Begeisterung für das Thema „*Natur, die in unseren Alltagsgegenständen steckt*" liefert den Einstieg in verbindliches Alltagshandeln i.S. der MIPS-Tipps. Diese schließen einerseits an bekannte Umweltschutzimperative an, gehen stellenweise aber auch über diese hinaus. Die gesellschaftliche Realität, der Konsumalltag und der persönliche Lebensstil wird durch die MIPS-Erkenntnisse in ein spannungsreiches Verhältnis gesetzt: Dies auf einem Kontinuum von: „Ich kann im Alltag sofort realisieren, dass ..." über „Ich kaufe nur noch langlebige und reparaturfähige, aber mitunter in der Anschaffung teurere Produkte ..." bis „Es gibt verschiedene Produkte nicht bzw. sie sind ökonomisch gegenwärtig nicht attraktiv!" oder „Die Natureinheiten des ökologischen Rucksacks stehen ja gar nicht auf dem Preisschild!".

Aus dem Einstieg mit diesem Baustein ergeben sich eine Fülle von 'Forschungsaufträgen' von Produktökobilanzen (MIPS), über die Einrichtung von Tauschringsystemen in der Schule bis hin zur Erstellung von Listen mit MIPS-günstigen Produkten als auch Konsum- und Alltagsverhaltenstipps zur Weiterentwicklung des persönlichen Lebensstils.

Beide Bausteine weisen auf spielerische und phantasievolle Weise die Nutzer auf die Auseinandersetzung mit ihrem Lebensstil bzw. Konsum- und Gebrauchsgewohnheiten hin. Dabei ist es möglich, Verhaltensänderungen eigenverantwortlich an den jeweiligen Stand des Umweltbewusstseins anzuschließen statt durch imperative Überforderung renitente Reaktionen (Ausstieg aus der Befassung mit Umweltfragen) zu provozieren. Pädagogik eröffnet ja immer nur Möglichkeitsräume, kann und darf Verhalten aber nicht vorschreiben (auch wenn Pädagogen auf die Konsequenzen gesellschaftlicher Entwicklung bzw. Folgen von Alltagsverhalten mit dem gebotenen Ernst hinzuweisen haben; auch das ist pädagogische Verantwortung).

Das Wuppertal-Institut möchte den Umgang, den Einsatz und die Weiterentwicklung der Bausteine in der Praxis weiterverfolgen und fördern. Melden sie ihre Erfahrungen, Kritik und Anregungen an uns zurück.

Literatur

SCHMIDT-BLEEK, F. (1994). Wieviel Umwelt braucht der Mensch? MIPS – Das Maß für ökologisches Wirtschaften. Berlin/Basel/Boston: Birkhäuser
Mit Kindern neue Wege wagen (Broschüre zum Prospekt), erhältlich beim Wuppertal-Institut. (Im Herbst erscheint die MIPS für KIDS-Publikation im Verlag an der Ruhr)

Wilfried Buddensiek

Nachhaltiges Leben lernen: „Mirow 21"

„Mirow 21" – Lebens- und Selbsterfahrungsraum

„Mirow 21" ist der Name für das Projekt einer „Sustainable Living Herberge" des Deutschen Jugendherbergswerks (DJH), die mit Unterstützung der Deutschen Bundesstiftung Umwelt (DBU) im Herzen der mecklenburgischen Seenplatte neu gebaut wird. Ab Herbst 2000 steht in Mirow ein ganzjähriger Herbergs- und Tagungsbetrieb zur Verfügung. Neben einem Fahrradverleih fnden die Gäste auf dem Herbergsgelände eine Kanustation vor, so dass sie den Naturraum des Müritz-Nationalparks auf sanfttouristischen Wegen zu Land und zu Wasser entdecken können. Daneben soll der Herbergsneubau, insbesondere bei mehrtägigen Aufenthalten, vielfältige Schlüsselerlebnisse eines nachhaltigen Lebens bieten. Insbesondere für Seminargruppen und Schulklassen stehen Erkundungs- und Selbstlernmaterialien sowie multimedial ausgestaltete Seminarräume zur Verfügung, die Vorbildcharakter für eine zukunftsfähige Schule haben. Umweltpädagigische Fachkräfte, Energietechniker, Erzeuger ökologischer Produkte und andere Experten stehen auf Wunsch mit Rat und Tat zur Seite.

Entstehungszusammenhang und Grundkonzept

Entstanden ist das Zukunftsprojekt Jugendherberge in Zusammenarbeit mit dem DJH-Hauptverband in Detmold und dem DJH-Landesverband Mecklenburg-Vorpommern in Rostock.

Das gemeinsam mit der Herbergsleitung formulierte Leitbild beschreibt die wichtigsten Zielsetzungen von Mirow 21:

Für Schulklassen und andere Reisegruppen bietet Mirow 21 ein freizeitpädagogisches Konzept, das sich deutlich von schulischen Bildungsmaßnahmen unterscheidet.

Im Mittelpunkt stehen Schlüsselerlebnisse einer ökologisch, ökonomisch und sozial ausgewogenen Lebensweise, die die Jugendherberge durch ihre Ernährungsangebote, die Ausstattung der Räume, die erlebbare Energietechnik, ihr Mobilitätskonzept und ihre Freizeitangebote ermöglicht. Dabei soll eine ökologisch orientierten Preispolitik eine besondere Rolle spielen: Soweit Produkte den Ansprüchen einer nachhaltigen Entwicklung genügen, sollen sie besonders preisgünstig angeboten werden, während auf ökologisch und sozial bedenkliche Produkte ein Preisaufschlag erhoben wird.

Die Jugendherberge will ihren Gästen keine nachhaltige Lebensweise aufzwingen, sondern diese für einen begrenzten Zeitraum zur Erprobung anbieten. Die Gäste können ihre Distanz zum gewohnten Lebensraum nutzen, um mit dem notwendigen Abstand ihre bestehenden Alltagsgewohnheiten in Frage zu stellen. Ihnen soll aber auch die Möglichkeit bleiben, sich im Alltag von Mirow ähnlich wie zuhause zu verhalten, allerdings mit dem kleinen Unterschied, dass ein wenig nachhaltiger Lebensstil in Mirow etwas teurer wird.

Wer ausschließlich nach Mirow kommt, um sich zu entspannen, sich wohl zu fühlen oder Spaß zu haben, soll dies so lange uneingeschränkt tun können, wie die natürliche und soziale Umwelt darunter nicht zu leiden hat. Wer dagegen wissen möchte, worunter seine natürliche und soziale Umwelt besonders leidet bzw. wie sich die vordringlichsten sozialen und ökologischen Probleme im Prozess einer nachhaltigen Entwicklung lösen lassen, soll neben einem breiten Seminarangebot vielfältige adressatengerechte Medien für ein selbstentdeckendes Lernen finden.

Perspektiven für die Vernetzung der Jugendherberge mit Agenda 21-Schulen

Als außerschulischer Lernort wird Mirow 21 sich in vielfacher Hinsicht zu einem Vorbild für eine zukunftsfähige Schule entwickeln. Dies gilt insbesondere für

- selbstorganisierte Lernprozesse
- die Förderung von Schlüsselqualifikationen wie Kommunikationsfähigkeit und Kooperationsbereitschaft
- die auf diese Qualifikationen abgestimmte Raumgestaltung
- deren multimediale Ausstattung
- die Wohlfühlatmosphäre
- die Agenda 21 als normativer Rahmen für die ökologische und soziale Selbstüberprüfung
- das auf die Freiwilligkeit basierende Engagement der Gäste.

Im Vergleich zu schulischen Lernorten bietet Mirow 21 eine größere Vielfalt positiver Beispiele einer nachhaltigen Lebensweise. Aus der kurzzeitigen Besuchssituation resultiert eine besondere Aufmerksamkeit und Aufgeschlossenheit der Gäste gegenüber neuen Eindrücken und Erfahrungen. Kurz gesagt: *Mirow 21 bietet vielfältige Schlüsselerlebnisse im Sinne eines nachhaltigen Lebens.* Darin liegt die didaktische Stärke der Jugendherberge. Ihre didaktischen Schwächen treten insbesondere dann zu Tage, wenn sie von Schulklassen unter freizeitpädagogischer Perspektive genutzt wird. Im Rahmen eines kurzzeitigen Aufenthaltes bleibt wenig Zeit und Raum, die vielen neuen Eindrücke und Erfahrungen angemessen zu verarbeiten.

Damit Klassenfahrten nach Mirow nicht ein einmaliges exotisches Erlebnis bleiben, ist eine angemessene Nachbereitung erforderlich: *Was können wir von Mirow 21 für unsere Schulen lernen?* Von dieser Schlüsselfrage ausgehend kann die Schule ihre spezifischen didaktischen Stärken ausspielen. Die Idee einer selbstreflexiven Schule (Buddensiek, 1991, 1993, 1996) erhält durch die Schlüsselerlebnisse in Mirow einen nachhaltigen Impuls. Das erlebte Vorbild kann zur handlungsleitenden Norm für den ökologischen und sozialen Umbau an der eigenen Schule werden. Erst wenn diese Form der Vernetzung zwischen dem schulischen und dem außerschulischen Lernort gelingt, ist das didaktische Potential von Mirow 21 ausgeschöpft.

Wenn Mirow 21 auf dem einmal erreichten Entwicklungsstand stehen bliebe, verlöre es bald an Vorbildfunktion. Insbesondere durch die angestrebte kontinuierliche Selbstüberprüfung im Rahmen eines fortlaufenden Agenda 21-Prozesses kann sich die Jugendherberge jedoch gemeinsam mit ihren Gästen weiterentwickeln. Zu optimalen Synergieeffekten zwischen der Herbergs- und der Schulentwicklung käme es, wenn sich die Jugendherberge zu einem Zentrum für Lehrerfortbildungsmaßnahmen entwickeln würde, die sich mit der Entwicklung von Agenda 21-Schulen befassen. Wenn die Jugendherberge von Schulen und die Schulen von der Jugendherberge lernen, könnte aus diesem sozialen Netzwerk eine Selbstorganisationsdynamik entstehen, die einen maßgeblichen Beitrag für den Prozess der nachhaltigen Entwicklung leistet.

Literatur

BUDDENSIEK, W. (1991). Wege zur Öko-Schule. Lichtenau, Göttingen: AOL- und Werkstatt-Verlag

BUDDENSIEK, W. (1993). Unsere Schule unter den Lupe – Ökologisches Denken und Handeln im Schulalltag lernen. Schülerheft (a) und Lehrerheft (b). Stuttgart: Deutscher Sparkassenverlag. (vergriffen)

BUDDENSIEK, W. (1994). Die soziale Architektur einer ökologischen Schule. In Schreier, H. (Hg.): Die Zukunft der Umwelterziehung, S. 191 bis 216

BUDDENSIEK, W. (1996). Ökologisches Denken und Handeln lernen. Unsere Schule unter der Lupe. Schülerheft (a) und Lehrerheft (b). Stuttgart: Deutscher Sparkassenverlag. (Bezug über Sparkassen – Schulservice)

BUDDENSIEK, W. (1999). Grenzübergänge – Nachhaltiges Leben lernen. Konstruktive Rahmenbedingungen für die soziale Selbstorganisation in schulischen und außerschulischen Lernräumen. Habilitationsschrift, Universität Paderborn

BUDDENSIEK, W. (2000). Zukunftsfähige Lernumgebungen gestalten. (Aufsatz, Universität Paderborn)

Dorothea Werner-Tokarski

Die Partnerschaft zwischen Rheinland-Pfalz und Ruanda

Allgemeine Informationen zur Partnerschaft

Seit 1982 unterhält Rheinland-Pfalz eine Partnerschaft mit der Republik Ruanda. Diese Partnerschaft will einen neuen Weg der Entwicklungszusammenarbeit gehen. Ein wichtiges Anliegen besteht darin, die Bevölkerung von Rheinland-Pfalz verstärkt für entwicklungspolitische Aufgaben zu interessieren, indem die Entwicklungshilfe aus der staatlichen Anonymität herausgeführt und eine aktive Bürgerbeteiligung ermöglicht wird. Die Menschen sollen für die Probleme der Dritten Welt sensibilisiert werden und gleichzeitig die Möglichkeit zur unmittelbaren Zusammenarbeit in konkreten Entwicklungsprojekten erhalten.

Zur Konzeption dieser Partnerschaft gehörte von Anfang an, dass sie in beiden Ländern von den Kommunen und den verschiedenen gesellschaftlichen Gruppen aktiv getragen wird. Über 50 rheinland-pfälzische Gemeinden, ca. 200 Schulen, zahlreiche Pfarreien, Verbände und Vereine unterhalten mittlerweile direkte Beziehungen zu ihren Partnern in Ruanda. Die ruandische Bevölkerung soll eigenverantwortlicher Gestalter und Träger der Entwicklungsmaßnahmen sein. Die Partner in Ruanda (z. B. Bürgermeister und Partnerschaftskomitees) schlagen daher jeweils die Projekte vor, die ihnen am dringlichsten und sinnvollsten erscheinen, die rheinland-pfälzischen Partner bemühen sich darum, die finanzielle und materielle Unterstützung bereitzustellen.

Die Entwicklungsprojekte sollen Hilfe zur Selbsthilfe leisten und dazu beitragen, die Lebensbedingungen der Menschen unmittelbar zu verbessern. Die Schwerpunkte der Zusammenarbeit liegen daher in folgenden Bereichen: Bildung, Gesundheits-wesen, Infrastruktur, Landwirtschaft, Gewerblicher Sektor, Frauenförderung, Sozialwesen, Demokratieförderung.

Den institutionellen und organisatorischen Rahmen für die Partnerschaft mit Ruanda schafft die rheinland-pfälzische Landesregierung. Ein eigenes Referat im Ministerium des Innern und für Sport veröffentlicht regelmäßig aktuelle Informationen über Ruanda, vermittelt Kontakte zwischen den rheinland-pfälzischen und den ruandischen Partnern und verwaltet die Haushaltmittel. Mit diesen finanziellen Mitteln können die geplanten Maßnahmen bezuschusst werden, damit auch kleineren Gemeinden und Initiativen die Durchführung sinnvoller Projekte im Partnerland ermöglicht wird.

Schulpartnerschaften

Einen wichtigen Pfeiler der Partnerschaft stellen die intensiven Kontakte zwischen rheinland-pfälzischen und ruandischen Schulen dar.

Durch Briefkontakte mit der Partnerschule werden persönliche Kontakte zwischen den Kindern und Jugendlichen beider Länder gefördert. Diese ermöglichen das gegenseitige Kennenlernen der kulturellen, sozialen, wirtschaftlichen und politischen Situation. Unsere Schülerinnen und Schüler erhalten einen unmittelbaren Einblick in den Lebens- und Schulalltag und erfahren so, was Not und Armut sowie Mangel an Bildungsmöglichkeiten für ruandische Kinder und Jugendliche bedeuten. Dies trägt vielleicht dazu bei, das hiesige Anspruchsdenken und Konsumverhalten zu reflektieren, sowie das Bewusstsein weltweiter Verbundenheit und Verantwortung zu fördern.

Die Korrespondenz mit der Partnerschule muss in französischer Sprache (seit 1994 in vielen Schulen auch in englischer Sprache) geführt werden, weil nur sehr wenige Ruander Deutsch oder Englisch, jedoch alle Lehrer und die Schüler der oberen Klassen Französisch sprechen können. Die Postlaufzeiten können je nach Lage der Schule und der Verkehrsverbindung recht lang sein (bis zu mehreren Wochen), daher erfordern die Briefkontakte viel Geduld! Die Briefe können auch über das Ministerium des Innern und für Sport nach Ruanda weitergeleitet werden.

Rheinland-pfälzische Schülerinnen und Schüler sammelten in zahllosen Aktionen wie Benefizkonzerten, Solidaritätsmärschen, Basaren, Sportturnieren etc. Geld zu Gunsten des Partnerlandes Ruanda. Mit diesen Geldspenden konnte der Schulalltag in Ruanda durch Neubauten, Renovierungen sowie Ausstattung mit Möbeln und Unterrichtsmaterialien verbessert werden.

In Ruanda werden die traditionellen Kommunikationsformen der Schulpartnerschaften wie Briefe, Fotos, Zeichnungen, Musik- oder Sprechkassetten auch weiterhin Bestand haben. Das Internet als modernes Kommunikationsmittel für ruandische Schülerinnen und Schüler ist und bleibt angesichts von nur 150 Internetanschlüssen im gesamten Land Utopie. Es stellt sich auch die Frage, ob zukünftige Internetanschlüsse z.B. in privaten Sekundarschulen nicht zu sozialen Ungerechtigkeiten führen würden.

Auch persönliche Begegnungsreisen von Schülerinnen und Schülern zwischen Rheinland-Pfalz und Ruanda bleiben angesichts der hohen finanziellen Kosten auf Ausnahmen beschränkt.

Weitere Informationen sind bei der Autorin erhältlich.

Aus der Praxis einer Schulpartnerschaft

Über die Erfahrungen bei der Ausgestaltung einer Schulpartnerschaft mit einer Schule in Ruanda erzählt folgender Bericht von Werner Magin (Pesta-lozzi-Grundschule Mutterstadt):

Interkulturelles Lernen in einer Schulpartnerschaft

Die Pestalozzi-Grundschule Mutterstadt unterhält seit 1984 eine Partner-schaft mit der Primarschule Gakanka in der Präfektur Gikongoro. Ablauf und Inhalt erfolgten zunächst nach dem wohl üblichen Schema: Es wurde Geld gesammelt, Briefe wurden zwischen den Schulleitungen ausgetauscht, an-kommende Post mit Bildern der Partnerschule und des Kollegiums im Schaukasten ausgestellt, die örtliche Presse wurde informiert und eine kleine Ausstellung arrangiert.

Wir überlegten uns dann, wie wir diese Partnerschaft befriedigender, sinn-voller gestalten konnten, vor allem aber, wie man Grundschüler, das heißt Kinder im Alter von 6 – 10 Jahren, an einer zwar bescheidenen, aber doch kindgemäßen, informativen Kommunikation mit ihren ruandischen „Lei-densgenossen" teilnehmen lassen könnte, denn Partnerschaft sollte ein Lern-prozess für möglichst viele sein – gerade auch für Schüler – und dazu führen, dass man den anderen als Bereicherung empfindet, Andersartiges und Frem-des als reizvoll erkennt und anderen Lebensformen mit Wertschätzung be-gegnet.

Ein wesentliches Hindernis ist die Sprache. Hauptproblem war nun: Wie kann man das Hindernis Sprache umgehen, da unsere Grundschüler des Französischen nicht mächtig sind.

Wir haben deshalb versucht, in Form von Piktogramm-Briefen, das sind leicht verständliche Bildsymbole, den Schülern die Möglichkeit zu geben, bildlich etwas über sich (Familiensituation, Alltag, Umgebung) zu ermalen (non-verbale, non-scripturale Kommunikation). Die Schüler des 3. und 4. Jahrganges bekamen den Auftrag, ein Piktogramm-Muster gemäß ihrer Fa-miliensituation umzuformen bzw. zu ergänzen.

In ähnlicher Form, aber realistischer gezeichnet, kam die Antwort aus Ru-anda. Die „Briefe" wurden dann im Unterricht „gelesen" und besprochen. Eine Klasse transferierte die Zeichnungen in einen „normalen" Brief (etwa in der Form: „Ich heiße Mubanzankabo. Morgens um 6.30 Uhr gehe ich schon zur Schule...") Aus den Zeichnungen konnten die Kinder eine Fülle von inte-ressanten Informationen in Ruanda herauslesen, die besonders im Vergleich zu unserem Alltag sehr wirkungsvoll waren.

Andere Piktogramm-Briefe hatten zum Inhalt die hier üblichen Kinder-spiele, beschränkt auf Hüpf-, Murmel- und Seilspiele, Die Kinder versuchten,

aus der Palette der Möglichkeiten ein Spiel und die Spielregeln piktogramm-
artig darzustellen. Nach einiger Zeit kam aus Ruanda ein ganzes Bündel von
Schülerzeichnungen mit dort gängigen Spielen und Gymnastikformen. Nicht
bei allen Spielen waren die Regeln erkennbar, wir versuchten dann, selbst
Regeln dazu zu erfinden und damit eine afrikanische Spiel- und Sportstunde
zu gestalten.

Auch wurden Ferienerlebnisse zeichnerisch dargestellt und an die Partnerschule verschickt. Aus Ruanda kamen nun Zeichnungen, die uns viel über
das alltägliche Leben (Hirseanbau, Markttag, Arbeit auf den Feldern) und
festliche Höhepunkte erzählten (Hochzeit, Weihnachten ...)

Im Bereich Zeichnungen waren im Laufe der letzten Jahre Themen:
„Welche Tiere leben bei uns"
„Wir stellen unser Dorf dar"
„Ein Fest bei uns"
„Bei uns daheim"
„Wie wir uns das Leben in Afrika vorstellen"
Da diese Arbeiten teilweise in enger Verbindung zum Sachkundeunterricht
stehen, ergibt sich daraus eine zusätzliche Motivation.

Während eines Schulfestes und eines Waldfestes zum 80-jährigen Jubi-
läum der Pestalozzi-Grundschule gestalteten die 4. Klassen einen afrikanischen Markt, auf dem sie Gemüse, gestiftet von Landwirten und einem
Großmarkt, verkauften. Vorher wurden im Unterricht anhand von Dias afrikanische Kleidung und Frisuren besprochen. Mädchen zogen sich beim
Schulfest nun entsprechend an, flochten afrikanische Zöpfchenmuster, ban-
den sich eine Puppe auf den Rücken und versuchten handelnd ihre auf einer
Unterlage ausgebreiteten Waren zu verkaufen. Verkleiden, Handeln und Verkaufen sind für Kinder in diesem Alter besonders motivierend.

Es ist an der Pestalozzi-Grundschule zur festen Einrichtung geworden,
dass Schüler und Eltern alljährlich auf dem Weihnachtsmarkt Bananenblatt-
karten und Kunstgewerbliches aus Ruanda verkaufen. So werden auch die
Eltern in die Arbeit mit der Partnerschaft einbezogen und Verständnis und
Interesse geweckt.

Selbstverständlich gehört auch zu einer Beschäftigung mit Ruanda die Information nach außen. Ein Schaukasten berichtet über die Aktivitäten an der
Schule. Briefe aus Ruanda und Zeitungsberichte über das Land, Bilder,
Zeichnungen, Fotos etc. informieren dort Kinder und Erwachsene. Jedes Jahr
findet auch ein Lichtbildervortrag über Ruanda und die Partnerschule für die
interessierte Elternschaft statt.

Bei uns ist es auch üblich, dass etwa 1-2 Elternbriefe pro Jahr die Erwachsenen über die Partnerschaft und die Schulaktivitäten bezüglich Ruanda in
Kenntnis setzen.

Drei Ausstellungen in Zusammenarbeit mit der Gemeinde und einer Bank gaben einer breiteren Bevölkerungsschicht die Möglichkeit, sich über Ruanda und die Partnerschaftsarbeit der Pestalozzi-Grundschule kundig zu machen.

Ein besonderer Glücksfall für die Schule ist die Tatsache, fast jedes Jahr einen oder auch mehrere Gäste aus Ruanda an der Grundschule begrüßen zu können, welche in die Info-Arbeit und in den Unterricht mit eingebunden werden. Immer wieder zeigt sich dabei eindrucksvoll, wie ungeheuer wichtig und unersetzbar eine persönliche Begegnung ist!

Im Rahmen des unterrichtlichen Freiraums wurde für die 4. Jahrgangsstufe eine Unterrichtsfrequenz stichpunktartig im Sinne eines Gesamtunterrichts ausgearbeitet und 1992 erprobt. Wertvolle Hilfe leistete dabei das Buch „MURAHO", das vom Schulelternbeirat in 25 Exemplaren finanziert wurde. Als weiteres Unterrichtsmaterial standen sehr viele Dias aus allen ruandischen Lebensbereichen zur Verfügung, ebenso viele Gegenstände aus unserem Partnerland (z.B. ein Holzfahrrad) sowie Stoffbilder, Folien, Zeichnungen, Kassetten etc.. Einzelne sachunterrichtliche Themenbereiche waren:

- Ruanda, Land der tausend Hügel,
- Was wir über Ruanda wissen sollten,
- Auf einem Markt,
- Leben in der Familie Sibomana,
- Aufgaben und Pflichten eines Kindes in Ruanda,
- Wir essen Früchte aus Ruanda (Avocados, aus den Kernen züchteten wir Bäumchen!)
- Schulalltag in Ruanda,
- Kinderspiele in Ruanda.

In Verbindung mit Deutsch:
- „Übersetzen" eines Piktogramm-Briefes in einen richtigen Brief,
- Märchen und Geschichten aus Afrika,
- Lektion Kinyarwanda.

In Verbindung mit Musik:
- Bau von Musikinstrumenten (Rassel, „Ikikembe" = afrikanisches Klavier).
- Lieder: „Wilira" – „Der Hase" (Kenya).
- Eine afrikanische Melodie wird vorgegeben; die Kinder erfinden dann den Text, der von den vielfältigen Arbeiten der Kinder erzählt.

In Verbindung mit Religion:
- der ferne Nächste,
- Beispiele christlichen Umgangs mit Armut und Reichtum (reicher Kornbauer, Urgemeinde, Franz von Assisi, Basisgemeinde ...).

In Verbindung mit Bildender Kunst:
– Bau eines ruandischen Gehöftes auf einem Hügel, eine Arbeit, die sehr viel Freude bereitete und zu beachtlichen Ergebnissen führte.

Ein Preisrätsel vervollständigte und schloss die Einheit ab, die einen Zeitraum von 3 Wochen umfasste (Quelle: Ruanda Revue Neue Folge 2/1998, S. 15-16).

Antwortschreiben eines Schülers aus Gakanka auf den Piktogrammbrief der Pestalozzi-Grundschule aus Mutterstadt

Gakanka, den 08.12.93
Muraho, liebe Manuela,
ich heiße Felicien Rubangankabo und wohne mit meinen Eltern und meinen 5 Geschwistern zusammen. Unser „Rugo" liegt mitten auf einem Hügel. Er besteht aus einem Wohnhaus, das mit Wellblech bedeckt ist, einer mit Stroh bedeckten Kochhütte und einem großen Holzzaun, der unsere Wohnanlage schützt. Auf unserem Hügel sind Kaffeebäumchen, Bananenstauden und Maniok angepflanzt. Welche Felder habt ihr?

Ich möchte dir nun noch meinen Tagesablauf erzählen. Morgens muss ich kurz vor 6 Uhr aufstehen, weil ich Wasser holen soll. Heute gibt es kurz nach 6 Uhr Bohnen zum Frühstück. Danach packe ich meine Tasche und gehe zur „Iskuli". Für meinen Schulweg brauche ich 1 Stunde. Er ist aber auch nicht leicht, weil ich einen Bach überqueren muss. In der Regenzeit ist der Bach so hoch gestiegen, dass man ihn nicht überqueren kann. Dann bleibe ich bei Bekannten. Um 7.30 Uhr komme ich in der Grundschule Gakanka mit 8 Klassen an.

Wir haben in der ersten Stunde Rechnen. Um 12 Uhr esse ich in der Schule einige Bananen, weil der Weg nach Hause lang ist. Der Unterricht geht dann bald weiter. Um 4 Uhr ist die Schule dann zu Ende. Ich gehe aber erst um 4.30 Uhr nach Hause, weil ich noch Hausaufgaben machen muss.

Endlich kann ich gehen und mich zu Hause ein wenig ausruhen. Kurz danach muss ich das Vieh hüten. Um mehr Spaß zu haben, nehme ich mein Holzrad mit. Bei Sonnenuntergang kehre ich zurück. Gegen 8 Uhr gibt es das erste Mal am Tag warmes Essen. Wenn ich fertig bin, rolle ich die Schlafmatte aus und kuschele mich eng an meine Geschwister.

Kinyarwanda – Deutsch: muraho = guten Tag, iskuli = Schule

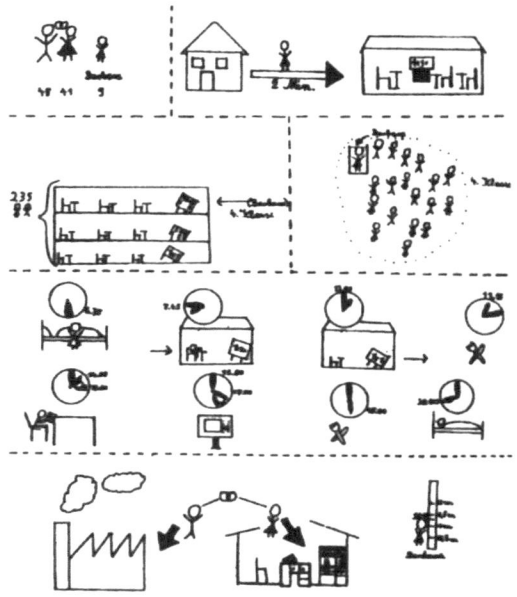

Piktogrammbrief aus Mutterstadt

Quelle: Ruanda Revue Neue Folge 2/1998, S. 16, Titelseite

259

Harald Kleem

Anforderungen an Schulpartnerschaften und Kooperationsprojekte

Einige Fragen

Kriterien für „gute", da effiziente, nachhaltige und partnerschaftliche Nord-Süd-Partnerschaftsprojekte sind bisher für Schulpartnerschaften nicht dokumentiert. Viele der existierenden Projektpartnerschaften entstehen zufällig, haben diffuse Ziele, keinen definierten Verlauf und enden nicht selten in der Bestätigung der klassischen Rollenverteilung: im Süden sitzen die Bedürftigen, im Norden die Großzügigen. Hinzu kommt ein unverhältnismäßig großer Aktionismus insbesondere in den Schulen, wenig Bildungsarbeit, wenig Vermittlung über Einsichten in die Entstehung der aktuellen Bedingungen. Die Akteure insbesondere in Europa halten ihre Arbeit für effizient, da oft große Geldmengen für die Projekte aufgebracht werden. Sie sind darüber hinaus ausgesprochen fleißig, arbeiten über die Maßen zum Wohle der Projekte und sind deshalb wenig empfänglich für „gute Ratschläge". Sie setzen sich möglicher Kritik nicht aus, da sie selten zu größeren Netzwerken gehören, noch seltener mit professionellen, großen Nord-Süd-NGO`s kooperieren.

Eine kritische Revision der existierenden Partnerschaftsprojekte könnte eventuell zeigen, dass viele dieser Projekte nicht mehr zeitgemäß arbeiten und das „Entwicklungsland Deutschland" nicht im Blick haben. Globale Nachhaltigkeit wird es aber nur geben, wenn der Norden sich stärker verändert als bisher und seine Rollen in der globalen Kooperation überdenkt.

Die Beachtung folgender Kriterien erscheint vor diesem Hintergrund nötig:

1. Die Ziele der Partnerschaftsprojekte sollten möglichst klar definiert und einem zeitlichen Rahmen zugeordnet werden. Die Zielbeschreibung sollte separat für beide Seiten der Partnerschaft erfolgen und so präzise sein, dass eine Erfolgskontrolle in einem überschaubaren Zeitraum möglich ist, somit auch das Ende eines Projektes definierbar ist. Diese Ziele stellen sich für alle Beteiligten (LehrerInnen, Eltern, SchülerInnen, Schule als Institution, beteiligte PolitikerInnen etc.) unterschiedlich dar. Größere Projekte sollten professionell, das heißt ggf. auch unter Assistenz einer exter-

nen Beratergruppe geplant und durchgeführt und ausgewertet werden („Coaching").

2. Partnerschaft meint Gleichberechtigung und nicht Dominanz eines Partners. Ob dieses Kriterium erfüllt wird, lässt sich schnell feststellen, indem mögliche Konflikte simuliert werden (Geldverlust, Verwaltungskosten, politische Einflussnahme, Konflikte in der Organisationsgruppe über Ziele etc.).

3. Projektpartnerschaften müssen auf beiden Seiten von Teams getragen werden, auch wenn „Initialzündungen" von Einzelpersonen ausgehen. Dabei darf es keine Informations- und Kommunikationsmonopole geben. Das Team muss breit über den Partner, seine Interessen und Bedürfnisse informiert sein. Die Arbeit des Teams muss von der Wertschätzung des Partners getragen werden. Diese Voraussetzungen führen auch zu konsequenter Qualitätsverbesserung in den Projekten, da die Vielfalt an Ideen und die Möglichkeit, verschiedene Kompetenzen einzubeziehen, deutlich zunimmt.

4. Schwerpunkte bei der finanziellen Unterstützung der Süd-Partner ergeben sich aus der Notlage des Südens. Die Teams im Norden sollten für sich jedoch immer definieren, welches „Produkt" den Weg in den Süden nimmt oder nehmen soll.

5. Nord-Süd-Projektpartnerschaften finden im Kontext zunehmender Globalisierung und spezifischer Bedingungen in den jeweiligen Gesellschaften statt. Das Wissen um diesen Kontext muss bei allen Beteiligten wach gehalten werden.

6. Partnerschaftsprojekte sollten auf gemeinsames Handeln abzielen. Dies kann geschehen im Rahmen internationaler Kampagnen oder Aktionstage, muss also nicht eigene Handlungen und Aktionen voraussetzen. Die Einbeziehung der Projeke in internationale Netzwerke und Kampagnen fördern das Bewusstsein, Teil einer globalen Bewegung zu sein.

7. Begegnungen spielen trotz fortschrittlicher Kommunikationsmedien (Fax, Internet) und der damit gewonnenen Kommunikationsdichte eine wichtige Rolle. Es sollen in den Projekten deshalb mittelfristig für alle Beteiligten geprüft werden, ob und in welchem Maße Begegnungen finanziell, sozial und ökologisch verantwortbar sind. Die Realisierung erfordert einen hohen Aufwand, ist jedoch wegen der Verstärkung von Motivation und bei geeigneter Vorbereitung – auch der Zunahme von Wissen und Verständnis über den Partner – kaum zu ersetzen.

8. Allen Beteiligten muss klar sein, dass Nord-Süd-Partnerschaften auf Dauer auch Erwartungen und Verantwortlichkeiten schaffen. Dies muss realistisch betrachtet und abgewogen werden.

Dies ist ein Plädoyer für einen intensiveren, aber weniger spontanen Umgang mit Nord-Süd-Projekten. Insbesondere Schulen in Deutschland müssen verstehen, dass sie im Rahmen von Partnerschaftsprojekten Wissen und Anschauung erwerben, die für die Bildung von Schülern und in der Folge für veränderte Perspektiven in der nachhaltigen Entwicklung nützlich und notwendig sind.

Ein Beipiel: Brasilianisches Schulentwicklungsprojekt Mauá – Ostrhauderfehn: „Wege zu nachhaltiger Partnerschaft – Schulprogrammentwicklung in einer Nord-Süd-Kooperation"

Ausgangsüberlegung und Ziele

Tagungen in Niedersachsen im Jahre 1999 zur Weiterentwicklung der Arbeit an einer Lokalen Agenda 21 haben zwei defizitäre Bereiche zum Vorschein gebracht:

– die Einbeziehung der globalen Perspektive ist oft unzureichend;
– die Rolle von Bildung und Erziehung wird nicht genügend klar gesehen.

Dabei sind Schulen und Nord-Süd-Gruppen durchaus bereit zur Mitarbeit und könnten wertvolle Impulse zum Perspektivwechsel in den lokalen Agenda-Gruppen liefern.

Das hier beschriebene Vorhaben will in diese Lücke vorstoßen und systematisch versuchen,

– die Rolle von Schule im lokalen Agenda-Prozess aufzuwerten
– die Kooperation zwischen zwei Kontinenten, die Perspektiven des Partners in die lokale Arbeit einzubringen.

Zielgruppe sind also die SchülerInnen, ihre Eltern und die lokalen Agenda-Gruppen in der Gemeinde Ostrhauderfehn (Ostfriesland) und in dem Einzugsgebiet von Mauá (Brasilien). „Entwicklungshilfe" also für uns selbst, neue Impulse für die Weiterentwicklung von Bildungskonzeptionen im Rahmen der Agenda 21.

In dem Vorhaben werden zwei Schulen in ihren Bemühungen zur Entwicklung von Schulprogrammen im Sinne der von der Agenda 21 geforderten „Bildung für Nachhaltige Entwicklung" kooperieren. Sie werden im Rahmen des Vorhabens gegenseitig die Arbeitsbedingungen erkunden, Schritte zur Veränderung der (Fach-)Curricula und des Schulprogrammes erarbeiten und erste Kooperationsprojekte planen und durchführen.

Am Ende des Projektes

- soll ein Erfahrungsbericht stehen, in dem u.a. die Möglichkeiten und Grenzen kontinentüberschreitender Schulentwicklungskooperation im Rahmen von lokaler AGENDA-Arbeit benannt werden.
- soll eine konkrete Kooperation zwischen den Schulen der beiden Regionen entstanden sein, die mittelfristig gemeinsame Unterrichtsprojekte insbesondere zu den Themen Kultur, Soziales, Ökologie und Menschenrechte ermöglicht.

Die beteiligten Schulen sind in interessanten, fast vergleichbaren Regionen. Die Schule in Mauá ist darüber hinaus das einzige Sprungbrett für Jugendliche in eine sichere Zukunft. Außerdem hat die Schule in der Region eine ganz besondere, integrierende Funktion und ist maßgebend bei Innovationen in den Sektoren Umwelt und Soziales.

Die Schulen sind beide in länderspezifischen Netzwerken eingebunden. Deshalb ist ein Multiplikatoreneffekt zu erwarten. Die Orientierungsstufe Ostrhauderfehn arbeitet z.B. mit im Verbund der „Schulinitiative Agenda 21" in Niedersachsen. Die Schule in Mauá kooperiert mit einem Schulnetzwerk im Mantequeira-Massiv und mit Netzwerken im Bundesstaat Rio de Janeiro. Die konkrete bilaterale Arbeit der Schule ist also erweiterbar auf regionale Netzwerke in beiden Ländern, die an der Idee großes Interesse zeigen.

Das Projekt ist eingebunden in eine regionale Agenda 21-Kooperation der Regionen Leer und Mauá, in der Kommunalpolitiker, Fachleute aus den Bereichen Verwaltung, Tourismus, Ökologie und Soziales sich in jährlichen Seminaren beraten und Konzepte austauschen (gefördert von der Friedrich-Ebert-Stiftung/ILDES, dem Ministerium für Bundes- und Europaangelegenheiten in Niedersachsen, Bingo-Lotto, Arbeitsgemeinschaft Bildung und Publizistik im Kirchlichen Entwicklungsdienst/ABP)

Situationen der beteiligten Schulen

Die Orientierungsstufe Ostrhauderfehn liegt im Nordwesten der Bundesrepublik Deutschland, nahe der niederländischen Grenze, 50 km von der Nordseeküste entfernt. Die Gegend ist flach, die Landschaft durchzogen von Gräben, Kanälen, kleinen Flüssen. Hier wird seit 200 Jahren in den trockengelegten Mooren Torf abgebaut. Die Menschen sind freundlich und offen. Man wohnt in langgestreckten „Fehnsiedlungen", in der Regel im eigenen Backsteinhäuschen.

Die Schule hat von Anfang an versucht, ein Programm zu entwickeln, das auf die besonderen Bedürfnisse der Schülerinnen und Schüler in der Region zugeschnitten ist. Dabei hat sich das Kollegium von erfahrenen Bürgern der

Region beraten lassen. Man legt Wert auf das Erlernen von Selbständigkeit, auf die Entwicklung von Regionalbewusstsein, auf Erweiterung des Bewusstseins durch internationale Partnerschaften und besondere Erfahrungen mit Natur und Umwelt. Eine Bindung an die Ziele der AGENDA 21 entwickelt sich kontinuierlich.

Der besonderen Rolle der Schule in der Gemeinde versucht man durch ständige Einbeziehung von Vereinen, Institutionen und Einzelpersonen in den Unterricht und das Schulleben, aber auch durch Ausstellungen und Konzerte gerecht zu werden. Schulintern wird durch zahlreiche Ausstellungen und Präsentationsmöglichkeiten (im monatlichen „forum", bei Festen und anderen Veranstaltungen) Gelegenheit zur Herstellung von Öffentlichkeit gegeben.

Querschnittsaufgaben wie interkulturelle Bildung, Umweltbildung, Medienerziehung etc., die Bedürfnisse zur Schaffung von mehr Übersichtlichkeit und Herstellung von Zusammenhängen zwischen den Themen der einzelnen Fächer und das Interesse an mehr Anschaulichkeit und Handlungsfähigkeit führten zu dem Konzept der „Jahresthemen". In einem ausführlichen Verfahren werden Jahresthemen entwickelt und als Thema über Fachunterricht, Projekte, Exkursionen, Veranstaltungen und Schuldekoration gestellt.

Inhaltliche Schwerpunkte des Schulprogramms sind:

– Förderung der Umweltbildung
– Unterstützung Globalen Lernens/Interkultureller Bildung
– Unterstützung lokaler kultureller Identität
– Unterstützung von Initiative, Selbststeuerung und Selbständigkeit

Die Schule gehört einem niedersächsischen Schulnetz der „Initiative AGENDA-21-Schulen" an und unterhält Kontakte zu einer brasilianischen Schule im Gebiet des „Atlantischen Regenwaldes" zwischen Rio de Janeiro und Sao Paulo. Die Schule hat beschlossen, verstärkt Kontakte mit Schulen in Deutschland, in Europa und in anderen Kontinenten aufzubauen. Kern dieser Kontakte könnte die Entwicklung von Schulprogrammen zur AGENDA 21 sein.

Die Partnerschule „Colégio Estadual Visconde de Mauá" ist eine Schule der Klassen 5-13 in der Mantiqueira-Region (Atlantischer Regenwald) im Dreieck der Städte Belo Horizonte, Sao Paulo und Rio de Janeiro. Sie hat ein großes Einzugsgebiet, das vier Gemeinden, zwei Bundesländer und fünf Grundschulen umfasst. Die Schule hat ein Programm zur Umwelterziehung und kooperiert eng mit Gruppen und Initiativen der Region, die sich um Naturschutz, Wasserprojekte und ökologisch verträglichen Tourismus bemühen. Überregional ist die Schule eingebunden in die Organisation zur Umweltbildung „Muda o Mundo, Raimundo", eine NRO („Nicht-Regierungsorganisation"), die Programme zur Umweltbildung durch Weiterbildung von Lehrern und durch Bereitstellung Materialien unterstützt, ferner in Programme der CREA-RJ, einer großen überregionalen Organisation

von Architekten, Agronomen und Ingenieuren, die Projekte zum Wasserschutz betreut. Zwei Lehrerinnen sind als Umweltbildungs-Multiplikatorinnen ausgebildet und arbeiten mit den fünf umliegenden Grundschulen. In der Schule werden unter einfachen räumlichen Bedingungen 360 Schüler in drei Schichten unterrichtet. Die Schule hat erste Schritte zur Programmentwicklung vollzogen.

Bilaterale Schulkooperation Mauá – Ostrhauderfehn:

Die Einbeziehung einer vergleichbaren Schule in Brasilien in die pädagogische Schulprogrammentwicklung sowie in das Jahresthema soll dazu beitragen, dass Schüler, Eltern, Lehrer und die Partner in der Region eine globale Dimension erfahren und einen Perspektivwechsel im Blick auf die Wirklichkeit in der Region vornehmen. Mittelfristig werden wir auch die Einbeziehung anderer europäischer Partner erwägen, etwa im Rahmen des EU-Programmes „Comenius".

Konkret

— sollen Maßnahmen zum Schutz von Wasser und Boden, sowie besonderer Vegetation herausgearbeitet werden,
— sollen Wege zur Integration von Ökonomie, Ökologie und Sozialem und
— soll die Existenz von Partnern, die in großer Entfernung an gleichen Problemen und Lösungen arbeiten, bewusst gemacht werden können

Auch in Brasilien gibt es eine Diskussion zur Gewährung von mehr Autonomie in den Schulen und eine entwickelte Debatte zur Vermittlung von Umweltbildung.

Beiden Ländern ist ein Defizit an globaler Verantwortung zu unterstellen: Brasilien, das aufgrund seiner Größe sehr großzügig mit eigenen natürlichen Ressourcen umgeht, Deutschland, das aufgrund seines hohen Technisierungsgrades und seines Wohlstandes nur zu geringen Korrekturen im Umweltverhalten bereit zu sein scheint. Insbesondere brasilianische Schulen haben wenig Kontakte mit Schulen außerhalb des Landes.

Aus diesen Gründen erscheint uns eine Kooperation zweier Schulen bei der Programmentwicklung und im Bereich curriculare Arbeit sinnvoll. Das gemeinsame Arbeiten schafft anderes Bewusstsein, neue Perspektiven. Das offene Arbeiten in der Region schafft neue Wirkungskreise und neue Kooperationen zwischen den beiden Ländern. Das Ergebnis könnte eine durchdachte Konzeption zur Schulprogrammentwicklung in bilateralen, transkontinentalen Partnerschaften sein.

Durch diese Kooperation ist also eine Verstärkung der Bemühungen zur Erabeitung einer Lokalen AGENDA zu erwarten.

Die Schulen werden versuchen, umwelt- und entwicklungspolitische Aspekte so in den schulischen Alltag zu integrieren, dass ständig ein Perspektivenwechsel für die beteiligten Schulen möglich ist. U.E. gelingt dies am Besten in der Integration von Partizipation, von Ökologie, Ökonomie und Sozialem im Rahmen der Arbeit zur AGENDA 21. Dazu Beispiele aus Unterrichtseinheiten, Projekten und Events:

- Fahrrad: Verkehrsunterricht, Deutsch, Physik, Biologie, WuK: Die Aspekte Gesundheit, Ökologie, Sicherheit und globale Umweltprobleme werden zusammen betrachtet.
- Die Kraft des Windes: Physik, WuK, Biologie, Musik. Sinnlich erfahrbar werden Möglichkeiten natürlicher Energie und in Kooperation mit Partnern in anderen Ländern der unterschiedliche Umgang mit dieser Naturkraft.
  Beispiele: Windenergie (Koop mit Spanien); Segler und Entdecker / Eroberer (Koop mit Brasilien); Klima, Wetter, El Nino (Koop mit Brasilien, hier andere Auswirkungen der Wetterveränderungen);
- Küste: Biologie, Deutsch, Kunst, Musik, Physik, Sport: Regionale Prägung durch geographische Bedingungen, unterschiedliche Gefährdungen durch unterschiedliche ökonomische Systeme und Standards in Brasilien und Deutschland.

Die verschiedenen Themen werden teils gemeinsam per e-mail bearbeitet, teils mit Material des Partners versorgt. Nach 2 Schuljahren soll sich so ein vollständiges und differenziertes Bild über den Partner im anderen Land ergeben in Form einer exemplarischen Erfahrung, nicht als Belehrung.

Neben den geschilderten Aufgaben hat diese Teil-Maßnahme zum Ziel, die Entwicklung einer Lokalen AGENDA durch die pädagogische und programmatische Arbeit von Schulen zu fördern.

Bisherige Schritte

Nach ausführlichen Vorgesprächen in den beiden Schulen haben sich Projektteams gebildet. Diese Teams sind bereit, Erkundungen vorzunehmen, Projektteile zu entwickeln und zu erproben und die Ergebnisse auszuwerten und zu dokumentieren.

Eine erste Erkundung hat im Dezember durch 3 LehrerInnen und einen Elternvertreter in Ostrhauderfehn im Rahmen eines kommunalen deutsch-brasilianischen Seminars stattgefunden. Es wird im Sommer einen weiteren Besuch von mindestens 5 LehrerInnen geben, in dem die Strukturen der Arbeit in Ostrhauderfehn genauer durchleuchtet werden und das kommende Jahresthema und die festen Bestandteile der durch Rahmenrichtlinien vorgegebenen Unterrichtseinheiten und -themen auf Möglichkeiten der Kooperation untersucht werden sollen. In der Folge beginnen bilaterale Teilprojekte: Erarbeitung einer Basis-Unterrichtseinheit über Mauá und Ostrhauderfehn, Erarbeitung erster deutsch-brasilianischer Bausteine, die in bestehende Unterrichtseinheiten eingebaut werden können, Konzerte/ Workshops/Ausstellungen über das jeweilige Land, die Einrichtung eines Info-Platzes in jeder Schule, erste Korrespondenzen zwischen Klassen der beiden Schulen im Rahmen des Englisch-Unterrichtes via e-mail, Einrichtung einer gemeinsamen Homepage, Materialversand für Ausstellungen, Projekttage zum gemeinsamen Jahresthema. Im Herbst wird es eine 14-tägige Erkundung mindestens 7 deutscher LehrerInnen, ElternvertreterInnen, ggf. auch SchülerInnen in Mauá geben.

Im Jahr 2001 soll ein gemeinsames Seminar zur Schulprogrammentwicklung in Ostrhauderfehn stattfinden. Eine Projektbegleitung und -medienunterstützung durch eine Niedersächsische Universität ist beantragt. Fördermittel für das Vorhaben sind zugesagt von der Ev. Kirche Deutschlands (ABP), weitere sind beantragt bei der Niedersächsischen Landesregierung und bei Bingo-Lotto, der Umweltlotterie in Niedersachsen. Ein Bericht über das Projekt wird Ende 2001 fertig sein.

5.
Arbeiten in Netzwerken und übergreifenden Kooperationen

Falk Bloech

„Weltweite Projekttage" und Partizipation von Schülerinnen und Schülern

Anfang der neunziger Jahre, als sich Osteuropa im Zeichen von Perestroika und Glasnost öffnete und Partnerschaften mit weißrussischen Städten und Schulen ermöglichte, wurden im Oberstufen-Kolleg Bielefeld fächerübergreifende Kurse zu „Russen und Deutsche – alte Feindbilder weichen", „Bürgerbewegungen in Weißrußland" und „Vladimir Tschernousenko: Die Wahrheit über Tschernobyl" angeboten. Die problemorientierten Kurse wurden mit Projekten verbunden, z.b. „Hilfe im russischen Hungerwinter – Pakete nach Nowgorod" und „Medikamente für die Kinder von Tschernobyl". Es wurde ein zwölfstündiger Staffellauf rund um die Uni und das Oberstufen-Kolleg organisiert und über 10.000 DM für den Bau eines Lehmhauses in Tscherzy bei Witebsk im (relativ) unverstrahlten Norden Weißrußlands gesammelt. Eine Familie aus der verseuchten Zone fand hier eine zweite Heimat. Im Jahr darauf wurde in Tscherzy während des Projektunterrichts ein Work-camp organisiert, in dem gemeinsam mit Kindern und Jugendlichen aus dem Dorf ein Spielplatz gebaut und der Jugendtreff renoviert wurde. Es folgte ein Gegenbesuch von Jugendlichen und Lehrern im nächsten Jahr mit einem Work-camp in einem Storchenschutzgebiet an der Weser. So entwickelte sich mit jährlichen Besuchen und Gegenbesuchen eine Partnerschaft zwischen dem Oberstufen-Kolleg und dem Dorf Tscherzy, die bis heute anhält. Einige Kollegiatinnen freundeten sich mit den Studenten aus Minsk an, die als Dolmetscher die Begegnungen begleiteten. Sie besuchten sie des öfteren privat und nahmen zunehmend Anteil an den Alltagssorgen ihrer weißrussischen Freunde, auch an deren Gefährdung, als sie sich an verbotenen Demonstrationen für die Opfer der Tschernobyl-Katastrophe beteiligten und mit Gefängnisstrafen bedroht wurden. Die Beteiligung von Schülerinnen und Schülern an der Gestaltung einer Partnerschaft zwischen einer Schule und einem Dorf hätte nicht intensiver und nachhaltiger sein können.

Der „Internationale Projekttag der Solidarität – 10 Jahre nach Tschernobyl" am 26.April 1996 erwuchs aus diesem Projekt „Leben nach Tschernobyl". Während der Aufenthalte in Weißrußland war deutlich geworden, dass die vom Staat und von westlichen humanitären Organisationen geleisteten Hilfsmassnahmen angesichts der Größenordnung der todbringenden Verstrahlung bei weitem nicht ausreichten. Es musste etwas Grösseres geschehen.

So rief das Oberstufen-Kolleg 1994 gemeinsam mit der Laborschule das weltweite Netzwerk der damals etwa 5000 Unesco-Projekt-Schulen und alle erreichbaren Schulen zur Beteiligung an einem „Internationalen Projekttag der Solidarität" am 26. April 1996, 10 Jahre nach der Reaktorkatastrophe, auf. Dieser Schritt war riskant. Nie zuvor hatte eine einzelne Schule alle anderen UNESCO-Projekt-Schulen zu einem gemeinsamen, über zwei Jahre im Unterricht vorbereiteten Projekttag eingeladen. Würde das Thema „Tschernobyl" Schulen außerhalb Europas ansprechen und eine gemeinsame Aktion rechtfertigen? Die Bielefelder Koordination vertraute darauf, dass es einen weltweiten common sense zu „Tschernobyl" und seinen Folgen gibt, vergleichbar mit Hiroshima und der militärischen Verwendung der Atomkraft. Die Antworten aus Indien, Griechenland, Norwegen, Argentinien, Simbabwe, insgesamt von etwa 1200 Schulen aus 64 Ländern, waren beeindruckend.

Schülerinnen und Schüler arbeiteten sich gründlich in die Thematik „Atomkraft und alternative Energiegewinnung" ein, diskutierten mit Eltern und Politikern und verfassten Presseartikel. Für humanitäre Projekte (Medikamentenhilfe, Einladungen von Kindern aus der verstrahlten Zone, Operationen, Umsiedlungen usw.) wurden mit Sponsorenläufen, Basaren, d.h. mit unzähligen kleinen Beträgen über 600 000 DM gesammelt. Der belorussischen Demokratiebewegung konnten wir damit in einer schwierigen Situation den Rücken stärken. Die Kollegiatinnen und Kollegiaten, die sich zunächst an den Workcamps und später an der Koordinierung der Kampagne beteiligten, wuchsen über sich hinaus: Sie lernten im Verlauf der Vorbereitungen auf den Projekttag in weiten Räumen und Zeitabläufen zu planen, mit Ministern zu telefonieren, Haushaltspläne zu diskutieren und unzählige Anfragen zu beantworten.

Auf der zentralen Kundgebung am 26. April 1996 auf dem Bielefelder Rathausplatz hat eine Kollegiatin eine Telefonkonferenz mit Schulen gleichzeitig aus Haiti, Tansania und Belorußland geleitet. Sie hat ihre Erfahrungen bei der Mitarbeit in der Koordinierungsgruppe und ihre Fremdsprachenkenntnisse in Englisch, Französisch und Russisch souverän eingebracht, die Technik beherrscht, die richtigen Fragen gestellt, für die Zuhörerschaft in Bielefeld übersetzt und bei dem Ganzen trotz aller Anspannung ihr Vergnügen gehabt.

Dieser 1. Internationale Projekttag sollte kein Strohfeuer bleiben. Eine nächste Verabredung möglichst vieler Schülerinnen und Schüler erfolgte zum 27. April 1998 unter dem Motto „50 Jahre Allgemeine Erklärung der Menschenrechte". Auch die Resonanz auf den Aufruf zum 2. Projekttag der Solidarität am 27.April 1998 „50 Jahre Allgemeine Erklärung der Menschenrechte", zeigte, dass eine Vernetzung von Schulen aus den verschiedensten Ländern möglich ist, wenn der entsprechende Rahmen dafür angeboten wird: Ein gemeinsames Thema, Unterrichtsanregungen der Bielefelder Koordination in 4 Sprachen, die den einzelnen Schulen vor Ort genügend Spielraum für eine eigenständige Umsetzung des Themas lassen, sowie eine produktorientierte, öffentlichkeitswirksame Bündelung der Aktivitäten am Projekttag. Von etwa 1500 Schulen aus 91 Ländern wurden die Unterrichtsanregungen der Bielefelder Koordination angefragt und Kooperationen angeboten.

Bei der weltweiten Vernetzung spielte neben persönlichen Begegnungen und Schulpartnerschaften auch die Nutzung elektronischer Vernetzung per E-mail und Internet eine immer größere Rolle. Dabei konnte beobachtet werden, dass neben der Gruppe der sozial aufgeschlossenen Kollegiatinnen und Kollegiaten ein neuer Schüler-Typ an Bedeutung gewinnt: Der „Internet-Freak", der zunächst nur seine Medienkompetenz einbringen möchte und dann zunehmend an der Thematik des Projekttags Interesse findet.

Aus einem Bericht der Süddeutschen vom 22.5.98 über den 2. Weltweiten Projekttag und eine Veranstaltung im Oberstufen-Kolleg:

„Während die Grundschulklasse der Laborschule auf der Bühne tanzt, versuchen zwei achtzehnjährige Schüler des Oberstufen-Kollegs die internationale Telefonkonferenz zustande zu bringen. Nach zahllosen Versuchen steht auch die Verbindung zur Schule 42 in der zentralafrikanischen Hauptstadt Bangui (...). Im Internet-Café kämpfen die Schüler ebenfalls mit der Technik. Der 20 Jahre alte Arden chattet mit zwei jungen Frauen, die wie er aus dem Kosovo stammen, über die Lage in der Heimat, während auf dem Nachbarcomputer eine E-mail aus Spanien fragt: ‚Is there anybody listening to this message?'"

Hier wird umgesetzt, was sich die Konferenz der Vereinten Nationen für Umwelt und Entwicklung in Rio 1992 gewünscht hat: An der Gestaltung einer nachhaltigen Entwicklung sollen nicht nur Regierungen, Nichtregierungsorganisationen und Kommunen, sondern möglichst viele Bürgerinnen und Bürgerinnen beteiligt werden, vor allem aber junge Menschen, um deren Zukunft es geht:

„Die Jugend macht annähernd ein Drittel der Erdbevölkerung aus, und sie muss ihre eigene Stimme haben, wenn es um die Bestimmung ihrer eigenen Zukunft geht. Ihre aktive Rolle im Umweltschutz und ihre Beteiligung an Entscheidungen über Umwelt und Entwicklung sind für den langfristigen Erfolg der Agenda 21 von entscheidender Bedeutung." (Agenda 21, Kap. 25).

3. Weltweiter Projekttag der Solidarität am 5. Juni 2000: „Nachhaltige Entwicklung. Wege zu einer Kultur des Friedens"

In der Präambel der Agenda 21 heißt es:
„Die Menschheit steht an einem entscheidenden Punkt ihrer Geschichte. Wir erleben eine zunehmende Ungleichheit..., immer größere Armut, immer mehr Hunger, Krankheit und Analphabetentum, eine fortschreitende Schädigung der Umwelt und der Ökosysteme...

Durch eine Vereinigung von Umwelt- und Entwicklungsinteressen und ihre stärkere Beachtung kann es gelingen, die Deckung der Grundbedürfnisse, die Verbesserung des Lebensstandards aller Menschen, einen größeren Schutz der Ökosysteme und eine gesicherte Zukunft zu gewährleisten in einer globalen Partnerschaft, die auf eine nachhaltige Entwicklung ausgerichtet ist."

Aus dem Aufruf an die Schulen zur Beteiligung am Projekttag:
„Wir in den reichen Industrienationen werden gefragt, ob wir bereit sind, unseren aufwendigen Lebensstil zu ändern und Strukturen zu schaffen, die gleiche Lebenschancen und – qualitäten für alle Menschen in Gegenwart und Zukunft, gleiche Rechte an Ressourcen und an intakter Umwelt ermöglichen.

Wie kann eine gerechtere Verteilung der Ressourcen erreicht werden? Wie kann sichergestellt werden, dass Naturressourcen auch für zukünftige Generationen noch zur Verfügung stehen? Wie sehen Entwicklungswege zur ‚Nachhaltigkeit' für reiche Länder aus, wie für arme Länder? Wie kann die soziale Ungleichheit in den Ländern und zwischen ihnen abgebaut werden? Wie also können soziale, wirtschaftliche und ökologische Gesichtspunkte in der Zukunft besser integriert werden?

Schülerinnen und Schüler der am Projekttag beteiligten Schulen erproben in ihrem Erfahrungsfeld, was nachhaltige Entwicklung bedeuten kann. Sie interessieren sich unter diesem Gesichtspunkt ebenso für die Ökologie ihrer Schule wie für die Probleme ihres Stadtviertels. Sie beteiligen sich an der Lokalen Agenda 21 und organisieren Umfragen: ‚Wie stellen wir uns die Zukunft unseres Dorfes, unserer Stadt vor?' Sie diskutieren mit Politikern darüber, was gegen Armut, Arbeitslosigkeit und Obdachlosigkeit getan werden kann und entwickeln Zukunftsvisionen für ihr Gemeinwesen, pflegen in ihrem Umfeld ein friedliches Zusammenleben der Generationen und unterstützen z.B. alte Menschen bei der Einrichtung eines Treffpunkts.

Das lokale Engagement der Schulen kann durch den globalen Bezug sinnvoll ergänzt werden, etwa durch die Kommunikation und Kooperation zwischen Partnerschulen, durch den internationalen Austausch, durch Begegnungen von Schulklassen, durch Brief-, Telefon- und Internet-Kontakte. Wenn Schülerinnen und Schüler aus den verschiedensten Ländern und Kulturen sich darüber austauschen, wie sie sich eine nachhaltige Entwicklung in ihrer Schule, ihrem Dorf und in ihrer Stadt vorstellen, können sie in einem nächsten Schritt gemeinsam Ideen, Visionen und Aktionen für eine gerechte und ökologisch vertretbare Zukunft aller Menschen entwickeln. Was ist für eine Schule in Asien im Sinne von Nachhaltigkeit wichtig? Was denken Schülerinnen und Schüler in Südamerika und Afrika über ihre Zukunft? Was tragen Schulen in Europa zur Erhaltung ihrer Umwelt bei? Und nicht zuletzt: Wie können diese vielen Initiativen einzelner Schulen zu gemeinsamen Anstrengungen aller und zu planvollen Aktivitäten verbunden werden?

Am 5. Juni 2000 präsentieren die Schulen ihre Arbeiten zum Thema nachhaltige Entwicklung und verbinden die lokale mit der globalen Perpektive. So wird lokales Handeln als Teil einer gebündelten globalen Aktion erfahrbar. Der gemeinsame Projekttag verbindet die lokale mit der globalen Perspektive. Die Schulen tragen ihre Erfahrungen und Ergebnisse des Unterrichts für eine nachhaltige Entwicklung vor Ort in die Öffentlichkeit und stellen sie medienwirksam vor. Aktionen und Aktivitäten finden an diesem Tag statt, entweder von einzelnen Schulen oder in Zusammenarbeit mit weiteren Schulen oder Organisationen. Schülerinnen und Schüler kommunizieren international (durch Brief-, Fax-, Telefon- und Internet-Kontakte) und tauschen sich mit anderen Schulen, z.B. ihren Partnerschulen, über die jeweiligen Unterrichts- und Aktionsprogramme aus. Was ist überall passiert, was wurde auf die Beine gestellt? Denkbar sind auch gemeinsame Aktionen, die weltweit viele Schulen verbinden und am Projekttag ihren Höhepunkt finden."

Die Resonanz auf den Aufruf ist wieder erstaunlich. Aus beinahe 90 Ländern haben sich bereits 700 Schulen gemeldet, die Unterrichtsanregungen gesandt oder angefordert haben und und kooperieren wollen. Einige haben auch schon geschrieben, was sie sich vorgenommen haben: Schulen aus dem Senegal, Mauretanien und den Capverdischen Inseln planen z.B. eine Karawane, die auf die Begrünung der Sahelzone aufmerksam machen soll. Auf Madagaskar haben Lehrerinnen und Lehrer ein besonderes Unterrichtsprogramm gegen das Abbrennen des Unterholzes entworfen. Eine Schule in Äthiopien möchte über eine Baumpflanzung einen Videofilm drehen, der am Projekttag auf der zentralen Eröffnung in Leipzig gezeigt werden soll. In Mexiko hat eine Lehrerkonferenz ein mehrjähriges, ausgefeiltes Curriculum „Nachhaltige Bildung" konzipiert, das nicht nur den ökologischen Aspekt, sondern auch den ökonomischen und sozialen Kontext berücksichtigt. In Polen haben bisher knapp 20 Schulen direkt mit der Bielefelder Koordination des Projekttags kommuniziert, ohne jeweils von den anderen zu wissen. Sie haben nun eine Liste aller beteiligten polnischen Schulen zugesandt bekommen, damit sie sich vernetzen und gemeinsame Vorhaben ins Auge fassen können.

Literatur

BLOECH, F., LENZEN, K.-D., NOVOTNY, P., STROBL, G. & WINTER, F. (1999). Projekttag Tschernobyl. Internationale Schulkooperation zu einem Schlüsselproblem. Weinheim/Basel
Kommunikationsplattform für diese weltweiten Projekttage, die im zweijährigen Turnus durchgeführt werden, ist die homepage www.proday.org.

Renate Krollpfeiffer-Kuhring

Ein Netzwerk entsteht – Hamburg weltweit

Die Aktivitäten einer Schule beim „weltweiten Projekttag"

Das Helene-Lange-Gymnasium (HLG) in Hamburg wird sich nun zum dritten Mal am weltweiten Projekttag der Solidarität beteiligen. Beim ersten
Projekttag zum Thema Tschernobyl haben wir uns zunächst ganz auf unsere
Schule konzentriert und ein Konzept entwickelt, das uns schon zwei Jahre
später anlässlich des zweiten internationalen Projekttages den Blick über den
Tellerrand ermöglichte, also wenigstens zu einer Kooperation der drei Hamburger unesco-projekt-schulen führte und nun möglicherweise anlässlich des
dritten Weltweiten Projekttages ein kleines Netz im Netz, also ein Hamburger Netz im Netz der *unesco-projekt-schulen* entstehen lässt.

Der erste Projekttag der Solidarität am 26. April 1996: Aktionen im eigenen Haus

Am 26. April 1996 – zehn Jahre nach der Katastrophe von Tschernobyl –
haben am Helene-Lange-Gymnasium die Eltern-, die SchülerInnen- und die
LehrerInnen-Unesco-Gruppe mit Unterstützung des Kollegiums eine Vielzahl
von Aktivitäten auf die Beine gestellt. Als Einstieg in die Thematik diente
eine Informationsbörse im Januar: Für die Dauer eines Schultages bauten
verschiedene Institutionen (Eltern für unbelastete Nahrung e.V., Freundeskreis Tschernobylkinder, Greenpeace, Umschalten e.V., Bürgerinitiative
Umweltschutz Lüchow-Dannenberg, Internationale Ärzte für die Verhütung
des Atomkrieges, Hygiene Institut Hamburg (Abteilung Rückstands- und
Schadstoffanalytik), Geschäftsstelle der Gesundheitsförderungskonferenz,
Bücherhalle und Verbraucherzentrale) Stände in unserer Aula auf, berichteten

von ihrer Arbeit, erklärten mitgebrachte Schautafeln und stellten sich den Fragen der SchülerInnen und LehrerInnen. Es folgten ein Filmclub, eine Gesprächsrunde mit Experten über die Frage, ob ein Ausstieg aus der Atomenergie möglich und nötig ist, ein Projekttag mit unterschiedlichsten Angeboten, ein Benefizkonzert von Eltern, SchülerInnen und LehrerInnen „Musik rund um das Atom" sowie eine Lesung von SchülerInnen für SchülerInnen. Der Erlös ging an den Freundeskreis Tschernobylkinder, der Kindern aus dem Katastrophengebiet u.a. Erholungsaufenthalte in Deutschland ermöglicht.

Und was ist geblieben am HLG? Briefkontakte mit SchülerInnen aus Weißrußland, eine Projektgruppe, die das Energiesparprogramm Fifty-Fifty etablierte und eine aktive SchülerInnen-Unesco-Gruppe, die sich weiterhin regelmäßig trifft. Und vor allem genug Begeisterung und Interesse, auch am kommenden Projekttag teilzunehmen.

Der zweite Projekttag der Solidarität: Hamburger *unesco-projekt-schulen* arbeiten gemeinsam am Thema Menschenrechte

Das Besondere weltweiter Projekttage liegt doch eigentlich darin, eigene Schwerpunkte entwickeln zu können, das aber im Wissen zu tun, weltweit mit anderen Schulen am selben Strang zu ziehen. Weltweit! Und in Hamburg? Wir sind Teil eines weltweiten Netzwerkes und kooperieren nicht einmal mit den Schulen im eigenen Bundesland in unserem Stadtstaat? Das kann nicht sein!

Wie viele andere unesco-projekt-schulen haben auch wir im Schuljahr 1997/98 die Menschenrechtserklärung in den Vordergrund unserer Arbeit gestellt. Als ersten Einstieg und als Fortbildungsmöglichkeit haben wir mit einem Vertreter von amnesty international im August 1997 einen Studientag „Menschenrechte" an unserer Schule durchgeführt, an dem VertreterInnen unserer drei unesco-Gruppen aber diesmal gemeinsam mit den KollegInnen der unesco-projekt-schulen Grund-, Haupt- und Realschule Altonaer Straße und Technische Fachschule Heinze ein gemeinsames Konzept für den Projekttag im April 1998 entwickelten.

Mit Blick auf dieses Datum veranstalteten wir schließlich wieder einen Markt der Möglichkeiten zum Thema Menschenrechte in der Aula unserer Schule im Januar 1998 unter Beteiligung folgender Gruppen: Aleviten, ai, Amt für Öffentlichkeitsdienst, Flüchtlingsberatung der AWO, Bücherhalle, Camilo Cienfuegos e.V., Caritas, Der Ausländerbeauftragte, Internationale Friedensbrigade, Hinz und Kunz(t), terre des hommes e.V., gepa Aktion Dritte Welt Handel und UNICEF. An diesem Tag wurden auch erste Absprachen für den Projekttag getroffen.

Am *Zweiten Projekttag der Solidarität* selbst fand an den Hamburger u-
nesco-projekt-schulen kein regulärer Unterricht statt, sondern die Schülerinnen und Schüler beschäftigten sich mit Themen wie Kinderarbeit, Todesstra-
fe, Obdachlosigkeit oder mit Projekten zum Thema Palästina, Afghanistan
und Kuba. Es wurden u.a. die Menschenrechte auf Seidenbahnen festgehal-
ten, Texte produziert, Friedenslieder gesungen und selbst geschrieben, Tänze
einstudiert, kurze Szenen entworfen, kleine Teppiche geknüpft, Papiertüten
hergestellt, Filme gedreht, Motive für Postkarten für *terre des hommes* sowie
den HLG-Kalender gemalt, Wandplakate erstellt, Probleme vor Ort bearbeitet, z.B. Obdachlosigkeit in Hamburg und sogar den Anfängen der Menschenrechte in der Französischen Revolution auf den Grund gegangen. Die
an diesem Tag darüber hinaus in den übrigen Arbeitsgruppen entstandenen
Arbeiten der Schülerinnen und Schüler wurden in einer Ausstellung fest-
gehalten, die vom 29. April bis 8. Mai in der Aula des Helene-Lange-
Gymnasiums zu sehen war. Musikalische Beiträge, tänzerische Darbietungen
sowie eine Lesung zum Thema Menschenrechte begleiteten die Ausstel-
lungseröffnung. Unterstützt wurden wir bei unseren Projekten von amnesty
international, terre des hommes, der Bramfelder Laterne sowie Hinz und
Kunz(t). Viele der von den Kindern am Projekttag gestalteten Bilder sind nun
auch auf Postkarten von terre des hommes zu sehen.

Ein gemeinsames Musikprojekt mit der GHR Altonaer Straße sollte auch
die Öffentlichkeit auf diesen besonderen Tag aufmerksam machen: Schülerinnen und Schüler beider Schulen sangen gemeinsam Friedenslieder vor
beiden Schulen und an einem zentralen U-Bahnhof. Im Mittelpunkt dieser
Aktion stand die besondere Situation der Straßenkinder in Guatemala; der
Verkauf der typischen unesco-Bleistifte kam dem Kinderhilfswerk Casa Ali-
anza, Guatemala, zugute. Darüber gab es einen Radiobeitrag und zwei Artikel in der Presse.

Am 6. Juli veranstaltete eine Projektgruppe schließlich noch einen „Spon-
sored Walk". Die „erlaufenen" 8500 DM wurden der Obdachloseninitiative
Hinz und Kunz(t) zur Verfügung gestellt: ein gelungener Abschluss des
Schuljahres 97/98.

Am Menschenrechtstag, also am 10. Dezember, ließen wir dann unser
Projekt mit der Schule Altonaer Straße wieder aufleben: Schülerinnen und
Schüler beider Schulen sangen gemeinsam Friedenslieder am U-Bahnhof
Schlump und informierten über Kinderrechte.

Soroptimist International, die größte weltweite Organisation berufstätiger
Frauen mit über 100 000 Mitgliedern, hatte im Vorweg einen Schreibwett-
bewerb zum Thema Menschenrechte für die Klassen 9 bis 13 ausgeschrieben,
der rege Beteiligung unter unseren SchülerInnen fand. Bei einem Round Ta-
bel im Radisson Hotel stellten die PreisträgerInnen ihre Texte vor und diskutierten darüber mit Fachleuten. Abschließend stiegen dann – wie auch am U-

Bahnhof Schlump – Luftballons vom Dach des Hotels gen Himmel, wie zeitgleich in Verabredung mit vielen anderen unesco-projekt-schulen in Deutschland – und endlich wurde auch die regionale Presse (Hamburger Abendblatt) aufmerksam und widmete dem Engagement der SchülerInnen zwei Artikel.

Ausblick auf den dritten weltweiten Projekttag: Hamburger unesco-projekt-schulen laden zur Teilnahme für eine lokale Agenda 21 in Hamburg ein

Seit den positiven Erfahrungen mit zwei weltweiten Projekttagen gehört die Teilnahme an den Weltweiten Projekttagen an unserer Schule zum Schulprogramm. Wie lässt sich aber gewährleisten, dass nicht nur für einen Tag viel Aufwand betrieben wird, der dann schnell wieder im Alltagsstress versinkt? So hat sich folgendes Vorgehen institutionalisiert: eine unesco-Gruppe, bestehend aus LehrerInnen, SchülerInnen und Eltern, trifft sich bald nach Schuljahresbeginn, um einen im Januar stattfindenden Markt der Möglichkeiten vorzubereiten: wir laden für einen Schultag Gruppen, Organisationen etc. in unsere Aula ein, die zu den Projekttagsthemen arbeiten, gedacht als ersten Einstieg ins Thema und als Hilfestellung zur Themenfindung für Projektangebote. Viele der Organisationen stellen sich dann auch gern für den Projekttag selbst zur Verfügung. Mittels eines Fragebogens, den die SchülerInnen dann zum Markt der Möglichkeiten ausfüllen, lassen sich für SchülerInnen interessante Themenschwerpunkte herausfinden.

Für den dritten weltweiten Projekttag haben wir uns an das Institut für Lehrerfortbildung (IfL) in Hamburg gewandt, um möglichst viele Schulen für die Teilnahme zu gewinnen. Das Interesse und die Bereitschaft, uns bei unserem Anliegen zu unterstützen, waren groß. Wir arbeiten nun zusammen mit der AG Globales Lernen, bündeln Aktivitäten, die im Bereich der Agendaarbeit in Hamburg schon laufen und bieten eine erste Veranstaltung am 24. 11. im Lehrerfortbildungsinstitut für interessierte Schulen an. Die vorbereitende Arbeit, die an jeder Schule notwendig ist, wird so arbeitsteilig und in Kooperation mit außerschulischen Organisationen gemeinsam geplant. Am Projekttag selbst wird natürlich jede Schule ihre eigenen Schwerpunkte setzen, dennoch wird es hamburgweite Aktionen geben, die so ganz andere Beachtung finden werden, z.B. eine Großveranstaltung im Hamburger Michel, eine Mitmach-Ausstellung und eine gemeinsame Baumpflanzaktion.

Über die AG Globales Lernen hat sich darüber hinaus eine spannende Zusammenarbeit mit dem Bildungswerk Werkstatt 3 in Hamburg ergeben: gemeinsam mit SchülerInnen unserer Schule ist ein internationaler SchülerInnenworkshop zum Thema „Junge Visionen – Schritte ins nächste Jahrtausend" (Arbeitstitel) in Vorbereitung. Von der Agenda 21 sollen die Themen Frieden, Gerechtigkeit und Zukunft herausgegriffen werden. Dabei sollen die SchülerInnen ihren Fragen, Hoffnungen und Wünschen für eine nachhaltige Entwicklung in kreativer Form Ausdruck verleihen. Die Produkte ihres gemeinsamen Arbeitens – z.b. „Zukunftsräume", eine „Brücke des Friedens" oder ein „Buch der Gerechtigkeit" – werden öffentlich in Hamburg ausgestellt werden. Der Workshop wird vom Bildungswerk 3 in Kooperation mit der Regionalkoordination der Hamburger unesco-projekt-schule, der Arbeitsstelle Weltbilder aus Münster, dem IfL und dem Eine-Welt-Netzwerk Hamburg vorbereitet und durchgeführt – und ist sicher ein gutes Beispiel dafür, dass ein Netzwerk im Netzwerk Dinge möglich macht, die wir als einzelne Schule nie hätten auf die Beine stellen können und die sicher für alle Beteiligten eine *nachhaltige* Wirkung haben werden!

Literatur

BLOECH, F., LENZEN, K.-D., NOVOTNY, P., STROBL, G. & WINTER, F. (1999). Projekttag Tschernobyl. Internationale Schulkooperation zu einem Schlüssel-problem. Weinheim/Basel
Aktionsmappe 2000: 3. Weltweiter Projekttag der Solidarität. Nachhaltige Entwicklung – Wege zu einer Kultur des Friedens. Bezug: Projektbüro, Postfach 2110, 32378 Minden

Armin Koch

Umweltschule in Europa

1. Einführung

Die Ausschreibung „Umweltschule in Europa" ist eine europaweite Kampagne der „Foundation for Environmental Education in Europe" (FEEE), an der sich inzwischen 21 Länder mit mehr als 5000 „Eco-Schools" beteiligen, davon über 550 in Deutschland. In der Bundesrepublik Deutschland wird die Kampagne seit 1993 von der „Deutschen Gesellschaft für Umwelterziehung e.V." (DGU) durchgeführt; die DGU vertritt die FEEE in Deutschland. Die Ausschreibung fand erstmalig für das Schuljahr 1994/95 in Hamburg statt. Mittlerweile haben sich elf Bundesländer der Ausschreibung angeschlossen. Seit dem Start der Kampagne in Hamburg haben sich zudem in jedem Jahr eine Reihe von deutschen Auslandsschulen beteiligt, in enger Zusammenarbeit der DGU mit dem „Verband Deutscher Lehrer im Ausland" (VDLiA).

2. Ziele

„Umweltschule in Europa" zielt auf die Entwicklung umweltverträglicher Schulen und die Verankerung einer Bildung für nachhaltige Entwicklung in Curriculum und Schulleben. „Umweltschule in Europa" unterstützt weiterhin die Implementation darüber hinausgehender Zielsetzungen und Ergebnisse von Modellversuchen, indem die Ausschreibungskriterien entsprechend spezifiziert und weiterentwickelt werden. Die Ausschreibung leistet zudem einen Beitrag zur Entwicklung, Sicherung und Verbesserung der Qualitätsstandards von Erziehung und Unterricht und unterstützt damit den Prozess der Schulentwicklung und der Entwicklung von Schulprogrammen.

3. Grundsätze

„Umweltschule in Europa" ist eine Ausschreibung für eine Auszeichnung. Sie würdigt Schulen für erfolgreiche Entwicklungsschritte während eines Schuljahres. Die Auszeichnung erhalten Schulen, die während des jeweiligen Schuljahres einen maßgeblichen Zuwachs an Umweltverträglichkeit bzw. Verankerung einer Bildung für nachhaltige Entwicklung in Curriculum und Schulleben nachweisen. Die Auszeichnung für einen solchen Zuwachs eröffnet allen Schulen aller Schulformen dieselben Chancen, die Auszeichnung „Umweltschule in Europa" zu erwerben, unabhängig vom jeweiligen Ausgangszustand. Wenn eine Schule, die die Auszeichnung erhalten hat, sich im darauf folgenden Schuljahr wiederum an der Ausschreibung beteiligen will, muss sie wiederum einen Zuwachs an Umweltverträglichkeit bzw. Verankerung einer Bildung für nachhaltige Entwicklung in Curriculum und Schulleben nachweisen, ausgehend von einem neuen (höheren) Level.

„Umweltschule in Europa" fördert die Planung und Einübung aktiven, umweltverträglichen Handelns und die Orientierung am Leitbild der nachhaltigen Entwicklung. Sie regt Schulen an, immer wieder neu über Prozesse nachhaltiger Entwicklung und Prozesse der Verständigung an der Schule nachzudenken, langfristig zu planen und ihre Planungen ergebnisorientiert umzusetzen. Intendiert sind nicht nur kurzfristige Erfolge, sondern dauerhafte Veränderungen vor allem im nicht-investiven, aber auch im investiven Bereich.

„Umweltschule in Europa" unterstützt die Zusammenarbeit von Schulen. Statt zu konkurrieren wird voneinander und miteinander gelernt – in der eigenen Schule, mit den Eltern, im Kontakt mit anderen Schulen und mit außerschulischen Partnern. Dabei wird eine Kooperation über Schulformen und Ländergrenzen hinaus angestrebt und von der DGU gefördert. Die Planung und Realisierung von Projekten im Sinne einer Bildung für nachhaltige Entwicklung erfordern und befördern fachübergreifendes und fächerverbindendes Arbeiten sowie die Zusammenarbeit mit außerschulischen Kooperationspartnern.

Mit der Auszeichnung verbunden ist die Verleihung einer Urkunde, einer repräsentativen Flagge und eines Schulstempels mit dem Logo der Ausschreibung und mit der Angabe des Schuljahres, für die die Auszeichnung erworben wurde. Die Auszeichnung findet im Rahmen einer feierlichen Veranstaltung statt; dabei haben die Schulen Gelegenheit, sich mit ihren Projekten zu präsentieren. Die von ihnen geleistete Arbeit wird öffentlich wahrgenommen und gewürdigt.

Im Rahmen der Ausschreibung können Schulen mit inzwischen über 5000 Umweltschulen in Europa via Internet (www.eco-schools.org bzw. www.umweltschule.de) kommunizieren.

284

4. Organisation

Die Ausschreibung „Umweltschule in Europa" erfolgt schuljahresbezogen (1.8. bis 31.7.). Die Schulen erhalten die jeweiligen Ausschreibungsunterlagen im vorausgehenden Frühjahr. Bis zu den Sommerferien haben sie Gelegenheit, sich für die Ausschreibung des zum 1.8. beginnenden Schuljahres anzumelden.

Möglichst schon vor den Sommerferien beginnen die Schulen mit einer Bestandsaufnahme ihrer Aktivitäten zur Umweltverträglichkeit bzw. nachhaltigen Entwicklung (Erhebung des Ist-Zustandes). Sie ist Grundlage zur Erarbeitung eines Handlungskonzeptes unter Klärung folgender Fragestellungen:

- In welchen Bereichen sollen im beginnenden Schuljahr nachweisbare Verbesserungen erzielt werden (Planung des Soll-Zustandes)?
- Wie können möglichst viele Mitglieder der Schulgemeinschaft beteiligt werden?
- Wie soll die Öffentlichkeit innerhalb und außerhalb der Schule über die geplanten Aktivitäten und deren Umsetzung informiert werden?
- Worin wird deutlich, dass die Aktivitäten langfristig angelegt sind und auf dauerhafte Verhaltensänderungen zielen?
- Wie können und sollen die Verbesserungen zum Ende des Schuljahres nachgewiesen werden?
- Wie und durch wen erfolgt die Dokumentation?

Zu Beginn des Schuljahres reichen die Schulen ihre Bestandsaufnahme, ihre Planung des Soll-Zustandes und ihr Handlungskonzept bei den jeweils zuständigen regionalen Koordinatoren der Ausschreibung ein. Diese überprüfen die Bewerbungsunterlagen auf formale Richtigkeit und das Handlungskonzept auf seine Tragfähigkeit. Erhält die Schule die Zulassung, ist sie gehalten, innerhalb des laufenden Schuljahres ihr Handlungskonzept umzusetzen und zu dokumentieren.

Zum Ende des Schuljahres stellen die Schulen die Beschreibung des Handlungskonzeptes, die Dokumentation der Umsetzung sowie die Darstellung der im Laufe des Schuljahres erreichten Verbesserungen zusammen und reichen ihre Unterlagen der jeweils zuständigen Jury ein, die dann über die Auszeichnungswürdigkeit der Schulen anhand der jeweils geltenden Ausschreibungskriterien entscheiden. Zu Beginn des folgenden Schuljahres erhalten die Schulen, denen die Jury die Auszeichnung „Umweltschule in Europa" für das abgelaufene Schuljahr zuerkannt hat, in einer feierlichen Veranstaltung die Auszeichnungsurkunde zusammen mit einer repräsentativen Flagge und einem Schulstempel mit dem Logo der Ausschreibung. Die Verleihung erfolgt durch die Deutsche Gesellschaft für Umwelterziehung in Zusammenarbeit mit dem Landesministerium. Schulen, die ihr Konzept nicht umsetzen konnten, erhalten eine Anerkennungsurkunde oder ein Dankesschreiben, in dem die Jury-Entscheidung auf Nichtauszeichnung begründet wird.

5. Ausschreibungskriterien

Die Ausschreibungskriterien beziehen sich auf inhaltliche Handlungsbereiche und Elemente der Verständigung. Sie werden entsprechend den Erfordernissen der Implementation sich verändernder Zielsetzungen spezifiziert und weiterentwickelt.

Inhaltliche Handlungsbereiche

Ein Zuwachs an Umweltverträglichkeit und die Verankerung einer Bildung für nachhaltige Entwicklung an der Schule sind grundsätzlich erreichbar durch:

- die thematische Integration in das Curriculum,
- den sparsameren Umgang mit den natürlichen Ressourcen,
- die Reduktion der Umweltbelastungen,
- die Erhöhung der Artenvielfalt,
- Umweltverbesserungen im kommunalen Bereich,
- die Verknüpfung ökologischer, ökonomischer und sozialer Elemente des Schulalltags,
- einen Beitrag zur globalen Gerechtigkeit.

Elemente der Verständigung

Elemente eines Verständigungsprozesses in der Schule sind grundsätzlich:

- die Verständigung über die Zielsetzungen einer umweltverträglichen bzw. nachhaltigen bzw. zukunftsfähigen Entwicklung des „Betriebes" Schule,
- die Erarbeitung schulinterner Ausgestaltungs- und Umsetzungsmöglichkeiten der Lehrpläne,
- die Einbindung entsprechender Zielsetzungen in das Schulprogramm sowie in die Schulordnung,
- die Steuerung durch ein Team mit repräsentativer Besetzung möglichst vieler Gruppen der Schulgemeinschaft,
- die Beteiligung möglichst vieler Mitglieder der Schulgemeinschaft,

- die Begleitung bzw. begleitende Beschlussfassungen durch Schulgremien wie Schülerrat, Lehrerkonferenz, Elternrat, Schulkonferenz,
- die Entwicklung eines Management-Systems zur Umsetzung der Zielsetzungen,
- die Zusammenarbeit mit Medien und Öffentlichkeitsarbeit nach innen und nach außen,
- die Einbeziehung außerschulischer Integrationspartner zur Umsetzung der Zielsetzungen,
- die Einbindung in den Prozess der Lokalen Agenda 21,
- der Austausch bzw. die Vernetzung mit Schulen vergleichbarer Zielsetzungen.

Weitere Auskünfte über das Projekt „Umweltschule in Europa" erteilt der Verfasser.

Hans-Jürgen Müller/Arno Mühlenhaupt/Günter Winkelmann

Integrierte Gesamtschule Mühlenberg –
Ein Schul-Energie-Zentrum für die Region

Umweltbildung ist seit vielen Jahren ein Arbeitsschwerpunkt der IGS Mühlenberg. Neben einer Reihe von Aktivitäten wie Abfallvermeidung, Mülltrennung und Kompostierung, einem Schulgarten mit verschiedenen Teichen, einem Schulzoo und einem Vollwert-Schülerkiosk arbeitet das Energieprojekt der Schule seit über zehn Jahren in den Bereichen „Sparsamer Umgang mit Energie" und „Einsatz von regenerativen Energien". Das Projekt hat Beachtung weit über die Grenzen Hannovers hinaus gefunden. Sein Ziel ist es, ein Schul-Energie-Zentrum für die Region Hannover aufzubauen.

1. Ausgangslage

Seit jeher ist die Klärung der Energiefrage von zentraler Bedeutung: Sensibilisiert durch die täglichen Meldungen über eine bedrohte Umwelt und angesichts einer sich abzeichnenden Klimakatastrophe, gründeten wir 1988 das Energieprojekt. Beeindruckt von den Verbrauchswerten des Bildungszentrums (der Bedarf war damals gleich dem von über 700 Wohnungen !) und dem Motto folgend: „Global denken und lokal handeln", erkundeten wir gemeinsam mit Schüler/-innen vor Ort, welchen eigenen Beitrag die Schule durch Verringerung des Energieeinsatzes leisten könnte. Zwei Wege sollten beschritten werden: Zum einen der des sparsameren Umgangs mit Energie und zum anderen der der eigenen Energiebereitstellung durch den Einsatz regenerativer Energiequellen.

2. Sparsamer Umgang mit Energie

Der Begriff „Energie" ist dem Menschen in einer automatisierten, technischen Umwelt, in der die Heizenergie über die Gasleitung in das Haus geliefert wird und der elektrische Strom scheinbar unbegrenzt aus der Steckdose kommt, nur schwer sinnlich zugänglich. In der alltäglichen Lebenswelt und deren Verständnis wird das Vorhandensein von Energie als selbstverständlich vorausgesetzt. Um diese Alltagsautomatismen aufzubrechen, muss z.B. Energiesparen als ein erstrebenswertes, durchgängiges Prinzip neu erfahrbar gemacht werden. Schule selbst muss dabei der beispielhafte Lernort sein, der die Kriterien dieses Prinzips an sich selber erprobt und auch Konsequenzen einfordert, in die alle Gliederungen der Schule mit einbezogen sind.

In einer ersten Phase wurde das Schulgebäude zum Lerngegenstand: Nach dessen Analyse wurden Alternativen erarbeitet und, wo möglich, Veränderungen vorgenommen. Diese bezogen sich auf das Nutzerverhalten und auf Eingriffe in die technischen Einrichtungen. Für dieses Konzept erhielt die Schule 1990 den 1. Preis im Umweltwettbewerb der Deutschen Umweltstiftung. Seit zwei Jahren beteiligt sich die Schule auch an dem Projekt „Umweltschule in Europa" und wurde gleich im ersten Jahr ausgezeichnet.

Begleitend wurde begonnen, Unterrichtsmaterialien und Experimentiereinrichtungen zu entwickeln, die die Untersuchungsergebnisse durchschaubar machen. Da Lehrmittelhersteller Anfang der 90er Jahre zu erschwinglichen Preisen kaum Versuchsgeräte liefern konnten, wurden diese zum großen Teil im Unterricht von Wahlpflichtkursen selbst entwickelt und erstellt.

Ab 1993 befassten sich alle Klassen der IGS Mühlenberg aktiv mit der Thematik. Dazu wurde vom Schulträger ein naturwissenschaftlicher Unterrichtsraum zu einem Energielabor, dem Schul-Energie-Zentrum, um- und ausgebaut. Hier lernen die Schüler/-innen heute anhand vieler praktischer Versuche den verantwortungsvollen Umgang mit Energie.

Um den Energiebedarf des Bildungszentrums, das ca. 1600 Nutzern ein Lernort bzw. eine Arbeitsstelle ist, weiter zu senken, nimmt die IGS Mühlenberg seit dem 1.6.1995 am Energiesparprojekt der Stadt Hannover teil: Eine „Gruppe schulinternes Energiemanagement", bestehend aus Haustechnikern und Hausmeistern, Schüler/-innen und Lehrern, analysierte die Energiebilanz des Gebäudes und erarbeitete für die Nutzer Vorschläge für Änderungen ihres Energie-Nutzungsverhaltens. In den ersten beiden Jahren dieser Initiative konnte so z.B. der Bedarf an elektrischer Energie noch einmal um 13 % bzw. um 16 % (von 2 Mio. kWh) gesenkt werden.

3. Einsatz regenerativer Energieträger

Die Absicht, in der Schule aus regenerativen Energieträgern Energie zu gewinnen, konnte mit Hilfe der Stadtwerke Hannover konkretisiert werden. Zunächst wurde eine Photovoltaikanlage auf dem Dach des Schulgebäudes installiert. Im Januar 1998 wurde dann zusätzlich eine kleine Windenergieanlage angeschlossen, die insbesondere in den Herbst- und Wintermonaten elektrische Energie liefern soll, wenn die PV-Module aufgrund der geringeren Einstrahlung weniger leistungsfähig sind.

Von einer Projektgruppe wurde im Juni 1997 die Warmwasserversorgung der Schulküchen, die bisher auch im Sommer über die Zentralheizung erfolgte, auf Kollektoren umgestellt: Im AWT-Unterricht wurden ein Vacuum-Röhrenkollektor (Spende der Fa. Stiebel Eltron) sowie ein Flachkollektor der Fa. Solvis aufgebaut, zwei SOLARFOCUS Parabolrinnenkollektoren ergänzen die Anlage und liefern Wärmeenergie in einen Brauchwasserspeicher. Diverse Messtechnik ermöglicht den Schüler/-innen einen genauen Einblick in die Anlage und auch die Erstellung von Energiebilanzen.

4. Weitere Vorhaben

Erweiterung der Außenanlagen und Aufbau einer Solartankstelle

Für den weiteren Ausbau haben die Stadt Hannover und der Bezirksrat trotz der angespannten Haushaltslage auch jetzt wieder Mittel bereitgestellt. Ein Garagengebäude neben der Schule wird z.Z. modellhaft saniert und zu einer Solartankstelle/-werkstatt/-garage ausgebaut, in der die Elektrofahrzeuge (finanziert durch BINGO-Lotto) der Interessengemeinschaft Mofa-Führerschein umweltfreundlich „tanken" können.

Erstellung einer „Kartei der Demonstrations- und Schülerversuche zum Themenkreis 'Energie'"

Die zu den Versuchen erstellten Versuchsanleitungen sollen in Form einer „Kartei der Demonstrations- und Schülerversuche zum Themenkreis 'Energie'" anderen Schulen zur Verfügung gestellt werden. Veröffentlicht werden sollen auch die vielen Messdaten, die im Schul-Energie-Zentrum erhoben werden, im Rahmen der Initiative Schulen ans Netz. Die notwendige Hardware konnte durch eine erhebliche finanzielle Zuwendung der Stiftung „Arbeit und Umwelt" der IG 'Chemie-Papier-Keramik' beschafft werden. Eine Arbeitsgemeinschaft erstellt derzeit eine Homepage für das Energieprojekt (www.igs-muehlenberg.de).

Begleitung der Sanierung der Schule

Weiter vorangetrieben werden soll auch die Begleitung der energetischen Sanierung der Schule, die in der mittelfristigen Finanzplanung vorgesehen ist. Kleinere Teilbereiche wie die Umrüstung der Außenbeleuchtung auf Energiespartechnik wurden von Schülergruppen unter Anleitung der Haustechniker realisiert.

Auf Initiative des Energieprojekts wird z.Z. eine 70 m^2 Solaranlage zur Brauchwassererwärmung für die Sporthallen aufgebaut. Es wird die größte Anlage ihrer Art in Hannover sein! Finanziert wird sie durch „Pro Klima" und aus den Energiespargeldern der Schule.

Ausbau zu einem regionalen Schul–Energie-Zentrum

Seit dem Beitritt der IGS Mühlenberg zum „Klimabündnis niedersächsischer Schulen" werden sowohl die entwickelten Unterrichtsmaterialien wie auch das Schul–Energie-Zentrum als Lernort verstärkt nachgefragt. Seit Februar 1999 kann die IGS als zertifizierte Umweltschule in Europa in Kooperation mit dem Schulbiologiezentrum Hannover und dem Projekt „Umweltschule in Europa" Lerngruppen anderer Schulen die Möglichkeit bieten, hier unter Anleitung an einem Projekttag zu arbeiten. Darüber hinaus wird eine Ausleihe von Versuchsanordnungen und Messgeräten organisiert (Kontakt: IGSM-EP@gmx.de oder 0511/16849508).

Ausblick

Wir arbeiten federführend mit beim europäischen Schulprojekt „Sokrates: Comenius 1 Strom verbindet: Energieversorgung in einem vereinten Europa" (www.nibis.ni.schule.de/~igsm/com/index.htm). Der Austausch von Informationen und Arbeitsergebnissen findet per E-mail und über Studienbesuche statt. Aus anfänglichen kurzen Arbeitsbesuchen bei den Partnerschulen in Griechenland, Zypern und Nordirland sind inzwischen feste Schulpartnerschaften geworden.

Nach wie vor ist der Ausbau des Schul-Energie-Zentrums Bestandteil des Hannoverprogramms 2001, in dem die Stadt Hannover alle zukunftsweisenden Projekte zusammengefasst hat, die realisiert werden sollen, „weil sie für die Stadtentwicklung wünschenswert sind". Für ein solches Vorhaben liegen konkrete Pläne des Instituts für ressourcensparendes Bauen der Uni Hannover auf dem Tisch: Das, was bisher als Energielabor besteht, könnte in erweiterter Form auf dem Schulgelände in einem eigens dafür errichteten Niedrigenergiehaus untergebracht werden, wo das Gebäude zu einem vorbildlichen Lernort wird. Denkbar ist auch die Ausweitung des Schulenergiezentrums zu einem naturwissenschaftlichen Labor für die Region Hannover.

Cornelia Gräsel/Hansjörg Seybold

Die Chats in GLOBE:
Ein gelungenes Beispiel globaler Kommunikation?

0. Summary

Am Beispiel des internationalen Programms GLOBE (global learning and observations to benefit the environment) wird der Frage nachgegangen, in welchem Maße weltweite Computernetze es ermöglichen, dass sich Schulen verschiedener Länder mit Umweltproblemen auseinandersetzen und damit einen Beitrag zum globalen Lernen leisten. Bevor die Ergebnisse zur computerbasierten Kommunikation in diesem Projekt erläutert werden, wird kurz das Programm GLOBE vorgestellt.

1. GLOBE: Global learning and observations to benefit the environment

Das internationale Programm GLOBE (global learning and observations to benefit the environment) ist ein weltweites Netzwerk von 8 000 Schulen aus 85 Ländern. Es verbindet Schüler/innen, Lehrer/innen und Wissenschaftler/innen, um durch gemeinsames langfristiges Beobachten umweltbezogener Messgrößen ein tieferes Verständnis globaler Zusammenhänge zu erreichen. Die beteiligten Schulen erfassen regelmäßig Daten zu

- Wetter/Klima (Lufttemperatur, Niederschläge, ph-Wert der Niederschläge, Wolkendichte, Wolkentypen),
- Wasser (ph-Wert des Wassers, Temperatur, Sauerstoffgehalt, Salzgehalt, Nitratgehalt, Sichttiefe),
- Boden (Bodenfeuchte, Bodencharakteristik),

293

- Bodenbedeckung (Artenbestimmung),
- Biometrie (Gras-Biomasse, Vegetationsdichte, Baumumfang, Baumhöhe, Kronendichte).

Diese Daten werden im Nahbereich der Schulen anhand genauer Anleitungen erfasst und über das Internet in eine zentrale Datenbank in Boulder/Colorado (NOAA = National Oceanic and Atmosphere Administration) bzw. an einen Server in Köln (DLR = Deutsche Forschungsanstalt für Luft- und Raumfahrt) weitergegeben. Dort werden sie gesammelt, bearbeitet sowie visualisiert und stehen den Schulen für ihre Unterrichts- und Projektarbeit zur Verfügung. Teilweise werden die Daten von wissenschaftlichen Institutionen auch zu Forschungszwecken verwendet (vgl. White, Schwartz & Running 2000). Deren Wissenschaftler/innen sind auch mögliche Ansprechpartner für die Schulen. Sie informieren über lokale und globale Umweltzusammenhänge und bieten bei der Interpretation der Daten Unterstützung an. Bis Ende 1999 wurden weltweit mehr als 4 Millionen Messdaten erfasst und gesammelt.

Für den Austausch der Schulen untereinander bzw. zwischen den Schulen, der Projektleitung und den Forschungseinrichtungen werden neue Technologien in vielfältiger Weise genutzt: Die Projektleitung sowie die Länderkoordinatoren bieten eine eigene Homepage an; der Austausch zwischen den verschiedenen Projektbeteiligten läuft via e-mail und Chat.

Seit Anfang 1996 hat sich Deutschland am GLOBE-Programm beteiligt. Von anfänglich 27 Schulen wuchs die Anzahl bis Ende 1999 auf 179 Schulen. In Deutschland wird GLOBE-Germany von der DLR in Köln und dem Institut für Lehrerfortbildung in Hamburg koordiniert.

2. Weltweiter Datenaustausch und -recherchen im Unterricht

Seit 1997 wird GLOBE-Germany evaluiert (vgl. Seybold & Bolscho 1999). In einem mehrstufigen Verfahren wurde untersucht, wie die Programmkonzeption und die Zielstellung realisiert wurden. Zum einen wurde der Frage nachgegangen, welche Bedeutung das regelmäßige Messen der Umweltparameter für naturwissenschaftliches Lernen und für die Umweltbildung hat. Daneben wurde der Blick auf die Nutzung der Computernetze für globales Lernen gerichtet. Globales Lernen wird dabei als Lernkonzept verstanden, das ständig lokale Handlungsmöglichkeiten und globalen (Handlungs-)Bezug verbindet und damit eine Hinführung leistet zum persönlichen Urteilen und Handeln unter der Erkenntnis, dass Menschen in ihren Gesellschaften und deren Kulturen ihre Umwelt unterschiedlich wahrnehmen (vgl. Forum 1996, S.19f.). Stellen GLOBE-Germany Schulen dieses Konzept in den Mittelpunkt ihrer Arbeit, so hat dies zur Konsequenz, nicht nur *über* globale Zusammenhänge und *übe*r fremde Länder zu arbeiten, sondern auch *mit* Schulen anderer Länder.

Bei der Lehrerbefragung 1999 wurde daher gefragt, ob die GLOBE-Schulen die Möglichkeiten der Computernetze genutzt haben, um sich zu informieren bzw. mit anderen Projektbeteiligten zu kommunizieren (vgl. Tabelle 1).

Tabelle 1: Nutzung der Computernetze. Prozentuale Häufigkeitsangaben der beteiligten Schulen.

Nutzung der Computernetze	ja	gelegentlich	nein *)
GLOBE Bulletin	23,8%	38,0%	38,2%
Archiv/Dokumente/Software	14,3%	50,8%	43,9%
Weitere Links	26,7%	41,2%	32,1%
Pädagogik/Unterrichtsmaterialien	17,4%	46,0%	36,6%
Anleitungen zu den Messungen	11,1%	54,0%	34,9%
Homepages anderer Schulen	7,9%	66,6%	17,5%
Messergebnisse anderer Schulen	7,9%	63,5%	28,6%
Wissenschaft/Scientist Corner	7,9%	46,0%	46,1%
E-mail	19,0%	39,7%	41,3%

*) zu den negativen Antworten wurden die Nichtbeantwortungen addiert

Zur Information wird das „GLOBE-Bulletin" sehr häufig herangezogen: In über 60% der Schulen wird es regelmäßig oder gelegentlich gelesen. Im Bulletin wird über besondere Ereignisse oder Neuentwicklungen bei GLOBE informiert und über die Neuaufnahme von Schulen weltweit berichtet. Auch das Archiv von GLOBE sowie die weiteren „links" auf der Homepage des Servers werden von etwa 2/3 der Schulen regelmäßig oder gelegentlich benutzt. Links wie „school to school" bzw. „GLOBE Stars" führen zu themenorientierten Kooperationsprojekten bzw. zu Schulen, die sich besonders ausgezeichnet haben. Auch nach didaktischen Materialien und Fachbüchern wird häufig im GLOBE-Server recherchiert. 17,4% der Schulen tun dies regelmäßig, 46,0% gelegentlich. Diese Zahlen belegen den Bedarf an didaktischer und pädagogischer Unterstützung der GLOBE-Schulen, der sich auch in vielen Untersuchungen zu Modellversuchen der Umweltbildung als bedeutsam für die Implementation herausgestellt hat (vgl. z.B. Seybold 1995).

Nicht nur zur Information wird der GLOBE-Server benutzt, sondern auch als Anleitung für das eigene Arbeiten. Die „Anleitungen zu den Messungen" werden gerne als Ratgeber für die eigenen Messungen verwendet. 11,1% der Schulen benutzen sie regelmäßig, 54,0% gelegentlich. Bei diesen Anleitungen handelt es sich um Handbücher, in denen die einzelnen Untersuchungen ausführlich beschrieben und mit Untersuchungsprotokollen, Vorgehensweisen sowie fachlichen Hintergrundinformationen versehen sind. Die Häufigkeit der Nutzung dieser Anleitungen ist deswegen überraschend, weil die Schulen die Handbücher auch als Papierversion vorliegen haben. Deutet sich hier an, dass die GLOBE-Schulen den Hypertext dem Buch vorziehen?

Schließlich informieren sich viele Schulen auch über die Aktivitäten anderer Projektbeteiligten und besuchen deren Homepages (7,9% regelmäßig, 66,6% gelegentlich). Da fast alle Schulen, die eine eigene Homepage haben, ihr GLOBE-Germany Engagement auf dieser Homepage darstellen und meist auch über konkrete Projekte berichten, weist dieser häufige Besuch auf ein großes Interesse und vielleicht auch auf einen Bedarf hin, sich über die Aktivitäten anderer GLOBE-Schulen zu informieren und sich Anregungen für die eigene Arbeit zu holen. Auch die Messergebnisse anderer GLOBE-Schulen werden nachgefragt (7,9% regelmäßig, 63,5% gelegentlich). Das deutet darauf hin, dass in den Schulen neben der lokalen Erfassung von Klimadaten auch globale Bezüge hergestellt werden, indem Daten verglichen, zeitliche Veränderungen verfolgt und in Hinblick auf Umweltphänomene und deren Ursachen interpretiert werden. Anleitung und Unterstützung für diese Art der Unterrichtsarbeit der Schulen enthält der „scientist corner". Er wird von 7,9% der Schulen regelmäßig und von 46,0% gelegentlich aufgesucht. Dort sind auch Vorschläge für weltweite Projekte wie das Klimaphänomen „El Niño" mit Informationen und Auswertungs- sowie Interpretationshilfen abrufbar.

Insgesamt kann man also feststellen, dass die Informationsangebote durchaus nachgefragt werden. Bei den Angeboten zur Kommunikation ist die Situation weniger eindeutig: 19% der Schulen benutzen die Möglichkeit regelmäßig und 39,7% gelegentlich, um sich über die Computernetze direkt an andere Schulen oder an Wissenschaftler/innen zu wenden. Man könnte auf den ersten Blick vermuten, dass 60% der Schulen e-mails dazu verwendeten, sich mit anderen Schulen über Umweltthemen, -parameter und -probleme auszutauschen – und damit die Zielsetzung globalen Lernens übernommen haben. Diese optimistische Annahme scheint jedoch wenig berechtigt, da die Lehrerbefragung 1999 zeigte, dass lediglich 39,7% angaben, mit einer anderen Schule konkret und intensiv zusammenzuarbeiten. Da ein Drittel dieser Schulen ausschließlich von einer Zusammenarbeit mit deutschen Schulen berichtete, ist davon auszugehen, dass nur etwa 26% der deutschen GLOBE-Schulen ausländische Schulen als Partner hatten. Das bedeutet aber, dass die Möglichkeiten zur internationalen Kommunikation von den beteiligten Schulen nur in geringem Maß wahrgenommen wurden.

2. Die Chats in GLOBE-Germany: Ein Beispiel gelungener Netzkommunikation?

Diese Ergebnisse waren der Ausgangspunkt dafür, die kommunikative Nutzung der neuen Medien in GLOBE, insbesondere die der Chats, genauer zu analysieren. Damit sollten Ursachen für mögliche Schwierigkeiten mit der netzbasierten Kommunikation identifiziert und Möglichkeiten aufgezeigt werden, die Internet-Angebote in GLOBE zu verbessern.

Die Chats in GLOBE wurden als internationale Diskussionsforen von der Projektleitung in Boulder initiiert. In der Regel wurden sie zu einem klar definierten Thema (z.b. „Boden", „El Nino", „Hydrologie") über einen Zeitraum von einigen Stunden angeboten. Den beteiligten Schüler/innen wurde die Möglichkeit gegeben, in dieser Zeit über das jeweilige Thema zu diskutieren. Die Diskussionsbeiträge wurden „online" (mit einer geringfügigen Zeitverzögerung) publiziert – der Chat stellt im Gegensatz zu e-mails eine synchrone Form der netzbasierten Kommunikation dar. In der Regel wurden die Chats von einem Mitglied der Projektleitung in Boulder moderiert – zusätzlich stand ein inhaltlicher Experte zur Verfügung, der Fragen beantworten und die Diskussion inhaltlich anregen sollte. Die einzelnen Chats wurden mit leichten Veränderungen auch nach der Diskussionszeit aufbewahrt und auf den GLOBE-Seiten ins Internet gestellt.

In der Studie wurde folgenden zwei Fragestellungen nachgegangen, die an die Forschung zu netzbasiertem Lernen in der Schule anknüpfen:

(1) Regen die Chats einen internationalen Austausch der Projektbeteiligten im Sinne eines globalen Lernens an?
(2) Welche Qualität hat die inhaltliche Auseinandersetzung in den Chats? Wird die Möglichkeit eines intensiven Austauschs genutzt?

Um die Fragestellungen zu beantworten, wurden 18 im Internet publizierte Protokolle von GLOBE-Chats von Beginn des Projekts bis 1998 analysiert. In einer Grobanalyse wurde für alle 18 Chats erfasst, welche Länder bzw. Personen sich beteiligten, wie viele Äußerungen vorgenommen wurden und was die wesentlichen Inhalte der Diskussionen waren. Darüber hinaus wurden vier Chats einer Feinanalyse unterzogen. Dazu wurde ein Kategoriensystem verwendet, das die einzelnen Beiträge in Bezug auf den Inhalt, die Kommunikationsfunktion und die Kohärenz (Zusammenhang zu den anderen Beiträgen) analysierte (vgl. Fischer, Bruhn, Gräsel & Mandl, in Druck).

Die internationale Beteiligung an den Chats

Wenn neue Informations- und Kommunikationstechnologien in Schulen verwendet werden, ist damit häufig die Hoffnung verbunden, dadurch eine internationale und interkulturelle Kommunikation anzuregen und zu unterstützen. Allerdings wurden in jüngster Zeit kritische Stimmen laut, ob dieses hehre Ziel mit netzbasiertem Austausch von Schüler/innen erzielt werden kann (Fabos & Young 1999). Zum einen lässt sich feststellen, dass auch internationale Projekte häufig von der westlichen Kultur dominiert werden. Zum anderen wird in Frage gestellt, ob durch einen Austausch von e-mails oder Diskussionsbeiträgen tatsächlich eine kritische Perspektive auf die eigene und andere Kulturen entwickelt werden kann – oder ob nicht vielmehr ein oberflächlicher Austausch stattfindet.

Die Zielstellung des internationalen bzw. interkulturellen Austauschs wurde auch für das GLOBE-Projekt formuliert: Die beteiligten Schüler/innen sollten die Möglichkeit erhalten, sich mit Menschen aus anderen Ländern auseinanderzusetzen und auf diese Weise ein tieferes Verständnis für die Sichtweise und Probleme anderer Kulturen erhalten. Vor diesem Hintergrund wurde zunächst analysiert, welche Länder sich an der Chat-Kommunikation in GLOBE beteiligt haben. Dabei zeigte sich eine deutliche Dominanz der Beiträge aus den USA: 88% der Beiträge stammten von Schulen aus Amerika. Analysiert man nicht nur die Anzahl der Beiträge, sondern betrachtet zusätzlich die Länge der Äußerungen in Zeilen, wird die Einseitigkeit noch deutlicher – 96% der Zeilen in den Chats wurden von Autor/innen aus den USA verfasst. Die Analysen bestätigen auch noch einmal die Aussagen der deutschen Lehrkräfte: Nur in vier der Chats haben sich deutsche Schulen beteiligt. Über die Gründe dieser mangelnden internationalen Beteiligung können zumindest einige Vermutungen angestellt werden. Ein erster Grund ist sicher die *Sprache*: Natürlich ist es für „native speaker" viel einfacher, sich an einer überwiegend fachlichen Diskussion zu beteiligen. Das Sprachproblem wird noch dadurch verschärft, dass die Beteiligung an GLOBE überwiegend im Zusammenhang mit naturwissenschaftlichen Fächern stattfindet. Lehrkräfte aus diesen Fächern haben möglicherweise größere Schwierigkeiten, eine englische Diskussion in ihre Projekt-Aktivitäten zu integrieren. Ein zweiter Grund kann in der *Zeit* gesehen werden, in der die Diskussionen stattgefunden haben. Die Zeiten lagen häufig so, dass es für amerikanische Schulen relativ einfach war, „online" zu gehen. Die Zeitverschiebung hat es also einer Reihe von Ländern erschwert, sich gleichberechtigt an den Chats zu beteiligen. Schließlich dürften auch die *angebotenen Themen* dazu beigetragen haben, dass sich überwiegend Schulen aus den USA beteiligten. Eine Reihe von Chats kreisten um Themen, die für Schüler/innen dieses Landes von besonderer Bedeutung waren. Zudem stammten die beteiligten Experten aus den USA – auch deswegen wurden viele Themen speziell aus dieser Sichtweise diskutiert.

Neben der Beteiligung verschiedener Länder wurden die Chats auch daraufhin analysiert, inwieweit in ihnen Aspekte einer interkulturellen Auseinandersetzung stattgefunden haben. Auch diese Analyse bestätigt, dass die Möglichkeiten des internationalen Projekts nur in geringem Ausmaß wahrgenommen wurden. Nur ein Bruchteil der Äußerungen bezieht interkulturelle Aspekte ein – überwiegend wird über naturwissenschaftliche Themen diskutiert. Auch auf der inhaltlichen Ebene wird die Chance des GLOBE-Projekts nicht genutzt, ein Forum für die internationale Verständigung zu bieten.

Qualität der inhaltlichen Auseinandersetzung über die Themen

Die zweite Frage zielt darauf ab, ob über netzbasierte Kommunikation eine inhaltliche Auseinandersetzung mit hoher Qualität erreicht werden kann. Zu dieser Frage liegt aus einer Reihe von Projekten bereits eine Vielzahl von Befunden vor (Döring 1995; Gräsel 1998; Hesse, Garsoffky & Hron 1995). Im Allgemeinen zeigt sich, dass sich e-mails oder Chats für eine intensive und konstruktive Auseinandersetzung mit Inhalten durchaus eignen. Wenn netzbasierte Kommunikation mit direkter Kommunikation (face-to-face) verglichen wird, werden aber einige Spezifika sichtbar:

(1) In netzbasierter Kommunikation wird häufig sehr „dicht" argumentiert – auf verständnisfördernde Wiederholungen oder Ausschmückungen wird also eher verzichtet. Damit geht einher, dass die Kommunikation über Netze stärker auf die Inhalte fokussiert ist – Persönliches oder Abschweifendes wird weniger ausgetauscht als bei direkter Kommunikation.

(2) Wenn sich Personen über e-mails oder Chats austauschen, kann das zu Problemen mit der Kohärenz von Beiträgen führen. Die einzelnen Beiträge stehen häufig nicht in klaren Beziehungen zueinander – eine zusammenhängende und kontinuierliche Behandlung eines (komplexen) Themas ist netzbasiert schwieriger zu realisieren als in einer face-to-face Situation. Beispielsweise ist häufig nicht klar, auf welchen der vorangegangenen Beiträge sich eine Äußerung bezieht. Die fehlende Kohärenz von Beiträgen kann dazu führen, dass die Diskussionsteilnehmer/innen den Überblick verlieren und damit überfordert sind, sich in den verschiedenen Beiträgen noch zurechtzufinden bzw. eine Struktur zu erkennen. Eine zentrale Aufgabe der Moderator/innen von Chats ist es dementsprechend, die Kohärenz zwischen Beiträgen herzustellen und die einzelnen Äußerungen unter inhaltlichen Gesichtspunkten zu strukturieren.

(3) Bei netzbasierter Kommunikation sind einem die Partner/innen in der Regel nicht bekannt. Diese Anonymität kann dazu führen, dass die „Spielregeln" normaler Kommunikation weniger eingehalten werden als in direkten Gesprächen. Beispielsweise ist das Phänomen bekannt, dass es in e-mail-Gruppen oder Chats häufiger als in direkten Kommunikationssituationen zu Beleidigungen oder Abwertungen der anderen Beteiligten kommt („Flaming"). Es ist also auch eine Aufgabe des Moderators, beleidigende und kränkende Äußerungen zu unterbinden.

Die GLOBE-Chats wurden in Hinblick auf diese Spezifika netzbasierter Kommunikation analysiert.

(1) Der Fokus auf eine inhaltliche Auseinandersetzung konnte für die Chats bestätigt werden. In den Beiträgen wurden fast ausschließlich die Inhalte angesprochen, zu denen die Chats angeboten wurden. Diese Konzentration auf die Themen wurde allerdings durch die Moderatoren auch sehr unterstützt, die schon bei kleinen „Abweichungen" dazu ermahnten, beim Thema zu bleiben.

(2) Die Kohärenz – der inhaltliche Gesamtzusammenhang – der Chats weist einige Defizite auf. Der überwiegende Anteil der Chats verläuft in einem Frage-Antwort-Schema: Schüler/innen stellen den beteiligten Experten eine Frage, die beantwortet wird. Die nächste Frage steht in der Regel in keinem oder nur in einem losen Zusammenhang zu dem, was vorher besprochen wurde. Eine Vertiefung von Inhalten, eine systematische Bearbeitung von Aspekten eines Themas, wird nur an wenigen Stellen der Protokolle deutlich. Damit haben viele Chats nicht den Charakter einer Diskussion, sondern vielmehr den einer „Fragestunde". An einigen Stellen wird dieses Schema aufgebrochen und es kommt eine „flüssigere" Diskussion in Gang. Dann ist allerdings festzustellen, dass die Diskussion recht schnell unübersichtlich und verwirrend wird. Den Moderatoren gelingt es in diesen Sequenzen nur eingeschränkt, die Diskussion zu strukturieren bzw. gezielt bestimmte Aspekte zur Vertiefung anzubieten.

(3) Die negativen Effekte des „Flaming" sind in den GLOBE-Protokollen nicht zu bemerken: In den 18 Chats sind nur drei Sequenzen enthalten, in denen eine Äußerung einer Person eindeutig negativ bewertet wird – und diese Bewertungen sind von Beleidigungen weit entfernt. Allerdings hatten die Moderatoren bei den GLOBE-Chats die Möglichkeit, einen eingereichten Beitrag nicht zu veröffentlichen. In einem schriftlichen Interview bemerkte einer der Moderatoren allerdings, dass sie von dieser „Zensoren"-Funktion nur selten Gebrauch machen mussten. Tatsächlich war das Gesprächsklima so themenzentriert, dass „Flaming" nicht auftrat.

Zusammenfassung und Konsequenzen

Die Analyse der Chats kann man folgendermaßen zusammenfassen: Die Chats haben überwiegend die naturwissenschaftlichen Aspekte von GLOBE angesprochen und vertieft. Überwiegend wurden sie als „Befragung" von Experten genutzt – ein Austausch von Schüler/innen kam nur an wenigen Stellen in Gang. Genutzt wurden die Chats hauptsächlich von amerikanischen

Schulen – der internationale Anspruch des Projekts konnte durch dieses Internet-Angebot nicht verwirklicht werden: Nur ein Bruchteil der Beiträge stammte von Schulen außerhalb der USA, gesellschaftliche oder kulturelle Aspekte der einzelnen Themenstellungen wurden so gut wie nicht angesprochen. In der Weiterentwicklung des Projekts könnte diese naturwissenschaftliche Dominanz der Chats noch um weitere Internet-Angebote erweitert werden. Beispielsweise könnten Chats initiiert werden, die explizit kulturelle Themen zum Gegenstand haben und dabei auch Experten aus verschiedenen Kulturen berücksichtigen. Diese Ausweitung der Internet-Kommunikation könnte einen Beitrag dazu darstellen, dass sich GLOBE stärker als bisher zu einem anregenden Forum globalen Lernens entwickelt.

Literatur

DÖRING, N. (1995). Internet: Bildungsreise auf der Infobahn. In: Issing, L.J. & Klimsa, P. (Hg.), *Information und Lernen mit Multimedia* (S. 305-336). Weinheim: Psychologie Verlags Union

FABOS, D. & YOUNG, M.D. (1999). Telecommunication in the classroom: rhetoric vs. reality. *Review of Educational Research, 69* (3), S. 217-259

FISCHER, F., BRUHN, J., GRÄSEL, C. & MANDL, H. (in Druck). Kooperatives Lernen mit Videokonferenzen: Gemeinsame Wissenskonstruktion und individueller Lernerfolg. *Kognitionswissenschaft*

Forum „Schule für eine Welt": Globales Lernen. (1996). *Anstöße für die Bildung in einer vernetzten Welt.* Jona

GRÄSEL, C. (1998). Neue Medien – neues Lernen? In Speck-Hamdan, A. & Mitzlaff, H. (Hg.), *Grundschule und neue Medien.* (S. 67-84). Frankfurt a. M.: Arbeitskreis Grundschule – Der Grundschulverband

HESSE, F. W., GARSOFFKY, B. & HRON, A. (1995). Interface-Design für computerunterstütztes kooperatives Lernen. In: Issing, L.J. & Klimsa, P. (Hg.), *Information und Lernen mit Multimedia* (S. 253-268). Weinheim: Psychologie Verlags Union

SEYBOLD, H. (1995). Modellversuchsbedingungen und -ergebnisse in ihrer Bedeutung für eine Veränderung schulischer Umwelterziehung. In „*Berliner Forum schulische Umweltbildung*" (S. 91-97). Berlin: Anschub

SEYBOLD, H. & BOLSCHO D. (1999). *Die Entwicklung von GLOBE-Germany in den Modellversuchsjahren 1995-98. Ergebnisse der Evaluation.* Bericht an das Ministerium für Wissenschaft und Forschung. Ludwigsburg/Hannover

WHITE, M. A., SCHWARTZ, M. D. & RUNNING, S. W. (2000). Running young students, satellites aid understanding of climate-biosphere-link. *American Geophysical Union*, 81

Rolf Schulz

Agenda macht Schule

Ansatzpunkte, erste Erfahrungen und Perspektiven der Agenda-Arbeit in nordrhein-westfälischen Schulen

Mit dem Slogan aus der umwelt- und entwicklungspolitischen Debatte „Global denken – lokal handeln" ist eine angemessene Reaktion auf die Globalisierung und die damit verbundenen Probleme zum Ausdruck gebracht worden. Wenigstens drei Gründe – U. Beck nennt es die „Redefinition des Lokalen" – sprechen für eine Aufwertung des kommunalen Nahbereichs:

1. Wesentliche globale Probleme (ökologische, soziale und wirtschaftliche) haben ihre Ursachen in Aktivitäten auf der lokalen Ebene (u.a. Produktions- und Konsumweise, Lebensstilfragen, Verkehr, Siedlungsstrukturen, Energieverbrauch) und sind auch in den Lebens- und Existenzbedingungen vor Ort erfahrbar.
2. Direkte Beteiligungsformen bieten Ansatzpunkte für Gestaltungsmöglichkeiten und ermöglichen ein der Lebenssituation angepaßtes zeitlich eigenständig zu fixierendes Engagement.
3. Die Lebenswelt des Alltags schafft praktische Anknüpfungspunkte für Beteiligungsformen, Veränderungs- und Innovationswünsche.

Dadurch eröffnen sich vielfältige Beteiligungs- und Lernprozesse für ganz unterschiedliche gesellschaftliche Gruppierungen und Akteure, die in den 40 Kapiteln der Agenda 21 angesprochen sind.

Die nachfolgenden Ausführungen rücken vor dem Hintergrund dieser möglichen Beteiligungsformen den Bildungsgedanken in der Agenda 21 in den Mittelpunkt und beziehen sich dabei insbesondere auf erste Erfahrungen im Netzwerk „Schule und lokale Agenda" an nordrhein-westfälischen Schulen. Seit Mitte 1997 gibt es in Nordrhein-Westfalen ein Netzwerk „Schule und lokale Agenda", in dem sich inzwischen über 50 Schulen zum regelmäßigen Erfahrungsaustausch treffen und beraten, wie eine Bildung für Nachhaltigkeit im schulischen Kontext zu realisieren ist.

Gerade im Hinblick auf gegenwärtige Trends in der bildungspolitischen Diskussion – hier insbesondere die Schulprogrammdiskussion – lässt sich mit dem verstärkten Interesse an Profilbildungen im Kontext von Schulprogrammen ein wesentlicher Bezugs- und Anknüpfungspunkt festmachen. Ein „nachhaltiges" Schulprofil sollte das Ergebnis einer breiten Konsensbildung sein und auf der Grundlage bewusster Entscheidungs- und Handlungsfreiheiten inner- und außerschulische Handlungsebenen hinreichend berücksichtigen.

Auf dem Wege zur Nachhaltigkeit sollte ein Schulprogramm:

– bezogen auf Organisationsformen, Inhalte, Methoden und Ziele der Unterrichts- und Erziehungsarbeit Schwerpunkte im Kontext der Agenda 21 setzen: u.a. durch neue Anforderungen an die Gestaltung von Curricula durch einen konstruktiven Umgang mit Komplexität: Interdisziplinarität und überfachliche Lernarrangements, eigeninitiierte und selbstgesteuerte Lernformen und deren Integration in den schulischen Alltag
– hinsichtlich der sozialen Dimension von Nachhaltigkeit Leitlinien der Zusammenarbeit und Kooperation im Schulleben formulieren
– Grundsätze für einen schonenden Umgang mit Ressourcen aufstellen, d.h. z.B. Reduktion der Stoffdurchsätze über Formen der Öko-Auditierung hinaus in Richtung Nachhaltigkeit durch Umstellung auf effiziente Nutzung von Ressourcen
– Umfassende Partizipationsformen aufbauen und ausgestalten: dies setzt in der Gestaltung des Schulalltags zentrale Schlüsselqualifikationen voraus: Kooperations- und Kommunikationsfähigkeit, Selbständigkeit, Verantwortungsbereitschaft und Entscheidungsfähigkeit der am Prozess beteiligten Gruppierungen
– Regionale Unterstützungsstrukturen und lokale Netzwerke in das Schulleben dauerhaft einbeziehen.

Wenn es über diesen Ansatz gelingt, die Isolierung ökologischer Themen aufzuheben und sie zu einem fundamentalen Bestandteil des Erziehungsprozesses zu entwickeln, dann entstehen nicht zusätzliche Lerninhalte, sondern neue Zugänge durch die Vernetzung unterschiedlicher Wissensbereiche, Alltagserfahrungen und methodisch innovativer Zugehensweisen.

Die im Netzwerk befindlichen Schulen haben auf dem Hintergrund der oben skizzierten Ansatzpunkte und Zugänge erste Erfahrungen gesammelt, die aufzeigen, wie sich Schulen auf sehr vielfältige Art und Weise auf den Agenda-Prozess einlassen, ihre eigene Praxis reflektieren und dabei nach neuen Orientierungen suchen.

Treffpunkt Agenda 21 im Bildungsserver learn:line

Kommunikations- und Kooperationsforen sind für Netzwerke wesentliche Arbeits-instrumente. Neben der Multiplikation von Ergebnissen, Informationen, Vereinbarungen u.a. sind im oben genannten Sinne Dokumentationen zu best-practise-Beispielen, Hintergründen usw. gerade auch für Schulen „im Wartestand" von Bedeutung, um gezielt Hilfestellungen und Unterstützungen im regionalen Raum abrufen zu können. Im Bildungsserver Learn:line sind insbesondere drei Arbeitsbereiche herauszuheben, die mit je unterschiedlichen Angeboten diese Unterstützungsfunktion für Schule, Unterricht und Lehrerbildung anbieten, gleichsam auch als Bildungsforum für die außerschulischen Partner/Facheinrichtungen u.a. einen wichtigen Diskussionsbeitrag im Kontext der aktuellen Debatte „Bildung für Nachhaltigkeit" beisteuern:

1. *„Umwelt-Entwicklung-Gesundheit"*- in Kooperation mit Nichtregierungsorganisationen, Universitäten u.a.
2. *„GÖS – Gestaltung des Schullebens und Öffnung von Schule"* – als Landesprogramm
3. *Treffpunkt Agenda 21* – Kommunikations- und Kooperationsforum

Diese Arbeitsbereiche orientieren neben einer Vielzahl von Serviceleistungen insbesondere über außerschulische Lernorte, innovative methodische Zugänge in Form von Datenbanken, Unterrichtsmaterialien und -einheiten projekt- und fächerorientiert, Fortbildungsangebote, Fragen zur Schulentwicklung und zum Stand der Schulprogrammarbeit im Agenda-Kontext. Zur Dokumentation bisheriger Bemühungen und zum Arbeitsstand im Netzwerk der Agenda-Schulen auch vor dem Hintergrund der aufgeworfenen Fragen soll die nachfolgende Aufstellung einen ersten Eindruck im Hinblick auf die jeweils spezifischen Zugänge der Schulen vermitteln. Es handelt sich hierbei um eine Auswahl aus dem Netzwerk „Schule und lokale Agenda" in Kurzform am Beispiel:

- *Umweltmanagement an der Gesamtschule Schwerte:* (u.a. durch Integration des Umweltschutzes in die Organisationsstruktur Schule am Beispiel Minimierung des Müllaufkommens und Senkung des Energieverbrauchs)
- *Öko-Audit, Energiesparen, 70/30-Projekt am Landrat Lucas Gymnasium:* (u.a. durch Energieverbrauchsmessungen und Versuchsprojekt „70/30 – Schulen sparen Energie, Innovationen durch technische Maßnahmen")

- *Gesamtschule Hagen-Haspe auf dem Weg zu einer Agenda-21-Schule:* (u.a. Integration der Leitbilder in den schulischen Alltag, Lernortvernetzung und Stadtteilarbeit)
- *Nachhaltigkeit als Leitbild der schulischen Entwicklung an der Hulda-Pankok-Gesamtschule Düsseldorf:* (u.a. Mitarbeit im lokalen Agenda-Prozess in Düsseldorf durch Aufbau eines Netzwerkes „Bildung", Mitarbeit in Bürger- und Fachforen)
- *Globus-Agenda-Schule der Städt. Gesamtschule Duisburg mit dem Schwerpunkt Schulprogrammarbeit:* (Agenda 21 als Grundlage und Klammer des Schulprogramms bezogen auf Lerninhalte, Lernformen, Schulbau, Schulorganisation, Schulleben)
- *Schulprofilentwicklung „Ökologie und Kunst" der Köllerholzschule GGS:* (Entwicklung von ökologischen, sozialen und kulturellen Aktionsplänen im Schulfeld)
- *Agenda 21 – Wir machen uns auf den Weg – Peter-August-Böckstiegel-Gesamtschule Werther:* (u.a. mit den Schwerpunkten Mediationsverfahren/Streitschlichtung; Gesundheit und gesunde Ernährung, Aufbau internationaler Partnerschaften)
- *Umweltbelastung durch Lebensbedingungen und Lebensgewohnheiten in der „Einen Welt" an der Hildegardis-Schule:* (u.a. Ernährung und Gesundheit in der Einen Welt; Lebensstil- und Konsumfragen im Kontext der Wohlstandsmodelle)

Wenn über diese konkreten Ansatzpunkte die häufige Diskrepanz zwischen Schul- und Lebenswirklichkeit verringert wird, dann wird das gestalterische Potential aller am Agenda-Prozess beteiligten Akteure erkennbar.

Benno Dahlhoff

Einbindung von Schule und Unterricht in den Prozess der Lokalen Agenda 21

Für Schule ist die Teilnahme am Prozess der *Lokalen Agenda 21* eine wichtige Zukunftsaufgabe. Im Rahmen der Konzepte „*Öffnung von Schule*" und „*Erstellung von Schulprogrammen*" können sie themenorientiert, fächerübergreifend und projektbezogen eine Orientierung im Sinne der *Agenda 21* finden.

Es gibt mittlerweile zahlreiche Beispiele für lokales Handeln von Schulen in kommunaler oder auch globaler Verantwortung. So haben manche Schulen einen alternativ bewirtschafteten Schulkiosk, bieten umweltfreundlich hergestellte Schreibwaren an, sparen Energie unter Anwendung des fifty-fifty-Modells oder führen Projekte – unter anderem auch mit Partnerschulen in aller Welt – zu verschiedenen aktuellen globalen Themen durch. Doch auch der Regelunterricht sollte – falls dies ohne all zu großen Aufwand möglich ist – versuchen, den Prozess der Lokalen Agenda 21 aufzugreifen und auf diesem Wege mehr Schülerinnen und Schüler in kommunale Planungs- und Entscheidungsprozesse einzubeziehen.

Beispiel: Praktische Ökologie im Schulumfeld

Im Umfeld jeder Schule finden sich Möglichkeiten, einen handlungsorientierten Unterricht durchzuführen. Entscheidend ist aber, dass die dazu geeigneten Situationen wahrgenommen bzw. gesucht und in den Unterricht integriert werden. Denn nur so kann Unterricht aus dem Schattendasein der reinen Wissensvermittlung heraustreten, *Ernstcharakter* annehmen und *Identifikation* mit dem Tun bewirken.

Im vorliegenden Beispiel aus dem Fach Biologie Jahrgangsstufe 8 wurden im 1. Halbjahr auf zahlreichen Exkursionen und Untersuchungen im nahen

Schulumfeld die notwendigen fachlichen und fachübergreifenden Basis-Qualifikationen vermittelt.

Dabei stellte die im Rahmen der *Freilandarbeit* erworbene Erweiterung der *Artenkenntnis* neben der experimentellen Untersuchung der *abiotischen Faktoren* (physikalische Methoden) einen bedeutenden Schwerpunkt dar. Denn Artenkenntnis trägt wesentlich zum Verständnis des Lebens in seiner Vielgestaltigkeit bei und ist somit eine wichtige Grundlage innerhalb der Umwelterziehung.

Einen weiteren Schwerpunkt bildete die *Arbeit mit Kartenmaterial* (geografische Methode), um Schülerinnen und Schülern deutlich vor Augen zu führen, wie sich im nahen Schul- bzw. Wohnumfeld die Landschaft mit ihrem Arteninventar in den letzten 100 Jahren verändert hat. Mit diesem Landschaftswandel eng verbunden ist die *geschichtliche Entwicklung* des Heimatraumes, die in diesem Zusammenhang ebenfalls eine wichtige Rolle spielt.

Im zweiten Halbjahr findet das vor Ort erworbene Wissen Anwendung und wird sogar vertieft beim Erarbeiten eines Konzeptes zur *Vernetzung* von Stadt-Grün und Umland-Grün zwischen dem Conrad-von Soest-Gymnasium, Soest, und der Ökologischen Station an der Schule im Amper Bruch und beim Entwickeln von Vorschlägen für einen dazu geeigneten *Biotopverbund* durch Geländearbeit, Kartenarbeit und Analyse von Konzepten zur Biotopvernetzung.

Anschließend sollen die Schülerinnen und Schüler der Klassen 8 die Untersuchungsergebnisse im Forum Natur- und Landschaftsschutz der *Lokalen Agenda 21* und auch im Ausschuss für Umwelt- und Naturschutz (AUN) – vorstellen und gemeinsam mit den Mitgliedern des Forums bzw. den Mitgliedern des AUN über ihre Vorstellungen diskutieren.

Ist das Biotopverbund-Konzept dann mit den verschiedenen am Agenda-Prozess beteiligten Gremien abgestimmt, sollen Schülerinnen und Schüler aktiv an der *Umsetzung* des Biotopverbund-Konzeptes mitarbeiten.

Diese Mitarbeit könnte etwa darin bestehen, Pflanzungen in der Feldflur vorzunehmen. Langfristig könnten die Schülerinnen ihre Beobachtung der Sukzession im neu geschaffenen Biotopverbund im Sinne eines Umwelt-Monitorings begleiten und dokumentieren. Dies wäre eine interessante Aufgabe für den Biologieunterricht kommender Klassen 8, für Grund- und Leistungskurse im Bereich des Ökologieunterrichtes sowie für die Bio-AG (teilweise in Personalunion mit Schülern der Klassen 8).

Beim hier skizzierten Unterrichtsgang durch die Klasse 8 findet im 1. Halbjahr die projektorientierte Vermittlung von ökologischem Basiswissen statt. Im 2. Halbjahr geht es um die Anwendung und damit auch um die Vertiefung des im 1. Halbjahr Erlernten beim Erstellen eines Konzeptes zur Biotopvernetzung. Dies geschieht sowohl im Unterricht als auch z.T. in kleinen Projektgruppen nachmittags. Diese Vorgehensweise ist möglich, da für viele

Schülerinnen und Schüler Schul- und Wohnumfeld ganz nahe zusammen liegen. Somit ist eine unmittelbare oder mittelbare Nähe und damit auch ein hohes Maß an Identifikation mit ihrem Tun gegeben.

Ging es bis zu diesem Zeitpunkt überwiegend um die Stärkung und Erweiterung der Fachkompetenz in den Bereichen Biologie und Ökologie und der Sozialkompetenz bei der Teamarbeit sowie der Planungskompetenz, stehen nun ganz andere Kompetenzen auf dem Prüfstand. Denn hier geht es im Sinne der Öffnung von Schule und der Kooperation mit außerschulischen Partnern zum einen um die fachlich fundierte Präsentation der eigenen Untersuchungsergebnisse vor Fachgremien und die engagierte Diskussion mit diesen zur Durchsetzung der anvisierten Ziele, sowie andererseits um die aktive Mitarbeit bei der Realisierung des Biotopverbundes.

Der einmal fertiggestellte Biotopverbund seinerseits erweitert die Möglichkeiten für den Biologieunterricht, dauerhaft vielfältige Freilandarbeit im schulnahen Umfeld durchzuführen. Außerdem ergibt sich die Chance, in Kooperation mit der Kommune eine weitere Anreicherung und damit eine ökologische Aufwertung der Landschaft mit verschiedenen Biotopen vorzunehmen und im Rahmen der schulischen Möglichkeiten Pflegemaßnahmen durchzuführen.

Wilhelm Roer

Netzwerk Agenda 21 und Schule

Das „Netzwerk Agenda 21 und Schule" wurde 1997 von mehr als 50 Kolleginnen und Kollegen aus über 30 Schulen in Dortmund gegründet. Die Gründungsmitglieder bzw. deren Schulen waren alle zuvor im Umweltbereich des nordrhein-westfälischen GÖS-Landesprogramms (Gestaltung des Schullebens und Öffnung von Schule) aktiv beteiligt. Mehr und mehr kommen auch Personen und Schulen hinzu, die sich in den GÖS-Bereichen „Gemeinwesen und soziale Verantwortung", „Beruf und Arbeitswelt", „Interkulturelle Verständigung und Kultur" engagieren.

Die Mitglieder des Netzwerkes fühlen sich den Herausforderungen der Agenda 21 verpflichtet. Dies gilt insbesondere für das Kapitel 36 „Bildung", in dem es heißt:

„Bildung ist eine unerlässliche Voraussetzung für die Förderung einer nachhaltigen Entwicklung und die Verbesserung der Fähigkeit der Menschen, sich mit Umwelt- und Entwicklungsfragen auseinanderzusetzen. ... Sowohl die formale als auch die nichtformale Bildung sind unabdingbare Voraussetzungen für die Herbeiführung eines Bewusstseinswandels bei den Menschen, damit sie in der Lage sind, ihre Anliegen in bezug auf eine nachhaltige Entwicklung abzuschätzen und anzugehen. Sie sind auch von entscheidender Bedeutung für die Schaffung eines ökologischen und eines ethischen Bewusstseins sowie von Werten und Einstellungen, Fähigkeiten und Verhaltensweisen, die mit einer nachhaltigen Entwicklung vereinbar sind, sowie für eine wirksame Beteiligung der Öffentlichkeit an der Entscheidungsfindung."

Mit unterschiedlicher Ausprägung versuchen die Schulen:

– multidisziplinäre Unterrichtskonzepte zu erarbeiten, in deren Mittelpunkt Umwelt- und Entwicklungsfragen stehen;

- innovative Lehr- und Lernmethoden zu entwickeln, wobei die Selbststeuerung des Lernens der Schülerinnen und Schüler eine wesentliche Rolle spielt;
- Verantwortung im Gemeinwesen zu übernehmen, denn wer verantwortlich gegenüber den globalen Entwicklungen sein will, der kann damit am konkretesten im eigenen Umfeld beginnen.

Das Netzwerk gründete auch den Förderverein „Agenda 21 & Schule", um in Formen der Selbsthilfe und im Sinne von „Lehrer helfen Lehrern" und „Schulen helfen Schulen" tätig zu werden. Das Netzwerk und der Verein beraten und unterstüten Vorhaben in Städten, Kreisen und Gemeinden des Landes NRW, vermitteln Gesprächspartner, Referenten, verweisen auf Materialien, organisieren Treffen, dokumentieren landesweite Entwicklungen, knüpfen Kontakte zu vergleichbaren Initiativen auch außerhalb von NRW. Eng arbeitet das Netzwerk mit der Bezirksregierung Arnsberg zusammen. Weitere Kooperationen mit den anderen Bezirksregierungen werden angestrebt. Eine Zusammenarbeit besteht auch mit all denen, die an dem Modellprogramm der Bund-Länder-Kommission „Bildung für nachhaltige Entwicklung" teilnehmen.

Als ein Beispiel, was Schulen z. B. tun, sei hier die Gesamtschule Essen-Holsterhausen ausgewählt, die sich als Agenda-Schule entwickeln will.[1]

Die Gesamtschule Holsterhausen wurde 1997/98 gegründet, ist also im Aufbau. Sie ist fünfzügig. In einer Klasse jeden Jahrgangs werden behinderte Kinder aufgenommen. Die Lehrerinnen und Lehrer arbeiten in Teams zusammen. Das Leitbild der Schule heißt: *Nachhaltig leben lernen – unsere gemeinsame Zukunft verantwortungsbewusst gestalten.*

Im Anschluß an den von J. Delors herausgegebenen UNESCO-Bericht zur Bildung für das 21. Jahrhundert setzt die Schule drei Akzente:

- Lernen, Wissen zu erwerben.
  Hier geht es um eine fundierte Allgemeinbildung und um das Lernen des Lernens durch Methodentrainings, durch ein Lernen in Projekten, durch Lernen an außerschulischen Lernorten, durch Lesestunden, durch Nutzung der neuen Technologien u. a.
- Lernen, zusammen zu leben.
  Vielfalt als Bereicherung anzusehen ist die grundlegende Philosophie. Darum werden auch Kinder mit besonderem Förderbedarf nicht ausgegrenzt. Das Zusammenleben beginnt in den (interkulturell zusammengesetzten) Klassen, gilt für das Schulleben, zeigt sich in intensiver Zusammenarbeit mit Eltern, in der Mitarbeit bei der Lokalen Agenda, soll sich –

---

1 Weitere Informationen sind zu erhalten bei der Gesamtschule Essen-Holsterhausen, Keplerstraße 58, D-45147 Essen, 0201/705654. Schulleiterin: Margret Rasfeld-Maruhn.

zumindest gedanklich – auf die Weltgemeinschaft beziehen. Schülerinnen und Schüler sind Streitschlichter. Auf regelmäßigen Vollversammlungen werden Arbeitsergebnisse aus dem Unterricht präsentiert, stellen sich Lehrerinnen und Lehrer mit ihren Engagements vor, berichten Gäste der Schule u. a.. Ein großes Erlebnis für die ganze Schulgemeinde war es, als kürzlich Denis Goldberg davon berichtete, warum er über 20 Jahre in südafrikanischen Gefängnissen eingesperrt war; er hatte sich – als Weisser! – mit Nelson Mandela für die gleichen Rechte der Schwarzen in Südafrika eingesetzt; „denn in aller Menschen Adern ist das Blut rot".
– Lernen, zu handeln.
Erziehung zur Demokratie, Partizipation, Übernahme von Verantwortung in Teams und im Gemeinwesen heißen Stichworte. Wichtige Fragen werden im Klassenrat besprochen. Schülerinnen und Schüler sind Energie- und Müllmanager, achten darauf, dass in ihrem „Haus des Lernens" Prinzipien der Nachhaltigkeit eingehalten werden. Der 6. Jahrgang hat eine Patenschaft für einen Spielplatz übernommen, der immer wieder verwüstet wurde. Ein Großprojekt heißt „Mecklenbeckstal", von dem beispielhaft die Rede sein soll.

Projekt Mecklenbeckstal

Das Mecklenbeckstal ist ein ca. 70.000 qm großes Wiesengelände mit Baumbestand. Der Bach ist unterirdisch kanalisiert. In einem langfristigen Kooperationsprojekt – 10 Jahre, Beginn 1999 – zwischen der Stadt Essen und der Gesamtschule Holsterhausen soll das Gebiet kartiert, gepflegt und ökologisch aufgewertet werden. Ob der Bach wieder freigelegt werden kann, wird noch geprüft.

An dem Projekt sind alle Schülerinnen und Schüler des Wahlpflichtfachs Naturwissenschaften beteiligt. Sie erfassen das Gelände im derzeitigen Zustand, machen eine biologische Bestandsaufnahme. Sie untersuchen die Qualität des Bodens und wodurch diese bedingt wird. Sie legen einen Waldlehrpfad an. Alle Arbeitsschritte und Arbeitsergebnisse werden ausgewertet und öffentlich präsentiert.

In einer Darstellung der Schule heißt es:

„Wenn Jugendliche in der Begegnung mit der Natur forschend lernen, mit allen Sinnen und achtsam, wenn sie fühlen, messen und beobachten, Abhängigkeiten wahrnehmen und so Einblick bekommen in ökologische Zusammenhänge, wenn daraus Staunen wächst und der Wille, die Wechselwirkungen innerhalb der Natur und die von Natur und Kultur besser zu verstehen, dann können Wissens-Durst und Verstehens-Hunger, Entdeckungs-Freude und Erlebnis-Lust, Spür-Sinn und Ehr-Furcht wachsen und sich entwickeln.

Wenn Heranwachsende in einem langfristigen Projekt, in dem ihre Recherchen und Ergebnisse Ernstdaten darstellen, Verantwortung übernehmen, wenn sie an ernsten Herausforderungen arbeiten und die Ergebnisse ihres Tuns vor der Öffentlichkeit präsentieren und verantworten, wenn sie als Experten für andere Menschen wirksam und wichtig werden, wenn sie sich in einem Entwicklungsprojekt immer wieder Gedanken machen müssen über den weiteren Verlauf und merken, dass es für die Realisierung ihrer Ideen auf ihr Tun, ihre Eigeninitiative, ihre Kreativität ankommt, dann leben sie Visions-Wille, Wage-Mut und Risiko-Bereitschaft.

Wenn Heranwachsende lernen, sich mit Experten, Ämtern und Institutionen auseinanderzusetzen, indem sie deren Kompetenzen nutzen, aber auch, indem sie ihre Wünsche und Vorstellungen durchzusetzen versuchen, sich abstimmen, Kompromisse aushalten, wenn sie erleben, dass manches langes Durchhaltevermögen erfordert und sie aus Fragen und Fehlern lernen; wenn sie für die Natur und für den Schutz und Erhalt der Biotope Sorge und Pflege übernehmen, ihre Ansichten, Einsichten, ihre Zweifel und ihre Ziele öffentlich vertreten, dann prägen sich Unternehmens-Geist und Selbst-Wirksamkeit, Einmischungs-Kompetenz und Verständigungs-Suche, wachsame Achtsamkeit und Verantwortungsgefühl und Civil-Courage die Lernkultur der Schule."

Die Botschaften dieser Agenda-Schule haben die Schülerinnen und Schüler auch in einem „Agenda-Song" selbst verfasst und komponiert:

Agenda Song

Zur Eröffnung der Agenda Werkstatt am 7. Juni 2000 in der Zeche Carl in Essen
Ein Beitrag der Gesamtschule Essen-Holsterhausen, Agenda Schule, zum Internationalen Projekttag der Solidarität 2000 der unesco-project-schulen

Wege zu einer Kultur des Friedens

„Man, Jemand und jedermann wussten,
dass eine wichtige Arbeit zu erledigen war.
Man hätte sie geschafft.
Doch jedermann glaubte,
jemand würde sie tun.
Doch am Ende tat sie niemand."

Hört, alle Menschen hört, wir Kinder haben was zu sagen,
Schluss mit Jammern und Verzagen, mutig Schritte wagen, fang heute damit an!

314

1992 war es im Kalender, in Rio de Janeiro, die Gründung der Agenda.
Dort trafen sich die Staaten, um über die Zukunft der Welt zu beraten.
Der Schall kam bis zu unseren Städten, die Botschaft heißt: die Erde retten.
Und auch in Essen beschloss der Rat, wir legen los und Auf zur Tat.

Die einen haben wenig, die anderen haben viel.
Gerecht verteilen in der Welt, das ist das große Ziel.
Die Armut herrscht im Süden, der Norden, der ist reich,
das darf doch so nicht wahr sein, wir sind doch alle gleich!
Die ganze Welt macht mit, Agenda ist der hit.

Hört, alle Menschen hört, wir wollen miteinander teilen,
in eine faire Zukunft eilen, keinem geht es schlecht, ja, das ist nur gerecht.

Die Waffen werden immer mehr, die Rüstung macht das Geld.
Sie schüren Krieg und Hass so sehr und Elend in der Welt.
Warum so viel Geld verschwenden, soll die Welt so sinnlos enden?
Unschuldig das Leben lassen, grundlos jene Menschen hassen?

Das kann doch so nicht weitergeh'n, das nehmen wir nicht hin.
Schluss jetzt, wir wollen dem widerstehen, das macht so keinen Sinn.
Wir wollen Frieden in der Welt und Solidarität.
Dass jeder fest zum andern hält, es ist noch nicht zu spät.
Alle Menschen machen mit, Agenda ist der hit.

Hört, alle Menschen hört, wir wollen miteinander teilen,
in eine faire Zukunft eilen, keinem geht es schlecht, ja, das ist nur gerecht.

Wir kaufen ständig viele Sachen, die uns auch nicht glücklich machen.
Konsumenten kaufen, kaufen, bis wir dann im Müll ersaufen.
Laufen der Werbung hinterher, und die flüstert: mehr, mehr, mehr!
So gehen Ressourcen bald zu Ende, das wissen wir schon lang.

Deshalb der Aufruf: klar zur Wende, fang heute damit an.
Reparieren, tauschen, putzen und so lang wie möglich nutzen.
Erneuerbare Energie statt Erdöl, Kohle, Gas.
Sonne, Wind und Biomasse, finden wir ganz große Klasse.
Misch dich ein, mach mit, Agenda ist der große hit.

Hört, alle Menschen, hört, die Zukunft liegt in unseren Händen.
Energie und Rohstoffe verschwenden, das werden wir beenden, das ist doch
wohl klar.

Unsere Gesamtschule in Holsterhausen, fing's mit dem Müll an zu grausen,
und sie beschloss: jetzt ist Schluss, hören wir auf mit diesem Stuss.
Wozu Plastikstifte kaufen, Saft aus Alu-Dosen saufen.
Was die Werbung uns so steckt, haben wir doch längst gecheckt.

Die Schule in unseren Träumen ist umringt von grünen Bäumen.
Mit Fotovoltaik und Wetterstationen, Schülerversammlung und Attraktionen.
Im Unterricht wollen wir mitbestimmen, gemeinsam planen, dann kann es
gelingen.
Wir Kinder haben gute Ideen und können auch die Welt verstehen.
Viele Schulen machen mit, Agenda ist der hit.

Hört, alle Menschen hört, wir Kinder woll'n die Welt erhalten,
Schluss mit Belehren und Verwalten, wir wollen mitgestalten, alle haben
Lust.

Hört, alle Menschen hört, wir Kinder haben was zu sagen:
Schluss mit Jammern und Verzagen, mutig Schritte wagen, fangt heute damit
an.

Birthe Zimmermann

The Baltic Sea Project

The Baltic Sea Project – A network of schools within UNESCOs Associated Schools project working for Environmental awareness, International cooperation, Problem solving and finding solutions in order to achieve sustainable development.

Deserted beach
where everything is grey
and shiny, oily water with no winds
the empty road to the other coasts

Slimy algae choke the bottom
greenish grey and brown,
and there are piles of rotting seaweed
on the beach

Here at life's forgotten place
the clouds stand still
with bowed heads
and black shadow birds
point their sharp beaks
at the barrenness

and the raucous throats
grate on the dry, empty boats of the beach

Ole Sarvig, Denmark

(from „Working for Better Water Quality in the Baltic Region", Baltic Sea Project: Learners' Guide no. 1 (1ˢᵗ ed. in 1994; 2ⁿᵈ ed. in 1998)

Environmental awareness concerning the suffering Baltic Sea and the perception that pollution knows no borders made the starting point for the Baltic Sea Project at a time (1989) where the borders gave limited access and prevented students and teachers from exchanging points of view person to person.

The Baltic Sea has a surplus of water: Salt water from the oceans enter through the narrow Danish straits as the heavier bottom layer and surplus freshwater flows out from the entire drainage area as the surface layer. So in all the Baltic Sea consists of brackish water with great differences in salinity. The bottom conditions show thresholds preventing the saltwater intake, and deep depths in the Baltic proper makes it a very vulnerable sea. The turnover time of salt water has been estimated to 70 years. The Baltic Sea is therefore utterly vulnerable to the impact of human interference, the runoff through rivers, from different land use and through downfall from the atmosphere.

Within the Baltic Sea Project a joint programme has been elaborated to trace the impact of man, making a scientific method that can be used in the whole Baltic region.

The programme is called Water Quality. A Learners' Guide book has been published for use within the programme; an educational video has been made to introduce the programme to students, and a computer programme „WaQua" has been made to store the data enabling long term comparisons.

Students investigate the presence or absence of certain species on the beach; they measure the numbers of individuals of each species in 1 m² of the bottom at app. knee deep waters; they measure redox-cline in the bottom sediment and the amount of organic material; They measure visibility, salinity, oxygen saturation, amount of nutrients such as Nitrogen and Phosphorous in the water; water samples are taken to examine and determine the amount and constellation of plankton. Often the amount of epiphytes that grow on larger plants or algae can tell that the water is eutrophicated, too enriched with nutrients.

By having many schools investigating many different localities around the Baltic Sea and by using the same often simple methods at the same place over and over, the data become comparable. Reports are made to a programme co-ordinator who store the data in a computer file, and who sends all updated data to participating schools. So the same tests made at the same place can show if conditions have turned better or worse. Data can also be compared with data from other localities in the Baltic region for discussions and understanding of the importance of factors such as salinity, oxygen saturation, amounts of nutrients, redox-cline etc.

In one place one school might find very high production rates by measuring the (low) visibility in the water bodies and by examining the plankton in the microscope, and they can then search for the possible causes be it sewage not being treated properly, or let outs from industries or agricultural land use, and they may confront the decision makers with their observations and results, and ask what they will do about it. So through participation in the Water Quality programme within the Baltic Sea Project they can use their accurate observations not only to obtain knowledge on the Baltic Sea, but also as a means of active participation in the process of creating a sustainable future.

The Baltic Sea Project took its starting point with the Water Quality programme. But since then a number of programmes have been elaborated: Rivers, Air Quality, Phenological studies, BSP-CoastWatch, Bird ecology, Environmental history – all with a programme co-ordinator (teacher) in charge of getting the protocols and reporting back to active schools. However, new themes develop as sustainability demands teaching a necessary change of lifestyle, and an Agenda for the Baltic Region has taken into environmental education sectors on agriculture, energy, fishery, forestry, industry, tourism, transport, water, health and medicine. These innovative ideas add new perspectives to the Baltic Sea Project, and enable many more teachers teaching a wide variety of subjects to achieve a holistic, interdisciplinary approach.

June 27th 1999
Birthe Zimmermann, Regional co-ordinator of the BSP (box 2)
The Baltic Sea Project was launched as the first regional UNESCO school programme within the frame of the Associated Schools network in 1989. Now ten years after the objectives (box 1) are considered the main reason for its continuous development, activities and success.

- Joint programmes have been elaborated over the years as international co-operation between teachers and students
- Teaching materials have been published that are of use in the entire region
- Themes develop when students and teachers implement new ideas and share them with others
- International exchanges between groups or classes take place, and the increasing use of
- the Internet add new dimensions to the means of communication

Thus the Project is based on the four UNESCO pillars of „Learning to know"; „Learning to do"; „Learning to be" and „Learning to live together" for democracy and peace.

Baltic 21

Now we are „ON THE THRESHOLD" – on the verge of entering a new millennium!

The governments in eleven countries: Denmark, Estonia, Finland, Germany, Iceland, Latvia, Lithuania, Norway, Poland, North-west Russia, and Sweden together with networks of cities and organisations have decided on a regional Agenda for the next millennium: An Agenda for the Baltic Region entitled „Baltic 21". The governments have put up aims and goals for a sustainable development in *seven sectors* (www.ee/baltic21): Sustainable agriculture, sustainable energy, sustainable fisheries, sustainable forestry, sustainable industry, sustainable tourism and sustainable transport.

The Baltic Sea Project wants to focus on the steps needed to enter into the next millennium. A students' and teachers' conference will enable many of the active Baltic Sea Project participants to meet and exchange knowledge and share good ideas with each other. A school version on the „Baltic 21" seven sectors has been published for school work prior to the „On the threshold/ Baltic 21" conference that takes place in Sønderborg, Denmark on June 18th-22nd in 2000, in the year dedicated to Culture and Peace.

The BSP students are invited to ask themselves:

- What are my expectations for the next millennium?
- How would I want my life to be? -and that of my children and their children?
- What would I basically need?
- What do I just like to have or get without really needing it?
- What am I willing to do in my private life to make my expectations come true?
- How can I take part and help my local politicians to work for a sustainable future?

Basically we all need food, drinking water, air, health, friends, love and care...

But is our food always healthy? Is our drinking water always clean? Do we breathe clean air?

Why do so many people fall ill, become injured or even die in to-days traffic and industrialised society?

„Baltic 21" is committed to *democracy, openness and broad public participation,* and the Baltic 21 Bureau has decided to include the Baltic Sea Project activities as a part in implementing Joint Action no 7 in the Baltic 21 action programme. Joint action 7 aims i. a. at strengthening public education and increasing the public knowledge of sustainable development in the Baltic region. The Baltic Sea Project work on Baltic 21 is expected to be a valuable contribution to this action.

Box 1:

The objectives in the BSP are to
- increase the awareness of the students about the environmental problems in the Baltic Sea area and give them an understanding of the scientific, social and cultural aspects of the interdependence between man and nature
- develop the abilities of the students to study changes in the environment
- encourage students to participate in developing a sustainable future

The BSP works with the following means:
- building networks of schools, teachers and educational institutions in the Baltic drainage area
- creating and developing educational approaches and joint programmes for environmental and international education
- organising joint activities and events and publishing the BSP Newsletter and other relevant information

The Basic characteristics of BSP schools are
- active participation in looking for solutions to the environmental problems in the Baltic Sea area
- networking
- pilot function in promoting environmental education in the spirit of the Rio Declaration and Agenda 21 / Baltic 21

The educational approach for the BSP is to
- achieve a balance between a holistic view and individual subject studies
- change the role of the student from passive recipient to active constructor
- change the role of the teacher from supervisor to guide in a learning process
- use networks to provide participants with opportunities to learn and pass along new ideas
- use international co-operation as an inherent element of school work

For further information on the Baltic Sea Project please visit the internet adress: http://www.b-s-p.org or contact the autor.

6.
Internationale Aspekte
und Berichte aus Ländern

Traugott Schöfthaler

Vom additiven Wertkonsens zur Bildung für das 21. Jahrhundert – Die internationale Entstehungsgeschichte des Globalen Lernens

Mit der abschliessenden Beratung eines mehrjährigen Projekts zur Erneuerung der staatsbürgerlichen Erziehung („Education for Democratic Citizenship") durch die Bildungsministerkonferenz des Europarates im Oktober 2000 in Krakau gehen drei Jahrzehnte internationaler Bemühungen um Modernisierung der Bildung durch Aktualisierung von Zielen, Zwecken und Methoden von Bildung und Erziehung zu Ende. Begonnen hat dieser Prozess mit Debatten der sechziger und frühen siebziger Jahre, die 1974 zu einem damals überraschenden Konsens der Regierungen aller UNESCO-Mitgliedstaaten führten. Der Konsens war eine Addition von Zielen, die in der Zeit des Kalten Krieges gleichzeitig die Funktion ideologischer Kampfbegriffe hatten: „Empfehlung über die Erziehung zu internationaler Verständigung und Zusammenarbeit und zum Frieden in der Welt sowie die Erziehung zur Achtung der Menschenrechte und Grundfreiheiten". Die Jahrzehnte dazwischen waren gesättigt mit Definitionsarbeit mehrerer Generationen von Ministerialbeamten und Pädagogen, Wissenschaftlern und Praktikern. Schon 1974 hat die UNESCO für den Alltagsgebrauch die Kurzform „internationale Erziehung" gewählt, um ein Kernproblem zu bezeichnen: Nahezu alle Bildungssysteme haben ihre Wurzeln im Selbstverständnis von Nationalstaaten und deren Anspruch auf Definitionsmacht bei der Sozialisierung ihrer Subjekte. Dagegen hatten „Internationalisten" immer einen schweren Stand. Der in den letzten zehn Jahren zunehmend in den Vordergrund gerückte Begriff des „globalen Lernens" eignet sich für die dringend erforderliche Synthese schon wegen seiner Konnotation mit „Globalisierung". Selbst die am meisten auf Abgrenzung bedachten Regime appellieren an die internationale Gemeinschaft, wenn irgendwo im System der Vereinten Nationen über die Bewältigung der Auswirkungen von Globalisierung diskutiert wird. Den Windschatten dieser

Konstellation haben zwei Weltkommissionen genutzt, um Pluralismus als Bildungsziel konsensfähig zu machen. Die fast überall in der Welt als Bedrohung empfundene Gefahr der Vereinheitlichung der Lebensweise erhebt Vielfalt zum grenzübergreifenden Wert. Diese Chance gilt es zu nutzen. Sie würde leichtfertig vertan, wenn der Begriff „globales Lernen" zum Spielball neuerlichen Definitionsgerangels würde. Es geht um ein offenes Konzept, in das alle wichtigen neuen Ziele, Zwecke und Methoden von Bildung und Erziehung integriert werden können, die in den letzten drei Jahrzehnten formuliert und erprobt wurden. Als Konzept umfasst „globales Lernen" auch die wichtigsten Paradigmenwechsel der letzten Jahrzehnte: vom Lehren zum Lernen, von der biografisch abgrenzbaren Bildungs- und Ausbildungsphase zum lebensbegleitenden Lernen, vom Kanon der Lehrbücher zur Globalisierung der Wissensressourcen.

Ich schlage daher vor, das Bemühen um Begriffsklärung von globalem Lernen einzustellen. Es ist wichtiger, den in Jahrzehnten aufgehäuften Berg neuer Ziele, Zwecke und Methoden mit Orientierungsmarken zu versehen und Anregungen dort abzuholen, wo neue Erfahrungen gemacht wurden. Globales Lernen ist die Entwicklung und lebensbegleitende Nutzung der menschlichen Ressource Lernfähigkeit. Das „Globale" am Lernen ist sein Umfeld, das von keinem noch so weit entwickelten nationalen Bildungskanon mehr erfasst werden kann. Wir brauchen keine neuen Begriffsdefinitionen, sollten aber täglich den Perspektivenwechsel zwischen dem eigenen Erfahrungsraum und den Erfahrungsräumen anderer Menschen auf unserem Globus versuchen.

Die Akkumulation neuer Bildungsziele und Methoden

Die Verfassung der UNESCO aus dem Jahr 1945 formuliert „Erziehung zur Gerechtigkeit, zur Freiheit und zum Frieden" als globale Bildungsziele. Sie gelten als „heilige Verpflichtung, die alle Völker im Geiste gegenseitiger Hilfsbereitschaft und Anteilnahme erfüllen müssen". Als eine der Ursachen des Zweiten Weltkriegs gilt die Verbreitung der Lehre eines unterschiedlichen Wertes von Menschen und Rassen „unter Ausnutzung von Unwissenheit und Vorurteilen". Deshalb zählt die Verfassung eine Reihe weitere Aufträge an moderne Bildungssysteme auf: die Achtung der Menschenrechte und Grundfreiheiten, Völkerverständigung durch verbesserten Austausch von Informationen und Personen, Chancengleichheit und neue „Erziehungsmethoden, die am besten geeignet sind, die Jugend der ganzen Welt auf die Verantwortlichkeiten freier Menschen vorzubereiten".

Die beiden ersten Jahrzehnte des Kalten Krieges haben eine Präzisierung dieses umfassenden Modernisierungsprogramms verhindert. In dieser bleiernen Zeit schlugen auch alle Bemühungen fehl, die 1948 von der UNO-Generalversammlung verabschiedete Allgemeine Erklärung der Menschenrechte durch weitere Abkommen zu operationalisieren. Bei den Menschenrechten gelang der Durchbruch 1966 mit der Verabschiedung der grossen Pakte über wirtschaftliche und soziale, politische und kulturelle Rechte. Bei der Bildung dauerte es bis zum Jahr 1974, als die UNESCO-Generalkonferenz sich nach jahrelangen Debatten auf eine detaillierte „Empfehlung zur internationalen Erziehung" einigte. Im Tauwetter zwischen West und Ost war das jetzt möglich. Unter Hinzufügung des Grundsatzes der friedlichen Koexistenz zwischen unterschiedlichen sozialen und politischen Systemen wurden die Prinzipien aus dem Jahr 1945 bekräftigt. Die 45 Artikel umfassende Empfehlung enthält bereits fast alle Elemente, die heute unter dem Stichwort „globales Lernen" in immer wieder neuen Varianten thematisiert werden. Zu den „Grundprinzipien" gehören die „Einführung der internationalen Dimension und globaler Sichtweisen auf allen Bildungsebenen und in allen Bildungsformen" ebenso wie das „Bewusstsein für die wachsende gegenseitige Abhängigkeit zwischen Völkern und Nationen der Welt", aber auch methodische Prinzipien des Projektunterrichts wie „die Verknüpfung von Lernen, Ausbildung, Information und Aktion", die Vermittlung von sozialer Verantwortung und Solidarität, kritische Bewertung von Problemen im eigenen Land und im internationalen Kontext, Gruppenarbeit und freie Diskussion. Der ganze Text ist weitgehend eine Addition von Zielen, die damals im Westen und im Osten jeweils besonders hochgehalten wurden. Ein Beispiel: Unter der Überschrift „ethische und staatsbürgerliche Fragen" stehen als Empfehlungen Nr. 15 und 16 nebeneinander die beiden folgenden Sätze: „Ein Schwerpunkt der Erziehung soll die Frage nach den wirklichen Interessen der Völker sein, die mit den Interessen solcher Gruppen unvereinbar sind, die wirtschaftliche oder Machtmonopole innehaben und sie zur Ausbeutung und zur Kriegshetze einsetzen." Und: „Die Mitbestimmung von Schülern und Studenten bei der Organisation ihrer Lernbedingungen und ihrer Bildungseinrichtungen ist schon in sich selbst ein Element staatsbürgerlicher Bildung und somit ein wichtiger Faktor der internationalen Erziehung." Derart krasse Addition unverbundener Orientierungen lädt natürlich zum selektiven Lesen und damit zur faktischen Aufkündigung des Konsenses ein. Um so wichtiger war es, dass schon damals stellenweise die Synthese gelungen ist. So einigten sich die Regierungsdelegationen auf einen Katalog von sieben Weltproblemen, zu deren Lösung junge Menschen durch bessere – interdisziplinär angelegte – Bildung befähigt werden sollten. Der Katalog umfasst, unterschiedlich detailliert, die folgenden Themen: Gleichberechtigung und Selbstbestimmungsrecht der Völker; Kriegsursachen und Voraussetzungen für die Erhaltung des Friedens; Menschenrechte, Rassismus und Kampf gegen Diskriminierung – die Rechte von Flüchtlingen werden besonders genannt; weltweite

Wirtschaftsbeziehungen, Kolonialismus, soziale Entwicklung und Gerechtigkeit; Umweltverschmutzung und Erhaltung natürlicher Ressourcen; Bewahrung des kulturellen Erbes der Menschheit; und schließlich die Aufgaben des Systems der Vereinten Nationen bei der Bewältigung dieser Probleme.

Mehr als die Hälfte der 45 Empfehlungen enthalten das, was wir heute einen Katalog von „best practices" nennen würden, methodische und praktische Hinweise zur Umsetzung der Prinzipien und Verwirklichung der Ziele. Immer wieder findet sich hier die Forderung nach „Vermittlung globaler Sichtweisen" quer durch alle Stufen des Bildungssystems, aber auch in der ausserschulischen Bildung und in der Perspektive des lebenslangen Lernens. Für die Lehrerbildung werden fachübergreifende Ausbildungsgänge und Intensivkurse in der Vielfalt pädagogischer Methoden empfohlen. Lehrer sollen nicht nur „ein fachübergreifendes Grundwissen über Weltprobleme und Fragen der internationalen Zusammenarbeit" erwerben, sondern „gleichzeitig auch an Problemlösungen arbeiten". Die Lehr- und Lernmaterialien sollen das „Denken in globalen Zusammenhängen" fördern, Medienerziehung soll „den Schülern dabei helfen, die von den Massenmedien verbreiteten Informationen selektiv aufzunehmen und kritisch zu bewerten".

Zwanzig Jahre nach Verabschiedung der Empfehlung zur „internationalen Erziehung" hatte die UNESCO-Generalkonferenz die Frage einer Revision der Empfehlung aus dem Jahr 1974 zu entscheiden. Auf Antrag des vereinigten Deutschland und einer Reihe anderer Staaten aus Ost und West, Nord und Süd beschloss die Konferenz, den alten Text als Dokument eines unter schwierigen Bedingungen erreichten Konsens intakt und damit weiter in Geltung zu lassen. Das bedeutet zum Beispiel, dass alle Mitgliedstaaten die Pflicht haben, alle sechs Jahre über die Umsetzung zu berichten. Diese Berichte werden in Publikationen der UNESCO ausgewertet. Eine Synthese gibt beispielsweise der „UNESCO-Weltbildungsbericht 1995", der ein eigenes Kapitel zum Thema „Frieden, Achtung der Menschenrechte und demokratische Praxis als Bildungsziele" enthält.

Anstelle einer Neufassung der 1974er Empfehlung verabschiedete die U-NESCO-Generalkonferenz einen „Integrierten Rahmenaktionsplan zur Erziehung für Frieden, Menschenrechte und Demokratie". Der Aktionsplan verbindet behutsam modernisierte Terminologie mit der Einführung der in den achtziger und frühen neunziger Jahren neu entstandenen Konsensformeln mit weltweitem Geltungsanspruch. So fügt Abschnitt 8 das Leitbild „Bürger einer pluralistischen Gesellschaft und einer multikulturellen Welt" in den Lernzielkatalog Frieden, Freundschaft und Solidarität zwischen Menschen und Völkern ein. Die Achtung des kulturellen Erbes und der Umweltschutz finden zusammen im Konzept einer langfristig tragfähigen, nachhaltigen Entwicklung. Weitere Synthesen versucht der Aktionsplan mit der Forderung neuer Programme für Lesen, Ausdrucksfähigkeit und Fremdsprachenunterricht,

Prävention gegen das Schulversagen und für eine demokratische Schulverwaltung. Die Friedensthematik wird ergänzt um die Förderung der Fähigkeit zur gewaltlosen Konfliktlösung und um die historische Vertiefung des Sexismus-Problems. Das Ziel der kritischen Bewertung von Medieninformationen wird ergänzt um das der kritischen Mediennutzung – also umfassende Medienkompetenz. Weitere Rahmenvorgaben richten sich auf die Entwicklung von internationalen Netzwerken im Zusammenwirken von zwischenstaatlichen und Nichtregierungsorganisationen.

Die Selbtbescheidung der UNESCO auf Formulierung eines neuen Aktionsrahmens ist der Einstieg in das Verständnis des globalen Lernens als offenes Konzept. Der Rahmen grenzt andere normative Dokumente bewusst nicht aus, sondern lädt ein, über der Vielfalt einzelner Bildungsziele und pädagogischer Methoden den Blick aufs Ganze nicht zu verlieren. Deshalb hat die UNESCO-Generalkonferenz ohne Anspruch auf Vollständigkeit auch empfohlen, eine Reihe weiterer Empfehlungen, Deklarationen und Aktionspläne in die Bemühungen um eine umfassende Erneuerung des Bildungswesens zu integrieren – die Agenda 21 ebenso wie den 1993 verabschiedeten Weltaktionsplan für Menschenrechtserziehung, die Deklaration zum Internationalen Jahr für Toleranz 1995 ebenso wie andere Erklärungen und Aktionspläne der Vereinten Nationen zum Thema, zuletzt den Aktionsplan zum Internationalen Jahr 2000 für eine Kultur des Friedens und die anschließende Dekade für Frieden und Gewaltlosigkeit für die Kinder dieser Welt.

Der Beitrag der Weltkommissionen „Bildung im 21. Jahrhundert" und „Kultur und Entwicklung"

Einen Qualitätssprung auf dem Weg zu einem international konsensfähigen Konzept des globalen Lernens markieren die in den Jahren 1995 und 1996 beinahe zeitgleich veröffentlichten Berichte der Weltkommissionen „Bildung im 21. Jahrhundert" unter Leitung des ehemaligen Präsidenten der Europäischen Kommission Jacques Delors und „Kultur und Entwicklung" unter Leitung des ehemaligen UNO-Generalsekretärs Javier Pérez de Cuéllar. Unabhängig voneinander und gestützt auf ganz unterschiedliche wissenschaftliche und Erfahrungsressourcen kommen beide Berichte zu überraschend konvergenten Analysen und Schlußfolgerungen. Der Pérez-Report geht den Ursachen der zahlreichen bewaffneten Konflikte nach dem Ende des Kalten Krieges nach und stellt fest, welche Funktion dabei die internationalen Diskriminierungsverbote haben für Unterschiede der Sprache, kulturellen oder sozialen Herkunft, Religion oder anderer Überzeugung und politischer Meinung, Hautfarbe, Geschlecht, Rassenvorurteile. Anders als der mainstream der aufklärerischen Tradition verfällt der Report jedoch an kaum einer Stelle in moralische Appelle an den Universalismus der Menschenrechte, sondern analysiert nach mehreren Seiten. So spricht er vom „Narzissmus der kleinen Unterschiede", mit dem Konfliktparteien beim Kampf um knappe Ressourcen immer wieder die Motivation ihrer Anhänger zur gewalttätigen Konfliktaustragung anfeuern. Gleichzeitig geht er hart ins Gericht mit jenen, die unter Berufung auf angeblich universelle abendländische Werte Interessenpolitik im globalen Maßstab kaschieren. Der Bericht mit dem programmatischen Titel „Unsere kreative Vielfalt" ist ein flammendes Plädoyer für die Erhaltung des überkommenen Pluralismus kultureller Orientierungen, aber gleichzeitig für die Wahlfreiheit des Einzelnen, der nicht zum Gefangenen kultureller Überlieferungen werden dürfe. An alte wie neue Nationalstaaten ergeht die Aufforderung, den Begriff der Nation von allen Konnotationen ethnischer, sprachlicher oder kultureller Exklusivität und Homogenität zu lösen. Folgerichtig geht der Pérez-Report über sein Mandat hinaus und widmet ein ganzes Kapitel der Situation von Kindern und Jugendlichen. Er plädiert für eine in jeder Hinsicht traditionskritische und in diesem Sinne traditionsbewusste Erziehung zum Leben in der multikulturellen Welt des 21. Jahrhunderts. Der Pérez-Bericht vollzieht den Paradigmenwechsel vom Lehren zum Lernen: Es sei falsch, das Bildungssystem als Transmissionsinstanz für staatlich fixierte Lehrplaninhalte zu betreiben. „Kinder sind die Träger kultureller Traditionen, die sie mit früheren Generationen verbinden und die sie unablässig neu interpretieren und an ihre eigenen Bedürfnisse anpassen müssen, um damit die Grundlage für künftige kulturelle Innovation zu schaffen" (Pérez 1995, S. 164).

Der Delors-Bericht begnügt sich mit vergleichsweise knappen Analysen des Wandels von der lokalen Gemeinschaft zur Weltgesellschaft und vom sozialen Zusammenhang zur demokratischen Partizipation, um dann gleich zu den Bildungszielen zu kommen. Sein programmatischer Titel „Lernfähigkeit: Unser verborgener Reichtum" definiert Bildung als ein Ganzes, das von vier Lernsäulen getragen wird: Lernen, Wissen zu erwerben; Lernen zu handeln; Lernen für das Leben und – als Synthese – Zusammenleben lernen in einer multikulturellen Welt. Wie schon beim Pérez-Bericht steht im Mittelpunkt aller Aufforderungen an pädagogische Akteure die kulturelle Vielfalt, Delors spricht hier bewusst von einer „Erziehung zum Pluralismus", gemeint als Aufforderung an alle Akteure im Sozialisationsprozess, den Lernenden beim Einüben des Perspektivenwechsels zu helfen. Delors fordert die Ermunterung kindlicher Neugier, im naturwissenschaftlichen ebenso wie im Geschichts- und Sozialkundeunterricht: „Es sollte...die Rolle der Schule sein, jungen Menschen die historischen, kulturellen oder religiösen Hintergründe der verschiedenen Ideologien zu erklären, die um ihre Aufmerksamkeit kämpfen." (Delors 1996, S. 49) Der Delors-Bericht fordert Vermittlung von

Pluralismus im Sinne einer aktiven Toleranz, die auf Interesse, Respekt und Wertschätzung anderer Menschen und Kulturen basiert.

Internationale Erfahrungen und Projekte

Die Entstehungsgeschichte des „globalen Lernens" als offenes Konzept hat sich natürlich nicht losgelöst von immer wieder neuen pädagogischen Erfahrungen ereignet. Die beiden genannten Berichte der Weltkommissionen und der UNESCO-Weltbildungsbericht 1995 greifen auf zahlreiche gute Praxisbeispiele zurück. Eine weitere Übersicht ist zu erwarten von der Veröffentlichung des Europaratsberichts zur Erneuerung der staatsbürgerlichen Bildung.

Ich beschränke mich daher an dieser Stelle auf die kurze Vorstellung einiger typischer Projekte und Erfahrungen, die ich für besonders tragfähig halte.

Die UNESCO hat schon im Jahr 1953 das weltweite Netzwerk der UNESCO-Projekt-Schulen ins Leben gerufen. Es hat in schwierigen Zeiten Schulen aus der ganzen Welt unter einem Dach zusammengebracht und erfreut sich auch heute noch steigender Nachfrage. Mehr als 6000 Schulen aller Stufen in über 140 Ländern stellen sich der Herausforderung, über alle Grenzen hinweg globale Lerngemeinschaften aufzubauen. Die deutschen UNESCO-Projektschulen engagieren sich von Beginn an für das Ziel, internationalen Austausch anspruchsvoller zu gestalten als durch Planung von Klassenreisen in möglichst attraktive Länder. Dabei sind Ideen entstanden, die ebenso einfach und kreativ wie die folgende sind: Eine bayerische Berufsschule beschließt, die geplante Reise zur türkischen Partnerschule erst dann zu unternehmen, wenn ein Jahr Unterricht über den Islam und türkischosmanische Geschichte geschafft ist. Gleiches tut die Partnerschule mit der Aufnahme der Themen Christentum, deutsche und mitteleuropäische Geschichte in den Unterricht. Die Besonderheit des Vorhabens liegt in der Idee, die benutzten Unterrichtsmaterialien in die jeweils andere Sprache zu übersetzen und der Partnerschule mit der Bitte um Kommentar zu schicken. Die Kommentare werden zu neuen Unterrichtsthemen. Reziproker interkultureller Dialog an der Basis dürfte die Qualität persönlicher Begegnungen erheblich anheben.

Im Zeitalter zunehmender Verfügbarkeit des Internet ergeben sich hier ganz neue Möglichkeiten des kooperativen Lernens ohne Grenzen. Auf Anregung der Deutschen UNESCO-Kommission erproben derzeit mehr als hundert Schulen in Deutschland, Spanien, Kuba und anderen lateinamerikanischen Ländern die Erarbeitung von Unterrichtsthemen im Dialog zwischen jeweils zwei bis drei Schulen über ein ganzes Schuljahr hinweg. Das Ganze läuft in spanischer Sprache und bringt Leben in den Fremdsprachenunterricht an deutschen Schulen. Ich bin sicher, dass das bewusst für die deutschen

Schulen eingebaute Handikap der Kommunikation in einer Fremdsprache weitere Wirkungen hat. Es ist inspiriert von Wolf Lepenies' programmatischer Aufforderung an die Deutschen, von einer Belehrungsgesellschaft zu einer Lerngesellschaft zu werden. Das gilt auch für das ambitionierte Projekt der internationalen Projekttage der Solidarität, das getragen wird vom Netzwerk der UNESCO-Projektschulen, jedoch betont offen für die Beteiligung aller anderen Interessenten ist. Es wurde ins Leben gerufen von einer Gruppe von Lehrerinnen und Lehrern des Bielefelder Oberstufen-Kollegs zum 10. Jahrestag der Katastrophe von Tschernobyl am 26. April 1996. Aus der Verbindung von Solidaritätsaktion und Projektunterricht ist heute ein offenes weltweites Schulnetz geworden, das Aktivitäten über ein ganzes Schuljahr in allen Weltregionen verbindet. 1998 war der 50. Jahrestag der Allgemeinen Erklärung der Menschenrechte das Thema, im Jahr 2000 ging es um „Bildung für nachhaltige Entwicklung". Mit der internationalen Koordination, heute zu einem erheblichen Teil über das Internet, hat die UNESCO erneut das Team am Oberstufen-Kolleg Bielefeld beauftragt. Als neues Element kommt eine UNESCO-Sommerschule hinzu, die das kooperative Lernen über Grenzen hinweg durch gemeinsame kreative Bildungsarbeit von Lehrern und Schülern ergänzt.

Ein anderes Projekt der UNESCO ist die Einrichtung eines „Bildungsservers" für die Länder des ehemaligen Jugoslawien in Sarajevo und Prishtina. Aus bitteren Erfahrungen selbst so mächtiger Institutionen wie der Weltbank und der EU mit dem Versuch, Schulbücher in der Region zu verbreiten, die dem Geist der Toleranz und Verständigung verpflichtet sind, entstand die Idee, in Zusammenarbeit mit örtlichen Nichtregierungsorganisationen Unterrichtsbausteine und Quellentexte in Serbisch, Kroatisch, Bosnisch und Albanisch über das Internet anzubieten. Seit März 2000 ist der Anfang mit Texten zum Thema Menschenrechte und Demokratie gemacht. Andere Themen werden folgen, so dass interessierte Lehrer und Lerner die Möglichkeit haben, das Schulbuchwissen aus dem Internet zu komplettieren. Solidaritätsaktionen wie die Einrichtung von Internet-Cafés im Kosovo, Computerspenden für bosnische Schulen und vor allem Lehrerfortbildungskurse stützen das Projekt ab.

Bei aller Begeisterung für die neuen Medien darf das Schulbuch nicht links liegen gelassen werden. Etwa gleichzeitig mit der Begründung des weltweiten Schulnetzwerks hat die UNESCO ihre Mitgliedstaaten immer wieder zu grenzüberschreitender Zusammenarbeit bei der Revision und Erneuerung der Schulbücher angeregt, insbesondere in den Fächern Geschichte, Geographie und Sozialkunde. Für Deutschland hat die Einrichtung gemeinsamer Schulbuchkommissionen mit anderen Ländern einen erheblichen Beitrag zur Aussöhnung mit den ehemaligen Kriegsgegnern und den Opfern des nationalsozialistischen Systems geleistet und tut dies auch heute noch. Besondere Wirkungen haben die seit 30 Jahren laufenden Arbeiten der deutsch-polnischen Schulbuchkommissionen gespielt, die auf deutscher Seite ebenso wie eine Reihe anderer bilateraler Kommissionen vom Georg-Eckert-Institut für internationale Schulbuchforschung in Braunschweig koordiniert werden. Dabei ist die Einsicht bei allen Beteiligten gewachsen, dass globales Lernen nicht in erster Linie durch Harmonisierung der Lehrbücher auf eine europäische oder weltweite Sichtweise gefördert wird. Es ist fast noch wichtiger, die historisch und kulturell gewachsenen unterschiedlichen Perspektiven wahrzunehmen und ihren Ursachen nachzugehen. Dass heutige Schulbücher so grossen Wert auf Quellentexte unterschiedlicher Provenienz legen, ist ein wichtiges Ergebnis internationaler Schulbuchkooperation. Das Erschrecken über die Ursachen, den Verlauf und die Folgen der Kriege im ehemaligen Jugoslawien hat die UNESCO dazu motiviert, im September 1999 staatliche Lehrplangestalter, Schulbuchautoren und Pädagogen aus allen Staaten Südosteuropas zu einer Konferenz nach Visby einzuladen. In der Ruhe der schwedischen Insel Gotland haben sich wider Erwarten alle Teilnehmer auf gemeinsame Zielsetzungen für die „Entmilitarisierung" ihrer Schulbücher geeinigt. Im Mittelpunkt stehen die Förderung der Multiperspektivität durch Präsentation unterschiedlicher Quellentexte ohne vorgefertigte Interpretation, die Vermittlung der Handlungsperspektiven historischer und gegenwärtiger Akteure und die Forderung nach erweiterten Auswahlmöglichkeiten unter Lehr- und Lernmaterialien. Alle Länder, die internationale Schulbuchkommissionen eingerichtet haben, sind aufgefordert, ihre Erfahrungen mit den Ländern Südosteuropas zu teilen. So ehrenvoll derartige Bitten an deutsche Adressaten sind, sollte dieser Austausch doch vorrangig auf der neutralen Plattform internationaler Organisationen wie der UNESCO und des Europarates organisiert werden. Deutschland ist noch nicht angekommen auf dem Weg von einer Belehrungs- zu einer Lerngesellschaft. Die Deutsche UNESCO-Kommission verbindet deshalb die Beantwortung von Anfragen nach Beratung für israelisch-palästinensische Schulbuchforschung oder bei der Lösung der Schulbuchfragen in Ostasien oder in Afrika mit dem Vorschlag, das gemeinsame Engagement unter dem Dach der UNESCO zu verstärken.

Globalisierung gestalten

Die Akkumulation neuer Bildungsziele in den letzten drei Jahrzehnten stand unter erheblichem Wertestress. Nahezu alle Bildungsziele von der UNESCO-Empfehlung zur internationalen Erziehung 1974 bis zum Europaratskonzept einer Erziehung demokratischer Staatsbürger im Jahr 2000 sind nicht nur aus der Kritik überholter Bildungskonzepte inspiriert, sondern aus der Erwartung, mit besserer Bildung auch etwas zur Verbesserung der Gesellschaft und der Welt insgesamt tun zu können. In der Praxis hatte dies erheblich überschießende Erwartungen an alle Akteure im Bildungsprozess zur Folge. Wer Frieden, Menschenrechte oder Nord-Süd-Beziehungen im Unterricht thematisierte, verstand sich selbst oder wurde von anderen verstanden als Akteur bei der Schaffung friedlicherer oder gerechterer Verhältnisse in der Welt. Daraus ist viel Frustration erwachsen, hat sich doch die Welt nicht in gleichem Maße friedlicher, toleranter und gerechter entwickelt, in dem diese Ziele im Unterricht thematisiert wurden.

Das Konzept globalen Lernens sollte daher nicht dem gleichen Wertestress ausgesetzt werden wie seine Vorgänger. So wie es guten und schlechten Unterricht nahezu unabhängig von der Thematisierung von Bildungszielen immer schon gegeben hat, wird es auch gutes und schlechtes globales Lernen geben. Das Konzept des globalen Lernens wäre nicht mehr hinreichend offen und synthesefähig, wenn es zu stark belastet würde mit dem Anspruch des Gutmenschentums. Ich halte es für ausreichend, die Ziele des globalen Lernens auf der Ebene zu bestimmen, auf der es um das Handlungspotential geht. Es erscheint einleuchtend, dass die Fähigkeit zum Perspektivenwechsel, zur Multiperspektivität, zur Akzeptanz von oder gar Neugier auf Meinungen, Werte oder Traditionen anderer Menschen, die sich mit den Zielen Pluralismus und Vielfalt verbindet, mehr Handlungspotential erschließt als reine Wissensakkumulation. Entlastung vom Wertestress könnte die betont sachliche Vermittlung des Themas Menschenrechte bringen. Es gibt rund 60 internationale Vereinbarungen über Menschenrechte und Grundfreiheiten. Ausweislich der Feststellungen der jeweils zuständigen, zumeist im Bereich der Vereinten Nationen angesiedelten Vertragskörperschaften gibt es keinen Staat, der für sich in Anspruch nehmen könnte, alle diese Vereinbarungen mustergültig umgesetzt zu haben. Auf Vorschlag der Deutschen UNESCO-Kommission wird die Bundesregierung demnächst alle ihre Berichte an diese internationalen Gremien und deren Kommentare hierzu veröffentlichen und diese Informationen laufend aktualisieren. Das schafft neue Möglichkeiten zum globalen Lernen und zur „kritischen Bewertung von Problemen im eigenen Land und im internationalen Rahmen" (1974er Empfehlung Nr. 5). Es fördert die Einsicht, dass es auf der einen Seite internationale Vereinbarungen über Ziele einer gerechteren und besseren Welt im Detail gibt, und dass es auf der anderen Seite beharrlicher Bemühungen im eigenen Land wie weltweit bedarf, um diesen Zielen ein Stück näher zu kommen. Die Aktionskomponente ist fundamental für Globales Lernen. Es wäre jedoch fatal, Globales Lernen deshalb zum Politikersatz zu stilisieren. Im Fall des Gelingens dürfen wir jedoch erwarten, dass auch die Fähigkeit zunimmt, die Spannung zwischen Zielen und Zielverwirklichung nicht nur auszuhalten, sondern in Handlungsenergie umzusetzen. „Globalisierung gestalten" könnte ein Rahmen sein, in dem solche Lernziele formulierbar sind. Wenn die Verbesserung der Welt nicht mehr in erster Linie als Folge freier Entscheidungen von Menschen guten Willens erwartet werden muss, sondern als Konsequenz aus der zunehmenden Dichte internationaler Vereinbarungen erwartet werden darf, mindert sich der Wertestress für Protagonisten des globalen Lernens erheblich. Im Jahr 1945 wurde die UNESCO gegründet als Staatenorganisation mit dem Auftrag, durch Förderung der internationalen Zusammenarbeit in Bildung, Wissenschaft, Kultur und Kommunikation zum Frieden und zur internationalen Sicherheit beizutragen. Zu diesem Auftrag gehört, das dabei wachsende Vertrauenskapital in internationale Vereinbarungen über Standards, gemeinsame Ziele und Verpflichtungen umzumünzen. Ich erhoffe mir von der Bildungsministerkonferenz des Europarats im Oktober 2000, dass sie beiden Dimensionen einer „Education for Democratic Citizenship" Auftrieb gibt: der weiteren Durchsetzung des Konzepts Globalen Lernens ebenso wie der Gestaltung der Globalisierung durch Staatsbürger, die ihre Regierungen zu mehr Engagement in den Vereinten Nationen drängen – nicht aus vermeintlich altruistischen Motiven, sondern aus vermehrter Einsicht in globale Zusammenhänge, die wir als Folge gelingenden globalen Lernens erwarten dürfen.

Dieser Beitrag ist erstmals erschienen in der Zeitschrift für internationale Bildungsforschung und Entwicklungspädagogik (ZEP) Heft 3, 2000 „Bildung 21 – Lernen für eine zukunftsfähige und gerechte Welt", S. 19-23.

Literatur

Allgemein im Internet: www.unesco.org; www.unesco.de; www.ups-schulen.de.
BLOECH, F., LENZEN, K:-D., NOWOTNY, P., STROBL, G. & WINTER, F. (Hg.) (1999). Projekttag Tschernobyl. Internationale Schulkooperation zu einem Schlüsselproblem. Weinheim und Basel: Beltz
DELORS 1996: Lernfähigkeit: Unser verborgener Reichtum. Bericht der Weltkommission Bildung für das 21. Jahrhundert (Präsident: Jacques Delors). Engl.-frz. Original 1996 Paris: UNESCO. Dt.: Neuwied-Berlin: Luchterhand 1997
DISARMING HISTORY. International Conference on Combating Stereotypes and Prejudices in History-Textbooks of South-East Europe, Visby, Gotland (Sweden), 23 – 25 September 1999. Report: www.marebalticum.com/disarminghistory
Europäisches Universitätszentrum für Friedensstudien, Deutsche UNESCO-Kommission, Österreichische UNESCO-Kommission (Hg.): Erziehung für Frieden, Menschenrechte und Demokratie im UNESCO-Kontext. Sammelband ausgewählter Dokumente und Materialien. Bonn: DUK 1997 (enthält u.a. die 1974er Empfehlung und den Rahmenaktionsplan von 1995 der UNESCO)
HÜFNER, K. & REUTHER, W. (Hg.) (1996). UNESCO-Handbuch. Neuwied-Berlin: Luchterhand

PEREZ 1995: Our Creative Diversity. Report of the World Commission on Culture and Development. (President: Javier Pérez de Cuéllar). Paris: UNESCO and Oxford&IBH Publishing. 2. rev. Ausgabe 1996

UNESCO-Weltbildungsbericht 1995. Bonn: Deutsche UNESCO-Kommission 1996.

UNESCO, Georg-Eckert-Institute for international Textbook Research, German Commission for UNESCO: Guidelines and Criteria for the Development, Evaluation and Revision of Curricula, Textbooks and other Educational Materials in International Education in Order to Promote an International Dimension in Education. Paris: UNESCO (ED/ECS/HCI) 1992 (dreisprachig engl., frz., spanisch)

Traugott Schöfthaler

Die deutsche Wirtschaft fördert das Umweltbildungsprogramm der UNESCO

Gemeinsam für saubere Umwelt und bessere Lebensbedingungen. Das ist der Tenor der Zusammenarbeit der UNESCO und der Aktion Saubere Landschaft (ASL) – einer Initiative deutscher Wirtschaftsunternehmen. Die Kooperation innerhalb des UNESCO-Bildungsprogramms soll Jugendliche zu einem verantwortungsvollen Umgang mit der Umwelt anleiten. Sie ist zunächst auf die Dauer von zwei Jahren angelegt.

Die deutsche Wirtschaft stellt der UNESCO *in den Jahren 2000-2001* 2,3 Millionen Mark für innovative Projekte der Umweltbildung zur Verfügung. Dies haben Othmar von Diemar, Vorstand der Schmalbach-Lubeca AG, für ein in der „Aktion Saubere Landschaft" zusammengeschlossenes Konsortium 15 namhafter deutscher Unternehmen und UNESCO-Generaldirektor Federico Mayor an seinem letzten Arbeitstag am 14. November 1999 in Paris vereinbart.

Die Vereinbarung umfasst eine Erklärung zur „Umweltbildung als Gemeinschaftsaufgabe von Staat und Wirtschaft" sowie eine Liste neuer UNESCO-Projekte. Eine wichtige Rolle bei der Realisierung dieser neuen Projekte spielen die Deutsche UNESCO-Kommission und die deutschen UNESCO-Projektschulen.

Das gemeinsame Projekt von UNESCO und Aktion Saubere Landschaft leistet einen wichtigen Beitrag zur Verwirklichung der 1992 auf dem Umweltgipfel von Rio verabschiedeten „Agenda 21", die neue Formen der Umweltbildung für einen nachhaltigen Schutz von Umwelt und Natur fordert.

Die erst 1998 gegründete „Aktion Saubere Landschaft" (ASL) ist bisher vorwiegend mit einer großen Sammelaktion an Autobahnraststätten und Tankstellen in Erscheinung getreten. Mit der Verteilung von 40 Millionen gelber Säcke hat sie sichtbar zur Verringerung des Verpackungsmülls auf

Straßen und öffentlichen Grünflächen beigetragen. „Gerade junge Menschen greifen zu Produkten in modernen, zeitgemäß gestalteten Verpackungen. Sie sind die Konsumenten von Morgen. Deshalb ist es wichtig, die Jugendlichen über Aspekte der Umweltgefährdung aufzuklären", so ASL-Repräsentant Othmar von Diemar. „Mit der UNESCO haben wir einen Partner gewonnen, der über exzellente Erfahrungen im Umgang mit dieser Zielgruppe und über eine weltweite Akzeptanz verfügt." Die UNESCO kann jetzt bisher nur theoretisch konzipierte Modellprojekte realisieren und damit neue Anstöße zur Verwirklichung der Agenda 21 geben, des Aktionsprogramms der Weltumweltkonferenz von Rio 1992.

Die in der gemeinsamen Erklärung formulierten Prinzipien zur Umweltbildung sind dem aktuellen UNESCO-Programm entnommen: Aufklärung und Wissensvermittlung sollen verknüpft werden mit dem Erwerb praktischer Fertigkeiten, globales Denken mit lokalem Handeln. Umweltbildung insgesamt soll einüben in die Verantwortung gegenüber künftigen Generationen und in die interkulturelle Verständigung. Besondere Akzente setzt die Erklärung mit der Definition von Umweltbildung und lebensbegleitendem Lernen als „Gemeinschaftsaufgaben, deren Bewältigung neue Formen partnerschaftlicher Zusammenarbeit zwischen der UNESCO und der privaten Wirtschaft erfordert". Gemeinsam mit ihren privaten Partnern fördert die UNESCO den internationalen Austausch von Problemanalysen und die kooperative Erarbeitung von Lösungen.

Fünf Modellprojekte zum Umweltlernen

Mit einer Reihe von neuen Projekten demonstriert die UNESCO, wie sich diese allgemeinen Prinzipien verwirklichen lassen. Die 5000 UNESCO-Projektschulen gestalten zum Internationalen Tag der Umwelt am 5. Juni 2000 einen Projekttag zum Thema „Nachhaltige Entwicklung – ein Schritt zur Kultur des Friedens". Eine zentrale öffentliche Veranstaltung ist in Leipzig geplant. Praktisch handelt es sich um ein ganzes Jahr intensiver Projektarbeit: Koordiniert vom Bielefelder Oberstufen-Kolleg haben die UNESCO-Projektschulen schon Ende 1999 damit begonnen, Materialien und Ideen über das Internet auszutauschen (http://www.proday.org). Die Ergebnisse des Internet-Projekts werden dokumentiert und in einer Reihe von Publikationen, AV-Materialien und Workshops ausgewertet.

Ein zweites Projekt ist eine UNESCO-Sommerschule zum kooperativen Umweltlernen. Erstmals kommen im Sommer 2000 rund 200 Jugendliche und Lehrer aus der ganzen Welt in Deutschland zusammen und entwickeln und erproben gemeinsam eine Woche lang neue Ideen. Für das Jahr 2001 – zum Internationalen Jahr des Dialogs der Kulturen – soll eine zweite Sommerschule in Afrika oder Asien das Thema „Heilige Stätten als Orte der Artenvielfalt" bearbeiten. Es ist eine besondere pädagogische Herausforderung, den Jugendlichen die ökologischen Gründe zu vermitteln, die für eine Erhaltung der von früheren Generationen aus anderen, meist religiösen Traditionen geschützten Landschaften sprechen.

Alle Generationen werden angesprochen beim Start der ersten UNO-Woche des lebensbegleitenden Lernens am 8. September auf der EXPO 2000 in Hannover. Die UNESCO und die Weltbank veranstalten dort einen dreitägigen globalen Dialog zum Thema „Lerngesellschaft". Hier werden auch erste Ergebnisse des Internationalen Projekttages und der Sommerschule präsentiert, das Thema Umweltlernen als wichtige Komponente einer Bildungskonzeption für das 21. Jahrhundert.

„UNESCO-Umweltmonitore" ist ein spezielles Pilotprojekt, das auch bei der EXPO gestartet werden soll, Jugendliche sollen geschult werden zur regelmäßigen Beobachtung von Umweltgefährdungen.

Die Rolle der Umweltbildung bei der Armutsbekämpfung ist Gegenstand des Projekts „Ausbildung von Jugendlichen zu Recyclingexperten" in Kairo. Ziel ist die Verbesserung der hygienischen Verhältnisse im Slum von Mokattam, dessen Bevölkerung überwiegend von der Müllverwertung lebt. Mit Kleinkrediten und gezielten Ausbildungsmaßnahmen leistet die UNESCO „Hilfe zur Selbsthilfe". Bei allen Bemühungen um die Überwindung von Kinderarbeit und um die langfristige Umgestaltung von Armutsvierteln dürfen nicht die Familien und ihre Kinder in Vergessenheit geraten, die noch in den Slums der weiter wachsenden Großstädte Afrikas, Asiens und Lateinamerikas leben. Die Erfahrungen des Kairo-Projekts werden anschließend in anderen Städten des Nahen Ostens ausgewertet, zum Beispiel in Ramallah und in Jerusalem.

Anna Fochi

The State of Education for Sustainable Development in Italy

As this is not the right place for a comprehensive and detailed report, it is necessary to circumscribe the topic, by limiting the focus to *formal education* only (i.e., education in schools), although *informal education* is extremely important as well, and as such it should always be taken into account whenever successful development of environmental education is the aim.

The paper will be divided into two short sections: the first one, a skimming through the last decades of education policy in Italy; the second one, a closer look at an on-going Italian/German project on the Internet.

First part

1987 can be pointed out as a crucial year: since then the Italian Ministry of Education and the Ministry of Environment have been co-operating in promoting the co-ordination of the already meaningful number of activities and initiatives in environmental education. Interesting acts of agreements, accords, circulars have been among the output, which certainly have had relevance on the shaping of the development of environmental education in our schools.

Following a chronological order, other dates should be remembered:

- 4th February 1989: *Circular N.996* (Ministry of Education and Ministry of Environment). By starting from stressing *Environment* is to be regarded as one of Man's fundamental right as well as a not less fundamental duty for Man to work for its safeguard, recovery, appreciation, the circular underlines the irreplaceable role that education must play, and introduces a remarkable element: environmental education can but involve all disciplines alike, that is to say it must be conceived as an *interdisciplinary objective,* thus avoiding the traditional (and *notorious*) isolation of study subjects.

- 1995: a network of 13 (out of 19) regional institutions responsible for educational research and teacher professional development training courses (IRRSAE). The network is chaired by IRRSAE Toscana, and is focused on environmental education.
- 11/13 September 1995: national conference „Environmental education: comparing knowledge through an integrated perspective", organised by IRRSAE Toscana
- 1996: *Circular N.149.* It is an unusual document both in its style (absolutely no trace of the bureaucratic and formal register of circulars) and in its comprehensiveness. It is the document which introduces the principle of *sustainable development*[1]. The central idea is quite innovative: education for sustainable development has all the potentialities to become a stimulus, a starting point for the radical change and innovation of whole education. The document includes an interesting analysis of the development of environmental education in Italy and of what has already been achieved and guide-lines, ideas, suggestions for future development (objectives, strategies, actions, actors).
- 21/24 April 1997, Fiuggi: National in-service training Conference „Learning from Environment", promoted by the Inter-ministry Committee for Co-ordination. Final document: *the* Charter of Principles *for environmental education oriented to sustainable and conscious development.* It addresses any citizen and institution, not only those within the educational system, since education for sustainable development is global and implies life-long learning. As a matter of fact, the last statement is one of the ten basic principles the charter consists of. Another important point: education for sustainable development cannot be circumscribed within a new school-subject, neither can it be simplified and identified with any specific contents; on the contrary, *environment inevitably implies interdisciplinary, cross-subject and cross-curricular education, and needs a long time.*
- 1995-1998: development of the *web-site* http://www.bdp.it/ambiente, promoted and financed by the Ministry of Education and carried out by IRRSAE Toscana. It is a very useful site as it provides schools with precious information material: theories in environmental education, bibliography, documents, circulars, database of experiences from Italian schools, a *faq* section, a *communication* section aiming at the direct exchange/discussion of ideas and projects.
- Future developments: the Ministry of Education and the Ministry of Environment are working on the organisation (probable place and time: Genova, April 2000) of a national week conference: „The general state of environmental education – Education for environment, environment for

the future", which should become a relevant moment for evaluation and for the identification of new guide-lines.

Second part

The project we are quickly going to examine can offer an example of the way Italian schools and educational authorities tend to co-operate with other schools on the territory and in other countries as well as with local boards when dealing with education for sustainable development.

The educational project *WWW ON WATER* is based on an international co-operation between Provveditorato agli Studi of Livorno (Italy), Provincia of Livorno, Rete Civica Unitaria Livorno (Municipality of Livorno), Livorno Euro Mediterranea on the one hand and Bezirksregierung Detmold (Germany) on the other hand[2]. The aim of this on-line project is (starting from the school-year 1999/2000) to gradually build-up a polyphonic and ever-growing hypertext on the thematic area of water, thanks to the projects that schools will develop autonomously, according to the needs of their pupils/ students[3]– the ultimate aim is to pursue the development of vertical and horizontal continuity in education. As well known, water is a multifaceted element particularly rich in meanings, which plays a fundamental role both in everyday life and in the development of civilisations. Thus through studying it, it is possible, in any discipline and at any level, to deal with subject areas, which at first sight might be regarded as incompatible, but which in fact constitute a complex mosaic giving not a fragmented view but a comprehensive cultural perspective. That explains the logic behind the image that can be seen when clicking *contents*: a *set*, which is expressed by the waves spreading on a water surface, where the centre is obviously water itself, surrounded by a number of different research areas, which can, if followed, lead to further subsets.

The project moreover benefits from the experience of another remarkable project whose co-ordinators have promptly agreed to have it included into the water web-site. It is the three-year project *Ulysse, For the recovery and appreciation of the Isle of Gorgona* (at present the island is not open, as an important penitentiary is situated there), based on a co-operation involving the Municipality of Livorno (the Department for Environmental Safeguard), the Ministry of Justice, the Penitentiary of the Isle Gorgona, and involving six different upper-secondary school institutes and one lower-secondary school in Livorno.

Last but not least, the project has another objective: to help schools (teachers and students alike) to become more familiar with the new communication means, the Internet, also with regards to its potentialities of information; thus great relevance has been given, within the section biography, to the world web, pointing out (often through a preview) other remarkable www sources on water, and to our satisfaction, the vice-versa has also occurred: the project has already got links from other world educational projects.

NOTES:

1) „These guidelines have determined the peculiarities of environmental education at school.:
   - Environmental education does not only mean to develop awareness and know-how with regards to a specific environmental issue; it rather implies to foster attitudes and behaviours which are environmentally alert and sensible.
   - As the specific goal of education is to develop knowledge, and knowledge has to be regarded as the awareness of the surrounding reality and of the ways it is possible to modify it, as well as the consciousness of the fundamental values in life and of the ability of making alert and sensible choices, therefore it follows that school education can contribute to favour sustainable development mainly by promoting knowledge.
   - It is necessary to shift from the idea of *nature* to the idea of *environment*, the latter to be meant as the reality which comes out of the interaction in time and in space of complex factors (including culture) building up the structure of biosphere. As a consequence, if till a short time ago we used to talk about *the protection and safeguard of nature*, nowadays we are working towards a correct *management of the environment*, and we endeavour to combine environment with development, so as to foster sustainable development." (translated from C.M. 149, 1996)
2) Italian webpage: http://www.water.rete.livorno.it; German webpage: www.bezreg-detmold.nrw.de/aufgaben/dezernat45/index.htm
3) In the present school-year (1999/2000) the Italian schools that have joined the project are: Scuola dell'Infanzia Statale, Quercianella (Circolo didattico „G.Carducci" Livorno), Scuola Elementare „Dante Alighieri", (1° Circolo Didattico Piombino, LI), Scuola Elementare „Battisti" (Direzione Didattica Portoferraio – Isola d'Elba, LI), Scuola Media „Micali" Livorno, ITC „Cattaneo" Cecina (LI), ITG „Buontalenti" Livorno, ITI „Galilei" Livorno, Liceo Scientifico „Cecioni" Livorno, Liceo Scientifico „Enriques" Livorno.

Karl Böhmer

Stand der Umweltbildung in Chile

1. Einführung

Nach hundertachtzigjähriger Unabhängigkeit und einer wirtschaftlichen Entwicklung in der Orientierung am europäischen Konzept haben sich in Chile folgerichtig auch alle Erscheinungsformen der Umweltzerstörung, die typisch für das industrielle Zeitalter sind, ergeben: Zum Beispiel haben im Primärsektor der Wirtschaft, exportorientiert und speziell in den letzten Jahrzehnten hoch industrialisiert, Landwirtschaft und Erzbau zu einer tiefschürfenden Landschaftsveränderung beigetragen, die sich unter anderem in einer verschlechterten Wasserqualität, einer steten Verringerung der Fischvorräte und einer anhaltenden Abholzung des gemäßigten Regenwaldes auswirkt.

Im sekundären Sektor der Wirtschaft hat sich die Industrialisierung Chiles in den fünfziger und sechziger Jahren gleichfalls negativ auf die natürlichen und künstlichen Ökosysteme ausgewirkt, so dass sich Anfang der achtziger Jahre, im Zuge der Protestbewegung gegen die damalige Pinochet-Diktatur, eine zaghafte ökologische *grass root* – Bewegung unter der Bevölkerung formte, welche in enger Verbindung mit dem traditionellen Ansatz des Tier- und Naturschutzes stand, so dass zum ersten Mal in der gesellschaftlich – politischen Geschichte des Landes auch die Umweltschutzpolitik in der Gesellschaftskritik auftauchte.

Der folgende Beitrag soll als ein erster Ansatz zum Thema verstanden werden, da nach Aussagen aller Beteiligten es noch keine systematischen Untersuchungen zum Thema in Chile gibt.

Was am ehesten als solches verstanden werden könnte ist das von der chilenischen Umweltbehörde, Comisión Nacional de Medio Ambiente, CONAMA, organisierte Seminar im Jahre 1998 „Encuentro Nacional de Educación Ambiental", dessen Beiträge hier als Hauptquelle benutzt werden.

2. Die Umwelterziehung im formalen Bereich.

Als Einführung muss man eine kurze Darstellung des chilenischen Schulwesens erlauben. Zunächst einmal gibt es in Chile ein öffentliches und ein privates Schulwesen. Obwohl sich die Oberaufsicht für das letztere beim Staat befindet (Bildungsministerium, MINEDUC), haben nach dem Erziehungsrahmengesetz vom 10.03.1990, dem letzten von der Pinochet – Diktatur erlassenen Gesetz[1] Privatschulen die absolute Freiheit, sich ihre eigenen Erziehungsprojekte zu erarbeiten und auch durchzuführen.

Die öffentlichen Schulen werden über die Gemeinden sowohl im wirtschaftlichen als auch im schulischen Bereich verwaltet. Dieses öffentliche System hat 8000 Grundschulen und 1.300 Realschulen oder Gymnasien bzw. diesen ähnliche Einrichtungen.

Die Privatschulen, sowohl Grund- als auch höhere Schulen, werden über Träger finanziert, die der jeweiligen Schule ihre „Philosophie" aufprägen. Diese Schulen sind in der Mehrheit religiösen Ursprungs. Z.B. hat sich die katholische Kirche in den letzten Jahrzehnten sowohl über das Elite – als auch das allgemein zugängliche Schulwesen einen großen Einflussraum schaffen können.

Seit etwa 1980 beteiligt sich der chilenische Staat an internationalen Bemühungen zur Umwelterziehung etwa im Rahmen von UNESCO-Abkommen. Doch erst mit dem Mitwirken in der Regierung ab 1990 – d.h. parallel zum Re-Demokratisierungsprozess – und unter Mithilfe von Lehrern und Soziologen, die aus der NGO – Bewegung der achtziger Jahre stammen, dringt die Umweltbildung auch in das Bewusstsein der Ministerialbehörde ein.

Außerdem wurde 1992 die Gesetzesvorlage zu einem Umweltrahmengesetz eingereicht, welches 1994 verabschiedet wurde. Nach seiner Intention soll die Umwelterziehung als wichtiger Bestandteil einer Strategie zur Vorbeugung von Umweltschäden dienen (CONAMA 1994, S. 27). Dieser Sensibilisierungsauftrag der Umwelterziehung wird, mit wenigen Ausnahmen, fast immer als der grundlegende Ansatz der Umwelterziehungsprogramme angesehen, und er prägt bis heute die Umwelterziehung in Chile. In den Worten des CONAMA-Direktors Rodrigo Egaña ist Umwelterziehung „ein Basisinstrument zur Vorbeugung von Umweltschäden", denn: „Umwelterziehung zielt darauf hin, eine Kultur der Vorbeugung zu schaffen, welche uns mit der Pflege und dem Schutz unserer natürlichen Umwelt umzugehen lehrt" (CONAMA/CIDE 1999, S. 50). Nach dem erwähnten Rahmengesetz sind nicht nur das Erziehungsministerium, sondern alle Behörden, unter der Koordinie-

---

[1] Ein Gesetz, das nur von einer Zweidrittelmehrheit des Abgeordnetenhauses geändert werden kann. CONAMA/CIDE 1999:48

rung der Umweltbehörde CONAMA, für Umwelterziehungsprogramme in ihren Themenbereichen zuständig.

Die Erziehungsbehörde eröffnete Anfang der neunziger Jahre eine „Umwelterziehungsabteilung" am Ministerium und unterstellt sie der „División de Educación General", so dass sie als ein Teil der curricularen Arbeit des Schulwesen betrachtet wird. Im Zuge der ab Mitte der neunziger Jahre durchgeführten Schulreform wird aber die Umweltbildung in den Bereich der Abteilung „Außercurriculare Ausbildung" (Actividades Extracurriculares o Extraprogramáticas) verlagert. In ihr sollen Schüler über Spiele und andere außercurriculare „informelle" Lernprozesse gesellschaftlich notwendige Wert- und Verhaltensnormen vermittelt bekommen. Die Schulleitungen, im Einvernehmen mit den zuständigen Gemeindeschulbehörden, bestimmen dann, nach Interessenvorlagen von seiten der Schüler, wie viele Wochenstunden z.B. für einen „Öko-Club" verwendet werden dürfen. Die gängigsten Aktivitäten sind: Gartenpflege, Medizinalpflanzen-Kleinanbau, Kultivierung und Pflege von Bäumen und manchmal auch etwas aufwendiger gestaltete Projekte, die dann manchmal gemeinsam mit NGO's durchgeführt und sogar von Umweltstiftungen finanziert werden. In ländlichen Gegenden wenden sich diese Aktivitäten meistens der Verbesserung des Kleingartenanbaus für Gemüse und Medizinalpflanzen und der Vermittlung von Grundkenntnissen in einer umweltfreundlicheren Agrarwirtschaft zu. Für diese Lehraufgaben hat der MINEDUC Lehrmaterial für die öffentlichen Grundschulen herausgegeben, welches sich speziell mit dem Sensibilisierungsbereich zum Schutz der einheimischen Fauna und Flora befasst. (MINEDUC 1998)

Im Jahr 1996 veröffentlichte die Regierung das Dokument „Objetivos Fundamentales y Contenidos Minimos Obligatorios de la Educación Básica Chilena" (MINEDUC 1996), mit dem eine curriculare Regulierung für die Schulen eingeleitet wurde. Gemeinsam mit diesem Dokument fing eine didaktische Reform an, welche hauptsächlich die Herausforderung an die Schulen enthält, eigene Lernprojekte, praktisch ihr eigenes Curriculum[2], für ihre Schule aufzustellen. In diesem Kontext ist für das Erziehungsministerium die Umwelterziehung ein konstitutiver Teil der Reform und eine Perspektive allgemeiner Bildung im Überschneidungsbereich der Fächer.[3]

Dieser Idealzustand, welchen die Erziehungsreform im Land anstrebt, wird leider nicht erreicht: Sowohl Privat- als auch öffentliche Schulen müs-

---

2 Diese Aktivitäten stehen an dritter Stelle nach Sport und Kommunikationswissenschaften

3 "Grundpfeiler der Erziehungsreform und (wird angegangen) in einer globalen Perspektive, welche die Gesamtheit der Lehrprogramme kreuzt, und ist in dem Grundquerschnitt der Aufgaben angegeben, welche mit dem Bereich des Wissens, Geschicklichkeiten, sich Dingen gegenüber verhalten (actitudes), und Verhaltensweisen, welche die Schüler im intelektuellen als auch persönlichen und gesellschaftlichen Bereich entwickeln sollen".. "parte constitutiva de la reforma" und " se aborda como una perspectiva formativa general que cruza el conjunto de los programas de estudio y se encuentra especificada en los objetivos fundamentales transversales, que dicen relación con conocimientos, habilidades, actitudes, valores y comportamiento" (CONAMA/CIDE 1999:10)

sen nach der Veröffentlichung der „Objetivos Fundamentales y Contenidos Minimos Obligatorios de la Educación Básica Chilena" (MINEDUC 1996), in denen der Staat die Mindestanforderungen der Lehrprojekte an Schulen festlegt, ihre eigenen Lehr- und Ausbildungprojekte dem Staat vorlegen. So ist diese grundlegende Erziehungsreform leider noch nicht von allen Akteuren angegangen worden, da sie zusätzlich zu vielen weiteren Faktoren auch eine methodologische und didaktische Innovation verlangt, für die weder Lehrer noch Schulleitungen in der Praxis vorbereitet sind.

Die öffentlichen Schulen haben zwischen 1995 und 1998 allein mit dem Fondo de las Américas[4] zusammen 29 Umweltbildungsprojekte durchgeführt, welche 971 Lehrer, und 20.943 Kinder und Jugendliche in 265 Schulen einbezogen haben (CONAMA/CIDE 1999, S. 17). Diese Organisation verlangt von den Projekten, die finanziert werden wollen, dass sie sich an den Kriterien des ganzheitlichen Ansatzes orientieren, eine zyklische Konzeption des Curriculums vorsehen und dass sie dem pädagogischen Grundsatz „praktisch orientierter Lernprozesse" folgen (CONAMA/CIDE 1999, S. 18 –19). Auch im Rahmen der Erziehungsreform haben sich chilenische Schulen an Umwelterziehungsprojekten beteiligt. Da sie eigene PME – Projekte[5] beantragen können, weiß man, dass in 8% von 7.400 Schulen, die ein solches Projekt beantragt haben, das Thema Umwelterziehung maßgeblich ist (CONAMA/CIDE 1999, S. 48). D.h., es gibt etwa 400 Schulen, an denen die Umwelterziehung – im weiterem Sinne der Umweltbehörde und des Ministeriums – das Grundthema zum Aufbau eines verbesserten Lehrauftrages darstellt.

Doch an vielen öffentlichen Schulen wird zum Thema wenig oder gar nicht gearbeitet, denn „Curriculums (sic) no incorporan en forma global y acabada la temática ambiental, (hay) escasa cobertura de las experiencias que se realizan, (hay) escasa preparación de los profesores, (hay) escaso material de apoyo" (COREMA IX Región 1996, o.S.).[6]

Da die privaten Schulen sehr schwer zu erfassen sind, kann man hier nur auf punktuelle Erfahrung zurückgreifen und die Aussage wagen, dass an ihnen im Allgemeinen nicht viel zum Thema unternommen wird. Einige hervorragende Beispiele im Bereich des Naturschutzes sowie Sensibilisierungsprgramme, etwa das von der Deutschen Schule in Punta Arenas (Patagonien) unternommene Projekt zum Schutz und Erhalt einer Nistkolonie von Humboldt -Pinguinen in der Otway Bucht, stellen eher Ausnahmen dar.

---

4   einer sehr initiativen Siftung zur Förderung solcher Aktivitäten
5   Proyectos de Mejoramiento de la Calidad de la Educación Projekte zur Verbesserung der Lehr-und Lernbedingungen
6   "Curricula gehen nicht systematisch und global an das Thema heran (gemeint: Umwelterziehung d.A.), es gibt fast keine Informationen zu dem, was da gemacht wird, Lehrer sind kaum fürs Thema vorbereitet, es gibt wenig Hilfsmaterial"

3. Lehrerausbildung in Sachen Umweltbildung

An den Pädagogischen Hochschulen des Landes ist die Herausforderung Umweltbildung noch nicht angegangen worden. Nur die Lehrerausbildung an der Universidad de la Serena (nördlich von Santiago de Chile) betrachtet die Umweltbildung als Grundbestand ihres Curriculum, so dass in zwei Studiengängen Umweltbildung ein Pflichtfach und in den restlichen der Studiengängen ein Wahlfach ist (CONAMA/CIDE 1999, S. 28). Sonst gibt es drei öffentliche Universitäten, die Fortbildungskurse in Umwelterziehung anbieten.

4. Lehrmaterial

Didaktisches Material zu Umweltbildung ist speziell vom MINEDUC (Erziehungsministerium) und der Umweltbehörde als Sensibilisierungsmaterial veröffentlicht worden, obwohl sich auch andere Ministerien und Behörden mit der Publikation von Material für die Erziehung befassen.

Die NGO „Casa de la Paz" hat in den letzten Jahren ein recht wertvolles Begleitbuch zum Thema „Umwelterziehung zur Aktion" veröffentlicht. Ihre Autorinnen Ana María Vliegenhardt und Oriana Salazar sind bekannte Umwelterzieherinnen im außerschulischen Bereich, haben aber auch eine ausgiebige Arbeit in der Lehrerweiterbildung vorzuweisen. Auch das von zahlreichen Kommunen und NGOs zusammen herausgegebene Buch „Pasemos lo Bomba" stellt einen vielbeachteten und nützlichen Leitfaden für Grundschulen dar.[7]

Trotzdem gibt es kritische Stimmen: Das den rechten Parteien UDI und Renovación Nacional nahestehende „Instituto de Libertad y Desarrollo" zum Beispiel hat Pressemeldungen zufolge vor kurzem eine Studie veröffentlicht, in der das vom Ministerium anerkannte Lehrmaterial für Biologie und Naturwissenschaften der Schulen als ein „einseitiger NGO-naher Ansatz zur Umweltproblematik" bezeichnet wird (*El Mercurio* 06.02.2000). Solche Stimmen weisen auf ein Problem hin, das für diese Darstellung beiseite gelassen worden ist, das aber für Chile ausschlaggebend bleiben wird: Die Umweltproblematik und jegliche Umweltpolitik ist immer noch ein Politikum ersten Ranges.

---

7   In seiner zweiten Auflage erschien es unter den Titel: Casa de la Paz u.a. (Hg.): Ecolíderes, estategias innovadoras para contagiar el amor por el medio ambiente, 2 Bände, Santiago de Chile, La Puerta Abierta, 1998

5. Umwelterziehung im nicht-formellen Bereich

Der nicht formelle (außerschulische) Bereich der Umweltorganisationen ist ein vom Umweltrahmengesetz her anerkannter Sektor gesellschaftlicher Organisationen, welche speziell zum „awareness training" der Bevölkerung eine essentielle Rolle spielen. Die vielen kleinen und größeren Umweltschutzorganisationen in Chile, von der eher staatsnahen „Casa de la Paz" über das mehr vom Naturschutzgedanken geprägte CODEFF (Chiles älteste Umweltschutzorganisation) bis hin zur internationalen Organisation Greenpeace und weiter zum radikalen politischen Instituto de Ecología Política (IEP), haben eine Reihe von wertvollen Veranstaltungen und Kursen, Seminaren und Weiterbildungsaktivitäten für Lehrer und speziell fürs allgemeine Publikum veranstaltet, die eine Sensibilisierung und eine für die umweltpolitische Mitbestimmung notwendigen Ausbildung für die allgemeine Bevölkerung anstreben.

6. Zusammenfassung

Die chilenische Umwelterziehung ist immer noch im Stadium der Sensibilisierungsarbeit und orientiert sich vorwiegend an naturwissenschaftlichen Ansätzen. Sie hat in einem Schulsystem, das stark an Fächern und kognitiven sowie an reproduktiven Leistungen orientiert ist, bisher wenig Entfaltungsmöglichkeiten gefunden. Insgesamt befindet sich das Thema Umwelt – als eins unter vielen verschiedenen Themen, die als Querschnittaufgaben im transversalen Curriculum aufgegriffen werden müssen – de facto eher an einer nachrangigen Stelle im Interesse der meisten Schulleitungen – trotz einzelner bemerkenswerter Ansätze und einer Vielzahl veröffentlichter Materialien zu dieser Aufgabe. Die chilenischen Lehrer und das chilenische Schulsystem werden also die Herausforderung der Erziehung zur Nachhaltigkeit aufgreifen müssen, ohne sich vorher ausgiebig mit den Grundfragen der Umwelterziehung befasst zu haben.

Literatur

CONAMA (Hg.) (1996), Ley de Bases del medio Ambiente, Santiago de Chile
CONAMA/CIDE (Hg.) (1999), Encuentro nacional de Educación Ambiental. Medio Ambiente en la Reforma Educativa, Santiago de Chile
CONAMA (1998), Una política ambiental para el desarrollo sustentable. Aprobado por el consejo Directivo de Ministros de CONAMA en la Sesión del 9 de enero de 1998, Santiago de Chile CONAMA
COREMA IX Región (Hg.) (1996), Plan Ambiental Regional , Temuco, Chile

FONDO DE LAS AMÉRICAS (Hg.) (1999), Memoria Anual 1998; Santiago de Chile, Gráfica Andes

CASA DE LA PAZ U.A. (Hg.) (1998), Ecolíderes, estategias innovadoras para contagiar el amor por el medio ambiente, 2 Bände, Santiago de Chile, La Puerta Abierta

CASA DE LA PAZ/CUERPO DE PAZ (Hg.) (1998), Manual de Educación Ambiental, Santiago de Chile, La Puerta Abierta

Regula Kyburz-Graber

Bildung für nachhaltige Entwicklung in der Schweiz

1. Die bildungs- und umweltpolitische Situation

Bildung für nachhaltige Entwicklung in der Schweiz wird erst allmählich zu einem allgemein diskutierten und geförderten Bildungsbereich. Um dies zu verstehen, muss man einen Blick auf die bildungs- und umweltpolitische Situation in der Schweiz werfen.

Die bildungspolitische Landschaft der Schweiz ist föderalistisch organisiert, was die obligatorische Bildung bis zum 9. Schuljahr betrifft: Die 26 Kantone haben je ihr eigenes Bildungssystem, die Bildungslandschaft erweist sich deshalb als außerordentlich vielfältig, komplex und im Hinblick auf übergreifende Bildungsanliegen wie zum Beispiel Bildung für nachhaltige Entwicklung als schwerfällig. Es gibt zwar ein Bundesamt für Bildung und Wissenschaft. Dieses ist aber nicht für die Allgemeine Bildung, sondern nur für die Hochschulbildung zuständig. Die Erziehungsdirektorenkonferenz – vergleichbar der Kultusministerkonferenz in der Bundesrepublik Deutschland – kann Empfehlungen und Vereinbarungen, z.B. in Form von Anerkennungsreglementen (z.B. für die Ausbildung der Lehrkräfte für die Sekundarstufe II) erlassen, sie kann jedoch den Kantonen rechtlich keine Vorschriften für das Bildungswesen machen. Für die nachobligatorische allgemeine Bildung, die zur Matura führt, haben Bund und Kantone eine gemeinsame Regelung ausgehandelt (Maturitätsanerkennungsreglement), das den Kantonen die Rahmenbedingungen für die Maturitätsschulen gibt. In der Ausgestaltung dieser Schulen sind die Kantone jedoch frei. Es gibt auch keine zentralen Prüfungen, jede Schule führt ihre eigenen Maturitätsexamen, unter Aufsicht von auswärtigen Expertinnen und Experten durch. Für das Berufsbildungssystem ist hingegen der Bund mit dem Bundesamt für Bildung und Technologie zuständig.

Im Gegensatz zur Bildungspolitik ist für die Umweltpolitik der Bund zuständig, wobei jeder Kanton entsprechend der Bundesgesetzgebung auch ein kantonales Umweltgesetz hat. Es ist auch der Bund, der die Agenda 21 der Rio-Konferenz unterzeichnet hat. Nachhaltige Entwicklung ist eine Bundesaufgabe. Der Bund hat aber keine Befugnis, was die Umsetzung der bildungsbezogenen Artikel in der Agenda 21 betrifft, weil diese in die Zuständigkeit der Bildungshoheit der Kantone fallen. Die entscheidende Frage ist deshalb: Wie kann es gelingen, die Bildungsaufgabe der nachhaltigen Entwicklung, für die umweltpolitisch der Bund verantwortlich ist, in die Kantone hineinzubringen, ohne dass deren Schulhoheit verletzt wird. Ein erster und bisher einziger umweltbildungspolitischer Schritt war die Verabschiedung von Empfehlungen zur Umwelterziehung durch die Erziehungsdirektorenkonferenz (EDK Dossier 8A 1988).

2. Die Stiftung Umweltbildung Schweiz und ihre nationale Rolle

Im Folgenden soll kurz auf die Entwicklung der Umweltbildung in der Schweiz eingegangen werden. Umweltbildung ist mit ihren ökologischen, sozialen und ökonomischen Dimensionen und auch aufgrund aktueller Forschungsergebnisse hinreichend umfassend begründet, dass sie stellvertretend und wegbereitend für Bildung für nachhaltige Entwicklung betrachtet werden kann (siehe z.B. Kyburz-Graber et al. 1997; Kyburz-Graber 1999; Kyburz-Graber et al. im Druck).

Die Wurzeln der Umweltbildung gehen auf den Beginn des Jahrhunderts zurück. Naturschutzerziehung wurde damals von Naturkunde- und Biologielehrern gefördert und geprägt, die sich auch in Naturschutzorganisationen engagierten (v.a. Schweiz. Bund für Naturschutz – heute pro natura; später auch WWF und weitere private Organisationen). Seit jener Zeit entwickelte sich die führende Stellung der privaten Umweltorganisationen in der Umweltbildung. In den 80er Jahren engagierten sich viele Lehrkräfte, oft mit Unterstützung von Materialien und Aktionen von Pro Natura und WWF. Persönliche Betroffenheit und die Angst vor nicht wieder gutzumachenden Umweltschäden (z.B. Waldsterben) bewogen Lehrpersonen, sich mit ihren Schülerinnen und Schülern aktivistisch zu betätigen. Dank der öffentlichen Debatte und dem Engagement von Fachleuten wurde Umweltbildung in die neuen kantonalen Lehrpläne aufgenommen. Die Erziehungsdirektorenkonferenz jedoch verabschiedete die Umweltbildung von ihrer Traktandenliste, auf der sie 1988 und nur dieses einzige Mal erschienen war (EDK 1988). Eine Begründung war damals, dass für die Umweltbildung schon genügend getan würde und die weitere Entwicklung Sache der Regionen und Kantone sei.

Diese Situation ließ private Organisationen, Bund, einzelne Kantone und Private aktiv werden. 1994 wurde eine von der öffentlichen Hand und von privaten Organisationen gemeinsam getragene Institution gegründet, welche die als dringend notwendig erachtete Koordination, Dokumentation und Weiterentwicklung der Umweltbildung übernehmen sollte: die Stiftung Umweltbildung Schweiz mit je einem Geschäftssitz in der Romandie (Neuenburg) und in der Deutschschweiz (Zofingen/Aargau). Der Betrieb der Stiftung wird zu einem erheblichen Teil vom Bundesamt für Umwelt, Wald und Landschaft (BUWAL) finanziert. Stifter sind der Bund, Kantone, Private und die beiden privaten Organisationen WWF und Pro Natura. Der Bund selbst finanziert zusätzlich auch andere Institutionen und Projekte im Bereich Umweltbildung, Öffentlichkeitsarbeit, Lokale Agenda 21 u.a. Nur 3 Jahre nach der Gründung der Stiftung Umweltbildung Schweiz wurde in ähnlicher Form die Stiftung Bildung und Entwicklung gegründet, die von der Seite des Bundes durch das Departement für Entwicklungszusammenarbeit (DEZA) sowie von Entwicklungsorganisationen mitgetragen wird.

3. Eine gemeinsame Strategie ,Bildung für nachhaltige Entwicklung'?

Es gab bald Stimmen, die für einen Zusammenschluss der beiden Stiftungen plädierten – was scheinbar zu einer einzigen idealen Institution zur Förderung der Bildung für nachhaltige Entwicklung führen könnte. Die Geschichte der beiden Stiftungen – Stiftung Umweltbildung und Stiftung Bildung und Entwicklung – spricht aber vorläufig gegen eine Zusammenlegung, nicht jedoch gegen eine Zusammenarbeit: Die Stiftungen decken von ihrer Herkunft her verschiedene Interessengruppen ab und können daher auch unterschiedliche Finanzierungsquellen nutzen. So beteiligen sich nicht die gleichen Kantone bei der einen oder anderen Stiftung. Die französischsprachigen Kantone z.B. scheinen stärker an Bildung und Entwicklung interessiert zu sein. Während die Stiftung Umweltbildung bereits 5 Jahre Zeit für ihren Aufbau hatte – diese Zeit war unbedingt erforderlich, bis die Stiftung einen anerkannten Platz in der Bildungslandschaft erwerben konnte – ist die Stiftung Bildung und Entwicklung noch mitten in der Aufbauphase; sie muss ihren Platz und die allgemeine Akzeptanz erst finden. Die „Kultur" der beiden Bildungsbereiche hat sich unterschiedlich entwickelt: Bildung und Entwicklung ist stark im sozialkundlichen Bildungsbereich zu Hause, Umweltbildung noch immer im naturwissenschaftlichen Bereich (siehe Kyburz-Graber et al. im Druck). Beide Stiftungen können deshalb je spezifisch und sich ergänzend zur Bildung für nachhaltige Entwicklung beitragen. Schließlich gibt es einen dritten Bildungsbereich – die Gesundheitsförderung –, der im Hinblick auf Bildung für nachhaltige Entwicklung ebenfalls eine wichtige Rolle spielt und dank guten Finanzierungsgrundlagen über das Krankenversicherungssystem zusätzliche Möglichkeiten zur Zusammenarbeit realisieren kann.

Die beiden Stiftungen haben Koordination und projektbezogene Zusammenarbeit vereinbart. Im Stiftungsrat ist jede Stiftung gegenseitig durch ein Geschäftsleitungsmitglied offiziell vertreten. Die Zukunft wird zeigen, ob sich die vereinbarte Art der Zusammenarbeit anstelle einer vollkommenen Integration bewährt. Immerhin legen empirische Ergebnisse nahe, dass es für Lehrerinnen und Lehrer einfacher ist, sich der Thematik nachhaltige Entwicklung zu nähern, wenn sie dies aus einer spezifischen Perspektive tun können, also entweder von der Umweltperspektive oder von der Nord-Süd-Perspektive her (siehe Högger im Druck). Die erklärte Strategie besteht in naher Zukunft also darin, nachhaltige Entwicklung von verschiedenen Seiten her aber mit der gleichen Zielrichtung – ökologische, ökonomische und soziale Gerechtigkeit – anzugehen.

4. Nationale Projekte als Beiträge zur nachhaltigen Entwicklung

Lebensraum Schule – Lernen für eine nachhaltige Gesellschaft

Das von der Stiftung Umweltbildung Schweiz initiierte und geleitete Projekt hat zum Ziel, Lehrerschaft, Schulleitungen, Hauswarte, Gemeinde- und Schulbehörden anzuregen, zusammen mit den Schülerinnen und Schülern ihre Schule im Sinne eines menschenfreundlichen, naturnahen und umweltverträglichen Lern- und Lebensraums zu gestalten. Das Projekt will das Gemeinsame von Schulentwicklung, Gesundheitsförderung, Globalem Lernen, Erweiterten Lernformen nutzen und eine lebensnahe und zukunftsorientierte Umweltbildung fördern. Das Projekt wird den Schulen offiziell von der Nordwestschweizer Erziehungsdirektorenkonferenz empfohlen.

Zukunft Umwelt Bildung Schweiz

Das Projekt wird von der Stiftung Umweltbildung Schweiz geleitet und in Zusammenarbeit mit Persönlichkeiten aus der Bildungsforschung, Bildungsplanung, Bildungspraxis, Politik und Wirtschaft entwickelt. Das Ziel ist, eine breite, koordinierte inhaltliche und politische Diskussion und Auseinandersetzung zu lancieren über den gegenwärtigen Stand und Perspektiven der Umweltbildung. Visionen ebenso wie konkrete und handfeste Vorschläge und ein minimaler Konsens als Fundament für gezieltere Zusammenarbeit werden als Ergebnis des breit abgestützten Prozesses erwartet.

Umweltbildung in der Lehrerinnen- und Lehrerbildung

Als Teilprojekt von „Zukunft Umwelt Bildung Schweiz" wurde die Situation der Umweltbildung in der Lehrerinnen- und Lehrerbildung in einer repräsentativen Befragung bei Dozentinnen und Dozenten erhoben und in einer qualitativen Recherche in einigen spezifisch ausgewählten Lehrerbildungsinstitutionen vertieft untersucht (Nagel et al. 2000). Die Kantone sind zur Zeit daran, Pädagogische Hochschulen für die Ausbildung der Lehrerinnen und Lehrer aufzubauen. Der Zeitpunkt ist deshalb günstig, den bisher vorwiegend fachspezifisch geführten Diskurs über Umweltbildung und Bildung für nachhaltige Entwicklung in Lehrerbildungsinstitutionen auszuweiten. In Zusammenarbeit mit Dozierenden der Fachdidaktik und der Erziehungswissenschaften können jetzt Perspektiven für eine mögliche Profilierung durch Umweltbildung im neu aufzubauenden Bereich Forschung und Entwicklung in den zukünftigen Pädagogischen Hochschulen entwickelt werden. Die internationale Forschungszusammenarbeit im OECD Projekt „Environment and School Initiatives ENSI", an der sich die Schweiz seit 1986 beteiligt, bildet eine zusätzliche Unterstützung für diese Entwicklung.

Réseau franco-suisse

In der französischen Schweiz hat die Geschäftsstelle der Stiftung Umweltbildung Schweiz eine grenzüberschreitende Zusammenarbeit mit Frankreich aufgebaut. An gemeinsamen Tagungen werden Materialien zur Umweltbildung als Handreichungen für Lehrkräfte an schweizerischen und französischen Schulen entwickelt.

Lokale Agenda 21

Aktivitäten zur „Lokalen Agenda 21" liegen in der Hand des Bundes. In Zukunft soll die Zusammenarbeit zwischen Gemeinden und Schulen verstärkt werden. Unterstützende Projekte sind geplant. Die koordinierende Funktion der Stiftung Umweltbildung Schweiz spielt dabei eine bedeutende Rolle. Es ist wichtig für die Schulen, dass hinter den verschiedenen Initiativen zur Bildung für nachhaltige Entwicklung eine Gesamtstrategie sichtbar ist.

5. Hindernisse und Chancen

In den letzten Jahren sind verschiedene Hindernisse sichtbar geworden, welche sich in der Bildung für nachhaltige Entwicklung erschwerend auswirken:

- Empirische Studien belegen, dass Lehrpersonen aller Stufen vor dem hohen Anspruch des Leitbildes für Nachhaltige Entwicklung zurückschrecken oder aber diesen Anspruch auf einen simplen Nenner traditioneller verhaltensorientierter Umweltbildung reduzieren (Kyburz-Graber et al. 2000).
- Umweltbildung hat in Bildungskreisen, namentlich unter Fachleuten der Erziehungswissenschaften, nach wie vor das Etikett einer Bindestrich-Pädagogik mit dem Ziel, das individuelle Verhalten der „Zöglinge" in die „richtigen" Bahnen zu lenken. Es ist dies das Erbe der 70er und 80er Jahre, das wohl so schnell nicht aus der Welt zu schaffen ist (siehe Kyburz-Graber et al. im Druck)
- Die gesellschaftliche Forderung nach raschen und einfachen Lösungen und die „gefährliche Engführung der Ellbogengesellschaft", wie sie Ernst von Weizsäcker in der Einleitung zur Tagung formulierte, stellen ein beträchtliches Hindernis für die Integration der nachhaltigen Entwicklung in die allgemeine Bildung dar. Zwei grundsätzlich verschiedene Kulturen prallen aufeinander: Die Kultur des raschen gesellschaftlichen Wandels, geprägt durch Konkurrenz, Markt, Trends, technologischen Fortschritt und die Kultur der Nachhaltigkeit, geprägt durch Vorsorgen, Vorausschauen, Abwägen, kritische Reflexion.

Schließlich sind auch die Bildungsreformen zu erwähnen: Sind sie mit ihrer Ausrichtung auf strukturelle Veränderungen nach dem Prinzip des New Public Management Gegenwind oder auffrischende Brise, Hindernis oder Chance? Umweltbildung im Sinne von Bildung für nachhaltige Entwicklung hat inhaltlich, methodisch und strukturell Innovatives in die Bildungsreform hineinzubringen. Diese Chance könnte jetzt genutzt werden, da zunehmend deutlich wird, dass eine Bildungsreform ohne Inhalte eine leere Hülse bleibt. Ohne gut abgestützte Projekte jedoch, ohne Zusammenarbeit zwischen Fachwissenschaften und Erziehungswissenschaften, Forschung und Praxis ist eine professionelle, reflektierte Entwicklung in der Umweltbildung nicht zu haben. Das bedeutet nicht zuletzt auch gezielte, projektorientierte finanzielle Förderung von Umweltbildung.

Literatur

EDK (1988). Umwelterziehung in den Schweizer Schulen. EDK Dossier 8A. Bern: Erziehungsdirektorenkonferenz
HÖGGER, D. (im Druck). Unterricht zum Leitbild der nachhaltigen Entwicklung: Wissenschaftlicher Anspruch und Vorstellungen von Lehrenden und Lernenden. In: Tagungsband der Sektion Fachdidaktik des Verbandes Deutscher Biologen, Salzburg 1999

KYBURZ-GRABER, R.; RIGENDINGER, L.; HIRSCH HADORN, G. & WERNER ZENTNER, K. (1997). Sozio-ökologische Umwelterziehung. Hamburg: Krämer

KYBURZ-GRABER, R. (1999). Environmental Education as Critical Education: how teachers and students handle the challenge. In: Cambridge Journal of Education, 29(3), p. 415-432

KYBURZ-GRABER, R.; HALDER, U.; HÜGLI, A. & RITTER, M. (im Druck). Umweltbildung im 20. Jahrhundert – Anfänge, Gegenwartsprobleme und Perspektiven. Münster: Waxmann

KYBURZ-GRABER, R.; HÖGGER, D. & WYTSCH, A. (2000). Sozio-ökologische Umweltbildung in der Praxis. Hindernisse, Bedingungen, Potenziale. Schlussbericht zum Forschungsprojekt "Bildung für eine nachhaltige Schweiz". Universität Zürich: Höheres Lehramt Mittelschulen. (www.unizh.ch/hlm)

NAGEL, U.; BACHMANN-AFFOLTER, CH. & HÖGGER, D. (2000). Innvovation durch Umweltbildung. Potenziale eines interdisziplinären Studienbereichs in der neuer Lehrerinnen- und Lehrerfortbildung. Zürich: Pestalozzianum.

Dorcas Otieno

Education for Sustainable Development. Experiences from Kenya

Abstract

The paper reviews environmental education for sustainable development initiatives in Kenya. It focuses and consequently recommends the integration of environmental action learning (EAL) into the school curricula as a strategy for sustainable development. This approach to education encourages practical learning and problem solving. It gives learners opportunities to participate actively in learning and exploring their surroundings to make wise decisions and choices about their environment. This is illustrated by the example of the Africa Eco-school Project initiated and co-ordinated by the Environmental education center Nairobi under the auspices of the Kenyan organization of Environmental Education (KOEE). The project has the National Kenyan chapter (NEAL) as well as the Eastern and Southern Africa regional chapter (REAL).

Introduction

The mounting concern over environment and development problems have necessitated the need and the current shift to education for sustainability. In Kenya, the existing development trends leave many people poor and vulnerable, and so the achievement of environmental sustainability should be tied with overcoming environmental issues like poverty, war, land degradation and pollution. Agenda 21 calls for the re-orientation of environmental education towards sustainability to address and re-define the links between environment and development concerns. Both formal and informal education are critical in changing people's attitudes and enhancing environmental and ethical awareness, values, skills and ideas that are consistent with sustainable development concerns.

Defining Education for sustainability

The Commission on Education and Training – Learning for the 21st century defines the four pillars of education as learning to know, learning to do and learning to live together and learning to be. (Delors et al. 1996).

The Brundtland Commission, 1987 defined education for a Sustainable Future as a learning process that results in a commitment to development that meets the needs of the present without compromising the ability of future generations to meet their own needs. A sustainable future will therefore involve the development of creative problem solving skills, commitment to equity, and the willingness to engage in responsible individual and cooperative actions.

Caring for the Earth (IUCN/UNEP/WWF 1981) firmly established Education for Sustainability (EFS) as the central goal of environmental education in the 1990's. EFS focuses more sharply on developing closer links between environmental quality, ecology and socio-economic and the political threads that underlie these.

The term „education for sustainability" or „sustainability education" complements a number of other fields such as environmental education, global education, economics education, development education, multicultural education, conservation education, outdoor education, global change education and others. This will encourage a holistic approach to the environment and development issues.

Propositions for achieving sustainability

Environment-Development conflicts require holistic ethics for sustainable development. (Otieno 1997).

Education for sustainability is considerably broad and encompasses many aspects of these respected and established fields of study. It may embrace components from traditional disciplines such as civics, science, geography and others. It is evident that in order to achieve 'Education for a Sustainable Future', we must:

– Understand what EFS entails
– Integrate the concepts of sustainability in the school curriculum and all aspects of life
– Appreciate the role of education
– Actively involve students in their own learning and in their communities
– Use technology in effective learning process

Many of the concepts included in sustainability have been part of the Kenyan curriculum for years (endangered species, economics, conservation, health, etc.). It must therefore be understood that „Education for Sustainable Future" simply provides teachers with an expanded vision and opportunity for students and teachers to be actively engaged in the topic and to think systemically.

To achieve sustainability, a set of transitions is needed: stability in the world population; sustainable and safe use of renewable resources; the use of energy which is efficient and non-threatening the biosphere; the development and application of high technology in the service of environmental management and improvement; a new economics supportive of sustainable resource management and environmental improvement; sustainable, equitable economic development; an integrated sense of the biosphere; effective implementation of measures to conserve biological diversity.

The major way to approach solving environmental problems on a sustainable basis is to bring about attitudinal and behavioral change in people through public participation in all stages of the education process. A well-informed and enlightened population will participate meaningfully in environmental planning, management and protection.

Sustainable Development is not production-centred, it is people-centred. Sustainable development must be appropriate not only to the environment resources but also to the culture, history and social system of the place where it is to occur.

Students need to develop an understanding of the social and political contexts of issues related to sustainability, and to develop a global perspective on them.

They should have an active role in their own learning and in their communities, have experiential opportunities in the natural environment and in the workplace/community, and develop the skills and character to become quality workers and citizens.

A new, comprehensive, holistic and action-oriented approach need to be developed and implemented depending on the social, political, economic and environmental priorities in a country.

EAL familiarizes learners with practical problems of the environment in real production situations. Wals (1990) argues that Action that is designed to solve environmental problems must involve negotiation, persuasion, consumerism, legal action, political action and Eco-management.

EAL applies the time-tried approach of experiential learning as it entails out-door learning, cross-cultural exchanges, internships and community service programmes. This strategy is based on socio-psychological theories that go beyond thinking and feeling to action.

Initiatives towards Education for Sustainability in Kenya

The Presidential Working Party on Education and Manpower Training for the next decade and beyond of 1988 did realise that there was an urgent need to intensify environmental studies in schools and training institutions to educate the youth about conservation and enhancement of the environment, recommended the integration of environmental studies in all the learning and training curricula at all levels of the education sector.

Following these recommendations, environmental education themes and messages were introduced in the curriculum at the pre-primary, primary and secondary schools, primary teacher education and institutes of technology using the multi-disciplinary approach.

The Kenya National Environmental Action Plan

The Kenya National Action Plan (NEAP 1994), a cross-sectoral strategy is designed to address sustainable development in response to the recommendations of Agenda 21. The report has identified constraints of environmental education as follows: lack of capacity to teach it effectively due to the shortage of funding, basic facilities such as laboratories and teachers trained in environmental education. In the area of non formal education, the report identifies some major drawbacks including uncoordinated planning for environmental activities, inadequate community involvement in deciding approaches to project formulation and implementation and the limited use of indigenous knowledge and local expertise. The report acknowledges that the mass media does not always have access to factual information for publicity since most journalists have not been trained to report on environmental issues.

The report goes on to suggest that environmental education should be incorporated in the formal syllabi as an examinable subject at all levels of the education system, or a revision of the syllabi to strengthen the environmental component in examinable subjects. This, it says, should be supported with in-service environmental education for trainers and supervisors/evaluators and that environmental training and awareness should be extended to leaders and decision makers in the government, NGOs, private sector and the donor agencies. It also suggested that environmental programs should be developed for the mass media especially in local languages for the local communities. The report further recommends the recognition and promotion of indigenous knowledge and skills whenever appropriate in environmental management. It also further urges the formation of a National Environmental Education Strategy.

The increasing awareness of the importance of Environmental Education is reflected in a number of measures that the government is putting in place to manage the environment. New institutions are being created to deal specifically with Environment. Policies, Environmental Management Plans and Laws are being drafted and revised.

Institutional Policy and legislation Arrangements

The National Environmental Management Plan already mentioned formed the bases of Environmental policy. In Kenya, the Environmental Coordination and Management Bill has been prepared for presentation to Parliament. Once it is passed into law, it will go a long way in promoting Education for Sustainability and Environmental Education.

A number of institutions and Non-Governmental Organizations have been created to promote environmental activities including Environmental Education and Public Awareness. These range from Ministries of Environment to Environmental Units within sectoral Ministries to autonomous Environmental Agencies. There are a number of programmes and Projects on-going, partially completed and others requiring further funding in Kenya. These include curriculum development, development of teaching materials, training of teachers, schools planners, curriculum developers, research in pedagogy, content and methods in EE, educating and informing the general public on environment and networking etc. As it is now, the curriculum does not encourage practical learning and problem solving. In addition, the school curriculum in Kenya is highly centralized (mainly coordinated by the Kenya Institute of education), a fact that makes local adaptation to the very diverse environments in the country very difficult.

Environmental Action Learning, the Kenya Organization of Environmental Education's strategy to sustainable development is worth examining in order to realize its potential.

Environmental Action Learning (Eco-schools in Africa Project) as a strategy to Sustainable Development.

The programme is a result of a Participatory Needs assessment Study for environmental Action Learning in schools and community groups in Nairobi undertaken by KOEE. Subsequent networking and training workshops on EAL both at National (March 1999) and Regional (Eastern and Southern Africa, August 1999). The project is being co-ordinated by Kenya Organization of Environmental Education.

The newly endorsed UNICEF- Government of Kenya Rights based model for early childhood care for survival, growth and development gives a framework for the eco-school project in order for the innovations to reach children outside the mainstream of early childhood development programmes. (Ministry of education and Human resource development and UNICEF 1999)

The aspects of school life which form the pillar of environmental action learning include the schools environmental policy, curriculum, activities and events, school/community co-operation and linkages and networking.

An eco-school is therefore a school (formal or non-formal) that has adapted the above aspects and particularly an environmental policy to guide its activities. The policy makes environmental education part and parcel of the learning process and by applying environmental curricula to the day-to-day running of the school. It also provides a recipe through which all the activities of the school are integrated, which enables all members of the school community to cooperate in the development and implementation of the policy.

Any of the schools willing to participate in the Eco-school programme is expected to map its strategy covering items such as: the flexibility of the programme in relation to the needs and priorities of the school; the intention to start with small, achievable micro-projects; the sustainability (long-term) nature of the projects; the benefits of the programme to the school. The seven essential elements of an Eco-school as described as follows:

- Eco-school committee is charged with the responsibility of planning, implementing, and evaluating the school environmental policy and action learning activities, and ensuring their continuity.
- Environmental Review/Appraisal identifies the environmental needs of the school to be able to design practical and learning activities responsive to the needs of the learners. The schools' environmental value and ethos are defined.
- Plan of action defines the year's curriculum work and sets realistic and achievable goals. Examples of school activities and events which should be considered are: pupils' first hand experiences, themes on environment, club activities and micro-projects such as recycling schemes.
- Eco-code which is related to the action plan and curriculum work demonstrates the school's commitment to environmentally friendly actions.
- Curriculum work for environmental action learning, require that the activities in the class should complement the out-of-class operations. within the whole school and the community at large. The school grounds and immediate neighboring should be used as a learning resource. It is essen-

tial that environmental issues are taught across disciplines for learners to realize the interrelatedness of nature.
- Teacher training and experience in localizing curriculum is essential for action learning
- Monitoring and Evaluation, within and outside the school, enables schools to evaluate the success of their environmental action learning programmes and make necessary adjustments if possible.
- Informing and involving the school and the wider community enhances networking and partnership in project planning, implementation and management. National and international environmental education and action networks further enhance the scope of learning.

Benefits of an eco-school include: increased environmental awareness, an improved school environment, involvement of the local community in environmental management, pupil empowerment in improving their school and home environment, financial savings through conservation activities and sharing environmental information through networking.

Conclusion

Many environmental educators have found direction and strength in Agenda 21. The challenge for us all is to contextualise the ideas, mission of Education for sustainability and to find ways of working towards it in our work settings. Environmental Action Learning and the Eco-School is but one of the many perspectives of the Education for sustainability being practiced in a number of European countries and now in Kenya and hoping to penetrate the rest of Africa.

Bibliography

COUNCIL FOR ENVIROMENTAL EDUCATION (1995). A call to action for schools, The Royal Society for the protection of Birds, UK
DELORS, J. et al. (1996). Learning the Treasure within. Report to UNESCO of the International Commission for the 21st century
GOVERNMENT OF KENYA (1994). The Kenya National Action Plan.
IUCN-UNEP-WWF (1991). Caring for the Earth: Strategy for Sustainable Living. IUCN, UNEP, WWF, Glan Switzerland
KOEE, UNESCO-EPD (1999). Environmental Action Learning for the 21st century for schools and community groups in Nairobi, report of the Networking workshop held at the British Council Auditorium ICA Building in March 1999

KOEE, UNESCO-EPD, (1998). A participatory needs assessment study for Environmental Action Learning in schools and community groups in Nairobi Kenya

KOEE, UNESCO-EPD, German Commission to UNESCO, UNEP, (1999). Environmental Action Learning; Requirements. Report of the Regional (Eastern and Southern Africa) Networking/Training workshop held at the Nation Museums of Kenya, 24th-28th August 1999

MINISTRY of education and Human resource development and UNICEF, (1999), Developing alternative, complementary approaches to early childhood care for survival, growth and development in Kenya

OTIENDO, D. (1997). Environmental Ethics in the school curriculum in Kenya. Unpublished PhD Thesis

OTIENDO, D. & PLANT, M. (1999). Training on Networking for gender roles in Poverty Alleviation and Resource management in Luanda Division, Vihiga District Kenya. Workshop report, held at the Rock Motel, Kisumu on 31st march 1999

REPULIC OF KENYA (1998). National Poverty Eradication Plan.

UNESCO (1992). United Nations Conference on Environment and Development; Agenda 21. UNESCO. Switzerland

UNICEF (1998). Situational analysis of children and women in Kenya

WALS, A. (1990). Caretakers of the Environment: a global network for teachers and learners. Journal of Environmental Education, 21 (3), p. 3-7

7.
Reflexionen und Reflexe

Manfred Brandt

Was hat ein Stück Baumstamm mit einem Computer zu tun?
Umweltbildung zwischen Nachhaltigkeitskonzept und Mitweltorientierung

1. Einleitung: Die Dinge

Neben meinem Schreibtisch steht auf der Fensterbank ein Stück vom Stamm einer Mirabelle – etwas dreckig, die früher blaugrün schimmernden Flechten sind nun grau und tot, Reste von Insekten finden sich noch immer in den Ritzen und Löchern. Fasst man diesen Teil des Mirabellenstammes an, fühlt man nichts als rauhe Oberfläche, Kanten und kaum spürbare kleine Flächen. Auf dem Schreibtisch steht mein Computer – mehr oder weniger gefertigt aus Kunststoffen, diversen Kleinteilen und Leitungen. Das Gerät fühlt sich überall irgendwie glatt an, benutzerfreundlich eben.

Diese beiden Dinge, das Stück Baumstamm und den Computer, gegenüberzustellen, scheint irritierend. Doch beide Dinge haben insofern viel miteinander zu tun, als sie stellvertretend – ‚symbolisch' – für meist gegensätzlich gesehene Schwerpunkte im Feld der Umweltbildung stehen, sie stehen für verschiedene theoretische und praktische Konzepte im Umgang mit der – unglücklicherweise so genannten – ‚ökologischen Krise'.

Der Computer ist das paradigmatische Werkzeug unserer heutigen Kultur – in ihm verkörpert sich die These, die ‚ökologische Krise' sei ein Problem von Kalkulationen. Letztlich ist dies auch der Kern der Nachhaltigkeitsdebatte. Das Holzstück steht für einen ganz bestimmten Baum, ein Individuum jenseits jeder sinnvollen Berechnung – in ihm verkörpert sich die These, die ‚ökologische Krise' sei ein Problem unseres Welt- und Selbstverständnisses und schließlich auch Weltverhältnisses. In diesem Sinne gibt mein Stück Mirabelle einen Fingerzeig, wie die überall beklagte ‚Motivationslücke' vom Wissen zum Tun im Umgang mit Natur neu betrachtet werden kann.

2. Der Computer – Die Berechnung der Welt

Der Computer gehört unabdingbar zur Nachhaltigkeitsdebatte. Die Überlegungen zum Konzept der Nachhaltigkeit gehen wie bekannt vor allem von zwei Punkten aus: zum einen von der Einsicht in die Notwendigkeit des schonenden Umgangs mit der Natur, zum anderen von der Akzeptanz des Prinzips der Gerechtigkeit – d.h. konkret: gleicher Lebenschancen zwischen den Generationen und jeweils aktuell im globalen Maßstab (vgl. De Haan 1999, S. 82). Der Umgang mit der Umwelt soll dabei vor allem effizient gestaltet werden, d.h. jegliches Handeln – sei es von Unternehmen oder im privaten Rahmen – ist insofern zu optimieren, als der Ressourcenverbrauch und die Energie- und Stoffumsätze minimiert werden (vgl. Bolscho & Seybold 1996, S. 69ff). Hiermit verbunden werden als Präzisierungen die Forderungen nach ‚Konsistenz' und ‚Permanenz', die in etwa beinhalten, nur soviel aus der Umwelt zu nutzen, wie sich auch wieder regeneriert, kurz: Übernutzungen zu Lasten der Natur und zukünftiger Generationen zu vermeiden (vgl. De Haan 1999, S. 85). Mit einem anderen Schwerpunkt aufgegriffen und ergänzt werden diese Prinzipien durch den Begriff ‚Suffizienz', hinter dem sich letztlich vor allem die Anforderung an die entwickelten Länder verbirgt, zugunsten der weniger entwickelten Länder auf Wachstum zu verzichten (vgl. Bolscho & Seybold 1996, S. 71ff) – in erster Linie eine moralische Forderung[1].

All diesen Überlegungen liegt aber notwendig zugrunde, dass es eine Möglichkeit gibt festzustellen, wann eine Übernutzung der Natur vorliegt, wann also Nachhaltigkeit nicht mehr gewährleistet ist und damit auch die hier angekoppelten ethischen Prinzipien verletzt werden. Einerseits braucht man also Daten über den Zustand der Natur, andererseits braucht man Daten über den Verbrauch der natürlichen Güter, über Stoffeinträge und alle anderen Folgen unseres Wirtschaftens und Lebens überhaupt – beides zusammen genommen ermöglicht erst tragfähige Aussagen über den Zustand der Welt und seine wahrscheinliche Entwicklung.

Die globale Vernetzung von Computern macht der Tendenz nach eine immer umfassendere Berechnung der Welt möglich – der ideale Endpunkt wäre eine vollkommene Berechenbarkeit der Naturnutzung zu jeder Zeit und an jedem Ort, mit der entsprechend eine Politik verbunden wäre, die diese Berechnungen umzusetzen hätte – eine „Erdpolitik" (vgl. von Weizsäcker 1989). Die ‚ökologische Krise' wird so in ihrem Kern zu einem Computermodell, die zugrundeliegende Realität zu gestalten in erster Linie eine Auf-

---

1 Ich vernachlässige im Folgenden bewusst die ethischen Aspekte des Konzepts 'Nachhaltigkeit' und auch die Vorstellung von Partizipation der Betroffenen an Entscheidungsprozessen, denn die Anforderungen vor allem an effizientes Wirtschaften bilden für mich eine Art Macht des Faktischen, die ethische Überlegungen nur noch 'vernünftig' nachzuvollziehen hätten.

gabe für Ingenieure. Barbara Grünig fasst diese Tendenz sehr prägnant und ironisierend in die Figur des „kybernetischen Ökomechanikers" zusammen: „Er ist gefangen von der Vorstellung, dass wir nur Grundlagen zum Einschätzen der ökologischen Folgen menschlichen Handelns bzw. zur Wiederherstellung der zerstörten Natur erlangen, wenn wir möglichst alle Zusammenhänge, Vernetzungen und Regulierungsmechanismen verstehen. Diese Utopie akzeptiert den Eingriff des Menschen in die Natur. Die Fehler, die er dabei gemacht hat, können durch entsprechende Kalkgaben oder den Einsatz eines bestimmten Raubinsektes gemildert oder ungeschehen gemacht werden, wenn wir erst die ganze Komplexität des Systems begriffen haben. In Zukunft wird der Mensch immer weniger Fehler machen, da er vor dem Eingriff in die Natur das Simulationsprogramm seines Computers nach möglichen Folgen befragen kann." (Grünig 1993, S. 93)

Um es zusammenzufassen: mein Computer, verstanden auch als Symbol, verweist mich auf den Kern des Nachhaltigkeitskonzepts: das Ideal der umfassenden Berechenbarkeit der Welt. Er ist sozusagen eine gegenständliche Metapher[2] für die Vernetzung aller Daten in ihrer Abhängigkeit; er steht für die Dynamisierung der Ökonomie gegen die Ökologie; und er steht in Zeiten der Erschaffung virtueller Welten ebenso für die Dynamisierung der Distanzierung von der Natur, denn die Tendenz geht dahin, Natur vollends in die mediale Bilderwelt zu integrieren (vgl. Hasse 1994). Paradoxerweise schließt sich hier ein Kreis, denn das Konzept ‚Nachhaltigkeit' braucht Natur nicht in all ihrer Vielfalt, sondern lediglich in ihrer berechneten Funktion für ein globales Ökosystem. Zum einen scheint diese Orientierung aber nicht nahezulegen, sich zu einem umfassenden Schutz von Natur bzw. Umwelt motivieren zu lassen; und zum anderen bleibt wenigstens fraglich, ob das Konzept überhaupt trägt, wenn man den das Konzept an der Wurzel treffenden Einwand, dass die Grenze der Nutzbarkeit natürlicher Ressourcen überhaupt nie exakt bestimmbar ist, weiterverfolgt (vgl. Gorke 1999).

---

2   Hat man früher Natur als göttliche Ordnung oder als große Maschine gesehen, so gibt uns, wie Botkin (1990, S. 114) bemerkt, der Computer an sich eine neue technologische Metapher an die Hand, Natur zu deuten. Ein Schlüsselelement dieser Metapher sei Simultanität, basierend auf dem Aufbau des Computers als Netzwerk von Speichereinheiten die simultan oder nahezu gleichzeitig verschiedenste Aufgaben erfüllen können. Diese 'Computermetapher' muss aber bedenklich erscheinen, da jedes Bild, das wir uns von der Natur machen, unser Handeln mit ihr und ihr gegenüber bestimmt. Natur als Zahlenwerk bleibt uns zur - vereinfachten - Nutzung überlassen, ein kontrolliert verfügbares Etwas, zu dem in Beziehung zu treten uns nicht möglich ist (vgl. Pörksen 1997, S. 93ff).

3. Die Mirabelle

3.1 Dinge und Geschichten

Mein Stückchen Mirabelle verweist mich auf ein völlig anderes Verständnis meiner selbst im Verhältnis zur Natur. Es ist von jeglicher Nachhaltigkeit unberührt und wäre nie ernsthaft in Überlegungen zur effizienteren Gestaltung des Umgangs mit Natur vorgekommen, allein deshalb schon nicht, weil der Baum ein Individuum war. Gerade darum aber, weil er ein lebendiges Individuum war, kann ich überhaupt etwas mit diesem Bruchstück verbinden. Für mich nämlich hat dieses Stück Holz eine Bedeutung, die biographisch bestimmt ist. Es handelt sich um den kläglichen Rest eines Baumes, der im Zuge sogenannter landschaftspflegender Maßnahmen verschwunden ist, dessen rote Früchte als Kompott sehr gut geschmeckt haben und auf dem meine Kinder herumgeklettert sind. Ich sehe so in dem Stück Baumstamm neben meinem Schreibtisch eine ganze Geschichte, eigentlich eine ganze Sammlung von verschiedenartigen Episoden, weil bestimmte Erfahrungen untrennbar mit dem Stück Holz verbunden sind – während für andere nur das Material erkennbar ist.

Es sind – und hiervon berichtet das Mirabellenstück – je individuelle Erfahrungen, die unsere Erinnerungen, unser Selbst- und Weltbild und damit unser Handeln bestimmen. Es sind Episoden und Geschichten, die wir uns immer wieder selbst erzählen und die wir dann zusammen genommen unsere Biographie nennen. Diese Biographie als Zusammenfassung und Verbindung von Erfahrungen beinhaltet auch unser Naturverhältnis, das damit individuell sein muss. Genau hier liegt ein Ansatzpunkt für die Umweltpädagogik, über das Konzept der Nachhaltigkeit vor allem als Konzept der Wissensproduktion hinauszugehen.

3.2 Pädagogik und Individuum

Wenn nämlich Pädagogik – und insbesondere Umweltpädagogik – die Bildung des Einzelnen im Sinne der Entwicklung der Persönlichkeit anstrebt, können der Erwerb von Wissen, eine entsprechende Theorie des Wissenserwerbs und moralische Anforderungen unter dem Aspekt globaler Gerechtigkeit nur ein Teil hiervon sein, denn dieses anzuerkennen setzt noch diesseits jeglicher Erfahrungsorientierung zunächst ein abstraktes, in erster Linie rationales Subjekt voraus. Der im engeren Sinne pädagogische Schwerpunkt von Umweltbildung kann aber nur sein, dass der Einzelne eine Position zur Welt gewinnt, sich in seinem Denken, Fühlen und Handeln in Bezug auf Natur erst einmal verorten kann und zugleich offen bleibt für neue Herausforderungen. Kurz: Der Aufbau und die fließende, kontinuierliche Veränderung eines

Weltbildes als Sinnkontinuum stehen aus pädagogischer Sicht im Mittelpunkt. Akzeptieren wir diese Vorstellung der Bildung und ständigen Neubildung von Persönlichkeit und Charakter, müssen wir die Subjektivierung des Bildes von der Welt in den Vordergrund rücken und eine Pluralität von Weltbildern akzeptieren.

3.3 Erfahrung und Sprache

Diese Vorstellung von Bildung als Entwicklungsprozess schließt an Überlegungen des amerikanischen Philosophen und Pädagogen John Dewey an, der zu erklären hilft, warum die Mirabelle stellvertretend für Individuen in der Natur uns helfen könnte, die ‚Motivationslücke' zu schließen. Dewey nämlich formuliert eine Theorie dessen, was es heißt, Erfahrungen zu machen, die eine solche Qualität haben, dass sie zum einen an den Sinnzusammenhang, der unser Weltbild je aktuell ist, anschließen, dass sie diesen aber zugleich verändern, indem sie neue Perspektiven und neue Erfahrungsmöglichkeiten eröffnen. Es geht in unserem Zusammenhang um Erfahrungen mit Natur, aus denen ein Anspruch an den Einzelnen erwächst, Natur und die Interaktion mit ihr als elementaren Bestandteil eines gelungenen Lebens und als Voraussetzung zur Entwicklung der Persönlichkeit anzuerkennen.

Eine Erfahrung im umfassenden Sinne ist für Dewey stets die reflektierte Interaktion eines Einzelnen mit einem Gegenstand, ist ein in Auseinandersetzung mit unserem vorgängigen Weltbild verarbeitetes Erleben (vgl. Dewey 1995, S. 288ff). Erfahrung ist an konkrete Dinge gebunden, geht von ihnen aus und führt – wenn auch in gedanklich verarbeiteter Form – am Ende wieder zu ihnen zurück. Erst so können die Dinge aus dem fortlaufenden Ereignisstrom heraus eine Bedeutung für den Einzelnen bekommen. Eine Reflexion von Erfahrungen, aus der heraus ein je individuelles Bild der Welt konstituiert wird, ist nach Dewey aber erst durch Sprache und Kommunikation als den ‚Erzeugern' von Bedeutungen möglich. Durch sie wird reflektierte Erfahrung verwandelt in Zeichen, die auf neue Situationen übertragbar sind, in Bedeutungen, Verweisungszusammenhänge, Geschichten, die im Individuum zu einem Weltbild zusammengefasst sind, das als Basis unseres Verhaltens im Hintergrund steht, es uns aber erlaubt, uns in der Welt zu orientieren (vgl. ebd., S.167ff).

Schon bei der Betrachtung dieser knappen Ausführungen ist ersichtlich, welch überragende Rolle Sprache und Kommunikation spielen, weil wir eben mental immer nur mit den Bedeutungen von Ereignissen und nicht mit ihnen selbst beschäftigt sind (ebd., S. 309). Denn mit der Ablösung der Zeichen für die Erfahrung von der ursprünglichen Erfahrung wird die Übertragung des Sinngehaltes der Erfahrung auf andere Situationen möglich, ihre ‚symbolische Anwesenheit' und die umfassende Vernetzung und Erweiterung von

Erfahrungsgehalten – die Zeichen führen quasi ein Eigenleben (vgl. Dewey 1993, S. 288). Wissen wird – kurz gesagt – von der kognitiven auf eine umfassendere Erfahrungsebene verschoben. Entsprechend bildet sich aus der Zusammenfassung und Verbindung von Erfahrungen ein je individuelles Weltbild.

3.4 Die Qualität der Welt

Sprachlich reflektierte Erfahrung verschafft so den Dingen erst ihre Bedeutung – oder knapp: die Dinge entstehen für uns überhaupt erst in ihrer Beschreibung durch uns. Diese Theorie zu akzeptieren bedeutet aber zugleich, dass die Qualitäten der Dinge, die wir ihnen scheinbar erst verleihen, *in der Erfahrung* zu den Dingen selbst und ihrer Interaktion mit uns gehören. Dewey sagt dies so: „Dinge sind schön und hässlich, lieblich und hassenswert, langweilig und erleuchtet, anziehend und abstoßend. Dass sie uns anrühren und aufregen, ist ebenso ihre Eigenschaft wie ihre Länge, Breite und Dicke" (Dewey 1995, S. 115). Und da die Bedeutung der Dinge erst im sprachlichen Diskurs von Individuen entsteht, kann jedes Ding eine für uns je individuelle Bedeutung annehmen, kann jederzeit einen je eigenen Wert für unsere Biographie bekommen, weil in ihm – wie in meinem Mirabellenstück – die ganze Erfahrung aufbewahrt ist.

Diese Überlegungen führen dahin, über die bloße Information über den Zustand der natürlichen Umwelt hinaus Naturerfahrung wieder neu in den Mittelpunkt zu stellen, nicht als beliebigen Aufenthalt draußen im ‚Grünen', sondern als Begegnung mit den Lebewesen als Interaktionspartnern – mit den Individuen, die als Einzelne wieder spannend und interessant werden, wenn wir neugierig darauf werden, welche Erfahrungen wir mit ihnen machen können. Unter diesem Blickwinkel bekommen die individuellen Naturgegenstände wieder eine je eigene Qualität und ein je eigenes eigenes Leben für jeden Einzelnen, etwas, was im Computer in Nullen und Einsen verschwindet. D.h. dass die Dinge Leben für uns nicht bzw. nicht nur aus ihrer wissenschaftlich exakten oder allgemein sachlichen Beschreibung gewinnen, sondern vor allem durch ihre Eingebundenheit in narrative kontextorientierte Zusammenhänge, und zwar genauer gesagt solche, die die eigene Biographie – verstanden als eine große, immer wieder neu erzählte Geschichte von Erfahrungen – umfassen. Die je eigene Biographie ist damit – ausgehend von reflektierter Erfahrung – nicht nur ein Abbild der geistigen Entwicklung allein, sondern vor allem auch praktisch, denn in unserem Verhalten sind vergangene Erfahrungen und Entwürfe zukünftiger Erfahrungen enthalten. Handeln – auch in Auseinandersetzung mit der Natur – verläuft so entlang einer Kontinuität und beinhaltet selbst unsere bisherige Biographie: Das Handeln selbst zeigt unsere Biographie als Geschichte (vgl. Dewey 1984, S. 33). Ein schonender Umgang mit Natur muss folglich als Manifestation dieser je individuellen Biographie angesehen werden.

3.5   Erzählte Welt: Geschichten der Mitwelt

Wenn wir nun voraussetzen, dass ein maßgeblicher Teil jeglicher Pädagogik darin besteht, die Kontinuität der Entwicklung einer Persönlichkeit und zugleich deren Veränderungen in den Blick zu nehmen; und wenn wir außerdem mit Dewey davon ausgehen, dass unser einziger Weltzugang unsere Erfahrungen sind, die – als Geschichten reformuliert – unser Weltbild formen, dann sollten wir – in der Anwendung dieser allgemeinen Überlegungen auf die Umweltpädagogik – den Lernenden ermöglichen, Geschichten von ihren Erfahrungen mit Natur zu formulieren, die es möglich machen, natürliche Dinge in ihrem Eigensein und ihrer Rolle in der Interaktion mit ihnen je individuell zu erfassen. Menschen brauchen Geschichten, Geschichten von der Welt, von der Natur, von sich selbst und von all den anderen – kaum etwas beeinflusst uns mehr. Über diese Geschichten verankern wir uns in der Welt und verankern die Welt in uns. Hierzu bedürfen wir neben der sachlichen, eher beschreibenden, allgemein geteilten Sprache vor allem der erzählenden, mit Emotionen, Wünschen und Befürchtungen erfüllten, je eigenen Sprache.

4. Schluss

Und damit ist der Kreis zum Stückchen Mirabelle zu schließen. Es beinhaltet für mich eine Geschichte, ein Merkzeichen meiner Biographie. Umweltlernen oder – was ich bevorzugen würde – Mitweltlernen solchermaßen biographisch-dinglich-narrativ zu gestalten – auch durch Irritationen, wie der Konfrontation z.B. mit meinem Mirabellenstück – entspricht nach meiner Auffassung eher unserer Conditio Humana als Wesen der Erfahrung und der Erzählungen von der Welt, als ein Lernen nach eingeschränkt-rationalen Maßstäben, die der Kern der Nachhaltigkeitsvorstellung bleiben.

Das heißt nicht, dass Effizienz, Konsistenz, Permanenz und Suffizienz nicht die Ziele unserer Bemühungen sein sollten; es bedeutet aber, dass die Motivation, diese Ziele anzustreben, in der individuellen Biographie von Naturerfahrungen zu suchen und anzuregen ist[3]. So kann die ‚ökologische Krise‘ für den Einzelnen greifbar und der bewussten Bearbeitung zugänglich

---

3   Generell kann natürlich auch ein Computer selbst der Gegenstand von prägenden Erfahrungen sein, es scheint mir jedoch auf der Hand zu liegen, dass Natur und unser Verhältnis zu ihr als der eigentliche Gegenstand von Umweltbildung nicht allein medial vermittelt sein kann, denn was z.B. ein Bild vom Meer konkret bedeutet, ist ohne die Erfahrung des Meeres nicht fassbar.

werden. Damit aber ist dann ein Instrument gewonnen für eine Orientierung des Einzelnen, die das persönliche Verhalten, das Verhältnis zur Mitwelt und die politischen Vorstellungen im Sinne eines Reflexions-Hintergrundes prägen kann (vgl. Schreier 1994, S. 76). Um es abschließend ,symbolisch-konkret' zusammenzufassen: Wir brauchen den Computer. Warum wir ihn aber brauchen, erzählt uns das Mirabellenstück.

Literatur

BOLSCHO,D. & SEYBOLD, H. (1996). Umweltbildung und ökologisches Lernen. Ein Studien- und Praxisbuch. Berlin: Cornelsen Scriptor
BOTKIN, D. B. (1990). Discordant Harmonies. A New Ecology for the Twenty-first Century. New York/Oxford: Oxford University Press
DE HAAN, G. (1999). Von der Umweltbildung zur Bildung für Nachhaltigkeit. In: Baier, H. u.a. (Hg.): Umwelt, Mitwelt, Lebenswelt im Sachunterricht [Probleme und Perspektiven des Sachunterrichts Bd. 9], S.75-102. Klinkhardt: Bad Heilbrunn
DEWEY, J. (1984). Body and Mind. In: Ders.: The Later Works, 1925-1953. Vol. 3: 1927-1928. S.25-40. Carbondale/Edwardsville: Southern Illinois University Press
DEWEY, J. (1993). Demokratie und Erziehung. Weinheim/Basel: Beltz
DEWEY, J. (1995). Erfahrung und Natur. Frankfurt/M.: Suhrkamp
GORKE, M. (1999). Artensterben. Von der ökologischen Theorie zum Eigenwert der Natur. Stuttgart: Klett-Cotta
GRÜNIG, B. (1993). Natur als Garten? Naturverhältnis als Grundlage pädagogischer Überlegungen. In: Kremer, A. & Stäudel, L. (Hg.). Natur – Umwelt – Unterricht: zwischen sinnlicher Erfahrung und gesellschaftlicher Bestimmtheit. Marburg 1993: Redaktionsgemeinschaft Soznat. S. 84-105.
HASSE, J. (1994). Die Sumpfdotterblume ist tot! Umwelterziehung zwischen Naturidealisierung und politischer Intervention. In: Schreier, H. (Hg.): Die Zukunft der Umwelterziehung, S.151-174. Hamburg: Krämer
PÖRKSEN, U. (1997). Weltmarkt der Bilder. Eine Philosophie der Visiotype. Stuttgart: Klett-Cotta
SCHREIER, H. (1994). Kommen wir zum „Planet Erde"-Bewusstsein? Die Erweiterung des Bewusstseinshorizonts angesichts der ökologischen Krise im Spiegel der Entwicklung des Methodenrepertoires zur Umwelterziehung. In: Ders. (Hg.): Die Zukunft der Umwelterziehung, S.15-82. Hamburg: Krämer
VON WEIZÄCKER, E.-U. (1989). Erdpolitik. Ökologische Realpolitik an der Schwelle zum Jahrhundert der Umwelt. Darmstadt: Wiss. Buchges.

Thomas Vogel

Das Streben nach dem Maß der Natur
Grundgedanken einer naturgemäßen Bildung

1. Einleitung

Das gesamtgesellschaftliche Verhältnis zur Natur hat sich in den vergangenen Jahrzehnten trotz eines gestiegenen Wissens und Bewusstseins um eine Krise dieses Verhältnisses nicht grundlegend verändert. „Wir leben in dem Zwiespalt", so stellt eine Studie des Wuppertal-Instituts für Klima, Umwelt und Energie 1996 fest, „daß über Umwelt und Eine Welt zwar geredet wird, die Weichenstellungen für den hierfür notwendigen Strukturwandel aber ausbleiben." (BUND/MISEREOR 1996, S. 9) Aus der vielfach zu beobachtenden und oft beklagten Diskrepanz zwischen Wissen und Handeln ergibt sich die Frage, ob die Ursache der gesellschaftlichen Krise im Verhältnis zur Natur nicht eher in ihren geistigen Fundamenten zu suchen ist.

Die bürgerliche Gesellschaft scheint sich hinsichtlich ihres Naturverhältnisses in einem Zustand der Unfähigkeit zur Transformation zu befinden. Sie folgt – so die Ausgangsthese – offenbar spezifischen Leitbildern bzw. Deutungsmustern. In solchen Deutungsmustern, die auch als belief-systems oder Weltbilder bezeichnet werden (vgl. Krämer-Badoni 1978, S. 15), sind menschliche Symbolisierungen zusammengefasst. Die Deutungssysteme lenken den gesellschaftlichen Entwicklungsprozess und fungieren „als Limitierungen dessen, was gesellschaftlich möglich ist, und zwar sowohl im Hinblick auf die Organisationsform von Gesellschaften als auch im Hinblick auf die Entwicklungsmöglichkeiten der jeweiligen Gesellschaftsformation" (ebd.).

Die gegenwärtig wohl einflussreichsten Leitbilder/Deutungsmuster globaler Entwicklung sind das der naturwissenschaftlich – mathematischen Wissenschaften und das der kapitalistischen Ökonomie. Diese – in der Vergangenheit unbestritten erfolgreichen – Deutungsmuster/Leitbilder verfolgen ein Maß der Natur, das einer nachhaltigen Entwicklung entgegensteht und scheinen sich immer mehr zu einer Selbstbedrohung zu entwickeln. Die Ursache der Krise besteht – anders ausgedrückt – offenbar in einer Krise der Wechselwirkung zwischen dem Materiellen und dem Geistigen innerhalb unserer Kultur, die einen besonnenen und nachhaltigen Umgang mit Natur verhindert.

2. Das naturwissenschaftlich – mathematische Maß der Natur

Im Zuge der Aufklärung entwickelt sich seit dem 16. Jahrhundert das neuzeitliche, naturwissenschaftlich-mathematisch geprägte Weltbild aus einem neuen Selbstverständnis: die Menschen lösen sich aus den engen Fesseln mittelalterlich-religiösen Denkens hin zu der Überzeugung, der Mensch sei Subjekt der Geschichte und der Erkenntnis und die äußere Natur habe ihm lediglich als Objekt zur Befriedigung seiner Bedürfnisse zu dienen. Man geht von einem gemeinsamen Tätigkeitsmodus von Schöpfergott und menschlichem Geist aus und versteht unter Natur einen geistlosen (toten) Mechanismus. Die berühmte Ente von Jacques de Vaucanson (1738; Abb.1) versinnbildlicht das philosophische Denken des 17. und 18. Jahrhunderts, „Natur" sei nichts anderes als Mechanismus.

Abbildung 1

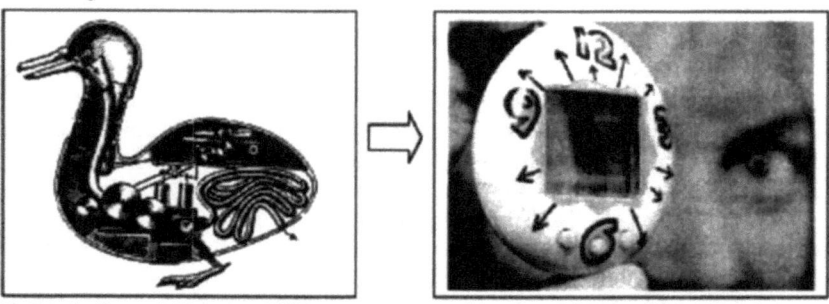

Die Ente des Jaques de Vaucanson (1738) ...
(Abbildung: Deutsches Museum München)

... und der „Fortschritt" neuzeitlichen Naturdenkens
(Abbildung: Deutsche Presse Agentur)

Die mechanisch-kausale Naturauffassung und der mathematische Formalismus bilden gemeinsam die Grundlage der von Galilei und Newton formulierten klassischen Mechanik. Galilei ist überzeugt, dass das „Buch der Natur" in der Sprache der Mathematik geschrieben ist und man die Natur nicht verstehen wird, sofern man nicht die Wissenschaft von den formalen Systemen versteht. „Die Philosophie steht geschrieben in dem großen Buch, das uns fortwährend offen vor Augen liegt, dem Universum, aber man kann sie nicht begreifen, wenn man nicht die Sprache verstehen und die Buchstaben kennen lernt, worin es geschrieben ist. Es ist geschrieben in mathematischer

Sprache, und die Buchstaben sind Dreiecke, Kreise und andere geometrische Figuren; ohne diese Mittel ist es dem Menschen unmöglich, ein Wort zu verstehen; es ist nur ein sinnloses Herumirren in einem finsteren Labyrinth." (Galilei zit. in Schiemann 1996, S. 106) Die klassische Mechanik wird zum Fundament für alle weiterführenden naturwissenschaftlichen Theorien. Zugleich werden mathematische Methoden die Voraussetzung für die Leistungsfähigkeit moderner Technik (vgl. Rapp 1978, S. 121).

Das Tamagotchi (s. Abb. 1), ein Spielzeug in Form eines virtuellen Haustiers, kennzeichnet den „Fortschritt" im neuzeitlichen Naturdenken. Es scheint, als gingen in diesem Spielzeug äußere Natur und Technik eine Symbiose ein, als würde sich die Technisierung der Natur im Bewusstsein der Menschen endgültig durchsetzen. „Es darf überhaupt nichts mehr draußen sein", so beschrieben Horkheimer und Adorno in der Dialektik der Aufklärung die neuzeitliche Bewusstseinslage, „weil die bloße Vorstellung des Draußen die eigentliche Quelle der Angst ist" (Horkheimer & Adorno 1975, S. 18). Den Problemgehalt einer Natursicht, wie sie in einem Tamagotchi und allgemein in der Virtualisierung allen Lebens zum Ausdruck kommt, hat Fromm mit einem menschlichen „Sich-Angezogenfühlen vom Nicht-Lebendigen" erklärt, „welches in seiner extremen Form ein Angezogenwerden von Tod und Verfall (Nekrophilie) ist" (Fromm 1981, S. 46). Das Streben nach einer Virtualisierung allen Lebens überführt nicht nur die äußere, sondern auch die menschliche Natur in einen toten Formalismus, führt zu Gleichgültigkeit dem Leben gegenüber und zerstört es.

Im naturwissenschaftlichen Naturverständnis, dem die Gesellschaft im praktischen Handeln weitgehend folgt, haben die Dinge ausschließlich in ihrem Maß und dem Gesetz ihrer Beziehung ihr Wesen. „Was etwas ist", so Christa Hackenesch, „ sieht nicht das bloße Auge, sondern der Verstand, der das Gesetz erkennt, dem dieses Etwas folgt. Natur zu begreifen heißt nicht, zu sehen, was in ihr geschieht, sondern zu denken, was diesem Geschehen als sein reines Prinzip zugrunde liegt" (Hackenesch 1988, S. 37).

3. Das ökonomische Maß der Natur

Das Naturverhältnis der ökonomischen Rationalität ist ebenso verdinglicht wie das der technologischen Vernunft. Diese Parallele überrascht nicht, wenn man berücksichtigt, dass sich Adam Smith, geistiger Vater des kapitalistischen Wirtschaftssystems, in seinem Idealbild einer Wirtschaftsordnung am Planetensystem, so wie es in der Newtonschen Himmelsmechanik beschrieben war, orientierte. „Smith suchte eine ‚natürliche Wirtschaftsordnung' in demselben Sinn, wie Newton die natürliche Ordnung des Planetensystems beschrieben hatte, nämlich als die Ordnung eines sich selbst regulierenden Systems" (Meyer-Abich 1989, S. 56).

Im Zentrum der ökonomischen Rationalität steht wie in der naturwissenschaftlich-technischen das rechnerische Kalkül. Andre Gorz stellt fest, dass in der historischen Entwicklung und in der Struktur zwischen der ökonomischen und der technologischen Vernunft deutliche Parallelen bestehen. Ebenso wie die naturwissenschaftliche Methode besitzt die Entwicklung der ökonomischen Rationalität Verbindungen zur Religion. In der Periode der Aufklärung diente sie „als Ersatz für die religiöse Moral: Mittels ihrer versuchte der Mensch, die ewigen, das Universum regierenden Gesetze auf die wohlbedachte Organisierung seiner eigenen Lebensführung anzuwenden. Jenseits ihrer materiellen Zwecksetzungen bestand das Ziel der ökonomischen Rationalität darin, die Gesetze der menschlichen Tätigkeit ebenso strikt berechenbar und vorhersehbar zu machen wie die Funktionsgesetze des kosmischen Uhrwerks" (Gorz 1989, S. 162). Der Kapitalismus erhebt das Effektivitätsstreben „in den Rang einer ‚exakten Wissenschaft‘ und beseitigt damit jedwede moralischen und ästhetischen Kriterien aus dem Felde der entscheidungsrelevanten Überlegungen" (ebd. 177). Deshalb kann ökonomische Rationalität niemals irgend einem bestimmten Zweck dienen, sondern richtet sich allein auf die „Maximierung jenes Typs von Effizienz, den sie rechnerisch messen kann" (ebd., 164). Gorz vergleicht die ökonomische Rationalität unter Bezugnahme auf Husserl mit der „Mathematisierung der Natur" durch die Naturwissenschaften. Ebenso wie in der Naturwissenschaft übersetzt die Mathematisierung in der Ökonomie „einen bestimmten Typus von Beziehung zur Lebenswelt in Formalisierungen ..." (ebd., 177).[1]

Wie in den Naturwissenschaften „vertreten" und „verkleiden" in der ökonomischen Rationalität „symbolisch-mathematische Theorien" unser Welt- bzw. Naturverhältnis. Ebenso wie die Naturwissenschaften bilden die Ökonomen dabei lediglich eine „Zeigernatur" ab. Wichtige Maßzahlen ökonomischer Natursicht sind neben Einkommen, Vermögen, Gewinnen oder Zinsen beispielsweise Aktienindizes, die zahlenmäßig ein komprimiertes Abbild des Strebens anzeigen, die Welt nach ökonomischer Rationalität zu formalisieren.

4. Die Wirkungen der naturwissenschaftlich – mathematischen und ökonomischen „Maß-nahmen"

Kaum einem Imperativ sind die Menschen seit der Aufklärung gehorsamer gefolgt als der Aufforderung Galileo Galileis, man müsse messen, was mess-

---

1   Ebenso wie Gorz kritisiert Maurice Allais (Nobelpreisträger für Wirtschaftswissenschaften des Jahres 1988), dass sich die Ökonomie der letzten 45 Jahre irrtümlicherweise darauf konzentriert habe, völlig künstliche mathematische Modelle unabhängig von der Realität zu konstruieren und viele Ökonomen daran scheitern, ihr Modell anhand empirischer Daten zu testen (vgl. Sandkühler 1990, Bd.3, S. 808).

bar sei und messbar machen, was es nicht sei. „Was dem Maß von Berechenbarkeit und Nützlichkeit sich nicht fügen will", so bilanzierten Horkheimer und Adorno das geistesgeschichtliche Fundament unserer Kultur, „gilt der Aufklärung verdächtig" (Horkheimer & Adorno 1975, S. 9). Seit dieser Zeit „hecheln" die Industriegesellschaften im wahrsten Sinne des Wortes von einer *Maß-nahme* zur nächsten. Innerhalb dieses fortschreitenden Prozesses hat sich das „Maßnehmen" und „Messbarmachen", das Edmund Husserl als „Mathematisierung der Welt" beschrieben und als „Ideenkleid" entlarvt hat, immer mehr zu einem Selbstzweck entwickelt, der sich dem reflektierenden Bewusstsein entzieht.

Die Quantifizierung dient menschlicher Beherrschung der Natur. Im Prozess der Quantifizierung eignen sich die Menschen die Natur an und unterwerfen sie einer massiven qualitativen Veränderung. Diese Veränderung ist bereits in der spezifischen naturwissenschaftlichen Methode zur Erkenntnisgewinnung angelegt, wie es der englische Physiker Sir Arthur Eddington in einem Vergleich der Methode mit dem Verfahren des Prokrustes anschaulich verdeutlicht hat: „Wie erinnerlich, dehnte oder hackte Prokrustes seine Gäste zurecht, damit sie in das Bett passten, das er gebaut hatte. ... Er maß sie, ehe sie am folgenden Morgen weggingen, und schrieb eine gelehrte Abhandlung 'Über die gleichbleibende Länge der Reisenden' für die anthropologische Gesellschaft von Attika". (Eddington zit. in Hunger 1964, S. 47). Die Natur entspricht in diesem Bild der Rolle der Gäste des Prokrustes; mit der naturwissenschaftlichen Methode „zerhackt" der Mensch den ganzheitlichen Naturzusammenhang, verharrt jedoch in dem Glauben, in den Einzelstücken die „wahre" Natur vor Augen zu haben. In dem Streben nach dem naturwissenschaftlichen Maß der Natur geht ihm jedoch das unverfügbare Netz des natürlichen Lebenszusammenhangs verloren.

An dem Beispiel in Abbildung 2 kann man die – ökonomisch motivierte – Geometrisierung der Naturlandschaft im Zuge der Industrialisierung der Landwirtschaft beobachten. Es sei hier an das Galileische Paradigma erinnert, das „Buch der Natur" sei in mathematischer Sprache geschrieben und die Buchstaben seien Dreiecke, Kreise und andere geometrische Figuren. Im Zuge der industriellen Entwicklung hat man dieses Deutungsmuster konsequent bis in unsere Zeit umgesetzt. Betrachtet man allerdings die „ganze Wahrheit" dieses Deutungsmusters – eben die Abnahme der Artenzahl –, so wird deutlich, dass dieses Maß offenbar nicht dem Maß der Natur entspricht. Mit dem ökonomisch – naturwissenschaftlichen Maß sehen wir lediglich eine Natur, mit der wir umgehen und die wir nach unseren Wünschen verändern können und fallen dabei über unseren Erfolg einer Verwechslung zum Opfer: „ Die Natur, mit der wir auf diese Weise umgehen, ist nicht die Natur selbst. Diese Natur hat nicht unsere, sondern ihre Maßstäbe, Sie spricht nicht für den Menschen, sondern für sich selbst. Sie steht dem Menschen nicht gegenüber, sondern umgreift ihn" (Uexküll, T. v. 1953, S. 9).

Abbildung 2

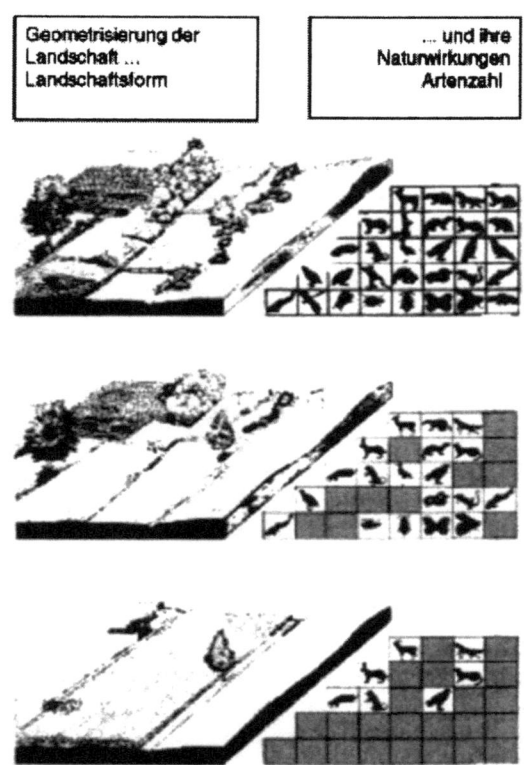

(Abbildung: Stern/Schröder/Vester/Dietzen: Rettet die Wildtiere)

Das Beispiel der Flurbereinigung verdeutlicht, wie arm letztendlich menschliches Denken in geometrischen Kategorien ist. Indem die Menschen Dreiecke, Rechtecke, Kreise und andere geometrische Formen in die Natur tragen, bleibt nur eine Natur übrig, die diesem formalen Denken entspricht. Die Antwort der äußeren Natur zeigt hier allerdings, wie wenig der menschliche Verstand dem Wesen der Natur entspricht, welche Wirkungen es hat, wenn der menschliche Verstand – wie es Kant forderte – der Natur seine Gesetze vorschreibt oder – wie Kant an anderer Stelle forderte – wenn die Gegenstände sich nach unserer Erkenntnis richten müssen (vgl. Kant 1981, Bd. 3, 25 und Bd. 5, 189).

An einem zweiten – hier nur andeutbaren – Beispiel wird stärker der ökonomische Einfluss der Naturformalisierung deutlich. Bei der Gentechnologie geht es letztlich um die Erzeugung von Eigentumstiteln für natürliche Wesenheiten und Vorgänge. Es besteht bereits heute die Möglichkeit, lebende Wesen zu patentieren, wenn sie eine noch so winzige, vom Antragsteller herbeigeführte Abweichung von ihrem ursprünglichen Genom aufweisen. Für formalisierte Kulturpflanzen wie etwa Mais oder Sojabohnen muss man bereits Lizenzgebühren abführen. „Ziel des Geldes ist es,", so Carl Amery, „den bargeldlosen neolithischen Übergang von Ernte zu Aussaat, etwa durch Zurückhalten eines Teils des Ertrags als Saatgut, tunlichst zu verhindern. Dies wird durch die Lieferung hybriden Saatguts erreicht, das zwar höchste Ernten, aber sterile Maiskolben hervorbringt. Noch rentabler ist es, dieses Saatgut im Paket mit einem Rundum-Herbizid zu liefern, gegen welches das Saatgut selbst gentechnisch resistent gemacht wurde. Der Farmer oder Bauer wird dann durch mehrjährige Verträge gebunden, er ist faktisch Höriger der Agrarchemie. ... Die Strategie ... ist also hinlänglich klar: es geht darum, allem, was wächst und kreucht und fleucht, ein Preisschild anzuhängen" (Amery 1998, S. 6 f.) Was daraus, in der gänzlich andersartigen Buchführung der Natur, an Not und Verarmung entstehen wird, ist noch offen.

Messen bedeutet grundsätzlich, dass man Grenzen bestimmen muss. Unbegrenztes und positiv Unbegrenzbares lässt sich nicht messen. Messbar sind nur begrenzte Daten und Messungen sind nur in einem virtuell vorgefundenen oder in einem durch einen Vernunftakt abgegrenzten Raum möglich. Über vitale Abläufe, die das Leben ausmachen, lassen sich, solange diese Prozesse anhalten, weder quantifizierte Aussagen machen noch Meßergebnisse gewinnen. Erst nach einem willkürlichen oder natürlichen Ende des Lebens als Ganzem beziehungsweise bestimmter vitaler Vorgänge eröffnet sich die Möglichkeit, positiv Maß zu nehmen (vgl. Porkert 1980). Hieraus ergibt sich, dass einer Kultur mit Leitbildern, die sich an Maßzahlen und Berechnungen orientiert, ein Begriff von Leben weitgehend fehlt – überhaupt nicht für nötig erachtet wird – und dass dadurch letztendlich das Leben selbst verlorenzugehen droht.[2]

Literatur

AMERY, C. (1998). Geld oder und Leben. Festrede für die Ökobank gehalten zu Frankfurt/M. am 27. Juni 1998. Veröffentlicht unter Internetadresse: http://www.ökobank.de

---

2 Bildungstheoretische Konsequenzen, die sich aus den hier dargestellten Überlegungen ergeben, sind in dem Buch des Autors "Naturerkenntnis und Naturbearbeitung in der gewerblich-technischen Berufsbildung" (Weinheim: Deutscher Studien Verlag 2000) ausgeführt.

BUND/Misereor (Hg.) (1996). Zukunftsfähiges Deutschland – Ein Beitrag zu einer global nachhaltigen Entwicklung. Studie des Wuppertal Instituts für Klima, Umwelt und Energie. Basel, Boston, Berlin: Birkhäuser Verlag

FISCHER, ANDREAS; VOGEL, THOMAS (Hg.) (2000). Nachhaltigkeit, Wissensgesellschaft und lebenslanges Lernen. Bielefeld: Bertelsmann (Tagungsband zu den Hochschultagen Berufliche Bildung 2000)

GORZ, A. (1989). Kritik der ökonomischen Vernunft. Berlin: Rotbuch Rotationen

HACKENESCH, C. (1984). „Bin so ausgeworfen aus dem Garten der Natur": Texte und Bilder zur Geschichte einer Sehnsucht. Reinbek bei Hamburg: Rowohlt

HORKHEIMER, M. & ADORNO, T. W. (1975). Dialektik der Aufklärung. Frankfurt/M.: Fischer

HUNGER, E. (1964). Von Demokrit bis Heisenberg – Quellen und Betrachtungen zur naturwissenschaftlichen Erkenntnis. 4. Auflage. Braunschweig: Vieweg u. Sohn

HUSSERL, E. (1954). Die Krisis der europäischen Wissenschaften und die transzendentale Phänomenologie: eine Einleitung in die phänomenologische Philosophie. (Hg.): W. Biemel. Haag: Martinus Nijhoff

KANT, I. (1981). Werke in zehn Bänden. (Hg.): Weischedel, W. Sonderausgabe des 4. erneut überprüften Neudrucks (1975) der Ausgabe Darmstadt 1956. Damstadt: Wissenschaftliche Buchgesellschaft

KRÄMER-BADONI, T. (1978). Zur Legitimität der bürgerlichen Gesellschaft – Eine Untersuchung des Arbeitsbegriffs in den Theorien von Locke, Smith, Ricardo, Hegel und Marx. Frankfurt/M., New York: Campus-Verlag

KRANZ, W. (Hg.) (1951). Die Fragmente der Vorsokratiker. Griech. u. deutsch von Hermann Diels. 6. Aufl., Bd. 1. Berlin: Weidmannsche Verlagsbuchhandlung

PORKERT, M. (1980). Messung und Wertung in der exakten Wissenschaft. In: Schaefer, G.; Loch, W. (Hg.) unter Mitwirkung von Bijan Adl-Amini und Rudolf Künzli: Kommunikative Grundlagen des naturwissenschaftlichen Unterrichts. Weinheim und Basel: Beltz Verlag, S. 67-86.

RAPP, F. (1978). Analytische Technikphilosophie. Freiburg/München: Alber

SANDKÜHLER, H.J. (Hg.) (1990). Europäische Enzyklopädie zu Philosophie und Wissenschaften, Bde. 1-4, Hamburg: Meiner

SCHELER, M. (1977). Erkenntnis und Arbeit – Eine Studie über Wert und Grenzen des pragmatischen Motivs in der Erkenntnis der Welt. Frings, M. (Hg.): Frankfurt/M.: Vittorio Klostermann

SCHIEMANN, G. (Hg.) (1996). Was ist Natur? – Klassische Texte zur Naturphilosophie. München: Deutscher Taschenbuch-Verlag

STERN, H. u.a. (Hg.) (1980). Rettet die Wildtiere. Stuttgart: Pro natur Verlag

UEXKÜLL, T. von (1953). Der Mensch und die Natur – Grundzüge einer Naturphilosophie. Lizenzausgabe; München: Lehnen

VOGEL, THOMAS (2000). Naturerkenntnis und Naturbearbeitung in der gewerblich-technischen Berufsbildung. Weinheim: Deutscher Studien Verlag

VOGEL, THOMAS (2000). Zur Kritik des Naturbildes in der gewerblich-technischen Berufsbildung. In: de Haan, Gerhard/Bolscho, Dietmar (Hrsg.): Umweltbildung und Konstruktivismus. Opladen: Leske und Budrich; S. 217-229

Katharina Wolf

Welche Sozialisationsbotschaften können an Schulen „Nachhaltigkeit" systemimmanent verankern?

Mein Anliegen ist es, über konkrete Übersetzungen einer „anderen" Sozialisationsbotschaft in der Schule zu reflektieren, so wie sie Brigitte Holzer in ihrem Beitrag begründet.

Mein zentraler Ausgangspunkt betrifft dabei zunächst das Bewusstsein der Frage, welchen Einfluss Kinder und Jugendliche auf ihren Alltag haben und wo ihr persönlicher Wert im Kontext ihrer Schülergemeinschaft und Lebensgemeinschaft liegt. So ist die Frage des erfahrenen Wissens derjenige Knackpunkt, über den sich Reflexionen über die Veränderung von Welt erst herstellt. Menschen, und da bilden SchülerInnen keine Ausnahme, teilen sich über ihr eigenes Interesse ihren Anteil an der Ganzheit von Welt mit.

Der Begriff der Globalisierung vermittelt das Gefühl, dass es dabei schon um die Ganzheit ginge, aber in der Globalisierungspraxis zeigt sich, dass es nur um ein bestimmtes Verständnis von Welt geht, welches sich über die bürgerlich-westliche Benutzbarkeit definiert. Dieses Verständnis von Welt hat sich mit der Aufklärung und deren Botschaften: – Freiheit, Gleichheit, Eigentum und technischer Fortschritt – über das bürgerliche Individuum und nicht über Gemeinschaftlichkeit definiert. Und so wird Globalisierung als ein Anschwellen von technischem Fortschritt mit Folgenabschwächung durch „richtiges Machen" verstanden. „Ganzheit" meint aber die sich aufspannenden Dimensionen eines Seins und Tuns von Menschen in einer Gemeinschaft von anderen Menschen, Tieren, Pflanzen und den anderen Grundbedingungen unseres Erdenlebens.

Um eine solche Dimensionierung von Welt könnte es aber eben auch in der Schule gehen. SchülerInnen können sicherlich über die verschiedensten Wege zu einem ganzheitlichen Weltverständnis gelangen. Voraussetzung ist meiner Ansicht nach aber immer ein Verstehen der gelebten gegenwärtigen Situation. So sehe ich zwei Etappen in der konkreten Arbeit der Schulen:

In einer ersten Etappe sollten die Kinder und Jugendlichen ihren ganz persönlichen Raum erkunden. Ein Vorschlag wäre eine Projektarbeit zum Thema: Wer macht welche Arbeit und in welchem Rahmen? Die Jugendlichen können ihre Haushalte ausmessen und beschreiben, wieviel Platz im Gesamten z.B. die Küche einnimmt und wer wieviel Zeit darin verbringt im Verhältnis zu anderen Räumen ihrer Wohnumgebung. Die Daten können in der Arbeitsgruppe verglichen werden. So erfahren sie an der eigenen Wohn-Lebenssituation, was Raum und seine Nutzung bedeutet.

Eine andere Projektgruppe könnte die häuslichen Lebensmittel untersuchen. Was wird gegessen und wieviel, wieviel kostet es und woher kommt das Essen? Wenn die Wege berechnet werden und der Energieaufwand, um die realen Kosten einer Banane im Vergleich zu einem Apfel zu errechnen, haben wir angewandte Mathematik. Lehrer könnten in diesem Sinne nicht mehr nur Wissensvermittler sein, sondern wären zur interaktiven Unterstützung da, um konkrete Fragen wie die nach Berechnungsgrundlagen für das konkrete Problem zu klären. Dies sind Vorschläge, wie SchülerInnen ihre ganz konkreten Lebensumstände, -bedürfnisse und -mittel erfahren und erkennen können.

Durch solch eine schwerpunktorientierte Projektarbeit werden Grundlagen für interdisziplinäres Denken und Gemeinschaftsarbeit gelegt. Der Lehrer arbeitet als dialogischer Partner und muss nicht als Allwissender oder – schlimmer noch – als strafende Instanz agieren.

Ein solch bewusster Anfang des Erfassens der eigenen Lebensrealität liefert die Voraussetzung zu den Fragen nach veränderten Lehr- und Lebensinhalten, der zweiten Etappe.

Eine Möglichkeit des Betrachtens von diesen veränderten Lehr- und Lebensinhalten wird durch den weniger reduzierten Begriff von „Technik" selbst aufgespannt:

„Technae", stammt aus dem Griechischen und meinte zunächst umfassend diejenigen Fertigkeiten, die den Lebenszusammenhang ermöglichen. Lebenszusammenhang wird dabei als Lebenskunst betrachtet. Es geht um die Entwicklung derjenigen Fähigkeiten in den Menschen, die diese Fertigkeiten, den Lebenszusammenhang zu ermöglichen, hervorbringen. Diese Lebenskunst ist immer im Rahmen eines rituellen Verständnisses zu sehen. Es gab keine Trennung zwischen Alltag und Sakralem, sondern jede Fähigkeit und jede Fertigkeit galt als Dienst für die Gemeinschaft und das Göttliche. Sakral meint in diesem Sinne den Bezug auf die Ganzheit von Welt und den jeweiligen Anteil, den ein Einzelner daran hat. Wie kann diese semantische Perspektive übersetzt werden?

Meines Erachtens dadurch, dass wir Fähigkeiten und Fertigkeiten der SchülerInnen fördern, die Ganzheit von Welt und sich selbst als Künstler zu verstehen. In diesem Zusammenhang ergibt sich auch ein anderer Blick auf das, was als „Fähigkeiten" ausgebildet werden soll und was oft mit instrumentellen „Fertigkeiten" verwechselt wird.

Es kann damit also unterschieden werden zwischen „Fähigkeiten", die Schülerinnen und Schüler ausprägen können, um in diesem umfassenden Sinne Lebenskünstler zu sein und „Fertigkeiten" die ihren jeweiligen Begabungen entsprechen.

Unter Fähigkeiten verstehe ich charakterliche Qualitäten, die eine Selbstbestimmung erlauben. Dazu gehören: kooperieren können, lauschen, Konfliktbewältigung und Aggressionsvermeidung, Sinnstiftung, Orte schaffen, die eigene Vision finden (in dem Sinne: *wie bin ich gemeint?*), Selbstbehauptung, Zivilcourage, Gelassenheit um sich als Teil eines Ganzen zu sehen, im Jetzt leben ohne die Vergangenheit und die Zukunft zu ignorieren.

Fertigkeiten können sein: Musizieren, Handwerk, Massage, Kochkunst und vieles andere mehr. Bei den Fertigkeiten kommt es eigentlich nicht so sehr darauf an, was es ist, sondern auf den Umgang mit dem Können. Autorität, Geld oder Kraft sind nicht an sich Träger von Herrschaft oder Gewalt, sondern sie werden dazu durch ihren sozialen Umgang damit. Ein Messer ist ein Messer, es kann Obst zerteilen oder einen Menschen töten, beides liegt als Möglichkeit offen, der Umgang zeigt den Geist, der das Messer lenkt.

Es geht also darum, die Erfahrung, den Prozess, wie man zum Wissen kommt, zu vermitteln, denn das lebendig-prozesshafte, dialogische Lernen vermittelt die Fähigkeiten und Fertigkeiten, um in einem ständig wechselnden Lebenszusammenhang Subjekt seines Handelns zu sein und zu bleiben.

Kurios ist, dass unsere Entfremdung von den uns umgebenden Vorgängen so groß ist, dass wir unser eigenes normales Leben nicht verstehen, weil wir es nicht erfahren. Zu einer selbstbestimmten Herangehensweise an die eigene Lebenswelt gehört somit als Basis das schon erörterte Erfahrungswissen, welches sich diesem Lebensalltag stellt. Während dieser, am Anfang beschriebenen „Basisarbeit", werden die Elemente der zweiten Etappe, das Entfalten von kooperativen Fähigkeiten, schon spürbar. Wenn in den Projektgruppen die Schülerinnen und Schüler diesen Lebensalltag erkunden, werden sie sich ständig beeinflussende und komplexe Strukturen vorfinden. Also muss das Erfassen komplexer, interdisziplinärer, schwerpunkt-orientierter Strukturen erlernt werden.

Im Folgenden sollen einige Vorschläge zeigen, wie in einzelnen Fächern Schritte hin zu einer solchen „ganzheitlichen" Sozialisationsbotschaft aussehen könnten:

Das ist am intensivsten meiner Ansicht nach über die Musik zu vermitteln. Der Irrtum, dass Musik, Feste (keine konsumtiven Partys) und Tanz quasi Luxusartikel der bürgerlichen Gesellschaft sind, ist weit verbreitet. So zeichnen sich aber gerade funktionierende traditionelle Gesellschaften durch eine große spirituell motivierte Festekultur aus. Aber sie trennen dabei nicht den sogenannten sakralen Bereich vom Arbeitsbereich. Spiritualität ist dabei die Kommunikation zwischen der Diesseitigkeit, z.B. Gärtnern, Musik machen etc. und den nicht sichtbaren Bereichen unserer Existenz. Die Jetztperspektive kann durch das gemeinsame Singen erlebt werden, denn jeder Klang **ist**. Er dient immer als Selbstzweck, als lebendiger persönlicher Ausdruck und Ausdruck der Zusammengehörigkeit. Besonders durch das Singen wird die Erfahrung gemacht, dass das Leben immer ist und nicht nur Vorübung für Späteres. Also ein anderes Studieren und Arbeiten als das uns bekannte Studieren „um zu ...". Ein ebenso wichtiger Aspekt des Singens ist die Möglichkeit, ängstigenden oder aggressiven Emotionen Ausdruck zu verleihen, ohne zu zerstören. Es liegt darin ein Weg für eine Befriedung von Innenwelten und damit auch von Aussenwelt. „Personen, die über einen positiven Zugang zum Singen verfügen und tatsächlich viel singen, sind gegenüber denen, die diesen Zugang nicht haben, in Bezug auf ihre Alltagsbewältigung im Vorteil und durchschnittlich psychisch und physisch gesünder" (Adamek 1998, S.199).

So könnte Physik- oder Astronomieunterricht die Feste ausgestalten, die mit den drei großen kosmischen Gegebenheiten auf der Erde zu tun haben: Dem Tag, das ist die Erdrotation – dem Monat, der Kreislauf des Mondes regelt die Gezeiten und viele klimatische Bedingungen, sowie den weiblichen Zyklus – und dem Jahr, dem Umlauf der Sonne im Verhältnis zur Erde. Mit diesen zyklischen Festen kann einerseits die Komplexität der kosmischen Verwurzeltheit unserer Existenz erfahrbar werden und gleichzeitig die Fähigkeiten der Lebenskunst sinnreich erlernt werden. Die Trennung der Disziplinen wird aufgelöst, denn Wasser und Jahreszeiten sind in der Biologie genauso von Bedeutung wie in der Chemie und den sozial-regionalen Gegebenheiten. Wasser gilt nicht umsonst als **der** „politische Sprengstoff".

Auch Geschichtsunterricht kann ganz erlebbar sein. So ist unsere Beziehungslosigkeit ein Ausdruck unserer Wurzellosigkeit. Oft wird Ruhelosigkeit und Perspektivlosigkeit hinter Begriffen wie Weltbürgertum und sozialer Mobilität verborgen. Aber wenn Weltgeschichte oder Regionalgeschichte mit der persönlichen Geschichte gekoppelt sind, kann eine Projektgruppe das Leben und die Lebensgeschichten ihrer Familien erkunden. Geschichten von Eltern, Großeltern und Erzählungen über deren Eltern und Großeltern werden der Boden eines konkreten Geschichtsverständnisses. Die meisten Großeltern der jetzigen Schülergeneration haben einen Weltkrieg miterlebt und mehrere biographische Brüche verarbeiten müssen. (Die Großelterngeneration unserer Großeltern lebten im 19. Jahrhundert.) So wird „Zuhören" als eine der wesentlichsten sozialen Kompetenzen über die Geschichte und die eigene Herkunft erfahrbar und interessant. Welche Entscheidungen haben die Urgroßeltern getroffen und welchen Nachhall hat das auf die jetzt Lebenden? Das öffnet nicht nur die Perspektive auf konkrete Geschichte innerhalb der Weltgeschichte, sondern auch die Perspektive, dass alle Entscheidungen, die wir treffen, auf unsere Kinder und Kindeskinder wirken.

Zum Abschluß noch ein Gedanken, der mir persönlich sehr am Herzen liegt. Es geht mir um eine Fähigkeit, die es uns von der Basis her ermöglicht, schöpferisch zu denken: die Fähigkeit zu „versuchen". Die Einstellung, dass Kinder unperfekt sind, da sie noch keine lohnarbeitsfähigen Erwachsenen sind und deshalb dazu erzogen werden müssen, tötet jeden Impuls des Ausprobierens. Experimentieren bedeutet aber, einen schöpferischen Prozess anzustoßen. Jedes Werkzeug kann als vollzogener Denkvorgang betrachtet werden. Wenn die SchülerInnen angeregt werden, sich Orte zu schaffen, zum Beispiel Lernorte, Wohnorte, aber auch symbolische Orte, können sie die verschiedenen Aspekte ihres Wissens ausprobieren. Können SchülerInnen über den ihnen zur Verfügung stehenden Raum beraten und beispielsweise den in sozialer Kooperation zu verarbeitenden Baustoff Lehm verwenden oder fest mit ihren Räumen gestaltend umgehen, lernen sie dies auch mit ihren ureigensten Lebensräumen.

Mir ging es mit diesen konkreten Anregungen um eine grundlegende Kursänderung, um eine Abkehr von einem am Machen und Ergebnis orientierten Wissen zugunsten eines prozesshaften und auf Kooperation ausgerichteten Erfahrungswissens. Denn damit wird die Lebensfreude, jenseits des puren „Überlebens" ein Lebensmittel, das wir weitergeben können. Nachhall und Nachhaltigkeit fragt schließlich danach: Was bleibt?

Literatur

ADAMEK, K. (1998): Singen als Lebenshilfe. Empirie und Theorie einer neuen Kultur des Singens. Frankfurt/M.

Jens Winkel

Zwischen Naturerfahrung und Sinnbasteln

Erste Ergebnisse aus einer Untersuchung zu Lebensstil, Mobilitätsverhalten und Umweltbewusstsein von 18- 25 jährigen Berufsschülern in der KFZ- und Gärtnerausbildung.

Die hier dargestellte Untersuchung ist im Rahmen des Forschungsvorhabens „Nachhaltigkeitsbewusstsein" an der Universität Hannover entstanden. Zentral ist die Annahme, dass sich in spezifischen biografischen und sozialen Kontexten unterschiedliche Ansatzpunkte für die Förderung eines an der Nachhaltigkeit orientierten Umweltbewusstseins entwickeln lassen.

Der Forschungskontext, der den Ausgangspunkt der hier vorgestellten empirischen Untersuchung bildet, ist die Berufsschule. Es wurden mit angehenden Kfz-Mechanikern und Gärtnern leitfadengestützte qualitative Interviews durchgeführt. Der Interviewleitfaden wurde theoriegeleitet anhand von Erkenntnissen aus der Umweltbewusstseinsforschung, der Lebensstilforschung und Untersuchungen zum Mobilitätsverhalten entwickelt.[1]

Ziel dieses Beitrages ist es, Teile der Vorannahmen des Forschungsvorhabens zu erläutern und Zusammenhänge zwischen den theoretischen Vorannahmen und ersten Ergebnissen des gewonnenen empirischen Materials zu dokumentieren.

1. Lebensstile und Mobilitätsverhalten von Jugendlichen

Um zu der Frage nach Zusammenhängen zwischen den theoretischen Vorannahmen gelangen zu können, ist es notwendig, diese in kurzer Form zu be-

---

[1] Es muss in diesem Beitrag aufgrund der Kürze auf eine umfassende Darstellung der Diskussion zum Stand der Forschung ‚Erläuterungen zur Umweltbewusstheitsforschung sowie Jugendsoziologie verzichtet werden; Ergebnisse dieser Forschungszugänge werden weitestgehend vorausgesetzt.

schreiben, um sie später diskutieren zu können. Es werden daher folgende Ergebnisse aus der Lebensstilforschung und Forschungen zum individuellen Mobilitätsverhalten vorgestellt.

1.1 Lebensstilforschung

Während bis in die sechziger Jahre hinein soziale Ungleichheit noch vorwiegend durch die Bestimmung sozialer Schichtung und Klassenverhältnissen definiert wurde, haben die Beschreibung von Lebenslagen, Lebensstilen und Lebensläufen eine ausgesprochene Konjunktur erfahren. Prominent wurde das Konzept durch den Eindruck einer forcierten Individualisierung der Gesellschaft bei gleichzeitiger Auflösung klassengesellschaftlicher Strukturen (vgl. Berger & Hradil 1990, S. 3; Diewald 1994, S.12; Müller 1992, S. 57). „Jenseits von Stand und Klasse" (Beck 1983) werden demnach „subkulturelle Klassenidentitäten und -bindungen" ausgedünnt oder aufgelöst. „Gleichzeitig wird ein Prozess der Individualisierung und Diversifizierung von Lebenslagen und Lebensstilen in Gang gesetzt, der das Hierarchiemodell sozialer Klassen und Schichten unterläuft und in seinem Wirklichkeitsgehalt in Frage stellt" (Beck 1986, S. 122). Zwar haben sich die Verteilungsrelationen sozialer Ungleichheit kaum geändert (Beck 1983, S. 36), doch hat sich besonders durch die Verschiebung im Einkommens- und Bildungsniveau (ebd.) ein „Fahrstuhl-Effekt" (Beck 1986, S. 122) ergeben, der die Individualisierung von Lebenslagen und Lebensläufen erst ermöglicht hat (Beck 1983, S. 38). Mit der Sozialstrukturanalyse konnten solche Individualisierungseffekte nur noch unzureichend beschrieben werden – und hier lag die Stärke der Lebensstilforschung (vgl. Richter 1994, S.48f.; Michailow 1996, S. 71; Müller 1992, S. 60f.; Berger & Hradil 1990, S. 3f.; Poferl 1998). Die Lebensstilforschung ist allerdings keineswegs ein einheitliches Konstrukt, sondern differiert stark in methodischen und theoretischen Überlegungen. Dennoch lassen sich bestimmte Gemeinsamkeiten feststellen:

Im Allgemeinen handelt es sich bei Lebensstilstudien um Querschnittsstudien. Sie können sich dabei sowohl auf die gesamte gesellschaftliche Breite als auch differenziertere Gruppen (Städte, Parteien, Regionen) oder bestimmte Forschungsinteressen (Konsumstile, Wohnstile, Mobilitätsstile) beziehen. Sie definieren dabei Teilmengen der untersuchten Personenauswahl als Lebensstiltypen. Gefragt wird nach Merkmalen der Lebensstilpraxen von Individuen. Das Individuum wird durch eine Anzahl von Analysekriterien beschrieben, die sich je nach Fragestellung des Forschenden zum Teil erheblich unterscheiden. Lebensstile gelten als bewusste, identitätsstiftende Ausdrücke individueller Lebensführungen und unterstellen somit ein größeres Maß an Wahlfreiheit in Bezug auf die Lebensgestaltung, wobei allerdings Entscheidungszwänge nicht geleugnet werden. Die Zuordnung eines Individuums zu einem Lebensstil ist eindeutig. Ein Individuum „pflegt" nur einen Lebensstil (Lüdtke 1996, S. 140). Beschrieben werden regelmäßige Verhaltensmuster, Einstellungen und Habitualisierungen, aber auch strukturelle Lagen (vgl. Lüdtke 1990, S. 434f.; Lüdtke 1992, S. 36; Hradil 1992, S. 16f.; Michailow 1996, S. 71; Müller 1992, S. 56; Müller 1989, S. 57; Michailow 1996, S. 71ff.).

1.2   Mobilitätsverhalten

Es ist zwar davon auszugehen, dass die Mobilitätspräferenzen von Jugendlichen sich von denen der Erwachsenen unterscheiden, allerdings treten diese vor allem in der unterschiedlichen Wertigkeit von Faktoren zutage, die auch für erwachsene Personen von Relevanz sind. Es wird daher an dieser Stelle auf die Schilderung der Mobilität speziell von Jugendlichen verzichtet und genereller gefragt, welche Faktoren für die Mobilitätswahl relevant sind.

Grafik 1: **Bestimmungsfaktoren individuellen Mobilitätsverhaltens**

Bei der Bestimmung von Faktoren individuellen Mobilitätsverhaltens differiert die Auswahl der Faktoren und deren zugewiesenen Wertigkeiten nicht nur in Bezug auf die untersuchten Personengruppen. Eher psychologisch und sozialpsychologisch orientierte Studien betonen meist Faktoren, die *innerhalb* eines Individuums verortet werden und heben z.B. subjektive Werte, Wahrnehmungen und Emotionen hervor (vgl. Becker & Kals 1997; Bamberg & Schmidt 1994, 1996). Studien, die stärker auf ökonomischen Kosten-Nutzen Theorien basieren, betonen demgegenüber sogenannte „rationale" Gegebenheiten einer konkreten Entscheidungssituation wie Kosten, Zeit und die Entfernung von Zielen, die durch Wahl eines Beförderungsmittels erreicht werden sollen – also Faktoren, die *außerhalb* des Individuums eine Rolle spielen. Zum Teil versuchen Untersuchungen verschiedene theoretische Ansätze der individuellen Mobilitätswahl in sich zu vereinen, oder das eigene Modell zu ergänzen (vgl. Krämer-Badoni & Wilke 1997; Franzen 1998).

In Grafik 1 wurden Faktoren aus (sozial)psychologisch, soziologisch und ökonomisch ausgerichteten Studien zusammengestellt, die sich – so die Annahme in diesem Forschungsvorhaben – synergetisch ergänzen. Sinnvolle Ergänzungen werden vor allem dann deutlich, wenn beispielsweise eine eher psychologisch ausgerichtete Studie in (theoretische) Erklärungsnot kommt, da die empirischen Ergebnisse bei einem ökonomischen Kriterium, wie beispielsweise den Kosten, die eindeutigsten Zusammenhänge für individuelles Mobilitätsverhalten liefert (vgl. Bamberg & Schmidt 1994, S. 96).[2]

Innerhalb der verschiedenen Forschungen zum individuellen Mobilitätsverhalten lassen sich folgende Faktoren individuellen Mobilitätsverhaltens (ohne Anspruch auf Vollständigkeit) herausarbeiten:

– Moralische, auf Umwelt und Gesundheitsschutz bezogene Motive fördern Einschränkungen des MIV (motorisierten Individualverkehrs) gerade im Bereich gesetzgeberischer Maßnahmen, wobei je nach Nachvollziehbarkeit der Verantwortungen und effektiver Möglichkeiten der Prävention von Umwelt- und Unfallrisiken die Entscheidungswahrscheinlichkeit für ökologieschützende und unfallvermeidende Maßnahmen steigt. Auch *Emotionale Beeinflussungen* wie Empörung oder Ärger haben bei verkehrspolitischen Entscheidungen der Individuums einen herausragenden Einfluss (vgl. Becker & Kals 1997, S. 207).

– Die Charakteristika der Verkehrsmittel, besonders Zeit und Kosten (auch Unterhaltungskosten), sind für die Verkehrsmittelwahl entscheidend, selbst wenn die Verkehrsteilnehmer über ein hohes Maß an Umweltbewusstsein verfügen. So wird z.B. die Bahn entsprechend ihrer Fahrzeit in Konkurrenz zum Flugzeug weniger gewählt (vgl. Franzen 1998, S. 64-65; Bamberg & Schmidt 1994, S. 96).

– Bei Sozialen Normen scheinen sich demgegenüber keinen nennenswerte Zusammenhänge ermitteln zu lassen, anders als bei der sozialen Verhaltenskontrolle durch Dritte, die bei der Frage nach der Radnutzung sowohl die Einstellung als auch damit zusammenhängende wahrgenommene Schwierigkeiten beeinflussen (vgl. Bamberg & Schmidt 1994, S. 96f.).

– Die Planung des Verkehrs in Privathaushalten orientiert sich „an den Notwendigkeiten der organisatorischen Bewältigung des Alltagslebens, d.h. sie ist ausgerichtet auf Problemlösungen. Die Haushalte entscheiden

---

2   Das Beispiel ist nicht als Kritik an den theoretisch fundierten Publikationen von Bamberg und Schmidt zu verstehen.

sich für die Mobilitätsformen, die am besten zur Lösung jeweils vorgegebener Probleme beitragen." (Krämer-Badoni & Wilke 1997, S. 3). Die
Haushalte handeln also subjektiv rational nach dem Verständnis der Notwendigkeiten einer Situation, die durch die Mobilitätswahl bewältigt werden soll (vgl. Krämer-Badoni & Wilke 1997, S. 2f.). Zu ähnlichen Ergebnissen gelangen Lange, Hanfstein und Lörx in Bezug auf eine Studie zu
Einstellungen und Umweltbewusstsein von Automobilarbeitern wenn sie
schreiben, dass deren Mobilitätswahl (oder „Autonutzungsentscheidung")
vor allem durch äußere Zwänge und sich darauf aufbauende Rationalitäts-
kalküle bestimmt wird. (Lange, Hanfstein & Lörx 1995, S. 189-191).

– Auch die verkehrsbezogene Sozialisation scheint einen erheblichen Einfluss auf die spätere Mobilität auszuüben. „Je nach dem in den Städten
vorherrschenden 'Verkehrsklima' entwickelt die Jugend unterschiedliche
Vorstellungen über ihre zukünftige Verkehrsmittelnutzung" (Flade &
Limbourg 1997, S. 8f.). So führt beispielsweise eine stärkere Autoorien-
tierung der Städte zu einem höheren Interesse der Schüler, später Wege
mit dem Auto zurückzulegen. (vgl. ebd.).

1.3   Zusammenhänge

Mit der Darstellung von Faktoren individueller Mobilitätswahl und Grundlagen der Lebensstilforschung erschließt sich noch nicht die These, dass ein
notwendiger Zusammenhang zwischen diesen Forschungsbereichen bestehen
müsse. Allerdings lassen die Ergebnisse bisheriger Forschungen darauf
schließen. So sehen es neuere Untersuchungen der Bundesanstalt für Stra-
ßenwesen als erwiesen an, dass sich eindeutige Zusammenhänge „zwischen
Lebensstil, Freizeitstil und allen verkehrsbezogenen Einstellungen und Verhaltensweisen" bei jungen (Auto)Fahrerinnen und Fahrern ausmachen lassen
(vgl. Schulze 1999, S. 10). Auch wird in anderen Projekten mit dem Ansatz
der Lebensstilforschung zur Entwicklung von Mobilitätsstilen und zielgrup-
penorientierter Mobilitätsdienstleistungen für Jugendliche gearbeitet (vgl.
Götz, Jahn & Schultz 1997; Tully et. al. 2000).

Es wird nun zu prüfen sein, ob sich Zusammenhänge dieser Art auch anhand der bisher geführten Interviews mit werdenden Kfz-Mechanikern und
Gärtnern dokumentieren lassen.

2.   Interviewauszüge

Es handelt sich bei den Interviewauszügen um erste ausgewertete Textpassa-
gen aus bisher 30 Interviews. Insofern sind die vorgenommenen Interpretationen als *vorläufige* Wertungen und Einschätzungen zu betrachten.

Interview 1:
Was machen Sie denn besonders gern in Ihrer Freizeit?
Oh, in meiner Freizeit gehe ich ins Fitness-Studio. Privat mache ich auch viel zu Hause, was halt auch wiederum handwerklich ist. Wir renovieren momentan, da helfe ich auch viel mit. Das mache ich selber mit. Fahre gerne Rad, fahre Motorrad, leidenschaftlich gern. (...) Das ist so meine Welt (lacht).

Zur Freizeitgestaltung wird anhand dieses Interviewauszuges auch die Mobilität gerechnet. Die interviewte Person selbst stellt einen deutlichen Bezug zur eigenen Prägung eines aussagekräftigen Stils her. Interessant mag daher die Frage nach der Gestaltung der Mobilität als expressiver Ausdruck des Freizeitstils sein.

Interview 1
Sie sagten Motorrad ist ein Hobby?
B: Ah, zu diesem Hobby, die Leute treffen, die zum Beispiel in der Werkstatt auch arbeiten, da. Das ist schön. Mit dem eigenen Freund raus zu fahrn, hm, überhaupt Motorradtreffen hinzufahren, oder mal so Motorradrallye mitzumachen, das ist Orientierungsfahrten. Das gehört alles mit dazu. Selber auch am Motorrad zu schrauben.

Lebens- und Freizeitstils dieses Interviewten wird demnach deutlich durch die Mobilität geprägt. Bei dem Interview 1 handelt es sich um einen weiblichen Kfz-Lehrling. Welche anderen Schwerpunkte lassen sich in Bezug auf die Freizeitgestaltung bei Gärtnern finden?

Interview 15
Was machen sie besonders gern in Ihrer Freizeit?
In meiner Freizeit? Ich spiele zum einen Fußball, dann ja wieder, ich bin halt gerne draußen, gehe gerne auch spazieren, ich war vor kurzem eine Woche Wandern in den Bergen, das macht mir auch Spaß. Also ich betätige mich gerne auch so sportlich, ansonsten lese ich noch gerne und ich höre gerne Musik. Und Tiere mag ich auch sehr gerne. Ich habe drei Katzen zuhause.

Die in diesem Interview angesprochene Freizeitgestaltung unterscheidet sich gravierend: Naturerfahrung, sportliche und kulturelle Betätigungen könnten darauf schließen lassen, dass Mobilität für diese Person nicht von vergleichbar zentraler Bedeutung ist. Bezüglich der Frage, ob im Rahmen einer Nachhaltigen Entwicklung auch die Bewahrung des nichtmenschlichen Lebens mit eingeschlossen werden muss, könnte vermutlich von dieser Person positiv beantwortet werden.

Interview 8:
I: Gäb's für Sie so bestimmte Hobbies?
B: Hm, ja, auf jeden Fall ist das Motorradfahren und alte Autos, also alte Chevrolets, hauptsächlich amerikanische Fahrzeuge. Wie auch dementsprechende Sportarten. Also ich habe über sechs Jahre lang leistungsmäßig Baseball gespielt, auf Bundesliga-ebene, und habe jetzt vor einem halbem Jahr aufgehört, weil's mir einfach zeitmäßig alles zu eng wurde.

Auch anhand dieses Interviewauszuges lässt sich eine deutliche Prägung des Lebensstils durch Mobilität feststellen. Als eine eher neue, überraschende Erkenntnis ist zu verbuchen, dass in diesem Interview bestimmte Sportarten mit der Vorliebe zu amerikanischen Autos verknüpft werden.

Welche Qualität oder welche Merkmale mag für Jugendliche die Ausprägung eines eigenen Lebensstils haben?

Interview 17:
Was gehört für Sie alles dazu, damit Sie sich im Leben richtig wohl fühlen?
Freunde! Ein eigener Lebensstil! Selbständig sein auch.
Sie sagen: Ein eigener Lebensstil. Was macht denn der für Sie aus?
Dass ich mir von keinem was hereinreden lasse in meinem Leben, das ist bei mir sehr wichtig. Wenn ich ihm nicht passe, dann soll er halt wegbleiben.

Der Lebensstil scheint als Ausdrucksform der Einzigartigkeit und Selbstän-digkeit zu gelten. Spielen Umweltaspekte bei der Prägung des eigenen Lebensstils auch eine Rolle?

Interview 1:
Also, bestimmte Sachen auf die Sie beim Einkauf achten würden, gäb's da nicht?
Kommt drauf an. Wenn's Lebensmittel oder Klamotten, sag ich mal. Also bei Sachen auf jeden Fall erst einmal, ob sie praktisch sind und zweitens mal, ob es gewisse Stil-effekte an Sachen gibt, die mir vielleicht gefallen und auch nicht jeder anzieht. Die jetzt aber nicht unbedingt aus der Menge rausfallen, sag ich jetzt mal. Ich muss jetzt nicht einer sein, der ewig versucht im Mittelpunkt zu stehen mit irgendwelchen Sa-chen, das sicherlich nicht. Ansonsten bei Lebensmitteln, äh, gemischt. Einerseits Qualität, wobei es auch billige Qualität gibt, ne. Muss man halt abwägen. Also nicht alles, was teuer ist, ist unbedingt gut.

Zusammenhänge zwischen Konsumeinstellungen und Gewohnheiten sowie ökologischen Einstellungen werden eher selten – oft nur auf Nachfrage – hergeleitet. Wie verhält es sich überhaupt mit den Einstellungen zu Umwelt und Auto?

Interview 3:
Ja, also wir brauchen ja eigentlich unsere Umwelt zum Überleben und wenn man das jetzt mit den Regenwäldern und alles immer hört, und mit dem Abholzen und so wei-

ter. Wir brauchen unsere Umwelt, ohne geht es nicht. Wir machen sie eigentlich nur kaputt, wir tun ja im Prinzip eigentlich gar nichts dafür.

Interview 21:
Hätte es denn prinzipielle Vorteile, mit dem Fahrrad zu fahren ?
Ich erkenne zur Zeit keine Vorteile, es sei denn, man fährt in irgendwelchen Gebieten herum, wo man mit dem Auto nicht fahren kann, also im Wald oder auf Fahrradwegen. Aber es hat keine wirklichen Vorteile.

Der Stellenwert, den der Schutz der Umwelt bei einem Teil der Interviewten auf der generellen Ebene genießt, ist zum Teil erheblich. Andere Passagen lassen wiederum darauf schließen, dass auf der Ebene konkreten Verhaltens nur selten an Alternativen im Bereich individueller Mobilität gedacht wird.

Interview 8:
Hmhm. Tja, wäre, gäbe es aus Ihrer Sicht da auch Produkte, wo Sie so auf Umweltaspekte in diesem Bereich sehr stark Wert legen würden?
Auf den Umweltaspekt, kann ich jetzt so auf die Schnelle gar nicht beantworten. Sicherlich gibt es so Sachen wo ich gucke, wenn ich das sehe, wenn ich das höre, so gen behandelten Mais oder so würde ich mir nicht antun, wenn ich sehe, dass der auch die Nützlinge vernichtet. Hm, wären so Sachen, wo drauf ich verzichten könnte oder verzichten auch tue. Wo ich weiß was drin ist.

Auch die Frage nach der Komplexität, mit der umweltrelevantes Verhalten und Auswirkungen auf die Umwelt bedacht werden, ist sehr heterogen. Zum Teil lässt sich anhand der Interviews darauf schließen, dass sich intensiv mit Umweltaspekten und dem Wert der Umwelt auseinandergesetzt wird. Andere Passagen dokumentieren entgegengesetzte Tendenzen.

3. Ergebnisse

Anhand der Interviewauszüge mögen verschiedene Rückschlüsse auf die theoretischen Überlegungen deutlich geworden sein: Die Untersuchung von Lebensstilen und Einstellungen zu Mobilität sowie der Nutzung von Mobilität scheint zu aussagekräftigen Ergebnissen zu führen. Mobilität wird nicht zufällig ausgewählt, sondern ist oft eng mit dem gewählten expressiven Stilmerkmalen der Interviewten verknüpft. Die Einstellung und Wahrnehmung von umweltrelevanten Themen ist heterogen in bezug auf die Wertigkeit und die Fähigkeit zu generelleren, systemberücksichtigenden Zusammenhängen. Werte, Einstellungen, aber auch Fahrzeit und Kosten sowie andere Kriterien werden von den Interviewten im Zusammenhang mit der Beschreibung von Mobilität und Entscheidungen für bestimmte Mobilitätsformen genannt.

Lässt sich erkennen, ob sich anhand der Interviews eine Typologie entwickeln lässt, die Lebensstil-, Mobilitäts- und Umweltbewusstseinsmerkmale zu in sich konsistenten, voneinander abgrenzbaren Typen verbindet? Leider muss diese Frage offen bleiben bis die Interviews vollständig ausgewertet worden sind.

Literatur

BAMBERG, S. & SCHMIDT, P. (1994). Auto oder Fahrrad? Empirischer Test einer Handlungstheorie zur Erklärung der Verkehrsmittelwahl. In: Kölner Zeitschrift für Soziologie und Sozialpsychologie, 46, 1, S. 80-102.

BECK, U. (1983). Jenseits von Stand und Klasse? In: Kreckel, R.(Hg.): Soziale Ungleichheiten, S. 35-74. Sonderband 2 der Sozialen Welt. Göttingen: Schwartz

BECK, U. (1986). Risikogesellschaft. Auf dem Weg in eine andere Moderne. Frankfurt a.M.: Suhrkamp

BECKER, R. & KALS, E. (1997). Verkehrsbezogene Entscheidungen und Urteile: Über die Vorhersage von umwelt- und gesundheitsbezogenen Verbotsforderungen und Verkehrsmittelwahlen. In: Zeitschrift für Sozialpsychologie, 28, S.197-209.

BERGER, P. A. & HRADIL, S. (1990). Die Modernisierung sozialer Ungleichheit – und die neuen Konturen ihrer Erforschung. In: Berger, P. A. & Hradil, S. (Hg.): Lebenslagen, Lebensläufe, Lebensstile, S. 3-24. Sonderband 7 der Sozialen Welt. Göttingen: Schwartz

DIEWALD, M. (1994). Strukturierung sozialer Ungleichheiten und Lebensstil-Forschung. In: Richter, R. (Hg.): Sinnbasteln. Beiträge zur Soziologie der Lebensstile. Wien; Köln; Weimar; Böhlau: Böhlau Verlag

FLADE, A. & LIMBOURG, M. (1997). Das Hineinwachsen in die motorisierte Gesellschaft. Eine vergleichende Untersuchung von sechs deutschen Städten. In: Zeitschrift für Verkehrserziehung, 3, 25, S. 7-8.

FRANZEN, A. (1998). Zug oder Flug? Eine empirische Studie zur Verkehrmittelwahl für innereuropäische Reisen. In: Zeitschrift für Soziologie, 27, 1, S. 53-66.

GÖTZ, K.; JAHN, T. & SCHULTZ, I. (1998). Mobilitätsstile. Ein sozial-ökologischer Untersuchungsansatz. Freiburg: Öko-Institut

HRADIL, S. (1992). Alte Begriffe und neue Strukturen. Die Milieu-, Subkultur- und Lebensstilforschung der 80er Jahre. In: Hradil, S. (Hg.): Zwischen Bewusstsein und Sein. Die Vermittlung „objektiver" Lebensbedingungen und „subjektiver" Lebensweisen, S. 15-55. Opladen: Leske + Budrich

KRÄMER-BADONI, T. & WILKE, G. (1997). Städtische Automobilität zwischen Autobesitz und Autolosigkeit. Mitteilungen aus dem Forschungsverbund 1/97, S. 1

LÜDTKE, H. (1992). Der Wandel von Lebensstilen. In: Glatzer, W. (Hg.): Entwicklungstendenzen der Sozialstruktur, S. 36-59. Frankfurt a. M., New York : Campus

LÜDTKE, H. (1990). Lebensstile als Dimension handlungsproduzierter Ungleichheit. Eine Anwendung des Rational-Choice-Ansatzes. In: Berger, P. A. & Hradil, S. (Hg.): Lebenslagen, Lebensläufe, Lebensstile, S. 433-454. Soziale Welt Sonderband 7. Göttingen: Schwartz

LÜDTKE, H. (1996). Methodenprobleme der Lebensstilforschung. Probleme des Vergleichs empirischer Lebensstiltypologien und der Identifikation von Stilpionieren. In: Schwenk, Otto G.: Lebensstil zwischen Sozialstrukturanalyse und Kulturwissenschaft, S.139-163. Opladen: Leske+Budric

MICHAILOW, M. (1996). Individualisierung und Lebensstilbildungen. In: Schwenk, Otto G. (Hg.): Lebensstil zwischen Sozialstrukturanalyse und Kulturwissenschaft, S. 71-78. Opladen: Leske+Budrich

MÜLLER, H.P. (1989). Lebensstile. Ein neues Paradigma der Differenzierungs- und Ungleichheitsforschung? In: Kölner Zeitschrift für Soziologie und Sozialpsychologie, 41, S. 53-71

MÜLLER, H.P. (1992). Sozialstruktur und Lebensstile. Zur Neuorientierung der Sozialstrukturforschung. In: Hradil, S. (Hg.): Zwischen Bewusstsein und Sein. Die Vermittlung „objektiver" Lebensbedingungen und „subjektiver" Lebensweisen, S. 57-66. Opladen: Leske + Budrich

POFERL. A. (1998). „Wer viel konsumiert ist reich. Wer nicht konsumiert ist arm". Ökologische Risikoerfahrung, soziale Ungleichheiten und kulturelle Politik. In: Berger, P. A.; Vester, M. (Hg.): Alte Ungleichheiten. Neue Spannungen, S. 297-329. Opladen: Leske + Budrich

RICHTER, R. (1994). Der Lebensstil – Dimensionen der Analyse. In: Richter, R. (Hg.): Sinnbasteln. Beiträge zur Soziologie der Lebensstile. Wien; Köln; Weimar; Böhlau Verlag

TULLY, C. J.; BÄUMER, D. ; HUNECKE, M. ; TRAPP, C. ; SCHULZ, U.; LÖCHL, M. & RABE, S. (2000). U.Move. Jugend und Mobilität. Dortmund: ILS 2000

Gesine Hellberg-Rode

Ökologische Grundbildung als Voraussetzung für den Umgang mit komplexen Umweltphänomenen

Seit der UN-Konferenz für „Umwelt und Entwicklung" 1992 in Rio de Janeiro wird der Diskurs um eine notwendige Neuorientierung der Umweltbildung (vgl. de Haan et al. 1997) von der Agenda 21 und ihrer Grundoption für nachhaltig zukunftsfähige Entwicklung bestimmt (s. BMU o.J.). Das favorisierte Leitbild „sustainable development" integriert die Dimensionen „Ökologie", „Ökonomie" und „Soziales" im Hinblick auf drei grundlegende Prinzipien: Retinität, Globalität und Intergenerationalität. Es verknüpft erstmals ökonomische und soziale Entwicklungsziele *(economic development)* mit Ansprüchen ökologischer Tragfähigkeit *(ecologic sustainability):* „Die Verbesserung der ökonomischen und sozialen Lebensbedingungen muss mit der langfristigen Sicherung der natürlichen Lebensgrundlagen in Einklang gebracht werden" (BMU 1997, S. 9). Angestrebt wird ein ökologisch verantwortbarer und global gerecht verteilter wirtschaticher Wohlstand, der auch die Existenz zukünftiger Generationen sichert.

Dieses Ziel ist durch Nachhaltigkeitspolitik „von oben" ohne eine entsprechende Rezeption des Leitbildes an der Basis nicht zu erreichen. So wird im Kapitel 36 der Agenda 21 explizit die „Neuausrichtung der Bildung auf eine nachhaltige Entwicklung" gefordert, und Umweltbildung fließt unter dem Schlagwort „Ökologisierung des Bildungswesens" (vgl. BLK 1998) als wesentlicher Teilbereich in diesen Bildungsanspruch ein. Das Grundkonzept „Bildung für nachhaltige Entwicklung" (BLK 1999) integriert traditionelle wie innovative Ansprüche der Umweltbildung und Basisoptionen der Entwicklungspädagogik unter dem generellen Lernziel „Gestaltungskompetenz für nachhaltige Entwicklung" und basiert auf drei zentralen Unterrichts- und Organisationsprinzipien: interdisziplinäres Wissen, partizipatives Lernen, innovative Strukruren.

Betrachtet man die verschiedenen Aspekte, über die diese Unterrichts- und Organisationsprinzipien (Module 1-3; vgl. BLK 1999, S. 67 ff.) operationalsiert werden, so wird eines deutlich: alle Aspekte sind mehr oder weniger stark ökologisch fundiert. Im Hinblick auf das übergeordnete Lernziel dieser Bildungskonzeption, nämlich Gestaltungskompetenz für nachhaltige Entwicklung zu erlangen, ist ökologische Grundbildung der Akteure daher eine notwendige, wenn auch nicht hinreichende Voraussetzung für den nachhaltig zukunftsfähigen Umgang mit komplexen Umweltphänomenen.

Vor dem Erkenntnishintergrund, „... daß eine langfristige und dauerhafte Verbesserung der Lebensverhältnisse für eine wachsende Weltbevölkerung nur möglich ist, wenn sie die Bewahrung der natürlichen Lebensgrundlagen mit einschließt" (BMU 1997, S. 9), ist das Leitbild der nachhaltigen Entwicklung primär ökologisch determiniert (vgl. Kap. 8-22 der Agenda 21 (s. BMU o.J., S.5/6)). Dabei spielt neben Klimaschutz und Ressourcenschonung der Schutz des Naturhaushaltes, insbesondere die Erhaltung der biologischen Vielfalt (Biodiversität) und der Schutz der Lebensräume als Grundlage für Leben und nachhaltiges Wirtschaften, eine zentrale Rolle. Die Bewahrung der natürlichen Lebensgrundlagen als Grundoption für nachhaltige Entwicklung setzt aber grundlegende Kenntnisse ökologischer Systeme, Prinzipien und Strategien voraus. Dieses ökologische Grundwissen ist aber trotz zunehmender gesellschaftlicher Akzeptanz der zur Metadisziplin avancierten Ökologie in fast allen relevanten Bereichen recht gering ausgeprägt.

Ohne Wissen um und Einsicht in fundamentale ökologische Grundprinzipien und Wirkungszusammenhänge des Lebenssystems unseres Planeten Erde können veränderte Wahrnehmungsmuster, Leitbilder, Lebensstile und Handlungsmodelle für notwendige Innovationsprozesse im Rahmen nachhaltiger Entwicklung nicht entwickelt werden. Schließlich ist die aktuelle globale Gefährdung der natürlichen Lebensgrundlagen ein Produkt der Ignoranz des Eingebundenseins menschlicher Entwicklung in das Gesamtsystem der Biosphäre im Sinne einer verhängnisvollen Reduktion der natürlichen Umwelt auf ihr nutzbares Ressourcenpotential. Insofern als die natürlichen Lebensgrundlagen wie z.B. Wasser, Boden, Luft und photosynthetisch aktive Pflanzen Voraussetzung für menschliches Leben an sich und Lebenstätigkeit als solche sind, ist eine kulturelle, soziale und ökonomische Entwicklung ohne die natürliche Umwelt bzw. zu ihren Lasten grundsätzlich nicht dauerhaft und nachhaltig möglich.

Ökologische Grund- bzw. Elementarbildung erfordert die Berücksichtigung ökologischer Fragestellungen in allen relevanten Bildungsbereichen und Disziplinen sowie eine konsequente Förderung vernetzten Denkens. Ein Verstehen des Retinitätsprinzipes als ein zentrales Prinzip nachhaltiger Entwicklung setzt die Auseinandersetzung mit ökologischen Systemen voraus, denn Vernetzung ist das Schlüsselprinzip ökologischer Systeme. Im Rahmen

ökologischer Elementarbildung (s. Abb. 1) gilt es daher, allgemeine Strukturen, Mechanismen und Strategien zu thematisieren, die in ökologischen Systemen wirksam sind und diese zu einer weitgehenden Selbstregulation befähigen. Dazu gehört eine intensive Auseinandersetzung mit konkreten Lebensräumen und Lebensgemeinschaften, um die Vielfältigkeit der Wirkungszusammenhänge und Wechselbeziehungen aufzudecken. Dazu gehört aber auch
eine theoretisch fundierte Auseinandersetzung mit dem Ökosystemkonzept,
verschiedenen Ökosystemmodellen und wesentlichen ökologischen Grundprinzipien wie z.B. Energieumwandlung und Energiefluß, Stoffkreislauf,
Vernetzung, Gleichgewicht und Stabilität.

Abbildung 1

Inhaltsfelder nachhaltiger Umweltbildung

Ökologische Elementarbildung	- abiotische + biotische Faktoren - ökologische Prinzipien - ökosystemare Modelle - Komplexität + Vernetzung - Belastbarkeit + Regeneration - Bioindikatoren ...	● Umweltwahrnehmung ● Umweltmonitoring ● Experimente ● Naturerlebnisspiele
Reale Umwelterschließung	- Mensch-Umwelt-Verhältnis - Landschaftswandel - Krisenphänomene - Nutzungsinteressen - Interessenskonflikte - Lokale Agenda ...	● Spurensuche ● Rollenspiele ● Interview ● Philosophische Gespräche
Reflexion zukunftsfähiger Entwicklung	- Eine-Welt-/Mitweltdiskussion - Nachhaltigkeitsstrategien - Leitbilder/ Lebensstile - Syndrome globalen Wandels - Schutz der Erdatmosphäre - Armutsbekämpfung ...	● Zukunftswerkstatt ● Umweltszenarien ● Umweltinterpretation ● Planspiele ...
Anforderungsebenen	*Inhaltliche Aspekte*	*Methodische Zugänge*

Insgesamt muss ökologische Elementarbildung die fachlich fundierten, kognitiven Grundlagen für eine Auseinandersetzung mit der ökologischen Dimension zukunftsfähiger Entwicklung vermitteln, ohne die eine nachhaltig
zukunftsfähige und global gerechte Entwicklung der ökonomischen und sozialen Dimension nicht möglich ist. Dabei sind langfristig mindestens drei
Aspekte von gravierender Bedeutung, nämlich die Begrenztheit der Biosphäre, die Abhängigkeit sämtlicher Produktions-, Konsumtions- und Entwicklungsprozesse von natürlichen Ressourcen und ein Konzept vom Umweltraum, das die Elemente „Tragfähigkeit von Ökosystemen", „globale Verfü-
gungsberechtigung" und „Regenerationsfähigkeit natürlicher Ressourcen"

405

integriert (vgl. dazu van Dieren 1995 und Hellberg-Rode 1998). Verbunden sind diese inhaltlichen Anforderungen an eine solide ökologische Elementar-bildung mit didaktischen Prinzipien, Schlüsselqualifikationen und Lernver-fahren, die im Prinzip für den gesamten Bereich der Umweltbildung und „Bildung für nachhaltige Entwicklung" eingefordert werden und hier nicht näher ausgeführt werden sollen (vgl. u.a. Reißmann 1998, BLK 1999).

Bildung für nachhaltige Entwicklung kann sich nicht darauf beschränken, Aspekte der ökonomischen und sozialen Dimension nachhaltiger Entwick-lung mit Inhalten traditioneller Umweltbildung zu verschränken, bzw. Inhalte der sog. „grüne Wende" mit solchen der sog. „kulturellen Wende" (vgl. de Haan et al. 1997) anzureichern. Gestaltungskompetenz für nachhaltige Ent-wicklung als Bildungsziel (BLK 1999, S. 59) mit der Fähigkeit zur Kogniti-on, Reflexion und Antizipation problematischer bzw. nicht-nachhaltiger Entwicklungen und Umweltphänomene des globalen Wandels und Partizipa-tion am gesellschaftlichen Umstrukturierungsprozess, setzt ökologisches Grundlagenwissen und den kritischen Umgang damit voraus. Schließlich sind die krisenhaften Phänomene des globalen Wandels und Syndrome nicht-nachhaltiger Entwicklungen im Wesentlichen ein Produkt der Unkenntnis bzw Nicht-Zurkenntnisnahme ökologischer Zusammenhänge.

Dazu ein einfaches Beispiel: Mit dem Bau hoher Schornsteine wollte man in den 60er Jahren der starken Luftverschmutzung in den regionalen Bal-lungsgebieten begegnen. Als Folge dieser sog. Hochschornsteinpolitik wurde zwar der Himmel über dem Ruhrgebiet wieder blau, aber dafür wurden die Luftschadstoffe weiträumig über ganz Europa verteilt. Gemessen an den Folgeschäden (z.B. großräumiges Waldsterben in industriefernen Land-schaftszonen) offenbart sich hier die Kontraproduktivität solcher Maßnah-men, die weder den Zusammenhang zwischen Emission, Transmission, Im-mission und Deposition noch ökologische Grundprinzipien des Stoffkreislau-fes und der globalen Vernetzung der Umweltsysteme berücksichtigen. Auch die immer noch vorherrschende Trennung zwischen Anthroposphäre auf der einen und Natursphäre auf der anderen Seite offenbart deutliche Defizite im ökologischen Grundlagenwissen.

Fazit

Bildung für nachhaltige Entwicklung erfordert ökologische Grundbildung als Voraussetzung für den kompetenten und problemlösungsorientierten Umgang mit komplexen Umweltphänomenen. Sie erfordert letztendlich ein inhaltlich fundiertes und am Leitbild nachhaltiger Entwicklung orientiertes Konzept nachhaltiger Umweltbildung, das mindestens 3 Ebenen umfasst: Ökologische Elementarbildung zur kognitiven Qualifikation der Akteure (ökologisch fundiertes und vernetztes Denken), reale Umwelterschließung als unmittelbare Auseinandersetzung mit exemplarischen Umweltsituationen vor Ort in partizipativen Lernprozessen (global denken – lokal handeln) und die reflexive Auseinandersetzung mit der Zukunftsvision nachhaltiger Entwicklung in Sinne von globaler und intergenerationeller Gerechtigkeit (Zukunft denken – Gegenwart gestalten). Alle drei Ebenen sind miteinander vernetzt (vgl. dazu Gärtner & Hellberg-Rode 1999).

Literatur

BLK: Bund-Länder-Kommission für Bildungsplanung und Forschungsförderung (Hg.) (1998). Bildung für eine nachhaltige Entwicklung – Orientierungsrahmen – . Materialien zur Bildungsplanung und Forschungsförderung Heft 69. Bonn

BLK: Bund-Länder-Kommission für Bildungsplanung und Forschungsförderung (Hg.) (1999). Bildung für eine nachhaltige Entwicklung – Gutachten zum Programm von G. de Haan und D. Harenberg, Freie Universität Berlin- . Materialien zur Bildungsplanung und Forschungsförderung Heft 72. Bonn o.J.

BMU: Bundesministerium für Umwelt, Naturschutz und Reaktorsicherheit (Hg.): Umweltpolitik. Konferenz der Vereinten Nationen für Umwelt und Entwicklung im Juni 1992 in Rio de Janeiro – Dokumente – Agenda 21. Bonn o.J.

BMU: Bundesministerium für Umwelt, Naturschutz und Reaktorsicherheit (Hg.) (1997). Auf dem Weg zu einer nachhaltigen Entwicklung in Deutschland. Bericht der Bundesregierung anlässlich der UN-Sondergeneralversammlung über Umwelt und Entwicklung 1997 in New York. Bonn

BUND/ Misereor (Hg.) (1996). Zukunftsfähiges Deutschland. Ein Beitrag zu einer global nachhaltigen Entwicklung. Basel; Boston; Berlin: Birkhäuser

DIEREN, W. van (1995). Mit der Natur rechnen. Der neue Club-of-Rome-Bericht. Basel; Boston; Berlin: Birkhäuser

GÄRTNER, H. & HELLBERG – RODE, G. (1999). Schulische Umweltbildung im Kontext nachhaltiger Entwicklung. In: Baier, H.; Gärtner, H.; Marquardt-Mau, B.; Schreier, H. (Hg.): Umwelt, Mitwelt, Lebenswelt im Sachunterricht. Probleme und Perspektiven des Sachunterrichts, 9. Bad Heilbrunn: Klinkhardt, S. 103-128

HAAN, G. de, JUNGK, D., KUTT, K., MICHELSEN, G., NITSCHKE, C., SCHNURPEL, U. & SEYBOLD, H. (1997). Umweltbildung als Innovation. Bilanzierungen und Empfehlungen zu Modellversuchen und Forschungsvorhaben. Heidelberg: Springer

HELLBERG – RODE, G. (1998). Konsum und natürliche Ressourcen. Teil 1: Ökologische Grundlagen. In: Engelhard, K. (Hg.): Umwelt und nachhaltige Entwicklung. Münster; New York; München; Berlin: Waxmann, S. 241-250

REIßMANN, J. (1998): „Nachhaltige, umweltgerechte Entwicklung" – Chance für eine Neuorientierung der (Umwelt)Bildung. Entwurf eines Rahmenkonzepts. In: Beyer, A. (Hg.): Nachhaltige Umweltbildung. Hamburg: Krämer, S. 57-100

Literatur, Unterrichtsmaterialien und Medien zur Thematik
(zusammengestellt von Sandra Endler und Gottfried Strobl)

Im Folgenden geben wir – unter Verwendung von Materialien, die uns u.a. das Welthaus Bielefeld und WUS dankenswerterweise zur Verfügung gestellt haben – einige einschlägige thematische Hinweise auf Materialien, Literatur, Medien sowie Anschriften. Es handelt sich um eine teils kommentierte, teils unkommentierte Auswahl aus der ungeheuren Flut von Publikationen und Materialangeboten, deren Unvollständigkeit und Uneinheitlichkeit in der Form entschuldigt werden möge.

1. Grundlagenwerke zur Thematik nachhaltige Entwicklung

Umweltpolitik Agenda 21; hg. v. Bundesministerium für Umwelt. Bonn 1998

Zukunftsfähiges Deutschland. *Ein Beitrag zu einer global nachhaltigen Entwicklung;* Wuppertal-Institut, herausgegeben von BUND und Misereor. 453 S.; Basel 1996; Preis: 39, 80 DM; Bezug: Buchhandel oder bei den Herausgebern.
Umfassende Studie zur Frage nach der Naturverträglichkeit unseres Wohlstands und (weniger ausführlich!) nach den Auswirkungen unseres Entwicklungsmodells auf die Völker im Süden der Erde. Die Wissenschaftler bilanzieren nicht nur unsere nicht-nachhaltige Lebensweise, sondern zeigen auch auf, wie durch neue Leitbilder und durch konsequente politische Umsetzung des bereits vorhandenen Spielraums ein zukunftsfähiges Deutschland bis zum Jahre 2050 erreicht werden kann.

Nachhhaltiges Deutschland. Wege zu einer dauerhaft-umweltgerechten Entwicklung; Umweltbundesamt. 355 S.; E. Schmidt Verlag, Berlin 1997; Preis: 29, 80 DM; Bezug: Buchhandel
Die Studie des Umweltbundesamtes befasst sich in 7 großen Kapiteln mit dem Leitbild der nachhaltigen Entwicklung (I), den Chancen einer nachhaltigen Energienutzung (II) und einer nachhaltigen Mobilität (III), überprüft die Reichweite einer auf nachhaltige Nahrungsmittelproduktion ausgerichteten Landwirtschaft (IV), stellt das Konzept von Stoffstrommanagement am Beispiel der Textilherstellung dar (V), skizziert Bedingungen eines nachhaltigen Konsums (VI) und referiert die Diskussion über Instrumente und Indikatoren für eine nachhaltige Entwicklung (VII). Die Texte sind kompakte, sachliche Darstellungen der aktuellen Debatte – jeweils angereichert mit neuen statistischen Daten.

Erdpolitik. *Ökologische Realpolitik an der Schwelle des Jahrhunderts der Umwelt*; E.U. von Weizäcker. 302 S.; Darmstadt 1997; Preis 29,80 DM
Bezug: Buchhandel
Gute, sehr eingängige und verständliche Darlegung der Gründe, warum unser gegenwärtiges Entwicklungs- und Wohlstandsmodell keine Zukunft haben kann. Gleichzeitig skizziert der Autor (durchaus optimistisch) die Chancen einer Neuorientierung (5. aktualisierte Auflage).

Agenda 21. Vision: Nachhaltige Entwicklung. Breuel, Birgit (Hg.). Frankfurt a.M. /New York: Campus 1999

Sharing the World. Sustainability Living and Global Equity in the 21st Century; Carlet Michael; Spapens, Philippe. Earthscan Publications, London 1998

Nachhaltige Entwicklung. *Leitbild für die Zukunft von Wirtschaft und Gesellschaft*; Rolf Kreibich (Hg.). Beltz-Verlag, Weinheim 1996

Den Gipfel vor Augen. *Unterwegs in eine nachhaltige Zukunft*; Knaus, Anja; Renn, Ortwin. Metropolis-Verlag, Marburg 1998
Ein Buch, das in ganz besonderer Weise geeignet ist, den Hintergrund und die Zielrichtungen dessen, was auf dem Weg zur Nachhaltigkeit bedeutet, zu erklären; eine wichtige Orientierungshilfe!

Nachhaltige Entwicklung. Kastenholz; Erdmann; Wolff (Hg.). Berlin; Heidelberg 1996
Dieser Band ist die Wiedergabe einer Ringvorlesung in Tübingen zum Thema nachhaltige Entwicklung unter verschiedenen Blickwinkeln. Wirtschaftswis-

senschaftler, Naturwissenschaftler, Theologen usw. behandeln dieses Thema unter ihrem Gesichtspunkt.

Nachhaltigkeit und Globalisierung. Petschow, U. u.a., Berlin. (Springer) 1998

Worldwatch Institute Report: Zur Lage der Welt 2000. Fischer Taschenbuch

Wissenschaftlicher Beirat der Bundesregierung Globale Umweltveränderung (WBGU): Jahresgutachten „Welt im Wandel"
Grundstruktur globaler Mensch-Umwelt-Veränderungen. Bonn 1993
Die Gefährdung der Böden. Bonn 1994
Wege zur Lösung globaler Umweltprobleme. Berlin/Heidelberg 1995
Herausforderung für die deutsche Wissenschaft. Berlin/Heidelberg 1996
Wege zu einem nachhaltigen Umgang mit Süßwasser. Berlin/Heidelberg 1997

Rat von Sachverständigen für Umweltfragen (RSU). Umweltgutachten 1994, Deutscher Bundestag, Drucksache 12/6995, Bonn 1994

Rat von Sachverständigen für Umweltfragen (RSU). Umweltgutachten 1996, Stuttgart (Metzler-Poeschel) 1996

Rat von Sachverständigen für Umweltfragen (RSU). Umweltgutachten 1998, Stuttgart (Metzler-Poeschel) 1998

Rat von Sachverständigen für Umweltfragen (RSU). Umweltgutachten 2000 – Schritte ins nächste Jahrtausend. Stuttgart (Metzler-Poeschel) 2000

Enquête-Kommission „Schutz des Menschen und der Umwelt" des deutschen Bundestages (Hg.): Verantwortung für die Zukunft – Wege zum nachhaltigen Umgang mit Stoff- und Materialströmen. Bonn 1993

Enquête-Kommission „Schutz des Menschen und der Umwelt" des deutschen Bundestages (Hg.): Die Industriegesellschaft gestalten – Perspektiven für einen nachhaltigen Umgang mit Stoff- und Materialströmen. Deutscher Bundestag 12. Wahlperiode. Drucksache 12/8260. Bonn 1994

Enquête-Kommission „Schutz des Menschen und der Umwelt" des deutschen Bundestages (Hg.): Konzept Nachhaltigkeit. Abschlussbericht. Bonn 1998

Nachhaltige Entwicklung. Strategien für eine ökologische und soziale Erd-politik. Huber, J., Berlin 1995

„Nachhaltigkeit öffne Dich!" Themenheft 63/64 der Politischen Ökologie, Januar 2000 (Verlag ökom, c/o pan adress direktmarketing, Semmelweisstr. 8, 82152 Planegg)

Nachhaltige Sprachverwirrung. Jüdes, U. in: Politische Ökologie 52, August 1997, S. 26 – 29

epd-Entwicklungspolitik, Zentrum für kommunale Entwicklungszusammen-arbeit u.a.: Kommunen in der einen Welt, Frankfurt/M. 1998 (Bezug: epd-Entwicklunsgpolitik, Emil-von-Behring-Straße 3, 60493 Frankfurt/M.)

2. Bildung für nachhaltige Entwicklung

Forschungsgruppe Umweltbildung der Freien Universität Berlin, Arnimallee 10, 14195 Berlin (arbumwbd@zedat.fu-berlin.de); umfangreiche Serie von Forschungsberichten, Diskussionspapieren und konzeptionellen Arbeits-materialien zu Umweltbildung und Bildung für nachhaltige Entwicklung

Materialien zur Bildungsplanung und Forschungsförderung.
Heft 68 – Bildung für eine nachhaltige Entwicklung (Orientierungsrah-men)
Heft 72 – Bildung für nachhaltige Entwicklung kostenlos zu beziehen bei: Bund-Länder-Kommission für Bildungsplanung und Forschungsförderung (BLK), Friedrich-Ebert-Allee 39, 53113 Bonn, Tel. 022875402-0, Fax 0228/5402-150.

Umweltbildung und ökologisches Lernen. Bolscho, D. und Seybold, H.; Berlin (Scriptor) 1996

Nachhaltigkeit und Umweltbildung. Beyer, Axel. Hamburg: Krämer 1998

Bildung für eine nachhaltige Entwicklung. Bund-Länder-Kommission (BLK). Bonn 1998

„Zukunftsaufgabe Umweltbildung" Themenheft 51 der Politischen Ökolo-gie, Mai/Juni 1997 (Verlag ökom, c/o pan adress direktmarketing, Semmel-weisstr. 8, 82152 Planegg)

Education for Sustainability. Huckle, John; Sterling Stephen (Ed.). Earthscan Publications, London 1996

Gekürzte und aufbereitete Zusammenfassungen der Agenda 21 in vier Sprachen. Center for our common future, 52 rue des Paquis, 1201 Geneva, Schweiz.

Bildung und Wohlstand – Auf dem Weg zu einer verträglichen Lebensweise. Hg. v. Gottwald, Franz-Theo u.a. (Fachhochschule Wiesbaden, Kurt-Schumacher-Ring 18, 65197 Wiesbaden, 1994)

Mobile 21 – Modelle einer Bildung für nachhaltige Entwicklung durch Integration von Umweltbildung und globalem Lernen; hg. v. Molkewehrum, Mareike, Landesinstitut für Schule, Am Weidendamm 20, 28215 Bremen

Rolf Schmitt – Arbeitskreis Grundschule (Hg.): **Eine Welt in der Schule, Klasse 1-10.** Univ. Bremen – FB 12 (Prof. R. Schmitt), Bremen 1997

Zentrum für kommunale Entwicklungszusammenarbeit (ZKE) im Gustav-Stresemann-Institut, Langer Grabenweg 68, 53175 Bonn (www.zke.org) Publikationsserie, z.B.: **Nr. 3: Schule-Lokale Agenda und Nord-Süd-Arbeit**

Bundesinstitut für Berufsbildung BIBB: **Umweltbildung in Theorie und Praxis: Erfahrungen und Handreichungen zum Umweltschutz in der beruflichen Bildung**; Übersicht über zahlreiche Veröffentlichungen erhältlich beim W. Bertelsmann Verlag, Postfach 100633, 33506 Bielefeld

3. Unterrichtsmaterialien zu diesem Thema

Die Zukunft denken – die Gegenwart gestalten. Landesinstitut für Schule und Weiterbildung – NRW (Hg.). Handbuch für Schule, Unterricht und Lehrerbildung zur Studie „Zukunftsfähiges Deutschland", Format B 5, 248 S.; Beltz-Verlag, Weinheim 1997; Preis 49,80 DM; Bezug: Buchhandel und bei den Herausgebern.
Das von Brot für die Welt, Misereor und dem BUND mitherausgegebene Buch ist eine umfassende Materialiensammlung, die anhand von 10 Leitbildern wesentliche Aussagen der o.a. Studie für den Unterricht aufbereitet. Die einzelnen Materialien, zu denen auch Statements von SchülerInnen und von prominenten Zeitgenossen gehören, können auch als Impulstexte in den Un-

413

terricht (der Oberstufe) eingebracht werden, wenn es darum geht, unseren Lebensstil, den Umgang mit Konsum, Wohlstand, Zeit oder auch unsere Zukunftsorientierungen zum Thema zu machen. Zahlreiche Fotos, Schaubilder und Tabellen sind hierbei ebenso hilfreich wie die Vorschläge zum unterrichtlichen Vorgehen und die Hinweise auf weitere Materialien/Medien.

Kommentar: Dem Buch gelingt es, das komplexe Thema nachhaltige Entwicklung anhand von Leitbildern und von vielen einzelnen Fallbeispielen zu verdeutlichen. Es macht Mut, den vielzitierten entwicklungspolitischen Paradigmenwechsel in den Unterricht einzubringen. Allerdings führt die Vielzahl der Themenbezüge dazu, dass einzelne Darstellungen bzw. didaktische Hinweise zu knapp, zu stichwortartig bleiben, um tatsächlich auch eine Hilfestellung für LehrerInnen zu sein, die mit dem neuen Leitbild einer nachhaltigen oder zukunftsfähigen Entwicklung nicht vertraut sind.

Entwicklungsland Deutschland. Umkehr zu einer global zukunftsfähigen Entwicklung

Welthaus Bielefeld/BUND/Misereor (Hg.). Ein Schaubilderbuch, 192 S.; Peter-Hammer-Verlag, Wuppertal 1997; Preis: 22,80 DM; Bezug: Buchhandel.

Die Notwendigkeit einer anderen, auf ökologische Nachhaltigkeit und soziale Gerechtigkeit hin ausgerichteten Entwicklung unserer Gesellschaft wird in diesem Buch anhand von 88 Schaubildern entfaltet. Schaubilder und jeweils dazugehörende Texte beschreiben unseren fragwürdigen Wohlstand (Teil 1), die Perspektive einer zukunftsfähigen Gesellschaft (Teil 2) und die Schritte der Veränderung (Teil 3), die heute schon möglich sind. Die Schaubilder eignen sich als Kopiervorlagen für den Unterricht (ab Klasse 6/7). Ideen für eine Weiterarbeit im Unterricht über die Schaubilder hinaus werden jeweils formuliert.

Kommentar: Dass Deutschland in Bezug auf viele globale, ökologische und soziale Probleme ein Entwicklungsland ist, dürfte für viele SchülerInnen keine selbstverständliche Erkenntnis sein. Die Schaubilder können dabei helfen, das Nachdenken über unsere längerfristigen Zukunftsperspektiven zu unterstützen, vor allem wenn sie als Anstöße und Anlässe für Gespräche genutzt werden.

Gut leben statt viel haben – Öko- und Eine-Welt-Bilanz für die Schule

Brot für die Welt. Broschüre, 68 S. plus 3 Plakate; Stuttgart 1996; Preis: 10,- DM; Bezug: Brot für die Welt, PF 10 11 42, 70010 Stuttgart (B.-Nr. 03240).

Die Broschüre gibt Anregungen, wie unser Lebensstil und unser oft unreflektiertes Verhalten auf ihre globalen Folgen hin untersucht werden können. An den Beispielen Energieverbrauch, Verkehr, Abfallaufkommen, Kleidung und Weltbilder werden zum einen inhaltliche Bezüge hergestellt, zum anderen

Vorschläge für das Einbringen in den Unterricht (ab Klasse 7) und für die Schüleraktivierung z.B. bei Projekttagen formuliert.

Kommentar: „Global denken – lokal handeln" – diesem vielzitierten Imperativ kann mithilfe dieser Unterrichtsmaterialien entsprochen werden. Besonders für Projekttage gibt das Heft eine Fülle von guten Anregungen.

Umwelt und Entwicklung – „Zukunft denken, Zukunft gestalten"
Brot für die Welt. Broschüre DIN A4, 68 S. plus Plakat; Stuttgart 1996; Preis: 10,- DM; Bezug: Brot für die Welt, PF 101142. 70010 Stuttgart (B.-Nr. 03245)

Die Broschüre präsentiert Bausteine und Materialien für eine Beschäftigung mit dem Thema Zukunft. Unsere Erwartungen, Kenntnisse und Vorurteile, Phantasien und Ängste sollen durch assoziative und handlungsorientierte Methoden zum Thema gemacht werden. Die inhaltlichen Bezugspunkte liegen bei den Themen Klima, Ernährung, Arbeit und Globalisierung.

Kommentar: Nur wenn wir lernen, unsere eigenen Zukunftsvorstellungen und eine zukunftsfähige gesellschaftliche Entwicklung zusammenzudenken, besteht die Chance auf Veränderung. Die Unterrichtsmaterialien enthalten durchdachte, vor allem handlungsorientierte Konzepte, diese Zusammenschau zu fördern.

Entwicklung neu denken. Welthaus Bielefeld. Unterrichtsmaterialien zum Thema nachhaltige Entwicklung für die Klassen 8 bis 13, 96 S.; Bielefeld 1997; Preis: 10,- DM (plus Porto); Bezug: Dritte Welt Haus Bielefeld, August-Bebel-Str. 62, 33602 Bielefeld.

Es wird Zeit, wieder neu darüber nachzudenken, was Entwicklung bedeutet und wo sie hingehen soll. Die Unterrichtsmaterialien tun dies anhand zahlreicher Bezugspunkte, die vor allem eine Einbeziehung der SchülerInnen, ihrer Zukunftsvorstellungen, Wünsche und (Vor-) Urteile zum Ziel haben. Anhand der drei Themenblöcke „Entwicklung", „Ernährung" und „Verkehr" vermittelt die Broschüre Informationen über die Fragwürdigkeit des bisher eingeschlagenen Weges und stellt Alternativen zur Diskussion. Angeboten werden Arbeitsblätter/Kopiervorlagen, Schaubilder, Vorschläge für das didaktische Vorgehen und Hintergrundinformationen.

Kommentar: Die Unterrichtsmaterialien gewichten die inhaltliche Darstellung und die didaktische Vermittlung gleichermaßen. Viele Materialien/Arbeitsblätter sind auch einzeln im Unterricht einsetzbar, wenn keine Zeit für eine ganze Themenreihe bleibt. Beim Thema „Verkehr" werden Vorschäge zur Gestaltung von Projekttagen gemacht.

„Was ist nachhaltige Entwicklung?" Welthaus Bielefeld. Folienset; 7 Farb-Overheadfolien DIN A4 mit Begleitblatt; Bielefeld 1997

Preis: 15,--DM; Bezug: Welthaus Bielefeld, August-Bebel-Str. 62, 33602 Bielefeld.

Die Farbfolien (Schaubilder/Grafiken) sind vor allem für den Einsatz in der Oberstufe gedacht und illustrieren zentrale Merkmale einer nachhaltigen Entwicklung. Themen: Die globalen Gefährdungen (1), die ökologischen Grenzen beachten (2), das Nord-Süd-Gefälle abbauen (3), einen neuen Lebensstil versuchen (4), die Verkehrswende beginnen (5), eine neues Entwicklungsmodell suchen (6) und „Was willst Du machen?" (7)

Weltkursbuch. Globale Auswirkungen eines zukunftsfähigen Deutschlands. Hinweise und Tipps für unser alltägliches Handeln; S. Ferenschild. Th. Hax-Schoppenhorst. 213 S., Birkhäuser-Verlag, Basel 1998; Preis: 39,80 DM
Bezug: Buchhandel
Das großformatige Buch beschreibt ökologische und entwicklungspolitische Folgen unseres Wohlstandes und unseres Konsumverhaltens. Zu den Bereichen Wohnen, Ernährung, Kleidung, Gesundheit, Bildung, Freizeit, Globalisierung und Verkehr werden Sachanalysen, literarische Texte und vor allem konkrete Fallbeispiele präsentiert, die eine Vorstellung über die globalen Auswirkungen unseres Lebensstil vermitteln. Hinzu kommen einige Karikaturen. Die Bausteine ermöglichen es, unser alltägliches Handeln und globale Dimensionen zusammenzubringen und die vielzitierte Formel „Global denken – lokal handel" konkret zu belegen. Die meisten der angebotenen Bausteine (vor allem die Fallbeispiele) sind für eine Verwendung im Unterricht der Oberstufe geeignet.

Auf dem Holzweg. Brot für die Welt. Rollenspiel, 12- 40 SpielerInnen (ab Klasse 8);
Zeitbedarf: Mindestens 60 Min. plus Auswertung; Preis: 20,--DM; Bezug: Brot für die Welt, Stafflenbergstr. 76, 70184 Stuttgart.
Das Rollenspiel thematisiert den Zusammenhang von Umwelt und Entwicklung. Die SpielerInnen müssen (als äthiopische Bäuerin, als brasilianische Siedler, als Industriearbeiter aus D., als US-amerikanische Hausfrau usw.) für vorgegebene Situationen Entscheidungen fällen, die sowohl ökonomische/soziale Auswirkungen als auch ökologische Folgen haben. Diese werden dann verdeutlicht und zur Diskussion gestellt.

Entwicklungsland D. LAG 3. Welt NRW. Ausstellung mit 12 Tafeln und verschiedenen Objekten zur Fragwürdigkeit unseres Entwicklungsmodells anhand der Themen Klima, Ernährung, Textil, Müll, Armut/Reichtum und Globalisierung (Tel. 0251-57351).

Rettungsaktion Planet Erde. Unicef (Hg.). Mannheim 1994
Hier werden die wichtigsten Themen im Zusammenhang mit der Agenda 21 in kindgerechter Form aufgegriffen – es ist die offizielle Kinderausgabe der Agenda 21. Anhand des Textes der Agenda werden die Themen abgehandelt. Beim Thema „Wälder und Bäume pflanzen" wird die Aufforstung erklärt, Jugendliche erläutern Beispiele aus verschiedenen Teilen der Welt und zu jedem Bereich gibt es Kinderzeichnungen. Über 10 000 Kinder und Jugendliche in 200 Gruppen aus 75 Ländern arbeiten an diesem Buch mit.

Aktionsmappe 2000: 3. Weltweiter Projekttag der Solidarität: Nachhaltige Entwicklung – Wege zu einer Kultur des Friedens, Bloech u.a.: Bielefeld 2000 Bezug: Projektbüro, Postfach 2119, 32378 Minden

Agenda 21 – Wir bauen unsere Zukunft. Kreuzinger; Unger. Mühlheim 1999
Beschreibung: Dieses Buch für Kinder und Jugendliche bietet in 4 Kapiteln – Energie, Kleidung, Ernährung und Wohnen – und 2 allgemeinen Kapiteln Hintergrundinformationen, Materialien mit Anleitungen, Hinweise auf Medien und eine Literatur- und Adressenliste. Eine Einführung in jedes Kapitel ergänzt die teilweise kopierfähigen Vorlagen. Ein Muss für jeden, der Kinder an die Agenda 21 heranführen will.

Projektbüro „SüdNord in der Bildungsarbeit" bei VEN & VNB: **Handreichungen für die Bildungsarbeit zu Entwicklung und Umwelt. Ein Beitrag zum Rio-Nachfolgeprozess.** Hannover 1997

Globales Lernen. Projekte-Prozesse-Perspektiven. Marcus, Ruth u.a.: München 1996. Bezug auch: AG SPAK Heinz Schulze, Adezreiterstr. 23, 80337 München

Das Büro für Kultur- und Medienprojekte (PF 500 161, 22701 Hamburg (Tel. 040.3901407) hat u.a. Theaterstücke erarbeitet, die sich mit der Agenda 21 befassen und auch für Schulaufführungen geeignet sind. Siehe auch: http://www.kultur-und medien.com

4. Materialien zu Einzelthemen

Die Klima-Experimentier-Werkstatt. Experimente, Informationen, Aufträge und Projekte zum Aktivwerden in Sachen Treibhauseffekt; DIN A 4, 94 S.; AOL-Verlag, Lichtenau 1996; Preis: 25,00 DM; Bezug: Buchhandel

Das Heft enthält Vorschläge für naturwissenschaftliche Experimente für fächerübergreifende Projekte, aber auch Informationseinheiten, mit denen die globale Klimaerwärmung zum Thema gemacht werden soll. Einige der rund 20 Arbeitsaufträge beinhalten physikalische Experimente (wenn beispielsweise CO_2 beim Verbrennungsvorgang nachgewiesen werden soll) und benötigen die Möglichkeiten eines Physik-Raumes, andere sind auch ohne größere Gerätschaft im Klassenraum (von sozialwissenschaftlichen Fachlehrern) auszuführen. Über die Vorschläge hinaus bietet das Heft Kopiervorlagen an, in denen einzelne Aspekte anschaulich dargestellt oder weitere Hintergrundinformationen schülernah vermittelt werden.
Kommentar: Die Erderwärmung – ein beinahe klassisches Thema für fächerübergreifenden (Projekt-) Unterricht. Die Materialien bieten hierfür eine Fülle von durchdachten Anregungen, die im Unterricht (ab Klasse 7/8) ohne allzu großen Aufwand aufgegriffen werden können.

Rund um's Fahrrad – rund um die Welt. Brot für die Welt (Hg.), Unterrichtsmappe, ca. 28 S. mit 10 Bildkarten; Stuttgart 1998; Preis: ca. 15,00 DM; Bezug: Brot für die Welt
Thema dieser handlungsorientierten Unterrichtsmaterialien (Sek. I) ist das Fahrrad, die ökologische und soziale Bedeutung dieses Verkehrsmittels für die Dritte Welt wie für die unter dem Verkehrsinfarkt leidenden Wohlstandsländer des Nordens. Die Mappe enthält Anregungen für den Unterricht, Aktivierungsvorschläge, 10 Bildkarten und ein Plakat. Das Material eignet sich auch für Projekttage.

Der jugendliche Verbraucher in der Marktwirtschaft. *Wirtschaftliche Bedeutung – Konsumverhalten – Wertorientierungen;* Stiftung Verbraucher-Institut. Unterrichtsmodell für die Sekundarstufe II; Broschüre DIN A4, 75 S.; Berlin 1991; Preis: 15,--DM; Bezug: Stiftung Verbraucher-Institut, Reichpietschufer 74, 10785 Berlin
Unser Konsumverhalten hat für die Gestaltung einer zukunftsfähigen Welt einen hohen Stellenwert. Um so bedeutsamer ist der Versuch, das Konsumverhalten von SchülerInnen einer Reflexion zu unterziehen, ohne zugleich mit moralisch begründeten Vorschriften zu operieren. Die hier vorliegenden Materialien bieten hierfür eine Fülle von Materialien, darunter kopierfähige Arbeitsblätter, aufschlussreiche Hintergrundtexte, Statistiken, Bilder und Grafiken. Thematisiert werden u.a. jugendliche Verbraucher als Wirtschaftsfaktor, verschiedene Aspekte jugendlichen Verbraucherverhaltens (Konsummotive, Leitbilder, Markenbindung und Mode) und einzelne Werteinstellungen, wie sie für das Konsumverhalten von Bedeutung sind.
Kommentar: Die Materialien bringen verschiedene Aspekte eines jugendlichen Konsumverhaltens auf den Punkt, machen es einer Reflexion und Dis-

kussion unter den SchülerInnen (Oberstufe) zugänglich. Zusammen mit den didaktischen Begründungen, den Lehrzielangaben und den Realisierungshilfen ein kompaktes, gelungenes Unterrichtsmaterial.

Müllgeschichten aus der Einen Welt. Dritte Welt Haus Bielefeld. Projektbeispiele für Grundschule und Sek. I und außerschulische Bildungsarbeit; 94 S.; Bielefeld 1994; Preis: 7,00 DM; Bezug: Dritte Welt Haus, August-Bebel-Str. 62, 33602 Bielefeld
Die Broschüre bietet eine Fülle von Bausteinen, Texten, Kurzgeschichten, Auszügen aus Kinderbüchern, Comics, Schaubilder u.ä. an, die dabei helfen, den Müll in den Unterricht zu holen. Unser Umgang mit Müll in der Wegwerfgesellschaft, Müllexporte und die Dritte Welt und die globalen ökologischen Müllfolgen vieler Produkte (Aluminium) gehören ebenso zu den angesprochenen Themenbereichen wie das Recycling-Handwerk in vielen Ländern des Südens, ihr (positiver wie negativer) Umgang mit Müll, die Tatsache, dass viele Menschen buchstäblich vom Müll leben. Die Broschüre umfasst vor allem eine Fülle didaktischer Anregungen (inkl. Arbeitsblätter), wie die Themen in den Unterricht (Sek. I) eingebracht werden können.
Kommentar: Vielfältige didaktische Anregungen, die vor allem bei Projekttagen aufgegriffen werden können, machen dieses Heft zu einer praxisnahen Arbeitshilfe für alle, die das vielfältige Thema Müll zum Ausgangspunkt globalen Lernens machen wollen.

Projekt Müll. Daniela Löster. Mühlheim 1993
Eine der unter didaktischen Gesichtspunkten zusammengestellten Loseblattsammlungen des Verlags an der Ruhr. Das Hauptgewicht der Betrachtungen liegt auf Problemen mit Müll sowie der Entwicklung von Verhinderungsstrategien und der Umsetzung innerhalb des Umfelds Schule. Die Schüler sollen zum handelnden und selbständigen Umgang mit Müll geführt werden. Es werden Anregungen zum Bauen, Ausstellen, Collagen erstellen, zu Umfragen und zur Beschäftigung mit Material gegeben. Dies ist wie immer eine Sammlung für Lehrer und Schüler.

Menschen Neger Fresser Küsse. Lorbeer, Wild (Hg.). Berlin 1991
Verschiedene Autoren behandeln das Thema „Das Bild vom Fremden im deutschen Alltag". Dieses Buch bietet Informationen für den Lehrer, kann aber auch, da die einzelnen Kapitel recht kurz sind, auszugsweise im Unterricht eingesetzt werden.

Humanökologie. Nentwig. Berlin, Heidelberg 1995
Wolfgang Nentwig will als Biologe in der Rolle als Allround – Dilletant in eine große Zahl von Fachdisziplinen einführen, um eine Gesamtschau aus

ökologischer Sicht durchzuführen. Seine These ist: „Bedroht ist nicht die Natur, bedroht sind wir selbst." Diese These versucht er in den Bereichen Bevölkerung, Nahrung, Energie, Rohstoffe, Abfall usw. zu belegen. Dieses Buch kann für den Lehrer in diesem Bereich viel Hintergrundwissen bieten.

Konflikte selber lösen. Faller; Kemtke; Wackmann. Mühlheim 1996
Dieses Buch ist ein Trainingsprogramm für die Mediation in Schule und anderen Jugendeinrichtungen. In 28 Einheiten und 8 Bausteinen werden Jugendliche und Erwachsene an dieses Thema herangeführt. In jeder Einheit gibt es grundlegende Einführungen, einen Zeitplan und natürlich die entsprechenden Aufgaben und Ziele. Die Unterlagen mit Aufgabenzetteln sind auch kopierfähig.

Projekttag Tschernobyl. Internationale Schulkooperation zu einem Schlüsselproblem. Bloech u.a.: Weinheim (Beltz) 1999

Billig Leben mit Stil. Callenbach, Ernest: Rotbuch-Verlag, Hamburg 1995

Welche Dinge braucht der Mensch? Steffen, Dagmar (Hg.): Anabas-Verlag, Gießen 1995

Wasser – Leben für alle. Misereor. Unterrichtsmaterialien, 45 S.; Aachen 1996; Preis: 14,- DM; Bezug: Misereor; PF 1450, 52015 Aachen (B-Nr. 520996)
In fünf Einheiten eröffnen diese Materialien einen Zugang zum komplexen Thema Wasser. Informationen, Erzähltexte, Karten und Schaubilder, dazu didaktische Vorschläge und Medienhinweise rund um das Thema Wasser gehören zum Bestand dieser Materialien. Die Themen (u.a. Wasser als Symbolträger in unterschiedlichen Kulturen; Wassermangel im Sahel; Wasserüberfluss und Nutzungskonflikte in Brasilien) werden in Form von kopierfähigen Arbeitsblättern vermittelt und können in verschiedenen Fächern der Sek. I (ab Klasse 6/7) eingesetzt werden.
Kommentar: Das Material eröffnet vieldimensionale, kreative Zugänge zur Wasserthematik und knüpft an eigene Erfahrungen, Vorstellungen und Verhaltensweisen an. Das Material eignet sich vor allem für Wasser-Projekttage.

Wasser ist Leben. Unicef/Die Deutschen Wasserwerke. Aktionsmappe; Köln 1998. Kostenloser Bezug bei Unicef, Höninger Weg 104, 50969 Köln.
Der Umgang mit Wasser hier bei uns und Wassermangel/Wasserverschmutzung in der Dritten Welt sind die thematischen Bezugspunkte dieses Aktionspaketes, das gemeinsam von den deutschen Wasserwerken und von Unicef

420

angeboten wird. Zu finden sind (überschaubare) Broschüren mit Grundin-
formationen zum Thema „Wasser in Nord und Süd", eine informative Comic-
Zeichnung über Wasserprobleme in Afrika, handlungsorientierte Aktionsvor-
schläge für Schulen und Gruppen zum Thema Wasser, Aktionsplakate und ein
Poster, Hinweise auf Wasserprojekte von Unicef, auf weitere Materialien der
Wasserwerke, auf Kontaktadressen u.a.m. Zielgruppe: Klassen 3-6.

Wassergeschichten aus der Einen Welt. Misereor. Eine aktuelle, erlebnis-
und handlungsorientierte Ausstellung zum Thema Wasser (Wassermangel in
der Dritten Welt, Wasserverschmutzung und -vergeudung bei uns). Zielgruppe: Klassen 3-7.; **Ausleihe:** Misereor (0241.442-126)

Multivision Wasser. Greenpeace. Eine umfassende multi-media-Performan-
ce zum Thema Wasser ist bei Greenpeace ausleihbar. (040.306180)

Unterrichtsmaterialien Tropischer Regenwald. IFOE (Hg.) 144 S.; Verlag
Die Werkstatt/AOL-Verlag; Göttingen/Lichtenau 1992; Preis : 38,- DM;
Bezug. Buchhandel
Die vom Institut „Ökologie und Aktions-Ethnologie" herausgegebenen Un-
terrichtsmaterialien befassen sich mit unterschiedlichen Facetten des Re-
genwaldes. Mythos, Biologie und Kultur des Regenwaldes werden ebenso
dargestellt, wie der fortschreitende Kahlschlag, seine Ursachen und Folgen
sowie mögliche Gegenstrategien. Neben Sachinformationen für den Leh-
rer/die Lehrerin sind viele kopierfähige und gutgestaltete Schülerarbeits-
blätter im Angebot, die ab Klasse 7/8 überwiegend jedoch erst in der Ober-
stufe einsetzbar sind. Eine hierzu passende Diaserie (24 Dias plus Textheft
für 20,-DM) kann ebenfalls bestellt werden.

Pfoten weg vom Regenwald. ARA. Broschüre DIN A 4, 53 S. ; Bielefeld
1995; Preis. 6,50 DM; Bezug: Arbeitsgemeinschaft Regenwald und Artenschutz, Klasingstr. 17, 33602 Bielefeld (0521.65943)
Informationsbroschüre mit zahlreichen Farbbildern zur Situation des Re-
genwaldes, zur Lage der indigenen Völker und zu der Frage, was wir für die
Erhaltung des Regenwaldes tun können (ab Klasse 6/7).

Indiana-Land Rondonia. Verfolgung, Widerstand und Zukunft der Waldvölker; ARA.; Preis: 6,50 DM; Bezug: Arbeitsgemeinschaft Regenwald und
Artenschutz, Klasingstr. 17, 33602 Bielefeld (Tel. 0521.65943)
Informationsbroschüre zur Situation der Waldvölker im brasilianischen Ama-
zonas-Regenwald (Bundesstaat Rondonia), zu den Nutzungskonflikten im
Regenwald und zu den Perspektiven des Überlebens (inkl. Projektunterstüt-
zung).

Tropenwaldbericht der Bundesregierung. DIN A 4 , ca. 60 S.; Bonn 1997
Preis: kostenlos; Bezug: Bundesministerium für Ernährung, Landwirtschaft
und Forsten, Rochusstr. 1, 531213 Bonn (jetzt: Berlin)
*Der zweijährlich aktualisierte Bericht unternimmt eine Bestandsaufnahme
der Tropenwaldzerstörung und eine Schilderung der internationalen Maßnahmen.*

Audio-CD: Abenteuer Regenwald – Ecuador. 71 Min.; München 1995
Preis: 29,95 DM; Bezug: Rettet den Regenwald, Pöseldorfer Weg 17, 20148
Hamburg
*Die CD enthält Tonaufnahmen aus dem Regenwald, Hörbilder von der Na-
tur, den Tieren (u.a. Zikaden, andere Insekten, Aras), aber auch von Kindern
aus einem Dorf, von einer Musikgruppe. Ein Medium, das z.B. bei Projekttagen genutzt werden kann, um einen sinnlichen Zugang zum Thema Regenwald zu versuchen.*

Kultur des Friedens – ein neues Unesco-Projekt zur Erhaltung des Weltfrie-
dens (Deutsche Unesco-Kommission), Bonn 1998

5. Materialienverzeichnisse

Eine Welt im Unterricht (Sek. I/II); Dritte Welt Haus Bielefeld u.a.. Materialien, Medien, Adressen; 64 S.; Bielefeld, Oktober 1998; Preis: 4,- DM
(plus Versand). Bezug über das Welthaus, August-Bebel-Str. 62, 33602 Bielefeld, Tel. 0521-62802; Fax 0521-63789; Email: welthaus@aol.com.
*Das Verzeichnis benennt und kommentiert über 500 verschiedene Unter-
richtseinheiten, Fachbücher, Broschüren, Spiele, Poster und Bilder, Filme,
Diareihen und CD-ROMs, Ausstellungen und Aktionskisten zum Thema „Eine Welt/Dritte Welt", die für den Unterricht der Sek. I oder II geeignet sind
und von entwicklungspolitischen Organisationen, Verlagen oder staatlichen
Quellen herausgegeben wurden. Die Materialien/Medien werden kurz beschrieben und rezensiert. Zielgruppen, Preise und Bezugsadressen sind jeweils angegeben. Die Broschüre enthält außerdem ein auf die Bedürfnisse
von LehrerInnen ausgerichtetes Adressenverzeichnis (inkl. internet-Adres-
sen).*

Eine Welt im Grundschulunterricht. Dritte Welt Haus Bielefeld u.a.. Ma-
terialien, Medien, Adressen; 36 S.; Bielefeld 1997; Preis: 3,50 DM (plus
Versand). Bezug über das Welthaus, August-Bebel-Str. 62, 33602 Bielefeld;
Tel. 0521-62802; Fax 0521-63789; Email: welthaus@aol.com.

Das Materialienverzeichnis enthält kommentierende Angaben für fast 300 verschiedene Unterrichtsmaterialien, Bilderbücher, Kindererzählungen, Spiele, Projektmaterialien, Poster und AV-Medien, mit denen die Eine Welt in der Grundschule zum Thema gemacht werden kann. Die Bezugsmöglichkeiten der Materialien sind jeweils angegeben.

Globales Lernen – Bildung für nachhaltige Entwicklung: Regelmäßiger Rundbrief mit Materialübersichten; kommentiertes Adressenverzeichnis „Who is who in der entwicklungspolitischen Bildungsarbeit"; auch: Übersicht über die Aktivitäten in den einzelnen Bundesländern. Informationsstelle beim Bildungsauftrag Nord-Süd, World University Service (WUS), Goebenstraße 35, 65195 Wiesbaden, Tel.: 0611/9446170, Fax: 0611/446489 und: www.th-darmstadt.de/wusgermany

Bibliographie entwicklungsbezogener Bildung
Differenziert in Theoriedarstellung und konkreten pädagogischen Materialien Comenius-Institut, Schreiberstr. 12, 48419 Münster, Tel. 0251/98101-0, Fax 0251/98101-50

Council for Environmental Education. University of Reading, London Road, Reading RG1 5AQ: Materials, resources, publications, newsheet.

6. Verschiedene Medien

CD-ROMs

Umwelt und Entwicklung. 23 Internet-Server auf CD-ROM;
Bezug: Landesinstitut für Schule und Weiterbildung, Paradieser Weg 64, 59494 Soest

Umwelt und Entwicklung 2000. Bildung auf dem Weg zur Nachhaltigkeit. 40 Internet-Server auf 2 CD-ROMs mit der Multimedia-Anwendung „Weltreisen", Soest 2000 Bezug: Landesinstitut für Schule und Weiterbildung, Paradieser Weg 64, 59494 Soest

Global lernen. Lernen in den Zeiten der Globalisierung
Bezug: Verein für Friedenspädagogik e. V.; Bachgasse 22, 72070 Tübingen (kostenfrei)

100 Karikaturen aus der Dritten Welt auf CD-Rom; epd-Entwicklungspolitik, Postfach 500550, 60394 Frankfurt/M.

Ökobase – Umweltdaten auf CD-Rom. Clemens Hölter GmbH, Am Kuckesberg 9, 42781 Haan (www.oekobase.de)

Berliner Empfehlungen Ökologie und Lernen. Die besten Umweltmaterialien im Überblick. Clemens Hölter GmbH, Am Kuckesberg 9, 42781 Haan

Zeitschriften

Politische Ökologie. Semmelweisstr. 8, 82152 Planegg, und www.oekom.de: Regelmäßig auch Sonderhefte zu wichtigen Themen, Literaturbesprechungen, Terminkalender und Veranstaltungshinweise; z.B. Themenheft 51: „Zukunftsaufgabe Umweltbildung"

Wochenschau. Themenhefte zu Umwelt, Dritte Welt, Entwicklungspolitik, Frieden; Bezug Adolf-Damaschke-Str. 103, 65824 Schwalbach/Ts. (wochenschauverlag@t-online.de)

Eco-school Africa Newsletter. P.O.Box 59468, Nairobi, Kenya; e-mail: sika@form-net.com

Videos

Das Evangelische Zentrum für Entwicklungsbezogene Filmarbeit (EZEF), Kniebisstr. 29, 70188 Stuttgart, bietet einen **umfangreichen Katalog mit AV-Medien** an, die von Schulen ausgeliehen werden können. (www.gep.de/filmav/ezef.html)

Weltmusik im Unterricht. Video in Englisch und Deutsch, Preis: 45,00 DM E-Mail: artatwork2000@yahoo.com

Radiosendungen

Radiosendungen zur Entwicklungspolitischen Bildung mittels Bürgerfunk (Indigena-Bewegung) können bezogen werden bei: Institut für angewandte Kulturforschung e.V., Nikolaistraße 15, 37073 Göttingen, Fax: 0551-487143, e-mail: ifak@comling.org

Spiele

Brot für die Welt, Referat Bildung, Postfach 101142, 70010 Stuttgart, bietet ein **Verzeichnis von Spielen zur Entwicklungspolitik** an, die für den Einsatz in Schulen geeignet sind.

Internetadressen

Materialien und Informationen zum **BLK-Modellversuch „Bildung für eine nachhaltige Entwicklung: Das Leben im 21. Jahrhundert gestalten lernen"** *finden sich auf:* **www.blk21.de,** siehe auch **www.blk-bonn.de**

Ausführliche Informationen zu vielen Bereichen und Links in die wichtigsten Gebiete verschafft : **www.oneworld.de**

Word University Service WUS, Informationsstelle Nord-Süd (*aktuelle Übersichten über Neuigkeiten, Materialien und Termine zum ganzen Themenfeld*) **www. tu-darmstadt.de/wusgermany**

Zentrum für kommunale Entwicklungszusammenarbeit: Infodienst mit aktuellen Übersichten und Materialhinweisen: **www.zke.org/**

Dokumente der Unesco sind zu erreichen über: **www.unesco.org/general**

Materialien der Comission for Sustainable Development CSD sind zu erreichen über: **www.un.org./esa/sustdev/**

Umweltbildung: www.service-umweltbildung.de

Weltweite Projekttage von Schulen: www.proday.org.

E-mail-Kommunikation im Rahmen von Schul – und Projektpartnerschaften
www.hh.schule.de/globlern/workshop/ews
www.unesco.org./education/asp

Vermittelte E-mail Kontakte und moderierte Newsgroups
www. Englisch.schule.de/email.htm
www.englisch.schule.de/email.htm#Comenius
www.tak.schule.de
www. iecc.org.goethe.de/z/ekp/deindex.htm

Umweltschule in Europa
www.eco.schools.org
www.umweltschule.de

The State of Education for Sustainable Development in Italy
www.bdp.it/ambiente
www.water.rete.livorno.it
www.bez.reg-detmold.nrw.de/aufgaben/dezernat45/index.htm

ESDebate (Internet Discussion on Education for Sustainable Development)
www.xs4all.nl/~esdebate/

The Baltic Sea Project
www.b-s-p.org
www.ee/baltic 21

Wichtige weitere homepages für die weitere Suche

www. earthsystems.org/enviroment
www.worldwatch.org/
www.wir.org
ww.eea.eu.int/
www.eine-welt-netz.de
www.worldvision.de
www.greepeace.org/
www.panda.org/

Unterrichtsbezogene Annäherungen an das Thema, an Netzwerke und Materialien finden sich z.B. unter

www.dbs.schule.de
www.bildung-lernen.de
www.schulweb.de
www.zum.de
www.learn-line.nrw.de
www.b.o.de

7. Bundesweite Service-Adressen für LehrerInnen

Brot für die Welt, Postfach 101142, 70010 Stuttgart, Tel. 0711-2159-0
Publikation von Materialien und Medien (Box anfordern); Beratung; Referentenvermittlung.

Bundesministerium für wirtschaftliche Zusammenarbeit und Entwicklung, Referat 311, PF 12 03 22, 53045 Bonn. Tel. 0228-535-0

Kostenloser Versand von Materialien; Beratung.

Comeniusinstitut, Schreiberstr. 12, 48149 Münster. Tel. 0251-98191-0
Literaturdatenbank; Printbibliographie; Beratung.

DSE – Zentrale Dokumentation, Hans-Böckler-Str. 5, 53225 Bonn, Tel.
0228-40 01-0, Literaturdatenbank; Forschungsdatenbank; Literaturrecherche
(auch http://www.dse.de/zd/zd.htm)

Deutsche Welthungerhilfe, Adenauerallee134, 53113 Bonn, Tel. 0228-
2288-129
Versand und Verleih von Materialien/Medien; Vermittlung von ReferentIn-
nen; Beratung.

Deutscher Volkshochschulverband, Fachstelle für internationale Zusammenarbeit, Obere Wilhelmstr. 32, 53225 Bonn, Tel. 0228-97569-45
Beratung für Erwachsenenbildner; Publikation der Materialien.

Welthaus Bielefeld, August-Bebel-Str. 62, 33602 Bielefeld, Tel. 0521-62802
Publikation von didaktischen Materialien; Versandbuchhandlung, Verleih
von AV-Medien.
Beratung und Materialienhinweise.

Entwicklungspädagogisches Informationszentrum, Planie 22, 72764 Reut-
lingen. Tel. 07121-49 10 60.
Beratung. Bundesweiter Verleih von Materialien und Medien.

Arbeitsstelle Weltbilder, Agentur für interkulturelle Pädagogik, Südstr. 71b,
48153 Münster, Tel.: 0251-72009, Fax: 0251-799787,
www.muenster.de/art.welt

Fachstelle für entwicklungsbezogene Pädagogik, Comeniusinstitut
Auguststr. 80, 10117 Berlin, Tel. 030-28395-187
Beratung vor allem für die neuen Bundesländer, Referentenvermittlung.

Kindernothilfe, Düsseldorfer Landstr. 180, 47249 Duisburg.
Tel. 0203-7789-0
Publikation von Materialien (Verzeichnis anfordern) über Kinder/Kinderpro-
jekte; Verleih von AV Medien; Beratung.

Misereor, Mozartstr. 9, 52064 Aachen, Tel. 0241-442-0. Publikation von Materialien und Medien; Beratung, Referentenvermittlung; Hinweise auf Fernsehsendungen.

Verein für Friedenspädagogik Tübingen e.V., Bachgasse 22, 72070 Tübingen: **Schulprojekte Globales Lernen.** Tel. 07071-21312. (www.friedenspaedagogik.de). Beratung, Publikation von Materialien; internet-Angebote zum globalen Lernen.

Terre des homes, Ruppenkampstr. 11a, 49084 Osnabrück, Tel. 0541-7101-0. Vertrieb von Materialien und Medien (Verzeichnisse anfordern) über Kinder/Kinderprojekte; Beratung.

Unicef, Deutsches Komitee, Höninger Weg 104, 50969 Köln, Tel. 0221-93650-230. Versand von Materialien und Medien über Kinder/Kinderprojekte, Beratung; Referentenvermittlung.

Verband Entwicklungspolitik deutscher Nichtregierungsorganisationen e.V. (VENRO), Kaiserstraße 201, 53113 Bonn, Tel. 0228-94677-0; www.venro.org und www.globaleslernen.de; Materialien, Adressen, Kampagnen

Dokumente zur Tagung „Bildung für nachhaltige Entwicklung"

Fach- und Fortbildungstagung Stand: Oktober 99

Bildung für nachhaltige Entwicklung
Globale Perspektive und neue Kommunikationsmedien

Aufgabe und Chance für Schulen
Fragen – Konzepte – Erfahrungen zwischen Theorie und Praxis

18. bis 20. November 1999

Oberstufen-Kolleg
des Landes Nordrhein-Westfalen an der Universität Bielefeld
Universitätsstraße 23, 33615 Bielefeld; Fax: 0521-106 2967

Mitveranstalter:
Bezirksregierung Detmold
COMED – Verein zur Förderung von Community Education in Deutschland
Deutsche Gesellschaft für gesundheitsfördernde Schulen
Deutsche Gesellschaft für Umwelterziehung
Deutsche Unesco-Kommission
Dritte-Welt-Haus Bielefeld
Gesellschaft für berufliche Umweltbildung
Gewerkschaft Erziehung und Wissenschaft
Kommission Umweltbildung der Deutschen Gesellschaft für Erziehungswissenschaften
Laborschule Bielefeld
Landesinstitut für Schule und Weiterbildung des Landes Nordrhein-Westfalen
Wuppertal-Institut für Klima, Umwelt und Energie

Wesentlich gefördert durch das Bundesministerium für Bildung und Forschung

„Die Verwirklichung des Leitbilds einer nachhaltigen Entwicklung ist eine der wesentlichen Bildungsaufgaben der Zukunft"
(Bund-Länder-Kommission für Bildungsplanung und Forschungsförderung: Bildung für eine nachhaltige Entwicklung; Bonn 1998)

Bildung für nachhaltige Entwicklung
Globale Perspektive und neue Kommunikationsmedien

Aufgabe und Chance für Schulen
Fragen – Konzepte – Erfahrungen zwischen Theorie und Praxis

18. bis 20. November 1999

Oberstufen-Kolleg
des Landes Nordrhein-Westfalen an der Universität Bielefeld
Universitätsstraße 23, 33615 Bielefeld; Fax: 0521-106 2967

Donnerstag, 18.11.

Bildung für nachhaltige Entwicklung: Stand der Debatte und der Praxis;
Beitrag einer globalen Perspektive und Kommunikation

13.00   Begrüßung der Teilnehmer durch die Veranstalter
         Einführung in die Tagung
         Gottfried Strobl, Bielefeld
14.00   Was meint „Bildung für nachhaltige Entwicklung" und was können
         eine globale Perspektive und neue Kommunikationsmöglichkeiten
         zur Weiterentwicklung beitragen?
         Gerhard de Haan, Berlin
15.00   Agenda 21 und globale Partnerschaft als Elemente der Entwicklung
         von Schulen
         Otto Herz, Bielefeld
15.30   Kritische Anfragen an Theorie und Praxis einer Bildung für nach-
         haltige Entwicklung:
         Ludwig Huber, Bielefeld
16.00   Pause
16.30   Arbeit in Interessengruppen zu ausgewählten Handlungsfeldern in
         parallelen Foren *(Moderatoren):*
         F 1: AG Umweltbildung der DgfE
               Hansjörg Seybold, Ludwigsburg
         F 2: Planung des weltweiten Projekttages
               Falk Bloech, Bielefeld und Renate Krollpfeiffer, Hamburg
         F 3: Schulen des Agenda-Netzwerkes NRW
               Willi Roer, Dortmund

F 4: Schulen des Baltic Sea Projektes
G. Knipper, Hildesheim und M. Jarrath, Mainz
F 5: Umweltschulen in Europa
Armin Koch, Hamburg
F 6: Grundschulen
Klaus-Dieter Lenzen, Bielefeld
F 7: Sekundarstufe I und II
Rainer Wittmann, Detmold
F 8: Berufliche Schulen
Andreas Fischer, Lüneburg
F 9: SchülerInnen
Julia Salden, Köln
18.30 Gemeinsames Abendessen im Oberstufen-Kolleg, Gespräche bei Speis, Trank und Musik

Freitag, 19.11.

Bildung für nachhaltige Entwicklung: Globale Perspektive

9.00 Leitbilder für nachhaltige Entwicklung und ihre Bedeutung für globales Lernen:
Hansjörg Seybold, Ludwigsburg
9.30 Globale Perspektive für eine Bildung für nachhaltige Entwicklung: Appell oder pädagogische Chance?
Anette Scheunpflug, Hamburg
10.00 Pause
10.30 Parallele Arbeitsgruppen
AG 1: Naturnutzung – Naturschranken: Globale Beziehungen und gesellschaftliche Strategien zwischen Effizienz und Suffizienz: *Michael Kalff, Wuppertal und Andreas Stockey, Bielefeld*
AG 2: Entwicklung, Zukunft und das Ethos globaler Gerechtigkeit: *Markus Vogt, Benediktbeuren und Erika Stückrath, Bielefeld*
AG 3: Globalisierte Ökonomie und globale Partnerschaft: *Joachim Borner, Berlin und Brigitte Holzer, Bielefeld*
AG 4: Lokale Agenda – globale Perspektiven: Wechselwirkung auf dem Prüfstand: *Rolf Schulz, Soest und Benno Dalhoff, Soest*
AG 5: Kunst, Kultur und Sprache als Medium globaler Verständigung: *Georg Krieger, Bielefeld und Gisela Feurle, Bielefeld*
AG 6: Blinde Flecken und Wechsel der Perspektiven im globalen Verständigungsprozess: *Tilman Rhode-Jüchtern, Jena und Werner Hennings, Bielefeld*

12.30	Mittagspause
13.30	Ein Blick zu den Nachbarn: Stand der Bildung für nachhaltige Entwicklung in

England: *Malcolm Plant*   Niederlande: *Arjen Wals*
Schweiz: *Regula Kyburz-Graber*   Kenya: *Dorcas Otieno*
Dänemark: *Birthe Zimmermann*   Italien: *Anna Focchi*
Chile: *Karl Böhmer*

15.00	Pause
15.30	Diskussion über internationale Perspektiven der Kooperation zum Thema „Bildung für nachhaltige Entwicklung" mit den ausländischen Gästen in Gruppen
17.00	Pause
17.30	Internationale Perspektiven im neuen Programm „Bildung für nachhaltige Entwicklung" der UNESCO für 2000 – 2001 *Traugott Schöfthaler, Generalsekretär der Deutschen UNESCO-Kommission, Bonn*
18.31	Abendessen

Abend zur freien Verfügung; Möglichkeit zur Fortsetzung der Gespräche mit den ausländischen Referenten sowie in den Foren, z.B.: Mitgliederversammlung der Kommission Umweltbildung der Deutschen Gesellschaft für Erziehungswissenschaften; Treffen der Schulen zur Vorbereitung für den weltweiten Projekttag u.a.

Samstag, 20. 11.

Bildung für nachhaltige Entwicklung: Neue Medien und weltweite Kommunikation

9.00	Neue Kommunikationsmedien und globale Entwicklung *Klaus Boldt, Bonn*
9.45	Pause
10.00	Parallele Arbeitsgruppen:

    AG 7:   Persönliche Begegnungen, internationale Schulpartnerschaften und Nutzung neuer Medien: *Dorothea Werner-Tokarski, Mainz und Brigitte Holzer, Bielefeld*

    AG 8:   Globale Solidaritätsprojekte und weltweite Kooperationen von Schulen: *Harald Kleem, Ostrhauderfehn und Falk Bloech, Bielefeld*

    AG 9:   Umweltprojekte und globale Netzwerke: *Bernd Tissler, Hamburg*

    AG 10: Globales Lernen mit neuen Medien: *Rolf Schulz, Soest*

AG 11: Elektronische Kommunikation und internationale Vernetzung: *Robert Schreiber, Hamburg und Heino Apel, Frankfurt*

12.00   Erste Auswertung der Ergebnisse
         Perspektiven und Verabredungen für die Weiterarbeit in den einzelnen Handlungsfeldern;
         Tagungskritik
         Schlussaktion im Plenum
13.30   Ende der Tagung

Gelegenheit zum Mittagessen bzw. Abreise

TeilnehmerInnen der Tagung „Bildung für nachhaltige Entwicklung" vom 18. – 20. November 1999

Adam	Eberhard	21335 Lüneburg
Aderholz	Ute	26160 Bad Zwischenahn
Aelker	Rudolf	26524 Hage
Agrestini	Gaia	Rom
Aksahal	Mustafa	Oberstufen-Kolleg
Antnono	Nadia	Rom
Apel, Dr.	Heino	60320 Frankfurt
Atos	Özgür	Oberstufen-Kolleg
Baronti	Marina	
Bartholome	Franz	69117 Heidelberg
Bartsch	Clemens	
Baxmann	Anna Rosina	33098 Paderborn
Benedetti	Valentina	Rom
Becker, Dr.	Gerhard	
Becker, Dr.	Helle	45128 Essen
Below, Dr.	Irene	Oberstufen-Kolleg
Bernd	Harald	61169 Friedberg
Berti	Carlo	
Besinoglu	Serkan	Oberstufen-Kolleg
Beyer	Axel	22299 Hamburg
Bianchi	Ilarin	Rom
Birkel	Simone	85053 Ingolstadt
Birmes		
Bloech	Falk	Oberstufen-Kolleg
Boehmer	Karl	Santiago/Chile
Boldt	Klaus	53225 Bonn
Bolscho, Prof. Dr.	Dietmar	13189 Berlin
Borner	Joachim	17154 Karnitz
Branchetti	Roberto	
Brandt	Manfred	24568 Kaltenkirchen
Brauner	Dorothee	45966 Gladbeck
Bucher	Thomas	CH 1345 Le Séchey
Buddensiek, Dr.	W.	
Buller	Victor	Oberstufen-Kolleg
Busch	Claudia	37214 Witzenhausen
Buse		
Buß	Maike	33602 Bielefeld
Classen	Harald	63500 Seligenstadt
Classen	Ralf	20357 Hamburg

Cecchi	Cristina	Rom
Cerasa	Giorgia	Rom
Conein	Stephanie	53127 Bonn
Corleis	Frank	21335 Lüneburg
Cresambene	Emanuela	Rom
Dalhoff, Dr.	Benno	59494 Soest
Dallinga-Hannemann	Lore	
Damirhan	Yavuz	Oberstufen-Kolleg
Dieckmann	Annette	91174 Spalt
Digiuseppe Al Paolo	Valeria	Rom
Dittgen	Vera	48155 Münster
Dohle	Eduard	33689 Bielefeld
Donta, Dr.	Antonia	30419 Hannover
Drenhmeier		
Egide	Valeria	Rom
Eisele, Dr.	Roland	Oberstufen-Kolleg
Engster	Bettina	Oberstufen-Kolleg
Entrich	Hartmut	20149 Hamburg
Erben	Friedrun	10559 Berlin
Fahle	Wolf-Eberhard	10999 Berlin
Fahrenhorst, Dr.	Hartmut	50423 Unna
Feurle, Dr.	Gisela	Oberstufen-Kolleg
Fischer, Prof. Dr.	Andreas	
Flachsbarth	Dankmar	33609 Bielefeld
Flörkemeier	Josef	32105 Bad Salzuflen
Flottmann	Heiner	32120 Hiddenhausen
Fochi, Dr.	Anna	57127 Livorno
Fuchs		
Gärtner, Prof. Dr.	H.	
Gahbler	Norbert	33619 Bielefeld
Garnerus	Isabel	Oberstufen-Kolleg
Garritzmann	Hermann	34414 Warburg
Gehlen-Büßelberg	Sigrun	33790 Halle/Westf.
Gemmiti	Federica	Rom
Gerlach	Benita	Oberstufen-Kolleg
Godemann	Jasmin	21380 Artlenburg
Gräsel, Dr.	Cornelia	
Griffiths	David	33729 Bielefeld
Gringard	Stephan	Oberstufen-Kolleg
Gutt	Armin	10961 Berlin
Haake	Sabine	09113 Chemnitz
Hagemeyer	Jürgen	33739 Bielefeld

Hamza	Demir	Oberstufen-Kolleg
Hannemann	Andreas	
Harder, Dr.	Wolfgang	
Hartmann	Eva-Maria	73614 Schorndorf
Haurand-Brendel	Siegfried	53111 Bonn
Heeren	Katrin	421103 Wuppertal
de Haan, Prof. Dr.	Gerhard	10555 Berlin
Heiligenberg	Helma	49201 Dissen
Heinrich	Ursula	
Hellberg-Rode, Dr.	Gesine	48147 Münster
Hennings, Dr.	Werner	Oberstufen-Kolleg
Herget	Melanie	21337 Lüneburg
Hermann	Sabine	20144 Hamburg
Herz	Otto	33617 Bielefeld
Hildebrandt	Eugen	Oberstufen-Kolleg
Hilmer	Ernst	64347 Griesheim
Hinz-Loske (Frau)		
Hoffmann	Annegret	04328 Leipzig
Holzer, Dr.	Brigitte	Oberstufen-Kolleg
Hoppe, Dr.	Wilfried	47048 Duisburg
Hoppstädter	Marianne	32051 Herford
Huber, Prof. Dr.	Ludwig	Oberstufen-Kolleg
Jäger	Torsten	65195 Wiesbaden
Janzen	Jutta	55118 Mainz
Jaritz, Dr.	Klaus	99979 Mühlhausen
Jarrath	Martin	55129 Mainz
Jebkink	Klaus	47048 Duisburg
Jömann	Paul	45711 Datteln
Jostmeier	Friedhelm	32602 Vlotho
Jüdes	H.	
Kalff	Michael	42103 Wuppertal
Kampmann	Sabine	26197 Huntlosen
Kehr	Tim-Oliver	Oberstufen-Kolleg
Kemper	Annette	48161 Münster
Kessens (Frau)	Rheine	
Kiehl	Robert	14199 Berlin
Klassen	Margerita	Oberstufen-Kolleg
Klee	Holger	32699 Extertal
Kleem	Harald	26842 Ostrhauderfehn
Klittmann	Thiemo	28201 Bremen
Knauer	Sabine	59229 Ahlen
Knipper	Gisela	38274 Elbe

Knothe	Bettina	42105 Wuppertal
Koch	Armin	22299 Hamburg
Kocher	Bettina	22765 Hamburg
Kohlhaas	Rainer	55450 Langenlonsheim
Korte	Christian	32423 Minden
Krawinkel		
Kremer	Armin	Soest
Kreutz	Josef	50823 Köln
Kreutz	Ulla	51469 Bergisch-Gladbach
Krieger	Georg	33613 Bielefeld
Krollpfeiffer-Kuhring	Renate	20255 Hamburg
Kübeck	Dennis	21335 Lüneburg
Kummer	Cathleen	Oberstufen-Kolleg
Kurtz	Klaus	40219 Düsseldorf
Kyburz-Graber, Prof. Dr.	Regula	CH 8033 Zürich
Langbein	Siegfried	
Lange	Claus	32694 Dörentrup
Lay	Thomas	64646 Heppenheim
Lemke	Andreas	32549 Bad Oeynhausen
Lenzen, Dr.	Dieter	Laborschule
Lohkämper-Kolligs	Karin	45239 Essen
Lombardi	Serena	Rom
Lüdtke	Ron	
Lucisano	Valentino	Rom
Maissl	Claudia	56077 Koblenz
Marien	Stefan	10405 Berlin
Mars	Elisabeth-Marie	48159 Münster
Masa	Simona	Rom
Mathar	Reiner	35781 Weilburg
Mayer	Frank	49076 Osnabrück
Meixner	Gerlind	22769 Hamburg
Melzer, Prof. Dr.	Marieluise	04105 Leipzig
Meinhold v.	Roman	88250 Weingarten
Mensing	Klaus-Peter	26655 Westerstede
Meyer	Elke	06844 Dessau
Meyer, Prof. Dr.	Heinrich	21614 Buxtehude
Michel	Renate	56333 Winningen
Mischo	Frank	47057 Duisburg
Möller	Joachim	50935 Köln
Mohne	Volker	
Multmeier	Elwira	33104 Paderborn
Murgiom	Daniela	Rom

Noack-Füller	Gritli	33659 Bielefeld
Noack	Regine	10629 Berlin
Noack	Steffen	10629 Berlin
Nordmann	Angelika	45886 Gelsenkirchen
Nowosad	Inetta	65-507Zielona Gónz
Ohly, Dr.	Karl Peter	Oberstufen-Kolleg
Oppel	Eberhard	83115 Neubeuern
Ortenzi	Francesca	Rom
Ostersehlt	Dörle	28211 Bremen
Otieno, Mrs.	Dorcas	Nairobi
Pagnanelli, Dr.	Angelo	Livorno
Pani	Marta	Rom
Paoluca	Annalisa	Rom
Pavan	Francesca	Rom
Pehle	Benjamin	
Petter	Kristina	38106 Braunschweig
Planert-Fahrenhorst	Angelika	59423 Unna
Plant	Malcolm	Nottingham
Plesse	Karin	17039 Sponholz
Plesse, Dr.	Michael	17039 Sponholz
Pollmann	Udo	33102 Paderborn
Procacci	Elena	Rom
Puccinelli	Nicoletta	Rom
Pusch, Dr.	Marion	30419 Hannover
Raffelsiefer	Marion	47048 Duisburg
Rasfeld	Margret	45130 Essen
Reinsch	Friedrich	14776 Brandenburg
Rhode-Jüchtern, Prof. Dr.	Tilman	Universität Jena
Ricci	Beatrice	Rom
Roccasella	Giada	Rom
Roer	Wilhelm	44289 Dormund
Romano	M. Luisa	Rom
Rüdiger	Yvonne	Oberstufen-Kolleg
Salden	Julia	50937 Köln
Saveri	Marianna	Rom
Scheunpflug, Dr.	Annette	22039 Hamburg
Schlichting	Holger	31840 Großenwieden
Schmid	Eva	85072 Eichstätt
Schneider	Kerstin	04552 Lobstedt
Schöfthaler, Dr.	Traugott	53115 Bonn
Schoof-Wetzig	Dieter	30519 Hannover
Schoppengerd	Johanna	

Schotemeier	Monika	49201 Dissen
Schrader	Regina	21335 Lüneburg
Schreiber	Jörg-Robert	21037 Hamburg
Schrempff	Volker	Laborschule
Schulte	Elisabeth	22765 Hamburg
Schulz	Gerhild	33615 Bielefeld
Schulz	Rolf	59494 Soest
Schulze		
Schumann	Brigitte	40002 Düsseldorf
Sendlak-Brandt	Barbara	44801 Bochum
Ses	Ender	Oberstufen-Kolleg
Seybold, Prof. Dr.	Hansjörg	71634 Ludwigsburg
Sonetti	Catia	
Soyka	Ruth	53619 Rheinbreitbach
Spier	Christa	22926 Ahrensburg
Speckmann	Karin	33824 Werther
Steeg-Rivas	Johnny	Oberstufen-Kolleg
Stein	Carola	55116 Mainz
Stephan	Andrea	31863 Dörpe
Stockey, Dr.	Andreas	Oberstufen-Kolleg
Strobl, Dr.	Gottfried	Oberstufen-Kolleg
Stückrath	Erika	33602 Bielefeld
Tallone	Marianna	Rom
Timmermann	Gerlinde	33619 Bielefeld
Tissler	Bernd	22455 Hamburg
Tomkin	Thomas	Oberstufen-Kolleg
Trutwig	Meike	Oberstufen-Kolleg
Tschorn	Klaus	48157 Münster
Türkyilmaz	Ümit	Oberstufen-Kolleg
Vahrenhorst	Andrea	33790 Halle/Westf.
Vater	Tim	Oberstufen-Kolleg
Vielhauer	Manfred	32130 Enger
Vietmeyer	Petra	33615 Bielefeld
Vogel	Thomas	29587 Natendorf
Vogt	Dagmar	56075 Koblenz
Vogt, Prof. Dr.	Markus	83671 Benediktbeuern
Wagner	Christine	31141 Hildesheim
Wehmeier	Veronika	32584 Löhne
Werner-Tokarski	Dorothea	55129 Mainz
Wiemann, Dr.	Heide	Oberstufen-Kolleg
Wilken	Hedwig	49377 Vechta
Winkel	Jens	

Wittmann, Dr.	Rainer	32714 Detmold
Wöllert	Dirk	
Wörmann	Anke	33647 Bielefeld
Wolf	Gertrud	50679 Köln
Wolfer	Carsten	13403 Berlin
Wunschel, Dr.	Siegfried	Oberstufen-Kolleg
Yazici	Selim	Oberstufen-Kolleg
Zappaterreno	Caterina	Rom
Zeiher	Marianne	12101 Berlin
Zimmermann	Birthe	DK 6400 Sänderborg

Zu den Autorinnen und Autoren

Irene Below
Dr., ist Kunsthistorikerin und lehrt im Fach Künste am Oberstufen-Kolleg. Arbeitsschwerpunkte: Kunstwissenschaftliche Didaktik, feministische Kunst- und Kulturwissenschaft, historische und aktuelle Kunst in Südafrika. Kontaktadresse: Oberstufen-Kolleg, Universität Bielefeld, Postfach 100131, 33501 Bielefeld, Fax 0521-1062967, Email: Ibelow@uni-bielefeld.de.

Falk Bloech
geb. 1943, Lehrender für das Fach Theologie am Oberstufen-Kolleg Bielefeld. Arbeitsschwerpunkte im fächerübergreifenden Unterricht: Menschenrechte, nachhaltige Entwicklung, gewaltfreie Konfliktlösungen, Freiwilligendienste, Weltweite Projekttage der Solidarität.; Kontaktadresse: Oberstufen-Kolleg, Universitätsstr. 23, 33501 Bielefeld, Tel. 0571-106-2855, Fax 0521-106-2967, Email: falk.bloech@uni-bielefeld.de.

Karl Böhmer
hat eine Lehrerausbildung (Sekundarstufe) in Geschichte und Geographie an der chilenischen Universität Concepción absolviert. Aufbaustudium an der Kölner Universität zum Magistergrad in Lateinamerikanistik, Deutscher Geschichte und Romanistik. Nach verschiedenen Tätigkeiten für die chilenische Umweltschutzorganisation CODEFF ist er derzeit Dozent für Zeitgeschichte an der Universität Artes y Ciencias Sociales (ARCIS) in Santiago de Chile. Als Leiter der Umweltabteilung dieser Universität ist er gleichzeitig für den Bereich Umwelterziehung zuständig. Er hat verschiedene Kurse zur Umweltbildung für Lehrer durchgeführt.
Kontaktadresse: kbohmer@universidadarcis.cl.

Klaus A. Boldt
1977-1983 Studium der Politischen Wissenschaften und der Neueren und Neuesten Geschichte an der Universität Freiburg; 1983-1985 Tageszeitungs-

Volontariat beim „SÜDKURIER" in Konstanz; 1985-1987 Redakteur beim „SÜDKURIER"; 1987-1988 Journalistenfortbildung in der Redaktion Entwicklungspolitik/Dritte Welt beim Evangelischen Pressedienst (epd) in Frankfurt am Main; 1988-1991; freiberuflicher Journalist in Frankfurt am Main (epd, Frankfurter Rundschau, diverse Tages- und Wochenzeitungen, ARD-Hörfunk); 1992-1994 Redakteur im Ressort Ausland der epd-Nachrichtenredaktion; 1995-1997 freiberuflicher Journalist und Internet-Consultant in Laufenburg/Baden; seit 1998 Geschäftsführer Internet/Multimedia der Firma NeueMedien Produktion GmbH & Co. KG in Bonn.
Kontaktadresse: klaus@boldt.de, http://www.boldt.de.

Manfred Brandt
Dr., Studium der Erziehungswissenschaft, Philosophie und Deutsch in Hamburg, Gymnasiallehrer in Schleswig-Holstein. Promotion 1999.

Wilfried Buddensiek
Dr., geb. 1948, Privatdozent an der Universität Paderborn, FB 5. Wirtschafts- und Umweltpädagogik, Lehreraus- und weiterbildung. Arbeitsschwerpunkte: Lehr- und Lernforschung, Schulorganisationsentwicklung, soziale Selbstorganisation, zukunftsfähige Lernraumgestaltung, Bildung für eine nachhaltige Entwicklung.

Pip Cozens
zusammen mit Janis Somerville Mitbegründer von Art at Work.
ART at WORK eine internationale Künstlerinitiative, die 1997 von der Australierin Janis Somerville und dem Briten Pip Cozens gegründet wurde, mit Sitz in Bielefeld, Deutschland. ART at WORK gibt Themen, Problemen oder Ideen eine sichtbare Form mit einfachen visuellen Elementen. ART at WORK ist spezialisiert auf persönliche Kommunikation für interaktive soziopolitische Projekte in alltäglichen öffentlichen Räumen. ART at WORK ermöglicht Erfahrungen, die Menschen für lebensbedrohende Themen sensibilisiert, sie zu Veränderungen herausfordert und unterstützt. ART at WORK ist eigenfinanziert. Einzelne Projekte wurden von Privatleuten, Firmen und Kommunen gefördert. ART at WORK ist eine Gruppe von ca. 15 Menschen, alles erfahrene Motivatoren, die gerne zusammen und mit fremden Menschen arbeiten.

Benno Dalhoff
Dr., geb. 1951; Studium der Fächer Biologie und Chemie in Münster; 1993 – 1998 pädagogischer Mitarbeiter am Landesinstitut für Schule und Weiterbildung in Soest. StR am Conrad-von-Soest-Gymnasium in Soest.

Vera Dittgen
geb. 1974; Studium der Sozialpädagogik an der Fachhochschule für Sozial-wesen in Münster. Drei Jahre ehrenamtliche Tätigkeit in der Öffentlichkeits- und Bildungsarbeit. Nach dem Studium Mitarbeit im Bereich Umwelt- und Eine Welt-Bildung des Transferzentrums für angepasste Technologien/ Rhei-ne. Aufbauend auf den Erfahrungen mit der „Kokoskiste" konzipierte sie dort umwelt- und entwicklungspolitische Lernmodelle zum Thema „Nachwach-sende Rohstoffe".

Gisela Feurle
Dr., unterrichtet Englisch und afrikanische Literatur am Oberstufen-Kolleg Bielefeld und arbeitet zum Bereich interkulturelles Lernen und afrikanische Literatur. Sie übersetzte den Roman Maru der Autorin Bessie Head, Südafri-ka/Botswana, (zusammen mit D. Gohrbandt) ins Deutsche.
Kontaktadresse: Oberstufen-Kolleg, Universität Bielefeld, Postfach 100131, 33501 Bielefeld, Fax 0521-1062967, Email: Gisela.Feurle@uni-bielefeld.de.

Andreas Fischer
geb. 1955, Dr. rer. pol., Dipl.-Hdl., Professor für Didaktik der Wirtschaftsleh-re an der Universität Lüneburg. Arbeitsschwerpunkte: Fragen der Hand-lungsorientierung im Unterricht, der Zusammenarbeit von Schule und Betrie-ben und Entwicklung eines nachhaltig orientierten wirtschaftsdidaktischen Konzeptes.
Kontaktadresse: Universität Lüneburg, Didaktik der Wirtschaftslehre, Scharnhorststr. 1, 21335 Lüneburg, Tel. 04131-78-2063, Fax 04131-78-2069, Email: afischer@uni-lueneburg.de.

Anna Fochi
Graduation: foreign modern languages, Pisa University. Profession: upper secondary education teacher; since September 1999 teacher trainer at IRRSAE Toscana (Regional Institute for Educational Research, Experimen-tation and in-service training), where she is a member of the committee for the implementation of environmental education and education for sustainable development within curricular activities. Research interests: comparative analysis and study of different cultures and literatures, theory and practice of literary translation (articles on academic literary reviews); European co-operation and projects; multimedia and the hypertext as sources for develop-ment in education. – e-mail address: fochi@bdp.it

Cornelia Gräsel
Dr., Wiss. Assistentin am Institut für Empirische Pädagogik und Pädagogi-sche Psychologie der Ludwig-Maximilians-Universität München. For-

schungsschwerpunkte: Umweltbildung, Lernen mit neuen Medien, kooperatives Lernen, problemorientiertes Lernen.

Gerhard de Haan
Prof. Dr., Freie Universität Berlin. Leiter der Koordinierungsstelle für das neue BLK- Programm „21". Vorsitzender der Deutschen Gesellschaft für Umwelterziehung (DGU) und der Kommission „Umweltbildung" in der Deutschen Gesellschaft für Erziehungswissenschaft (DGfE). Beschäftigt sich konzeptionell und empirisch mit Nachhaltigkeit sowie Zukunftsfragen im Kontext kultureller Umbrüche.

Gerd Heitmann
geb. 1939, Studiendirektor im Gymnasium im Schulzentrum Aspe in Bad Salzuflen mit den Fächern Chemie und Biologie. Er beschäftigt seit 1994 die Differenzierungskurse Biologie/Chemie der Klassen 9 und 10 mit dem Thema „Wasser". Dazu gehören einfache chemische und biologische Untersuchungen auf dem Gelände des städtischen Umweltzentrums „Heerser Mühle" und am Fluß Salze sowie Arbeiten im Schullabor und am Computer. Kurzbeschreibungen der Tätigkeiten und ein Arbeitsergebnis (Untersuchung des Flusses Salze) zeigt die Homepage des Gymnasiums Aspe. (http://www.bad-salzuflen.de/gymnasium-aspe/index.htm).

Gesine Hellberg-Rode
PD Dr., Wiss. Mitarbeiterin an der Universität Münster, Institut für Didaktik der Biologie und Privatdozentin an der Universität Dortmund. Arbeits- und Forschungsschwerpunkte: Umweltbildung, Ökologie und Didaktik des Sachunterrichts.

Werner Hennings,
Prof., Dr.; geb. 1943. Seit 1973 Wiss. Mitarbeiter am Oberstufen-Kolleg des Landes NRW an der Universität Bielefeld im Fach Geographie; seit 1999 apl. Professor für Wirtschafts- und Sozialgeographie und Didaktik der Geographie. Arbeitsschwerpunkte: Stadtentwicklung und –planung; Entwicklungs-(länder)forschung; Forschungsaufenthalte und Gastprofessuren in Neuseeland, Pazifische Inseln, Ghana, Indonesien.
Kontaktadresse: Oberstufen-Kolleg, Universität Bielefeld, Postfach 100131, 33501 Bielefeld, Fax 0521-1062967.

Otto Herz
geb. 1944, Pädagoge und Diplom-Psychologe.
1970 – 1980 Wiss. Assistent an der Universität Bielefeld, beteiligt am Auf- und Ausbau der Versuchsschulen des Landes Nordrhein-Westfalen an der

Universität Bielefeld, Laborschule und Oberstufen-Kolleg; 1981 – 1984 Oberleiter der Stiftung Deutsche Landerziehungsheime, Hermann Lietz-Schule; 1985/86 am Institut für Interkulturelle Erziehung und Bildung der Freien Universität Berlin; ab 1987 Mitarbeit an der Entwicklung und Umsetzung des NRW- Landesprogramms „Gestaltung des Schullebens und Öffnung von Schule" (GÖS); 1993 – 1997 Mitglied des geschäftsführenden Bundesvorstands der Gewerkschaft Erziehung und Wissenschaft (GEW); danach Sabbatjahr in Indien, Thailand, Irland, Leipzig. – Stv. Vorsitzender von COMED e. V., Verein zur Förderung von Community Education. Kontaktadresse: Im Buchenwalde 2, 33617 Bielefeld, otto.herz@gmx.de, 0172-65 234 67.

Frits J. Hesselink
started his career as a fellow at the Institute for International Law of the University of Utrecht. Became involved in curriculum development for law and social studies. Taught various subjects at the state high schools in Utrecht. Co-founder in 1976 and managing director since 1983 of SME MilieuAdviseurs, the Institute for Environ-mental Communication. Was involved for more than a decade in the formulation and implementation of the various Dutch National Programmes for Environmental Education. Since 1994 Chair of the IUCN Commission on Education and Communication. In 1998 Frits started his own consultancy – HECT Consultancy – in the field of environmental education, communication and training, carrying out projects for governments and (international) organizations in Europe and other parts of the world. E-mail: hesselink.@knoware.nl

Brigitte Holzer
Dr. rer. soc., Wissenschaftliche Mitarbeiterin für Soziologie am Oberstufen-Kolleg. Studium „Norwegisch für Ausländer", Philosophie und Soziologie. Von 1989 bis 1991 Forschungsaufenthalt in Juchitán, Mexiko – Mitarbeit im DFG-Forschungsprojekt „Die Händlerinnen von Juchitán" unter der Leitung von PD Prof. Dr. Veronika Bennholdt-Thomsen und Prof. Dr. Hans-Dieter Evers. Mitbegründerin des „Institut für Theorie und Praxis der Subsistenz" Forschungsarbeit an Konzepten regionaler und frauen-zentrierter Ökonomie. Promotion 1996 über die matriarchal strukturierte Kleinstadt Juchitán im Südwesten Mexikos. 1996 bis 1997 Vertretung einer Professorinnenstelle an der Fachhochschule Köln, Fachbereich Sozialpädagogik (Familiensoziologie und Soziologie gesellschaftlicher Minderheiten). Haupt-Arbeitsschwer-punkte: Allg. Soziologie, Entwicklungssoziologie, Frauenforschung und „Fragen der Vergesellschaftung im kulturellen Vergleich am Beispiel sozialer Konstruktionen von Behinderung". Kontaktadresse: Oberstufen-Kolleg, Universität Bielefeld, Postfach 100131, 33501 Bielefeld, Fax 0521-1062967.

Ludwig Huber
Prof., Dr. phil., bis 1989 Professor für Hochschuldidaktik an der Universität Hamburg, Interdisziplinäres Zentrum für Hochschuldidaktik; seitdem Professor für Pädagogik an der Universität Bielefeld und Wissenschaftlicher Leiter des Oberstufen-Kollegs des Landes NRW; Arbeitsschwerpunkte: Hochschuldidaktik. Hochschulsozialisation, Fächerübergreifendes Lehren und Lernen, Oberstufenreform, Wissenschaftspropädeutik. Kontaktadresse: Oberstufen-Kolleg, Universität Bielefeld, Postfach 100131, 33501 Bielefeld, Fax 0521-1062967

Michael Kalff
Dr., 1988-1993 Pädagogikstudium in Freiburg; 1988 Gründer und bis 1992 Leiter der Naturschule Freiburg; 1993 – 1997 drei längere Forschungsaufenthalte am Karmapa International Buddhist Institute in New Delhi; 1999 Promotion in Freiburg zum interkulturellen Dialog über zukunftsfähige Entwicklung und neue Wohlstandsmodelle; 1998-2000 wissenschaftlicher Mitarbeiter am Wuppertal Institut beim Projekt MIPS FÜR KIDS; 2000 Gründung eines eigenen pädagogischen Instituts in Freiburg; Weitere Mitglieder des Autorenteams: Carolin Baedecker, Wuppertal Institut, Projektmitarbeiterin SARAHS WELT; Dr. Orkar Brilling, Evaluation von MIPS FÜR KIDS; Dr. Jola Welfens, Wuppertal Institut, Projektleiterin MIPS FÜR KIDS; Projektanschrift: MIPS FÜR KIDS, Wuppertal Institut, Döppersberg 19, 42103 Wuppertal

Harald Kleem
geb. 1954, Lehrer an einer Orientierungsstufe in Ostrhauderfehn in Niedersachsen. Schwerpunkte Schulentwicklung und Interkulturelle Bildung, Modellvorhaben im Bereich Internationale Kommunikation und Kultur; Entwicklung des Netzwerkes der unesco-projekt-schulen in Deutschland (u.a. Kooperationsprojekte mit Bosnien-Herzegowina und Kroatien). Derzeit Aufbau eines deutsch-brasilianischen Schulnetzwerkes im Rahmen der Bemühungen um „Bildung für Nachhaltige Entwicklung". Lehrauftrag an der Universität Oldenburg, Berater für Interkulturelle Bildung bei der Bezirksregierung Weser-Ems. Kooperation mit Unternehmensberatern im Bereich „Zukunftsorientierung / Nachhaltige Entwicklung".

Armin Koch
geb. 1966, Studium der Biologie, Geschichte und Erziehungswissenschaft an der Universität Hamburg, seit 1999 Projektleiter bei der „Deutschen Gesellschaft für Umwelterziehung" und Bundeskoordinator der Ausschreibung „Umweltschule in Europa" im Rahmen des BLK-Programms „21" (Bildung

für eine nachhaltige Entwicklung); Projektleiter bei der Deutschen Gesellschaft für Umwelterziehung e.V., Ulmenstraße 10, 22299 Hamburg, Tel. 040-4106921, Fax 040-456129, Email: dgu@umwelterziehung.de.

Uwe Krawinkel
geb. 1950 in Bad Salzuflen, Studium der Biologie und Chemie für das Lehramt am Gymnasium an der TU Hannover; Lehrer am Friedrichs-Gymnasium in Herford seit 1978. Leiter von Differenzierungskursen zum Thema „Boden, Wasser, Luft". Kontaktadresse: Bismarckstr. 102 b, 32049 Herford Tel. 0522184566, Fax 05221855353 Email: uwe.krawinkel@t-online.de.

Georg Krieger
entwickelte am Oberstufen-Kolleg ein Musik-Curriculum sowie fächerübergreifende Kurse und Projekte, vor allem auch im interkulturellen Bereich. Kontaktadresse: Oberstufen-Kolleg, Universität Bielefeld, Postfach 100131, 33501 Bielefeld, Fax 0521-1062967

Renate Krollpfeiffer-Kuhring
geb. 1965; Lehrerin für Mathematik und Französisch am Helene-Lange-Gymnasium in Hamburg; Regionalkoordinatorin der unesco-projekt-schulen in Hamburg; Mitarbeiterin im SuchtPräventionsZentrum Hamburg, Moderatorin am Institut für Lehrerfortbildung Hamburg; Arbeitsschwerpunkte: Interkulturelles Lernen, Suchtprävention. Kontaktadresse: Helene-Lange-Gymnasium, unesco-projekt-schule, Bogenstr. 32, 20144 Hamburg, Tel. privat: 040-40 17 26 52, Fax 040-40 17 26 53.

Regula Kyburz-Graber
Prof., Dr.sc.nat., seit 1998 Professorin für Gymnasialpädagogik an der Universität Zürich. Diplom für Biologie und Ausbildung als Gymnasiallehrerin an der Eidgenössischen Technischen Hochschule in Zürich. Dissertation über das Verständnis von ökologischen Zusammenhängen im Wald, untersucht bei Jugendlichen. Lehrtätigkeit an Schulen der Sekundarstufe I und II und an Instituten der Lehrerinnen- und Lehrerbildung, Leitung von Fortbildungskursen. 1978 – 98 Lehraufträge für Didaktik der Biologie und Umweltlehre an der ETH-Z. Leitung der Lehrplanentwicklung „Integrierte Naturlehre" in der Zentralschweiz, Lehrmittelautorin, Leitung der Forschungsgruppe Umweltbildung in Zürich. Forschungsschwerpunkte: Umweltbildung in der Sekundar-stufe II und in der LehrerInnenbildung, fächerübergreifender Unterricht. Präsidentin des OECD Projekts „Environment and School Initiatives ENSI".

Klaus-Dieter Lenzen
Dr. phil., geb. 1946; Wissenschaftlicher Angestellter (Schulpädagogik) und Lehrer in der Primarstufe der Laborschule Bielefeld. Arbeitsschwerpunkte: Sachunterricht, Literatur und Theaterpädagogik. Kontaktadresse: Laborschule, Universität Bielefeld, Postfach 100131, 33501 Bielefeld.

Heike Molitor
M.A., Wissenschaftliche Mitarbeiterin am Institut für Umweltkommunikation der Universität Lüneburg, arbeitet im universitätsübergreifenden Projekt 'Nachhaltigkeitsbewusstsein' zu globalen Aspekten der Nachhaltigkeit im pädagogischen Kontext von Nichtregierungsorganisationen. Weitere Arbeitsschwerpunkte: Fragen der (außerschulischen) Umweltbildung, der Globalisierung und der Umweltkommunikation. Kontaktadresse: Universität Lüneburg, Institut für Umweltkommunikation, 21332 Lüneburg Tel. 04131-78 2936, Fax 04131-78 2819, Email: molitor@uni-lueneburg.de, url: www.uni-lueneburg.de/infu.

Hans-Jürgen Müller
Dr.; geb. 1947; Lehrer / Didaktischer Leiter der IGS Mühlenberg, Fächer: AWT, Deutsch und Gesellschaftslehre; Mitarbeit seit 1990 im Energieprojekt der Schule, um ein regionales Schul-Energie-Zentrum – vergleichbar den bekannten Schulbiologiezentren – aufzubauen, in denen die Schüler an praktischen Beispielen „Energie lernen" können. Kontaktadresse: Integrierte Gesamtschule Mühlenberg Mühlenberger Markt 1 , 30457 Hannover, Tel. 0511 168-49627, Fax 168-49518, www.igs-muehlenberg.de, E-Mail: igsm-ep@gmx.de

Arno Mühlenhaupt
geb. 1951, Realschullehrer, Fächer: Mathematik und Physik an der IGS Mühlenberg; Mitarbeit seit 1990 im Energieprojekt der Schule, um ein regionales Schul-Energie-Zentrum – vergleichbar den bekannten Schulbiologiezentren – aufzubauen, in denen die Schüler an praktischen Beispielen „Energie lernen" können. Kontaktadresse: Integrierte Gesamtschule Mühlenberg, Mühlenberger Markt 1, 30457 Hannover, Tel. 0511 168-49508, Fax 168-49518, www.igs-muehlenberg, Email: igsm-ep@gmx.de.

Dorcas Otieno
Bachelor of Education; Master of Education (M.Ed.) Environmental Education; PhD – ongoing – Environmental Ethics Education; Chairman; Dept. of Environmental Socio-Cultural Studies, Kenyatta University Nairobi; Research interests: Environmental Socio-Cultural Studies; Gender, Environment and Development; Environmental Education (Action Learning); Director The

Kenya Organization of Environmental Education, P. Box 59468, Nairobi, Tele/Fax 254-2-789516, Email: sikaform.net.

Malcolm Plant
BSc (Hons) Physics; PGCE; MSc in Experimental Space Physics; Departmental Coordinator for Research: Research interests: Researcher in Environmental Education and Distance Learning; Critical theory (a socially critical environmental education); Indigenous knowledge; improving models of sustainable futures; North-South issues; Globalisation; Learning through controversial issues. PhD research: Evaluating a socially critical approach to Environmental Education at philosophical and methodological levels in higher education; Other responsbilities and interests: Principal Lecturer in the Faculty of Education, The Nottingham Trent University; Course Director, MA in Environmental Education by distance learning; Course Leader, MA in Technology Education; Cluster Leader, 'Environmental Issues', BA(Hons) Human and Education Studies; Leader, Philosophy Strand, DocEd; Subject Field Coordinator, 'Environment', BSc University Combined Studies.
Contact address: malcolm.plant@ntu.ac.uk.

Tilman Rhode-Jüchtern
Prof., Dr. rer. nat.; geb. 1946; Studium der Geographie, Politikwissenschaften und Germanistik; 1977 – 95 Lehrender am Oberstufen-Kolleg Bielefeld; seit 1999 Professor für die Didaktik der Geographie an der Friedrich-Schiller-Universität Jena; Forschungsschwerpunkte u.a.: Hermeneutische und konstruktivistische Geographie, mehrperspektivische Lebensweltkonzepte; Kontaktadresse: Institut für Geographie, Grietgasse 6, 07743 Jena, Tel. 03641-938890, Fax 03641-948892, Email: c9rhti@geogr.uni-jena.de.

Wilhelm Roer
Projektkoordinator „Agenda 21 in der Schule", Kontaktadresse: Pädagogische Dienste, Burgholzstr. 150, 44145 Dortmund, Tel. 0231-50-26 310, Privatanschrift: Wilhelm Roer, Stockumer Wiese 3 a, 59427 Unna, Tel. 02308-933 250, Fax 02308-933 251.

Julia Salden
geb. 1975, Studentin der Volkswirtschaftslehre sozialwissenschaftlicher Richtung an der „Albertus Magnus Universität zu Köln" und freie Journalistin. Themenschwerpunkte: Balkan, Jugendprojektarbeit, internationale Krisenpolitik, humanitäre Hilfe. Kontaktadresse: Julia Salden, Palanterstr. 44, 50937 Köln, Tel. 0221-3481048, mobil: 0170-3454899,
Email: julie75S@aol.com.

Anette Scheunpflug
Prof. Dr., Professorin für Bildungsforschung an der Universität Giessen. Erfahrungen als Grundschullehrerin. Arbeitsschwerpunkte: Entwicklungspolitische Bildung, weltbürgerliche Erziehung, theoretische Grundlagen der Allgemeinen Pädagogik, Wissenschafts- und Erkenntnistheorie.

Traugott Schöfthaler
geb. 1949; Dr. phil.; Studium der Theologie und Soziologie, seit 1993 Generalsekretär der Deutschen UNESCO-Kommission. Arbeitsschwerpunkte: Globale Bildung, Nutzung des Internets für weltweite wissenschaftliche Zusammenarbeit, kulturelle Selbstbestimmung.

Jörg-Robert Schreiber
Studium Geographie und Englisch; Studiendirektor; Beobachtungsstufenkoordinator, befasst u.a. mit Öffnung des Unterrichts, Projektunterricht, fächerübergreifenden Lernwegen; teilzeitabgeordnet an das Institut für Lehrerfortbildung in Hamburg, zuständig für Globales Lernen; Schwerpunkte: konzeptionelle Entwicklung von Globalem Lernen, Globales Lernen und Neue Medien, Agenda 21; Mitglied der AG Bildung von VENRO und des BMZ-Beraterkreises; Aufbau des Bildungsservers „Globales Lernen – Entwicklung für die Eine Welt" (www.hh.schule.de/globlern); Sprecher der EWIK (Eine-Welt-Internet-Konferenz.).

Rolf Schulz
geb. 1949, Studium der Sozialwissenschaften, Geschichte und Germanistik in Bochum, Bielefeld und Duisburg; Referat Sozialwissenschaften, Geschichte und Religionswissenschaften am Landesinstitut für Schule und Weiterbildung, Soest, Abteilung Lehrerfortbildung; Leiter des BLK-Modellversuches „Schulstelle Dritte Welt/Eine Welt in Nordrhein-Westfalen"

Hansjörg Seybold
Prof. Dr., von 1976 bis 1999 Professor für Schulpädagogik an der Pädagogischen Hochschule Ludwigsburg, seit 1999 mit dem Arbeitsschwerpunkt Erziehungswissenschaft/Umweltbildung an der Pädagogischen Hochschule Schwäbisch Gmünd. Befasst sich seit langem konzeptionell und empirisch mit Fragen der Umweltbildung und des Umweltbewusstseins, des interdisziplinären Lernens und der Evaluation von Modellversuchen. Leitet z.Zt. das Forschungs- und Nachwuchskolleg „Umweltbildung in der Grundschule im Kontext nachhaltiger Entwicklung" sowie die Evaluation des Modellversuchs GLOBE-Germany (Global Learning and Observations to Benefit the Environment).

Janis Somerville
Mitbegründerin von ART at WORK, siehe: Pip Cozens

Gottfried Strobl
Dr. rer nat., geb. 1949. Studium der Fächer Chemie und Biologie; Lehrer am
Oberstufen-Kolleg des Landes Nordrhein-Westfalen an der Universität Biele-
feld für die Fächer Umweltwissenschaften und Chemie. Arbeitsschwerpunk-
te: Curricula für Umweltwissenschaften, Umweltbildung und internationale
Kooperationsprojekte im Umweltbereich mit Schulen und Hochschulen;
Kontaktadresse: Oberstufen-Kolleg, Universität Bielefeld, Postfach 100131,
33501 Bielefeld, Fax 0521-1062967, gottfried.strobl@uni-bielefeld.de.

Erika Stückrath
Studium Romanistik und Ev. Theologie, längerer Aufenthalt in kirchlichen
Arbeitsfeldern in Lateinamerika, Schuldienst in Frankfurt/M., seit 1987 Mit-
arbeiterin im Welthaus Bielefeld im Bereich Öffentlichkeits- und Bildungs-
arbeit mit Schwerpunkt Lateinamerika und Städtepartnerschaft Bielefeld-
Estelí, seit 1997 auch Eine Welt-Promotorin des Landes NRW zum Thema
Agenda 21. Kontaktadresse: Stennerstr. 44c, 33613 Bielefeld, Tel. 0521-
890406

Thomas Vogel
Dr. phil.; Wissenschaftlicher Mitarbeiter an der Professur für Berufs- und
Arbeitspädagogik der Universität der Bundeswehr Hamburg. Tätigkeiten als
Lehrer an verschiedenen Berufsschulen, in der Politiklehrer-Ausbildung am
Studienseminar sowie in der beruflichen Weiterbildung. Arbeitsschwerpunkt:
Theorie einer Berufsbildung für eine nachhaltige Entwicklung. Kontakt: Uni-
versität der Bundeswehr Hamburg, Postfach 700822, 22039 Hamburg, Tel.
040-6541-3143,
Email: thomas.vogel@unibw-hamburg.de

Markus Vogt
Prof. Dr., Studium der Philosophie und kath. Theologie, 1992 bis 1995 wiss.
Mitarbeiter im Sachverständigenrat für Umweltfragen der Bundesregierung,
seit 1995 Berater der Arbeitsgruppe Ökologie der Kommission VI der Deut-
schen Bischofskonferenz, seit November 1998 Leiter der „Clearingstelle
Kirche und Umwelt" und Professor für Sozialethik an der Philosophisch-
Theologischen Hochschule der Salesianer Don Boscos in Benediktbeuern.
Kontaktadresse: Clearingstelle Kirche & Umwelt, Don-Bosco-Str.1, 83671
Benediktbeuern, Tel. 08857-88236, Email: clear.k-u@t-online.de; Infos zur
Clearingstelle Kirche u. Umwelt: http://www.kloster.benediktbeuern.de/clear

Arjen E.J. Wals
PhD, has done research on the greening of agricultural education, integration of concepts of sustainability into education for agriculture and rural development, the development of interactive watershed education, biodiversity as a learning area for environmental education, and action research and community problem solving as a means to link social and environmental change. He has been active internationally as a participant, speaker and organiser at a great number of workshops, conferences and symposia. He has written and edited over 80 articles, chapters in books and books about environmental education related issues. He currently is an Associate Professor in Communication & Innovation Studies at Wageningen University and the acting president of Caretakers of the Environment/International- a global network of secondary school teachers and students active in environmental education. Kontakt: arjen.wals@alg.vlk.wag-ur.nl

Dorothea Werner-Tokarski
geb. 1952, Studium der Biologie und Geographie in Mainz, erstes und zweites Staatsexamen für das Lehramt an Gymnasien, seit Februar 1980 Tätigkeit als Lehrerin an einem Gymnasium in Bad Kreuznach, seit 1992 als Teilzeitreferentin an das Pädagogische Zentrum Rheinland-Pfalz in Bad Kreuznach abgeordnet, Arbeitsschwerpunkt im PZ: Entwicklungszusammenarbeit: Ruanda-Partnerland von Rheinland-Pfalz, weitere Tätigkeitsbereiche: Globales Lernen, Bildung für nachhaltige Entwicklung (BLK Förderprogramm). Kontaktadresse: Pädagogisches Zentrum Rheinland-Pfalz, Europaplatz 7-9, 55543 Bad Kreuznach, Tel. 0671-84088-47, Fax 0671-84088-10, Email: pzkh@sparkasse.net

Jens Winkel
Realschullehrer; seit 1997 Lehrbeauftragter am Fachbereich. Erziehungswissenschaften der Universität Hannover; seit 1998 Mitarbeiter im Forschungsprojekt Nachhaltigkeitsbewusstsein; seit 2000 Wiss. Mitarbeiter am Institut für Didaktik der Sozialwissenschaften der Universität Hannover. Forschungsschwerpunkte: Nachhaltige Entwicklung; Umweltbewusstseinsforschung, Lebensstilforschung; Jugendsoziologie. Arbeitet z. Zt. an einer Dissertation zur Umweltbewusstseinsforschung

Günter Winkelmann
geb. 1950, Lehrer, Fächer Chemie, Biologie und Gesellschaftslehre an der IGS Mühlenberg; Mitarbeit seit 1990 im Energieprojekt der Schule, um ein regionales Schul-Energie-Zentrum – vergleichbar den bekannten Schulbiologiezentren – aufzubauen, in denen die Schüler an praktischen Beispielen „Energie lernen" können. Kontaktadresse: Integrierte Gesamtschule Mühlen-

berg, Mühlenberger Markt 1, 30457 Hannover, Tel. 0511 168-49508, Fax 168-49518, www.igs-muehlenberg.de, Email: igsm-ep@gmx.de

Rainer Wittmann
Dr.; Diplom Biologe, geb. 1948 in Nürnberg, Studium in Freiburg i. Brsg., Arbeit über Zellkulturen, Promotion in Düsseldorf, Lehrer am Gymnasium in Ost-Westfalen, seit 1989 Fachdezernent für Biologie und Chemie bei der Bezirksregierung Detmold. Kontakt: Bezirksregierung Detmold, Leopoldstr. 15, 32756 Detmold.

Katharina Wolf
geb. 1969; Studium der Sozialwissenschaften an der Humboldt-Universität und Studium der kritischen Matriarchatsforschung und matriarchalen Künste an der Akademie Hagia/Bayern; Studium der Soziologie, Ethnologie und Politik in Strassbourg. Seit diesem Jahr Mitarbeit in einem interdisziplinären Sonderforschungsbereich an der Universität Münster über „Funktion der Religion"

Birthe Zimmermann
Graduation (modern language line) from Viborg Katedralskole, June 1967; Title: BA (Exam. art.) in English from Århus University, June 1971; Title: MSc (Cand. scient.) in biology from Copenhagen University, April 1977; Educational practise at Frederiksberg Gymnasium, August 1977 – June 1978; Mastership at Roskilde Katedralskole, August 1978 – 1979; Master- & Lectureship at Amtsgymnasiet in Sønderborg, August 1979 -; Student counsellor 1984 – 1993 (Refugee counselling 1986-); Upper sec. school/Industrial Project, „Microbial Corrosion" at Danfoss 1989; Member/Chairman of the commission within the Ministry of Education for High Level Biology examinations 1992-1998 (Chairman 1996-98); Active teacher within the UNESCO Baltic Sea Project 1993 -; General co-ordinator of the UNESCO Baltic Sea Project, August1997 -; contact-adress: Email: bsp@post8.tele.dk, web: http//www.b-s-p.org.

MIX
Papier aus verantwortungsvollen Quellen
Paper from responsible sources
FSC® C105338

If you have any concerns about our products,
you can contact us on
ProductSafety@springernature.com

In case Publisher is established outside the EU,
the EU authorized representative is:
Springer Nature Customer Service Center GmbH
Europaplatz 3, 69115 Heidelberg, Germany

Printed by Libri Plureos GmbH
in Hamburg, Germany